11983

986/0 BBI 297

D1724571

Hanns-Günter Krüger

Anlagenmanagement
Technik, Betriebswirtschaft und Organisation

Mit 76 Abbildungen

Springer-Verlag
Berlin Heidelberg New York
London Paris Tokyo
Hong Kong Barcelona
Budapest

Dr.-Ing. Hanns-Günter Krüger
Albrecht-Dürer-Ring 20c
67277 Frankenthal

ISBN 3-540-57919-2 Springer-Verlag Berlin Heidelberg New York

Die Deutsche Bibliothek – CIP-Einheitsaufnahme

Krüger, Hanns-Günter
Anlagemanagement: Technik, Betriebswirtschaft und Organisation/Hanns-Günter Krüger. -Berlin;
Heidelberg; Budapest: Springer 1995
ISBN 3-540-57919-2

Einbandgestaltung: Konzept & Design GmbH, Ilvesheim
Satz: Lewis & Leins, Berlin
Herstellung: PRODUserv Springer Produktions-Gesellschaft, Berlin

SPIN 10126840   62/3020-5 4 3 2 1 0 – Gedruckt auf säurefreiem Papier.

Vorwort

Im Zentrum eines jeden Betriebes steht eine Anlage. Mit ihr wird ein Erzeugnis gefertigt oder man leistet mit ihr einen Dienst.

In hochindustrialisierten Ländern wird es immer schwerer, Anlagen kostengünstig zu betreiben. Die vielfältigen Funktionen eines Unternehmens zu finanzieren und eine angemessene Verzinsung des eingesetzten Kapitals zu erzielen, ist kaum noch möglich. Fertigungen ganzer Erzeugnisgruppen wandern in Niedriglohnländer ab. Alles Handeln wird vom Denken in Kosten geprägt.

Um ein verkaufsfähiges Erzeugnis auf dem Markt zu etablieren, sind in Verbindung mit der Fertigung Aufgaben der Personalführung, der Qualitätssicherung, des Umweltschutzes, der Arbeitssicherheit und vieler anderer Arbeitsgebiete zu lösen. Dies ist eine anspruchsvolle, komplexe Tätigkeit.

Anlagenmanagement hat eine umfassende, besonders auf das Erzeugnis ausgerichtete Zielsetzung. Sie reicht von der Beteiligung an der Anlagenerstellung, führt über den Betrieb der Anlage und der sie begleitende Instandhaltung bis hin zu betriebswirtschaftlichen Aufgaben, wie Kostenplanung, Controlling und Wirtschaftlichkeitsbetrachtungen. Die Zusammenarbeit mit Spezialisten bedarf eines breiten Wissens- und Erfahrungsschatzes.

Dieses Buch gibt einen Überblick über die Arbeitsgebiete des Anlagenmanagements. Es ist für jene gedacht, die erstmalig mit einer solchen Aufgabe betraut werden, hat aber auch zum Ziel, angehenden Ingenieuren, Wirtschaftsingenieuren und Betriebswirtschaftlern während ihres Studiums dieses komplexe Fachgebiet näherzubringen.

Dem Aufbau und Inhalt des Buches liegen folgende Überlegungen zugrunde:

Im Betreiben von Anlagen der verschiedenen Branchen findet man Unterschiedliches, aber auch Gemeinsames.

Das Unterschiedliche liegt im Erzeugnis begründet, welches wiederum das Verfahren bestimmt. Verfahren der Fertigung, wie z.B. die Herstellung von Vitamin A, von Fernsehgeräten, von Strom, von Zeitungen oder Verfahren von Dienstleistungen, wie z.B. die des Lufttransportes, eines Rechenzentrums, eines Krankenhauses unterscheiden sich grundlegend.

Das Gemeinsame findet man in Regeln, die allen gleich sind, z.B. in denen für Planung und Steuerung einer Auftragsabwicklung oder für den Unfallschutz. Auch ist die

Instandhaltung von Anlagen, die Zuverlässigkeitstechnik oder die Kostenrechnung den gleichen Erkenntnissen unterworfen.

Das hier vorgelegte Buch verzichtet darauf, das Unterschiedliche, die Verfahrenstechnik und Technologien der Fertigung auch nur im Ansatz beschreiben zu wollen. Das Gemeinsame wird verallgemeinert und konzentriert zusammengefaßt, so daß Verantwortliche im Anlagenmanagement einen Nutzen ziehen können. Außerdem wird auf eine Entwicklung eingegangen, die von den wirtschaftlichen Notwendigkeiten ausgelöst wurde: Lean Production, das Überdenken und Verändern bisheriger Strukturen.

Bei den Bemühungen, das Gemeinsame eines Anlagenmanagements zu beschreiben, wird erkennbar sein, daß die Erfahrungen, Sicht- und Denkweisen des Autors aus den Branchen Chemie, Maschinenbau und Feinwerktechnik stammen.

Der im Lesen trocken erscheinende Stoff soll durch Beispiele und optische Darstellungen interessanter werden. Es werden auch Richtwerte genannt, die man für überschlägliche Rechnungen nutzen kann.

Erfahrungen von 35 Berufsjahren niederzuschreiben, ist bei aller Freude ein mühsamer Vorgang. Dabei ist das Abwägen des für ein Verständnis erforderlichen Umfanges besonders schwer. Für den Einen wird manches Kapitel zu knapp, für den Anderen zu ausführlich bemessen sein.

Für die kritische Mitwirkung an diesem Buch möchte ich meinem Freund Dipl.-Ing. Wolfgang Schubert herzlich danken. Dank gilt auch Frau Liselotte Steffen für die Erarbeitung der Bilder und meinem Sohn Dipl.-Ing. Tobias Krüger für Hilfe bei der Nutzung meines PC und der Software.

Dem Leser wünsche ich guten Erfolg in seinen Bemühungen und danke allen im voraus, die mir kritische oder ergänzende Beiträge zukommen lassen.

Frankenthal, November 1994
Hanns-Günter Krüger

Inhaltsverzeichnis

1 Einführung

1.1 Begriff Anlagenmanagement

Die Fachliteratur und das tagtägliche Fachgespräch zeigen, daß Mißverständnisse durch den unterschiedlichen Gebrauch von Begriffen, welche dieselbe Sache meinen, entstehen. Es hat deshalb nicht an Versuchen gefehlt, Begriffe zu beschreiben. Wollte man sich nicht darauf verlassen, daß diese Beschreibungen nur über diverse Lexika verbreitet werden, mußte man sie in Richtlinien oder in Normen kleiden.

Bei aller Achtung vor der Lebendigkeit der Sprache ist es für die effektive, schriftliche oder mündliche Behandlung eines Fachgebietes wichtiger, daß es eine Festlegung gibt, als daß die Begriffsbeschreibungen oder Definitionen allen sprachwissenschaftlichen Betrachtungen standhalten.

Ehe man sich dem Studium der einzelnen Kapitel widmet, ist es sehr empfehlenswert, kurz bei der Beschreibung und Abgrenzung der wichtigsten Begriffe zu verweilen. Es ist dann leichter zu erkennen, wie weit ein Begriff reicht, welche Arbeitsgebiete oder Branchen angesprochen oder auch ausgenommen sind.

Anlagenmanagement

Für „Management" und für „Anlagen" gibt es jeweils Definitionen.

So hat sich Müller [1.01] sehr ausführlich mit dem Begriff Management auseinandergesetzt und die verschiedenen Definitionen untersucht. Die einprägsamste und die geeignetste ist die von Bessai [1.02].

Ergänzt man den Begriff „Management" um den noch zu beschreibenden Begriff „Anlage", dann soll unter „Anlagenmanagement" verstanden werden:

Anlagenmanagement ist die Zusammenfassung von spezifischen Funktionen (Aufgaben), die mit Hilfe adäquater Techniken von bestimmten Stellen des Systems wahrgenommen werden, in denen hierfür geeignete Personen (Fachkräfte) tätig sind.

Der Ingenieur, Betriebswirtschaftler oder Wirtschaftsingenieur benötigt für seine Tätigkeit die Verflechtung vieler Fachgebiete.

Es scheint deshalb sinnvoll, neben dem rein technischem Fach, der *Anlagentechnik*, die Klapp [1.03] sehr ausführlich beschreibt, und dem betriebswirtschaftlichen Fach der *Anlagenwirtschaft,* wie es Männel [1.04] nennt, das Fach *Anlagenmanagement* einzuführen.

Anlagenmanagement behandelt im Gegensatz zur Anlagentechnik und zur Anlagenwirtschaft die Funktionen des *technisch-betriebswirtschaftlichen Betreibens* von Anlagen.

Die Denk- und Arbeitsweise des Anlagenmanagements soll darauf abzielen, den Problemen gezielt technisch *und* betriebswirtschaftlich nachzugehen.

Aufgaben des Anlagenmanagements

Das Betreiben von Anlagen beginnt mit der Übergabe der Anlage von der Verantwortung der Fachstellen für deren Erstellung (Konzeption, Konstruktion, Projektierung, Beschaffung, Errichtung und Montage) an das Anlagenmanagement. Es endet mit der Freigabe zur Verschrottung bzw. anderer Nutzung.

Die vorrangigen Aufgaben des Anlagenmanagements sind

- Planung und Steuerung der Fertigung
- Fertigung von Erzeugnissen oder Erbringen von Dienstleistungen mit den zugehörigen Anlagen
- Instandhalten der Anlagen
- Qualitätssichern der mit den Anlagen gefertigten Erzeugnissen oder der mit den Anlagen erbrachten Dienstleistungen
- Planung und Steuerung aller Ressourcen (Personal, Finanzen, Energien, Informationen)
- Erfüllen der Anforderungen an Umweltschutz, Anlagen- und Arbeitssicherheit
- Führung der mit diesen Aufgaben betrauten Mitarbeiter

Anlagen

Anlagen sind im hier verwendeten Sinne technisch-organisatorische Betrachtungseinheiten, die dazu dienen, Erzeugnisse herzustellen, Dienstleistungen zu erbringen oder andere, für die Gesellschaft wichtige Aufgaben zu erfüllen..

Die Definition, wie sie bei DIN 31051 [1.05] zu finden ist, lautet

> Eine Anlage ist die Gesamtheit der technischen Mittel eines Systems

Den Begriff Anlage soll man nicht zu eng sehen und ihn in unterschiedlicher Breite gebrauchen.

1.2 Anlagenmanagement im Unternehmen

Nach der oben gewählten Definition für das Anlagenmanagement sind noch einige Präzisierungen nötig, um deutlich zu machen, wo die Verantwortlichkeit für diesen

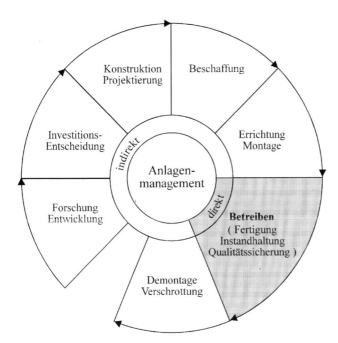

Bild 1.1 Direktes und indirektes Anlagenmanagement

Fachbereich liegt (direktes Anlagenmanagement) und wo enge Beziehungen zu anderen Fachbereichen gegeben oder zu pflegen sind (indirektes Anlagenmanagement) (Bild 1.1).

Jedes Erzeugnis oder jede Dienstleistung, und jede Anlage zu deren Herstellung oder Erbringung wurden zu irgendeinem Zeitpunkt konzipiert. Von diesem Zeitpunkt an beginnt der *Lebenslauf*.

Auf dem Wege von der Konzeption bis zur Inbetriebnahme sind eine Fülle von Entscheidungen zu treffen, die nicht nur naturwissenschaftlich-technischer Art, sondern finanzieller, personeller und anderer Art sind. Diese Entscheidungen *so* zu treffen, daß die Unternehmensbelange optimal erfüllt sind, ist die Kunst der Unternehmensführung. Aus menschlichen, organisatorischen Gründen wird oft nicht das gewünschte Optimum erreicht.

Die einzelnen Phasen, die eine Anlage von der Konzeption bis zur Ausmusterung durchläuft, sind :

– Forschung, Entwicklung (Basistechnologie, Verfahrensschritte)
– Investitionsentscheidung
– Konstruktion, Projektierung (Entwurf, Berechnung, Auslegung)
– Beschaffung (Ausschreibung, Angebote, Auswahl, Verträge)
– Errichtung, Montage (Umsetzen von Projektierung und Beschaffung, Übergabe)

– Betreiben (Übernehmen, Inbetriebnehmen, Produzieren, Instandhalten, Außerbetriebnehmen, Qualität sichern, Umweltschutz und Anlagensicherheit sicherstellen)
– Ausmustern (Demontieren, Abriß, Verschrotten, Entsorgen)

Ein PKW, der auf einem Fließband entsteht, wird nach ca. 10 Jahren in einem Recyclingverfahren in seine Grundwerkstoffe zurückgeführt.

Ein Kraftwerk könnte von den ersten Konzeptionsüberlegungen an über langwierige Genehmigungsverfahren, eine mehrjährige Konstruktions-, Projektierungs- und Errichtungsphase, einen 30-jährigen Betrieb und eine wiederum mehrjährige Ausmusterungs- und Entsorgungsphase insgesamt 50 Jahre benötigen, ehe es recycelt ist.

Für jede der Phasen des Lebenslaufes einer Anlage haben sich eigene Fachgebiete entwickelt. Spezialisten beherrschen diese Fachgebiete.

Für das Fachgebiet des Anlagenmanagements wäre es wünschenswert, daß ein Naturwissenschaftler, Ingenieur, Wirtschaftsingenieur oder Betriebswirt die Phasen des Lebens einer Anlage mit durchläuft. Die erfahrensten Anlagenmanager sind jene, die in einem Berufsleben mehrere Phasen kennengelernt haben

Verantwortlichkeit des Anlagenmanagements

Existiert schon eine Anlage, hat das Anlagenmanagement volle Verantwortlichkeit für die oben genannte Phase *Betreiben*. Eingeschlossen sind alle Funktionen, die zwischen der Übernahme der Anlage nach der Phase *Errichten/Montage* und der Übergabe an die Phase *Ausmustern/Demontieren* zu erfüllen sind. (Bild 1.2)

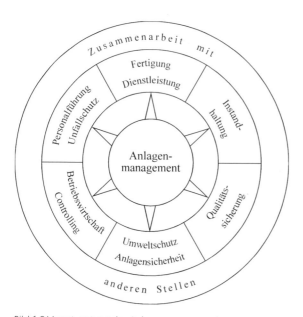

Bild 1.2 Verantwortung des Anlagenmanagements

Existiert noch keine Anlage, dann liegt die Verantwortlichkeit für die einzelnen Phasen bei den entsprechenden Spezialisten oder bei einem speziellen Beauftragten. In diesem Fall hat das Anlagenmanagement eine besondere Stellung.

Es muß im Unternehmen deutlich machen, daß in diesen Phasen permanent kostenrelevante Entscheidungen getroffen werden, die im späteren Betrieb negative Auswirkungen zeigen können.

Es hat sich bewährt, einen künftigen Anlagenmanager als den Beauftragten zu benennen, der die einzelnen Phasen koordinierend begleitet. Damit wird einerseits die Möglichkeit geboten, Erfahrungen jeglicher Art einfließen zu lassen, andererseits kann er termin- und kostenrelevante Entscheidungen im Sinne der künftigen Aufgabenstellung beeinflussen.

Aufgabenbereiche des Anlagenmanagement

Das Anlagenmanagement hat die Hauptaufgabe, die Einzelfunktionen Fertigung/Dienstleistung, Instandhaltung und Qualitätssicherung untereinander zu optimieren. Da viele Ziele kontraproduktiv angelegt sind, bedarf es fortwährender technisch-betriebswirtschaftlichen Analysen, um dieses optimale Ergebnis für das Unternehmen zu erreichen.

Eine übergeordnete Aufgabe des Anlagenmanagements besteht in der Umsetzung von unternehmerischen Leitlinien. Dazu gehören neben der Erwirtschaftung eines positiven Betriebsergebnisses auch die Erfüllung der Aufgaben, die sich aus der Personalführung, der Einhaltung der Auflagen des Umweltschutzes und aus der Umsetzung der Vorschriften von Anlagen- und Arbeitssicherheit ergeben.

In der VDI-Richtlinie 2895 (Entwurf) [1.06] wird eine Darstellung gewählt, welche das Betreiben und die Instandhaltung als *getrennte, nacheinander* ablaufende Funktionen innerhalb der Anlagen*wirtschaft* definiert. Diese Darstellung entspricht nicht den praktischen Gegebenheiten.

Anlagenmanager

Für die Erfüllung der Aufgaben im Anlagenmanagement ist eine breite berufliche Ausbildung mit praktischer Erfahrung in mehreren Unternehmensbereichen wünschenswert. Die Zusammenarbeit mit den oben geschilderten Fachstellen im Unternehmen verlangt von ihm nicht nur Kenntnisse aus vielen technischen Arbeitsbereichen, sondern auch organisatorisches Geschick, Führungseigenschaften und Verantwortungsbewußtsein gegenüber Mensch und Umwelt.

Der Spezialist gilt als Mitarbeiter mit großer Tiefe an Kenntnissen und Erfahrungen, dafür mit geringerer Breite. Der Universalist hat bei großer Breite an Kenntnissen und Erfahrungen dafür nur eine geringere Tiefe.

Das kann bei der Entwicklung der Wissenschaft und Technik in den vergangenen Jahrzehnten auch gar nicht anders sein.

Wissenstiefe

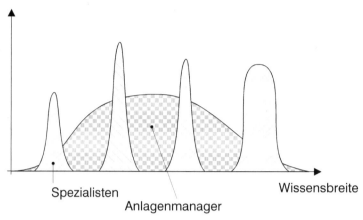

Bild 1.3: Tiefe/Breite-Profil an Wissen und Erfahrung von Spezialisten und vom Anlagenmanager

Stellt man dieses Verhältnisse von Tiefe zu Breite graphisch dar (Bild 1.3), dann sollte der Anlagenmanager ein eher im mittleren Bereich liegendes Tiefe/Breite-Verhältnis aufweisen.

Unternehmen

Anlagenmanagement ist keine einheitlich abgrenzbare Funktion. Je nach Unternehmens- oder Betriebsgröße müssen die Grenzen der Verantwortung enger oder weiter gesteckt sein.

Die Notwendigkeit einer Funktion Anlagenmanagement kann aus folgenden Zahlen abgeleitet werden:

In den Branchen Chemie und Straßenfahrzeugbau sind gemäß Statistischem Bundesamt 63 % resp. 75 % aller Arbeitnehmer in Unternehmen mit > 1000 Beschäftigten tätig [1.07]. Das Schwergewicht liegt hier also bei den Großunternehmen.

Hingegen zeigen die Branchen Maschinenbau und Elektrotechnik eine andere Struktur. Im Maschinenbau sind 52 % aller Mitarbeiter in Betrieben mit 100 bis 999 Mitarbeitern und 17 % in Betrieben mit 20 bis 99 Mitarbeiter tätig. In der Elektrotechnik lauten die Zahlen 41 % und 10 %.

Wenn man also konstatiert, daß das Anlagenmanagement in mittleren bis großen Unternehmungen ein breiteres Verantwortungsfeld abdecken kann, dann ist dies in den genannten Branchen gegeben. Da Mitarbeiterzahlen nur eine beschränkte Aussagekraft haben, sei erwähnt, daß auch die Umsätze etwa diesen Anteilen entsprechen.

Anwendbarkeit

Die Anwendung der Funktion Anlagenmanagement in der hier beschriebenen Form soll primär die *Anlage* im Blickpunkt haben, mit der Leistungen erbracht werden. In den eben geschilderten mittleren bis großen Unternehmen gibt es ja viele Anlagen. Ein größeres Unternehmen kann somit auch als eine Ansammlung vieler „Kleinunternehmen" gesehen werden.

Die Nutzung einer Funktion Anlagenmanagement ist auch für Kleinunternehmen sinnvoll. Hier wird lediglich der Umfang der Verantwortlichkeit des Anlagenmanagers größer sein.

Zur Abschätzung der Bedeutung eines Anlagenmanagements sind Zahlen des Statistischen Bundesamtes [1.07] geeignet. Vom Vermögen an Ausrüstungen („Anlagen") der Bundesrepublik Deutschland (alte Länder) fallen ca. 20 % auf Branchen wie Landwirtschaft, Fischerei, Handel, Kreditinstitute, Versicherungen, Staat und Private Organisationen. Anlagen, die diese Branchen betreiben, sind komplex, führen aber nur in geringem Umfang zu größeren Ansammlungen (Werken).

Ca. 80 % aller Ausrüstungen gehören zu den Branchen Maschinenbau, Elektro, Chemie und Energieerzeugung. Gekoppelt mit den Zahlen über die Betriebsgröße in diesen Branchen, kann man konstatieren, daß zwischen 50 % und 60 % aller Ausrüstungen mittleren bis größeren Unternehmungen gehören. Mit einer Funktion Anlagenmanagement sind sie in einer für das Unternehmen optimalen Weise zu *betreiben* und *instandzuhalten*.

1.3 Sprachgebrauch

Die Definition nach DIN 31051 [1.05] lautete: Anlage ist die Gesamtheit der technischen Mitteln eines Systems.

Das Anlagenmanagement wird für die Erfüllung seiner Aufgaben eine fachliche und sprachliche Hierarchie benötigen.

Mit der Definition Anlage ist weder klar, was das System ist, noch hat man bereits eine Vorstellung, aus welchen Teilen sich eine Anlage zusammensetzt.

In der DIN 40150 [1.08] ist der erfolgreiche Versuch gemacht worden, eine Hierarchie zu bilden, die den Fachleuten für ihre sehr unterschiedlichen Aufgaben ein sprachliches Verständigungsmittel an die Hand gibt.

Die Norm definiert zuerst die Betrachtungseinheit:

Betrachtungseinheit ist der nach Aufgabe und Umfang abgegrenzte Gegenstand einer Betrachtung .

Dieser Begriff ist somit keiner Ebene zugeordnet. Wenn es also angezeigt ist, von einem Objekt zu schreiben, das sowohl Anlage, als auch nur ein Teil davon sein kann, dann wäre es konsequent, den Begriff *Betrachtungseinheit* zu verwenden.

Auf der Basis der Norm DIN 40150 [1.06] sollen die folgenden, leicht abgewandelten Begriffe für die einzelnen Ebenen verwendet werden:

- System
- Anlage
- Einrichtung (Gerät, Anlageteil)
- Baugruppe (Gruppe)
- Bauelement (Element)

Die Anwendung dieser Begriffe ist dann wichtig, wenn es darauf ankommt, den *Bezug* zu einer Ebene herzustellen. Wenn es dieses Bezuges nicht bedarf, werden auch Begriffe wie Maschine, Konstruktion, Teil oder anderes verwendet.

1.4 Ordnungen

Eine Anlage ist mit verschiedenen Mitteln zu beschreiben:

- Technische, verbale Beschreibung
- Berechnungen
- Zeichnungen
- Schemata
- Liste der Anlagenbestandteile
- Aufstellungspläne

Die Beschreibung einer „Stereo-Anlage " ist für den Betreiber relativ wenig umfangreich, auch, wenn er alle Zeichnungen, Berechnungen usw. zur Verfügung hätte. Der Umfang der Beschreibung einer Kläranlage hat hingegen schon einen beachtlichen Umfang.

Die „Gesamtheit der technischen Mittel" sollte in geeigneter Weise für die Beteiligten übersichtlich dargestellt sein. Ein Ordnungssystem hat Vorrang vor der Festlegung des Datenträgers (Papier, magnetischer Datenträger).

Das Ordnen in eine bestimmte *Zahl von Ebenen* soll nicht vom Zweck abhängig sein. Die Tiefe der Staffelung und die Definition der obersten Ebene sind die Kriterien, die *vor* einer Ebenenbildung zu entscheiden sind.

Betrachtungseinheiten-Gliederung

Für das Anlagenmanagement wird die unterste Ebene das Bauelement sein. In der Regel ist dieses selbständig nicht nutzbar (Schraube, O-Ring, Drehknopf). Die unterste Ebene könnte aber auch die Baugruppe sein. Dies ist dann sinnvoll, wenn der Zweck der Gliederung (z.B. eine Ablageordnung für Wirtschaftsgüter als Inventargegenstände) der Bauelemente nicht bedarf.

Tabelle 1.1 Beispiel für Gliederung

System	Anlage	Einrichtung	Gruppe	Element
Fuhrpark	Kraftwagen	Motor	Kolben	Kolbenbolzenlager
Kraftwerk	Block	Transformator	Stufenschalter	Lastumschalter
Walzstraße	DV-Anlage	Netzgerät	Spannungteiler	Kondensator
Fernsprechnetz	Vermittlungsanlage	Wählsternschalter	Verzögerungs-schalter	Kondensator
Walzwerk	Antriebsregelung	Regelverstärker	–	–
–	Kraftwerk	Schaltanlage	Leistungsschalter	Schaltungspool
–	Stereoanlage	Tuner	Demodulator	Diode
Chemiewerk	Vitaminanlage	Kälteverdichter	Wellendichtung	O-Ring
Vitaminanlage	Kälteaggregat	Motor	Lagerung	Wälzlager
Kälteanlage	Motor	Lagerung	Wälzlager	Kugel

Bei Kostenanlysen wird es genügen, bis zur Ebene Einrichtung zu gliedern. Bei Schadensanalysen wird man hingegen nicht ohne die Betrachtung von Bauelementen auskommen.

Einige Beispiele aus DIN 40150 zeigen die abstrakten Begriffe und einige Anwendungen auf.

Bei dem Beispiel aus der chemischen Industrie wird deutlich, daß die Festlegung der Ebenen davon abhängt, was man als System oder Anlage bezeichnet.

Die Beispiele zeigen, daß das Anlagenmanagement seinen Betreuungsbereich nach seinen Wünschen gliedern kann.

Mittels EDV ist eine Vielzahl von Ebenen leicht zu handhaben. Man sollte deshalb nicht zu wenige einrichten. Die Aussagefähigkeit bei Auswertungen ist um so größer, je größer die Zahl der Ebenen ist. Wenn sie definiert sind, kann man Ebenen leer lassen. Umgekehrt ist es schwieriger.

Verfahrenstechnisch/technologische Gliederung

Anstelle der Aufgliederung eines Systems in seine Bestandteile, kann man ein System auch nach verfahrenstechnisch/technologischen Gesichtspunkten gliedern. Mit solch einer Gliederung sind diverse anders gelagerte Nutzanwendungen möglich (Kosten, Ersatzteilnummerung, Zeichnungen-Gliederungssystem).

In der chemischen Industrie existiert ein solches Gliederungssystem zur Erfassung des gesamten Anlagenvermögens für Maschinen und Apparate [1.09]. Es ist so weit gefaßt, daß auch viele anderen Branchen damit arbeiten könnten.

Die Gliederung ist in vier Ebenen aufgebaut:

1. Ebene: Gruppe 1. Stelle
2. Ebene: Gruppe 2. Stelle
3. Ebene: Untergruppe 1. Stelle
4. Ebene: Untergruppe 2. Stelle

Die 1. Ebene umfaßt folgende technischen Gruppen

0 Allgemeine Technische Einrichtungen
1 Energietechnik
2 Elektrotechnik
3 Bautechnik
4 Meß- und Regeltechnik
5 Verkehrs- und Fördertechnik
6 Verfahrenstechnik 1
7 Verfahrenstechnik 2
8 Werkstattechnik
9 Spezielle Technische Einrichtungen

Aus der 2. bis 4. Ebene sollen nur einige Beispiele zeigen, welche Möglichkeiten dieses Gliederungssystem bietet.

Tabelle 1.2 Beispiel für eine verfahrenstechnische Gliederung

1.Ebene	2. Ebene	3. Ebene	4. Ebene
Energietechnik	Antriebe	Motoren	Asynchronmotor
Verfahrenstechnik	Pumpen	Kreiselpumpen mit Spiralgehäuse	Inlinepumpen
Verfahrenstechnik	Wärmetauscher	Rohrbündel- wärmetauscher	Einsteckbündel- Wärmetauscher
Verfahrenstechnik	Kolonnen	Bodenkolonnen	Glockenbodenkolonnen

Die 4. Ebene dieses Gliederungssystems ist der Ebene *Einrichtung* der anderen Gliederungsweise gleichzusetzen.

Bei Bedarf, so z.B. für Schadensbetrachtungen, kann man die Gliederung nach Bestandteilen anschließen. Man erhielte dann die 5. bis 7. Ebene.

1.5 Normen

Die Vergänglichkeit der Menschen, die Fülle der von ihnen gewonnenen Erkenntnisse und die Summe von Erfahrungen sind stets Gründe gewesen, Informationen niederzuschreiben und somit weitergeben zu können.

In Kunst und Wissenschaft werden Informationen mitunter ohne gezielten Verwendungszweck geschaffen. In der Technik ist die Schaffung von Informationen darauf angelegt, daß sie an diese Stellen weitergegeben werden, die Informationen bedürfen.

Für den Empfänger von Informationen stellt sich die Frage nach der Kompetenz des Schreibenden und somit nach der Gültigkeit dessen, was er empfängt.

Die Erfahrung zwischen den Partnern zeigt, welche Gültigkeit Zeichnungen, Berechnungen oder Verträge haben. Die Qualität der Abwicklung von Projekten und von Aufträgen ist ein Abbild der Qualität der Informationen.

Die Bedeutung und der Umfang von Verträgen (z.B. Lieferungen, Lizenzen, Kooperationen) war neben rein technischen Belangen Grund dafür, daß Wirtschaft und Staat nach verbindlichen d.h. nach geprüften, nachprüfbaren und reproduzierbaren Informationen verlangen. Im kommunikativen und rechtlichen Umgang miteinander sollten keine Auslegungsprobleme die Arbeit erschweren.

Ausgelöst durch dieses Bedürfnis entstanden diverse Festlegungen, die diese Forderungen erfüllen. Diese Festlegungen sind in ihrer Verbindlichkeit abgestuft. Die technischen, sprachlichen und organisatorischer Sachverhalte geben auch gleichzeitig den „Stand der Technik" wieder, der in der Rechtsprechung eine wichtige Rolle spielt.

Einen Überblick über das Gebiet der deutschen Normung gibt die Übersichtsdarstellung von Klein [1.10].

Bild 1.4 zeigt in einer graphischen Zusammenstellung, was heute unter dem Überbegriff Normen zu verstehen ist und welche Stellung andere Vereinbarungen (Richtlinien, Empfehlungen, Werknormen) einnehmen.

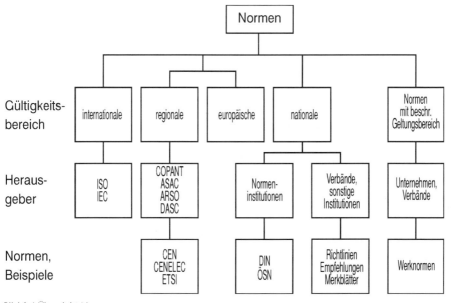

Bild 1.4 Übersicht Normen

DIN-Normen

Obwohl heute eine Vielzahl von Normen übernationale Gültigkeit haben, soll im folgenden nur über die Verhältnisse in Deutschland berichtet werden. Hier haben den verbindlichsten Wert die DIN-Normen.

Normen haben nur dort ihren Sinn, wo es gemeinsame Interessen gibt. Sind sie nicht gegeben, dann besteht keine Verpflichtung zu deren Anwendung.

Die Erarbeitung von Normen verlangt meist einen beachtlichen Zeitaufwand. Er wird vor allem durch schwierige Abstimmprozesse geprägt. Es ist daher so, daß die Entwicklung der Technik der Normung einige Jahre vorauseilt.

Will man sich informieren, was genormt ist, dann ist ein schnelles Nachschlagen am ehesten im DIN-Katalog für technische Anlagen [1.11] möglich.

Für das Fachgebiet des Anlagenmanagements gibt es einige wichtige DIN-Normen, die man sich anschaffen und studieren sollte.

- DIN 8590   Fertigungsverfahren
- DIN 31 051   Instandhaltung
- DIN 40 041   Zuverlässigkeit,
- DIN ISO 9000   Qualitätssicherung

Bei der Verwendung von Normen muß man sich trotz des verbindlichen Charakters im Klaren sein, daß die Entwicklung der Technik und der Sprache eine fortwährende Überarbeitung und Anpassung erforderlich machen.

Bei der Anwendung von Normen ist auch zu bedenken, daß eine normen*freie* Arbeitsweise Vorteile für die Weiterentwicklung der Technik haben kann.

Trotz aller vorhandenen Einschränkungen (Zeitfaktor, Veränderung) ist die Anwendung von Normen durch das Anlagenmanagement unbedingt anzuraten.

Wegen der Wichtigkeit in einigen besonderen Anwendungen bei

- Konstruktion und Projektierung
- Beschaffung
- Technische Materialwirtschaft

wird dort noch besonders darauf eingegangen.

VDI- und VDE-Richtlinien

Wie der Name schon sagt, sind Richtlinien Regeln, die sich an Linien *ausrichten.* Sie *erreichen* diese Linien nicht, *sollen* es aber auch nicht, sonst hätten sie schon den Charakter von Normen. Sie sind somit in ihrer Verbindlichkeit unter den Normen angesiedelt.

Dieser Umstand hat Vor- und Nachteile. Der Vorteil besteht darin, daß Erstellungs- und Abstimmvorgänge leichter zu bewerkstelligen sind, als bei Normen. Die Breite ihrer Anwendbarkeit kann kleiner gehalten werden, oder anders gesagt, es ist leicht möglich, eine Vielzahl von Detaillösungen in Richtlinien zu fassen. Der Nachteil: Richtlinien haben nicht den hohen Verbindlichkeitsgrad von Normen.

Richtlinien sind jedoch ein wichtiger Träger von Informationen, die ohne jede Art von Verbindlichkeit für die Arbeit des Anlagenmanagers von Nutzen sind.

Dem Anlagenmanagement sind die Richtlinien des VDI, des VDE oder die gemeinschaftlichen des VDI/VDE zu empfehlen. Einige Beispiele:

- VDI 1000   Richtlinienarbeit, Grundsätze und Anleitungen, Okt 1981
- VDI 2890   Planmäßige Instandhaltung, Anleitung zur Erstellung von W+I-Plänen, Nov 1986
- VDI 2892   Ersatzteilwesen der Instandhaltung, Juni 1987
- VDI 2893   Bildung von Kennzahlen für die Instandhaltung (Gründruck)
- VDI 3822   Schadensanalyse, Schäden durch mechanische Beanspruchungen, Feb 1984
- VDI 4004   Zuverlässigkeitskenngrößen, Sept 1984

Diese Auswahl gibt nur einige Beispiele aus den Sammelwerken wieder, die als Loseblatt-Sammlungen beim VDI als VDI-Handbücher (Betriebstechnik, Werkstofftechnik, Konstruktion, Technische Zuverlässigkeit) [1.12] erschienen sind.

Spezielle Richtlinien, Empfehlungen, Blätter

Der Stand der Technik wird durch neue, fortgeschrittene und bewährte technische Lösungen beschrieben. Dazu bedarf es nicht der DIN-Normen oder VDI/VDE-Richtlinien.

Viele Branchen, spezielle Industriezweige oder andere Institutionen (Bundeswehr, Bildungsinstitutionen, Verwaltung von Ländern und Kommunen) haben aus Ermangelung anderer Möglichkeiten ihre eigenen speziellen Richtlinien geschaffen. Häufig sind sie wegen ihrer Allgemeingültigkeit über den ursprünglich vorgesehenen Einsatzbereich hinaus bekannt geworden.

Um die Vielfalt aufzuzeigen, seien einige Namen solcher spezieller Richtlinien genannt. Übersicht in [1.11]:

- AD-Merkblätter
- Allianz-Merkblätter
- Arbeitsstätten-Richtlinien
- DASt-Richlinien
- DKIN-Empfehlungen
- DV Deutsche Bundesbahn-Vorschriften
- DVWG-Arbeitsblätter
- Rechts- und Verwaltungsvorschriften der Länder
- SEB Stahl-Eisen-Betriebsblätter
- TRD Technische Regeln Druckbehälter
- VDMA-Einheitsblätter
- VGB Unfallverhütungsvorschriften

Werknormen

Untersuchungen von Rieß [1.13] haben gezeigt, daß bei einem größeren technisch-medizinischen Gerät von den Einzelteilen nur 55 % Normteile sind. Er zeigte auf, daß solche Geräte deutlich preisgünstiger hergestellt werden könnten, wenn eine interne Normung vorgenommen würde.

Eine interne Normung ist mit relativ geringem zeitlichen und finanziellen Aufwand durchzuführen. Solche Normen werden Werknormen genannt.

Werknormen sind aber nicht nur Festlegungen von technischen Beschreibungen spezieller, unternehmenstypischer Betrachtungseinheiten, sondern auch eine Auswahl aus dem „Angebot" der DIN-Normen.

Beispiel: Die DIN-Norm über die Staffelung der Maße ist so umfangreich, daß ein Unternehmen nicht alle diese Maße von Schrauben verwenden muß. Beschränkungen ergeben sich aus dem Fertigungsprogramm. Vom Konstrukteur bis zur Lagerhaltung würde hier eine Beschränkung zu Kostenreduzierungen führen. Die Schaffung einer Werknorm wäre geboten.

Literatur zu 1

1.01 Müller, K.: Management für Ingenieure, Berlin; Heidelberg; New York: Springer 1988

1.02 Bessai, B.: Eine Analyse des Begriffs Management in der deutschsprachigen betriebswirtschaftlichen Literatur, ZfbF (26), S. 353–362, 1974

1.03 Klapp, E.: Apparate-und Anlagentechnik, Berlin; Heidelberg; New York: Springer 1980

1.04 Männel, W.: Wirtschaftlichkeitsfragen der Anlageninstandhaltung, Wiesbaden: Gabler 1968

1.05 DIN 31051 Instandhaltung, Begriffe und Maßnahmen, Berlin: Beuth

1.06 VDI-Richtlinie 2895 (Entwurf Dez 1989), Berlin: Beuth

1.07 Statistisches Bundesamt (Hrsg.), Statistische Jahrbücher der Bundesrepublik Deutschland 1977-1992, Mainz; Stuttgart: Kohlhammer; Stuttgart: Metzler-Poeschel

1.08 DIN 40150 Begriffe zur Ordnung von Funktions- und Baueinheiten, Berlin: Beuth

1.09 Verband der Chemischen Industrie (Hrsg.), Arbeitsergebnisse der Arbeitsgruppe Ersatzteillagerhaltung des technischen Ausschusses, Frankfurt: VCI 1968

1.10 Klein, M.: Einführung in die DIN-Normen, Stuttgart: Teubner; Berlin; Köln: Beuth 1993

1.11 DIN-Katalog für technische Anlagen, Berlin; Köln: Beuth 1992

1.12 VDI Handbücher, Berlin; Düsseldorf: VDI-Verlag und Beuth

1.13 Rieß, G.: Schwerpunkte praxisnaher Normung, Siemens 1974

2 Erstellen von Anlagen

Es kann und soll nicht Zweck dieses Buches sein, jede Phase des Lebensweges einer Anlage *detailliert* zu beschreiben. Die Anlage und das Erzeugnis, das mit ihr produziert werden soll, entstehen zuerst im Kopf von Forschern und Entwicklern. Daran schließen sich wesentliche Entscheidungen über die künftige Wirtschaftlichkeit solcher Überlegungen an. Sie bilden den Ausgangspunkt der Phasen Planung, Projektierung, Beschaffung, Errichtung. Die angestrebte Phase Betrieb soll dann die Richtigkeit aller vorangegangenen Phasen bestätigen.

Für die Durchführung der technischen und betriebswirtschaftlichen Aufgaben jeder einzelnen Phase eines Anlagen-Lebens gibt es Fachleute und ausreichend Literatur.

Dem noch etwas im Detail hinzuzufügen wäre vermessen. *Einem* Autor ist das auch schon deshalb nicht möglich, da heutzutage die Fachkompetenz für *alle* Lebensabschnitte kaum in einer Hand liegen kann.

In diesem Kapitel soll einem für das Anlagenmanagement Verantwortlichen aufgezeigt werden, was während dieser Phasen alles geschieht und wie er – sollte er Gelegenheit dazu haben – schon in sehr früher Zeit auf künftige Dinge Einfluß nehmen kann.

Es gibt eine Reihe beachtenswerter Erkenntnisse auf die das Anlagenmanagement in den Forschungs- und Entwicklungsabteilungen (2.2), in betriebswirtschaftlichen Entscheidungsstellen (2.3), in den Konstruktions-und Projektierungsbüros (2.4), bei der Beschaffung (2.5) und während der Errichtung und Montage (2.6) *im Hinblick auf seine künftigen Aufgaben* auf seine Forderungen hinweisen kann.

Obwohl Anlagen für Fertigung oder für Dienstleistungen sehr unterschiedlich sind, soll in diesem Kapitel versucht werden, das Wichtigste in allgemeingültiger Aussage herauszustellen.

Wie schon in Bild 1.3 gezeigt, soll der Anlagenmanager weder der Spezialist, noch der Universalist sein. Er soll für seine berufliche Tätigkeit Anregungen, Hinweise und Unterstützung finden.

2.1 Möglichkeiten der Gesamtabwicklung

Bei der Abwicklung einer Anlagenerstellung gilt es zu beachten, daß es recht unterschiedliche Möglichkeiten gibt, dem künftigen Anlagenmanagement eine bestimmte Aufgabe zuweisen.

Generelles Ziel wäre es, sich darum zu bemühen, daß viele *betriebliche* Gesichtspunkte, die von den Spezialisten in den einzelnen Phasen übersehen werden, Berücksichtigung finden.

Es steht außer Zweifel, daß nicht nur beim Menschen, sondern auch bei Anlagen Vorsorgemaßnahmen für das spätere Leben wichtig sein können.

Welche Kompetenzen das Anlagenmanagement erhalten sollte und wie groß sein Einfluß sein könnte, zeigen folgende Möglichkeiten:

– Mitwirkung in einem Kontrollgremium des Unternehmens bei Gesamtabwicklung durch Dritte
– Mitwirkung in einem unternehmensinternen Projektteam ohne größere Kompetenzen bei Gesamtabwicklung im Unternehmen
– Aktive Mitwirkung in einem unternehmensinternen Projektteam bei Gesamtabwicklung im Unternehmen
– Verantwortung für das Projekt, unter Beteiligung anderer Fachleute, bei Gesamtabwicklung im Unternehmen

Eine in Erstellung befindliche Anlage wird häufig als Projekt bezeichnet.

Die Art der Abwicklung von Projekten ist von ihrer Größe abhängig .

Großprojekte (Größenordnung > 50 Mio DM)
Die Möglichkeiten der Gesamtabwicklung im Unternehmen sind geprägt von den freien Kapazitäten an kompetenten Mitarbeitern für die einzelnen Phasen. Großunternehmen haben oftmals solche Kapazitäten, um Großprojekte selbst abzuwickeln. Die Entscheidung darüber, ob ein Projekt im eigenen Hause abgewickelt wird hängt *auch* von der Frage ab,

– ob eigenes Know-how vorhanden ist oder ob Lizenznahmen nötig sind
– ob die mittelfristige Personalstandsentwicklung solche nicht alltäglichen Abwicklungen zuläßt
– ob Know-how samt zeitlichem Vorsprung gehalten werden soll.

Bei mittleren oder gar kleineren Unternehmen dürfte bei dieser Größenordnung ein Dritter (Anlagenbau-Unternehmen, Lizenzgeber oder ein Konsortium) infrage kommen).

Mittelprojekte (Größenordnung 5 - 50 Mio DM)
In diesem Bereich werden oftmals die Konstruktions- und Projektierungsarbeiten im Haus, hingegen die Bau- und Montagearbeiten von Dritten abgewickelt. Die Bau- und

Montagearbeiten werden von einer abwickelnden Stelle im Unternehmen gesteuert und koordiniert.

Kleinprojekte (Größenordnung < 5 Mio DM)
Diese Projektgröße hat man oft bei Anlageerweiterungen oder -änderungen. Oder - da wir den Anlagenbegriff sehr weit gefaßt haben - bei Erstellung oder auch nur Kauf einer kleinen Anlage.
Die Abwicklung erfolgt fast ausschließlich im Hause.
Bei diesen Projekten ist zu empfehlen, und viele Unternehmen tun dies auch, die Verantwortung *mit aktiver* Beteiligung in die Hand des Anlagenmanagements zu legen.
Projektierungsarbeiten solcher Projektgröße sind meist nicht so umfangreich, daß sie von Spezialisten ausgeführt werden müßten. Die Montage führt oft eine Mannschaft aus, die sich aus eigenen Mitarbeitern und Dritten zusammensetzt. Allerdings sind hier die Spielräume groß.
In kleinen bis mittleren Unternehmen werden oft die Berufsgruppen der Instandhaltung (Schlosser, Elektro- , Meß- und Regelberufe) für kleinere Projekte in Anspruch genommen. Deren Kapazitäten zusammen mit vorhandenen anderen Berufsgruppen bestimmen das Maß der Vergabe an Dritte.

2.2 Forschung und Entwicklung

In den seltensten Fällen wird ein Erzeugnis entwickelt, das so neu ist, daß es für seine Herstellung nicht schon erprobte Verfahren oder Verfahrens-Stufen gäbe. Entwicklungen sind meist Weiterentwicklungen. Dadurch stehen dem Entwickler aus einem Rückkopplungsprozeß sehr viele Informationen für die Arbeiten an einem neuen Erzeugnis zur Verfügung.
Gemeint sind nicht nur Informationen bezüglich des Erzeugnisses oder der erforderlichen Verfahrenstechnik, sondern auch bezüglich der Anlagenbelange.
Dieser Rückkopplungsprozeß, wenn auch nur in kleinem Umfange, wäre für das Unternehmen vorteilhaft. Es könnte bereits in einer sehr frühen Phase die Verfahrenstechnik und die Erzeugnisgestaltung auf Gesichtspunkte des Betriebes, besonders aber auf die der Instandhaltung eingehen.
Für die Fertigungsverfahren werden schon in der Forschungs- und Entwicklungsphase Alternativen untersucht, um ein Optimum aus Einsatzproduktkosten, Mitteleinsatz, Energieverbrauch, Personaleinsatz, Umweltbelastung usw. zu finden.
Für das Anlagenmanagement gibt es eine Fülle von Einflußnahme-Möglichkeiten, die für den späteren Betrieb wichtig sind.
Eine Methode zur Auffindung von Problemen in der Frühphase der Anlagenerstellung ist die Wertanalyse mit der sog. Wertgestaltung (value engineering) [2.01],

Hoffmann [2.02] und DIN 69910 [2.03]. Andere Methoden sind FMEA, FMEU und die REFA-6-Stufenmethode.

Einflußnahme-Möglichkeiten

Die wichtigsten Funktionen, auf die das Anlagenmanagement Einfluß nehmen kann, sind

– Betrieb
– Instandhaltung
– Qualitätssicherung

Themen zur verfahrenstechnischen Optimierung sollen ausgeklammert bleiben.

Belange des Betreibens

– keine Anwendung von Verfahrensschritten, die nicht ausgereift oder nicht bewährt sind
– möglichst keine Prozesse in Aggregatzuständen, die z.B. zu Verschleiß, zu Verstopfung führen und damit Instandhaltungsaufgaben erfordern
– keine Wahl von Verfahrensschritten, die schwer herstellbare, teure und schwer beschaffbare Werkstoffe, Bauteile oder Bauelemente verlangen
– keine Ausstattung mit zuviel Meß- und Regelprozessen (Übersteuerung)
– keine zu hohen Genauigkeits-Forderungen an Verfahrensdaten während des Prozesses
– stets Puffermöglichkeiten zwischen einzelnen Verfahrensschritten

Beispiel:
Ein chemischer Verfahrensschritt, der zwei Reaktanten in einer Apparatur zusammenführt, ist leichter zu führen, wenn die Reaktanten zwei Flüssigkeiten sind, anstelle einer Flüssigkeit und einem Festkörpern (Maische). Die Maische wird nicht nur zu Absetzungen und Verstopfungen neigen, was zu Reinigungsschritten führen kann, sondern die durchströmten Rohre und Apparate werden deutlich stärker verschleißen, mit all seinen Folgen bezüglich Ausfall, Verfügbarkeitsminderung, Kosten für Instandhaltung insgesamt.

Belange der Instandhaltung

– Beachten, daß die Aggregatzustände von Medien unterschiedlich hohe Instandhaltungsaufwendungen erfordern (Gas und Flüssigkeiten weniger, als Feststoffe)
– Auswahl von Prozeßkomponenten (Auswahl von Maschinen und Apparaten erfolgt ja erst später) mit dem Ziel langer Lebensdauer und geringer Ausfallrate
– Festlegung von Zuverlässigkeitsanforderungen an diese Prozeßkomponenten

Belange der Qualitätssicherung (QS)

– keine unnötig hohen Genauigkeiten am Erzeugnis, die für die Funktionen nicht erforderlich sind (höhere Fertigungskosten, mehr QS und Instandhaltung)

– Verzicht auf vom Kunden nicht geforderte Erzeugnisqualität
– Festlegung von verfahrensabhängigen QS-Zwischenkontrollen

2.3 Investitionsentscheidung

Die Entscheidung zur Errichtung einer Anlage zur Herstellung eines Erzeugnisses oder zur Aufnahme einer Dienstleistung fällt meistens erst nach Vorliegen einer Vorplanung, die von der Konstruktion, mitunter in Zusammenarbeit mit der Entwicklung, ausgeführt wird.

Die Vorplanung wird ergänzt durch diverse Marktanalysen, durch die Prüfung der Genehmigungsfähigkeit von Anlagen und Erzeugnis und durch technische und betriebswirtschaftliche Untersuchungen und Berechnungen.

Bei diesen Berechnungen sind viele Annahmen zu treffen.

Die meisten davon sind - von Krisen abgesehen - mit einer gewissen Genauigkeit vorauszusagen, wie zum Beispiel

– Einkaufspreise von Rohstoffen, Zwischenprodukten und anderer Materialien
– Löhne
– Energiepreise
– Zins und Abschreibung
– Sonstige Kosten

Die Unterlagen für solche Voraussagen sind dem Material des Statistischen Jahrbuches [1.07] zu entnehmen. Dort werden in Form von Indizes (Bild 2.1) und von Absolutzahlen viele Informationen geboten. Über die Indizes der Vergangenheit läßt sich per Extrapolation eine einigermaßen verläßliche Vorausschau erreichen.

Weitaus schwieriger dürfte es sein, für das Erzeugnis den zu erzielenden

– Preis auf dem Markt

abzuschätzen.

Schätzung der Investitionskosten

Für die Abschätzung des mitunter wesentlichen Kostenblockes Abschreibung und Zins müssen in dieser Phase die ungefähren Investitionskosten ermittelt werden. Darüber hinaus sind die Investitionsmittel bereitzustellen.

Als Basis hierfür gibt es in dieser Phase ein Verfahrensschema, das aus den Ergebnissen von Forschung und Entwicklung entsteht. Mit diesem Schema kann eine ungefähre Kostensumme für die Einrichtungen und eine ungefähre über die baulichen Erfordernisse abgeschätzt werden.

Für die Ermittlung der Gesamtkosten ist es dann üblich, Erfahrungen über die prozentuale Aufteilung von abgewickelten Projekten zu nutzen und aus einem Kosten-

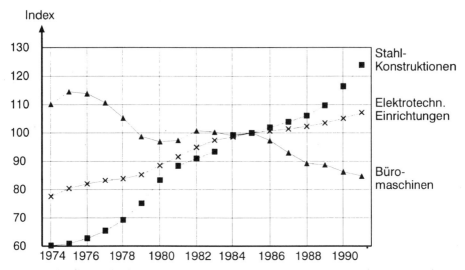

Bild 2.1 Indizes für verschiedene Preise von Erzeugnissen (1985=100)

block auf das Gesamtvolumen hochzurechnen. Basis ist meist der Kostenblock der maschinellen und apparativen Einrichtungen.

So sind beispielsweise in der Chemischen Industrie prozentuale Aufteilungen für die folgenden Kostenblöcke üblich

– Maschinen und Apparate
– Elektrotechnische Einrichtungen
– Meß- und Regeltechnische Einrichtungen
– Energietechnik
– Rohrleitungen, Rohrnetze
– Isolierung, Anstrich
– Heizung, Lüftung, Klima
– Gebäude, Sonstige Baulichkeiten
– Spezielle Einrichtungen
– Montagekosten
– Engineering
– Unvorhergesehenes

Schätzgenauigkeit

Mit einer groben Abschätzung der Maschinen- und Apparatekosten kann man somit auf die gesamten Investitionskosten schließen. Es ist sehr zu empfehlen, je nach Wissensstand einen ausreichend hohen Zuschlag (10 bis 30 %) für Unvorhergesehenes zu machen.

Dieser Schätzvorgang erfolgt in der Regel nicht in einem Durchgang, sondern führt in mehreren Schritten, teils auch in Wiederholungsschleifen, zum Ergebnis.

Es ist sicher so, daß in anderen Branchen ähnliche Kostenblöcke gebildet werden können.

Sollte einmal kein Zahlenmaterial von ähnlichen, bereits ausgeführten Anlagen zur Verfügung stehen, dann muß die Investitionsentscheidung zu einem späteren Zeitpunkt erfolgen oder man muß die Unsicherheiten bei der Betrachtung der Gesamtkosten berücksichtigen.

Hilfreich für solche Kostenschätzungen sind auch hier die Daten aus dem Statistischen Jahrbuch [1.07]. Ausschnitte aus dem Statistischen Jahrbuch sind – für diesen Zweck aufbereitet – in Anhang 10 zu finden.

In den Unternehmungen sind wegen der Unterschiedlichkeit der benötigten Anlagebestandteile eigene Kostenschätzungsstellen vorhanden. Durch deren spezielles Zahlenmaterial und Erfahrungen wird die Schätzgenauigkeit erhöht.

Das unsichere Maß an Gewinnerwartung wird durch den Umstand noch unsicherer, daß zwischen Entscheidung zur Errichtung der Anlage und dem ersten Verkauf des Erzeugnisses zwischen 2 und 4 Jahren, bei komplizierten Genehmigungsverfahren (z.B. Kerntechnik, Pharma, Pflanzenschutz) weit mehr Jahre vergehen. Wenn sich in dieser Zeit unerwartete Konkurrenz mit dem gleichen Erzeugnis auf den Markt begibt, womöglich noch mit Dumpingpreisen, dann kann eine ehedem getroffene Entscheidung sich sehr schnell als falsch herausstellen.

Bei den heute üblichen geringen Gewinnspannen kann eine zu optimistische oder zu ungenaue Investitionsrechnung gefährlich für das Unternehmen sein. Wenn die Erwartung eines Gewinnes unsicher ist, wird das Projekt gar nicht erst zur Ausführung gelangen.

Großeinflüsse führen schnell dazu, Anlagenprojekte aufzuschieben oder ganz aufzugeben. So waren es zum Beispiel vor Jahren die Ölkrise und tiefgreifende Rezessionen, die sichere Investitionsentscheidungen ins Gegenteil verkehrten.

Mitwirkungsmöglichkeiten

Man sollte an dieser Stelle die Frage stellen, in welcher Weise kann der künftige Anlagenmanager einen Beitrag leisten.

Das Anlagenmanagement kann in dieser Phase folgende Schätzungen durch seine Erfahrungen sicherer machen:

– *Schätzen der zu erwartenden jährlichen Instandhaltungskosten.* Hierzu gehören auch die Kosten für Verbrauchsmaterialien und Ersatzteile. Wenngleich die Instandhaltungskosten selten für solche Entscheidungen relevant sind, so liegen sie doch mitunter in einer Größenordnung (3 bis 12 % der Herstellkosten in einem chemischen Großbetrieb), daß sie in Grenzfällen eine Rolle spielen.

Richtwerte (aus der chemischen Industrie):
1) Instandhaltungskosten als erste Annahme mit 5 - 7 % / pro Jahr des erwarteten Umsatzes

2) Instandhaltungskosten ganz grob mit 3 % / Jahr (große, verfahrenstechnische einfache Einstranganlagen) bis 10 % / Jahr (kleinere, verfahrenstechnisch kompliziertere Anlagen, auch batch-betrieben) des Investitionsvolumens

3) Kosten für Redundanzen 5-15 % der Anlagenkosten, die sich aus dem ersten Verfahrensschema ergeben.

– *Schätzen der voraussichtlichen Verfügbarkeit*
Aus der Art des Fertigungs-/Dienstleistungsprozesses sind ihm ungefähre Größenordnungen des Ausfallverhaltens von Anlageteilen/Maschinen und Einrichtungen bekannt. Oftmals wird bei den Entscheidungsrechnungen die Auslastung und Verfügbarkeit vorgegeben, ohne daß die Vorgebenden abschätzen können, ob ihre Schätzung realistisch ist. Die Abschätzung der *Auslastung* kann nicht originär durch das Anlagenmanagement erfolgen, da dieses eine Frage von Soll-Leistung der Anlage *und* Verkaufserwartung ist. Das Anlagenmanagement könnte abwägen, ob eine gewünschte Auslastung überhaupt machbar ist. Dies ist unter Umständen an dieser Stelle schon möglich, wenn der Anlagenmanager Erfahrungen im Betrieb von Anlagen hat und in der Phase Forschung und Entwicklung beteiligt war.

– *Schätzen des voraussichtlichen Betriebs-Personalbedarfes* und damit der oft entscheidenden Personalkosten. Für diese Schätzung ist später meist noch eine Präzisierung nötig, da genaueres zu Arbeitsabläufen erst nach Konstruktion und Projektierung bekannt wird.

– *Schätzen der Ausstattung der Anlage mit Redundanzen*, die auch erst zu einem späteren Zeitpunkt *festgelegt* werden können.

2.4 Konstruktion, Projektierung

Will man Einrichtungen, Baugruppen und -elemente herstellen und verkaufen, muß man sie, bevor man sie fertigen kann, berechnen und gestalten. Diesen Vorgang wird künftig *Konstruktion* genannt.

Das Herstellen von *Anlagen* ist im Grunde der gleiche Prozeß, nur ist das Erzeugnis Anlage eine Summe von Einrichtungen.

Die Umsetzung der Berechnungsergebnisse ist die Gestaltung. Bei Baugruppen, Bauelementen und Einrichtungen findet sie am Brett, heute zunehmend am Rechner, mittels CAD statt.

Der Gestaltungsprozeß von Anlagen wird mit *Projektierung* bezeichnet.

Projektierung ist bei Anlagen eine Mischung aus einem rein technischen und einem organisatorischen Prozeß.

Berechnung, Konstruktion und Projektierung von Anlagen beginnt mit der *verfahrenstechnischen* Durcharbeitung der Prozesse. Darüber soll wegen der Vielfalt der Verfahren hier nicht weiter berichtet werden.

Daran schließen sich folgende Schritte an:

– Auslegung, Berechnung und Konstruktion von speziellen, neu zu konstruierenden Einrichtungen (z.b. Wirbelschicht-Reaktor)
– Auslegung und Auswahl aus Baureihen/Baugrößen von käuflichen, bereits konstruierten Einrichtungen (z.b. Pumpe, Motor, Armatur)
– Auslegung und Auswahl von käuflichen, vom Hersteller auszulegenden und zu fertigenden Einrichtungen (z.b. Kälteverdichter)
– Auslegung und Auswahl von Baugruppen/-elementen, welche die Einrichtungen verbinden (Rohre, Kabel, Fittings usw.) aus dem Angebot der Lieferanten
– Projektierendes Anordnen der erforderlichen Einrichtungen in den vorgesehenen Räumen (Gebäuden, Stahlgerüsten)
– Projektierendes Verbinden der vorgesehenen Einrichtungen
– Konstruktion und Projektierung der Hoch- und Tiefbauten

Der Markt bietet sowohl für Berechnung, Konstruktion und für Projektierung umfangreiche Literatur an. Es seien nur einige wenige genannt. In ihnen findet man ausreichende Hinweise für weitere Quellen.

Klapp, Apparate- und Anlagentechnik [2.04], Dolezalek-Warnecke, Planung von Fabrikanlagen [2.05], Frey, Plant Layout [2.06] Aggteleky, Fabrikplanung [2.07].

2.4.1 Konstruktion

Die Konstruktion tangiert das Anlagenmanagement insofern, als die Verfügbarkeit von Anlagen, Qualität und Menge der geforderten Erzeugnisse letztendlich von der Zuverlässigkeit seiner Bauelemente, -teile und Einrichtungen abhängt.

Der allgemein übliche Fall ist, daß für die Erstellung einer Anlage in erheblichem Umfang „fertige" Einrichtungen, wie zum Beispiel Motoren, Pumpen, Hydrauliksysteme, Telefongeräte, Bildschirme, Meßgeräte uam. von Lieferanten gekauft werden. Sie müssen so wie gekauft in der Anlage ihre Aufgabe erfüllen.

Das Anlagenmanagement hat so gut wie keine Möglichkeit, in diese fertigen Konstruktionen korrigierend einzugreifen.

Bei einer Reihe käuflicher Einrichtungen ist eine Einflußnahme möglich, nämlich dann, wenn diese Konstruktion prozeßbedingte Änderungen zuläßt (z.B. der genaue Durchmesser eines Kreiselpumpenlaufrades).

Die genannten Einflußnahmemöglichkeiten werden bereits bei der Berechnung berücksichtigt und später im Projektierungsschritt umgesetzt. Das Anlagenmanagement kann hier lediglich Fragen der Überdimensionierung, der Leistungssplittung zur Erhöhung der Zuverlässigkeit und ähnliche Gesichtspunkte zur Sprache bringen.

Die größte Möglichkeit der Mitgestaltung hat das Anlagenmanagement bei nicht direkt käuflichen, sondern speziell für den Bedarfsfall konstruierten Einrichtungen.

Verbesserungen durch Mitgestaltung des Anlagenmanagements

Es gibt auch bei ausgereiften Erzeugnissen des Marktes Möglichkeiten der verbessernden Weiterentwicklung. Dieser Prozeß wird von den Herstellern gewünscht. Er ist nur langfristig zu verwirklichen und bedarf einer systematischen Zusammenarbeit zwischen Hersteller/Lieferant und Käufer. Berechner, Konstrukteure und das mit ihnen zusammenarbeitendem Anlagenmanagement werden aber nur in wenigen aktuellen Bedarfsfällen ein in Serie gefertigtes Erzeugnis in ihrem Interesse verändern können.

Gänzlich anders sieht die Situation bei gestaltbaren Serien-Erzeugnissen (Stichwort Kreiselpumpe) und bei neu zu konstruierenden Einzel-Erzeugnissen (Stichwort Destillierkolonne) aus.

Im Pahl/Beitz [2.08] sind die Kriterien genannt, nach denen eine Konstruktion entstehen sollte. Das sind

- ausdehnungsgerecht
- beanspruchungsgerecht
- ergonomiegerecht
- fertigungsgerecht
- formänderungsgerecht
- formgebungsgerecht
- korrosionsgerecht
- kriech- und relaxationsgerecht
- montagegerecht
- normgerecht
- recyclinggerecht
- resonanzgerecht
- stabilitätsgerecht

Es fehlen bei Pahl/Beitz drei Gestaltungsrichtlinien, nämlich

- wartungsgerecht
- diagnose-/inspektionsgerecht
- instandsetzungsgerecht.

Oder ganz allgemein

- instandhaltungsgerecht

Eine Konstruktion kann nicht allen Richtlinien in vollem Umfang gerecht werden, denn einige stehen anderen kontraproduktiv gegenüberstehen.

Trotz dieser Erkenntnisse sollte eine Optimierung angestrebt werden, auch wenn Optimierungsüberlegungen von Unternehmen zu Unternehmen unterschiedlich ausfallen werden.

Die Interessen des Anlagenmanagements findet man in den Richtlinien nur in einigen Fällen berücksichtigt.

Die stärker werdende Bedeutung der Instandhaltung im Rahmen der Fertigung hat das Augenmerk auf die Gestaltungskomponente gelegt. So findet man folgende weiterführende Literatur:

van der Mooren, Instandhaltungsgerechtes Konstruieren und Projektieren [2.09], Lewandowski, Instandhaltungsgerechte Konstruktion [2.10], Schulz/Hagen, Instandhaltungsgerechtes Konstruieren von Fertigungseinrichtungen [2.11] und Steinhilper, Instandhaltungseignung von Fertigungsanlagen [2.12].

Warnecke, Uetz [2.13] haben in einer Übersicht die Hilfsmittel des instandhaltungsgerechten Konstruierens (z.b. Wichtigkeit von Zugänglichkeit, Austauschbarkeit und Normung) herausgestellt.

Wie bereits oben ausgeführt, ist die Einflußnahme-Möglichkeit des Anlagenmanagements auf eine fertige Konstruktion gering. Es ist deshalb sinnvoll, sich den Einmalkonstruktionen zuzuwenden. Das Anlagenmanagement kann sich auf zwei Wegen mit den wichtigen Gestaltungsrichtlinien auseinandersetzen:

– In einem Abstimmungsprozeß zwischen Berechnung, Konstruktion und Anlagenmanagement wird über jede einzelne Einrichtung hinsichtlich Bedeutung und Gewicht der Gestaltungsrichtlinien befunden.
– Das Anlagenmanagement formuliert seine Wünsche in einem Pflichtenheft. Das ist aufwendiger, aber dafür wirksamer und breiter nutzbar.

Im folgenden werden einige Erfahrungshinweise aus der Sicht des Anlagenmanagements gegeben. Sie orientieren sich an den Begriffen von Pahl/Beitz.

beanspruchungsgerecht

Eine richtige Auslegung von Bauteilen sei vorausgesetzt.

Ermüdungs- und Alterungsvorgänge führen oft durch unzulässig hohe Spannungen und Schwingungsbeanspruchungen zu Brüchen. Letztere können ausgelöst werden durch nicht sachgemäßes Aufstellen von oszillierenden, aber auch rotierenden Maschinen. Die Übertragung von Schwingungen über Gebäudeteile, Rohrleitungen und andere Teile muß durch entsprechende Puffer, Kompensatoren o.ä. verhindert werden.

Das Auftreten von unzulässigen Spannungen ist oft nicht erkennbar. So können durch unsachgemäße Montage (z.B. an Rohrleitungen) oder durch thermische Beanspruchung unzulässige Spannungen entstehen. In Verbindung mit Schwingungen können Ermüdungsbrüche unangekündigt auftreten.

korrosionsgerecht

Auch hier sei vorausgesetzt, daß der für den Bedarfsfall geeignete Werkstoff ausgewählt wurde.

Auf zwei Möglichkeiten einer Schädigung sollte besonders geachtet werden. So z.B. auf die Korrosion in Gegenwart geringster Chloridmengen (Flußwasser) an unter

Spannung stehenden Bauteilen (Spannungsrißkorrosion) oder auf die Spaltkorrosion an konstruktiv bedingten Spalten.

verschleißgerecht

In gewissen Branchen ist der Verschleiß auch durch hochwertigste Werkstoffe nicht verhinderbar. Hier ist besonders die gute Auswechselbarkeit (Zugänglichkeit, Befestigung) der Bauelemente wichtig. Die Zeitdauer von Auswechselvorgängen kann die Verfügbarkeit und die Auslastung der Anlage stark beeinflussen.

normgerecht

Besonders interessiert hier die Frage nach der Auswechselbarkeit von Baugruppen oder Bauelementen (z.b. einer Gleitringdichtung oder eines Kugellagers). Wenn möglich, sollten auch genormte Einrichtungen (z.B. Motoren, Pumpen, Festplattenlaufwerke) eingesetzt werden. Für die Technische Materialwirtschaft im Unternehmen ist die Anwendung von Normen von großer finanzieller Bedeutung.

wartungsgerecht, inspektionsgerecht

Wartungs- und Inspektionsmaßnahmen werden häufig parallel ausgeführt. Diese Anforderungen werden deshalb auch gleichzeitig betrachtet.

Konstruktionen sollten es dem Personal ermöglichen, Maßnahmen möglichst während des Betriebes auszuführen. Dafür sind z. B. geeignete Anschlüsse für Diagnosegeräte anzubringen. Auch Vorrichtungen für Wartungsarbeiten (wie z.B. zugängliche Anschlüsse für Ölablaß und -zuführung) sollten vorhanden sein. Die leichte Zugänglichkeit der Betrachtungseinheiten für Auswechslung von Kleinteilen sollte gewährleistet sein.

Vielfach sind diese Probleme nur in Verbindung mit den Bauingenieuren und Architekten zu lösen. Zugänglichkeit ist eine Frage der Anlagengestaltung, der Gänge, der Zwischenräume in Höhe und Weite.

Nicht vergessen sei bei der Anordnung der Einrichtungen im Raum die Arbeitssicherheit.

montagegerecht

Die bei Pahl/Beitz genannte Gestaltungsrichtlinie, montagegerecht zu konstruieren, darf nicht so interpretiert werden, daß die *erstmalige* Montage kostengünstig bewerkstelligt werden kann. Für das Personal in den Betrieben ist die *zweite* viel wichtiger, nämlich die für die erste Instandsetzung.

instandsetzungsgerecht

Marktgängige Einrichtungen unterliegen fast immer einem permanente Preiskampf. Konstruktionen von Einrichtungen werden deshalb häufiger nach dem Gesichtspunkt *montagegerecht* als nach dem Gesichtspunkt *instandsetzungsgerecht* ausgeführt.

Preissenkungen von marktgängigen Einrichtungen können mit Hilfe der Wertanalyse aufgefangen werden. Es wäre nachteilig, wenn für weitere spätere Preissenkungen auch der Instandsetzungsgerechtigkeit nicht in ausreichendem Maße gedacht würde. Bei neu konstruierten Einzelerzeugnissen ist dieses Phänomen nicht in gleichem Maße zu beobachten.

Beispielsammlung

In der folgenden Zusammenstellung sind noch einige Beispiele für die Berücksichtigung der Belange des Anlagenmanagements genannt, die in viele Konstruktionen aus dem Maschinenbau, dem Apparatebau, der Montagetechnik und ähnlicher Branchen einfließen können.

Belange des Anlagenmanagements	Lösungsmöglichkeiten
Minimaler Zeitaufwand und Arbeitssicherheit bei Wartungsarbeiten	Anordnung von freien Durchgängen, fest installierten Podesten und Treppen oder Leitern.
Verfügbarkeit und minimale Bestände an Ersatzteilen , Hilfs- und Betriebsstoffen	Verwendung von Werknormen oder anderer Normen
Sicheres und kostengünstiges Transportieren von Einrichtungen im Zusammenhang mit Instandsetzungen	Vorsehen von Ösen, Laschen, Verstärkungen usw. für Hebe- und Transportmittel
Einfaches Öffnen von Apparaten und Maschinen, in denen betriebsbedingte Ablagerungen entstehen können.	Schnellverschlüsse, Reinigungsöffnungen, Halterungen für Deckel
Erzielen von reproduzierbaren Diagnosewerten bei wiederholenden Messungen	Direkt eingebaute Diagnose-Sensoren oder Anbringungsmöglichkeiten für Sensoren
Einfache und sichere Demontier- und Montierbarkeit von Einrichtungen, Baugruppen und Bauelementen	Zugänglichkeit für Werkzeuge sicherstellen, Keine Spezialwerkzeuge, keine Schnappverschlüsse zulassen, die Erstmontage ermöglichen
Verschleißteile sollen leicht auswechselbar sein, Verwerfen von Verschleißteilen minimieren	Die Funktion von Baugruppen so teilen, daß das verschleißende Teil leicht ersetzt, das tragende Teil erhalten werden kann (Welle und Wellenschutzhülse)

Bestimmte Eigenschaften von Betrachtungseinheiten, die dem Anlagenmanagement wichtig sind, werden von den verschiedenen Herstellern unterschiedlich berücksichtigt. Einer stellt die Ergonomie in den Vordergrund, ein anderer die Normungsgemäßheit, ein dritter die Montagefreundlichkeit.

Beispiel:
Wenn ein Lämpchen zur Anzeige des Stereoempfanges an dem Tuner eines renommierten europäischen Geräteherstellers erst dann ausgetauscht werden kann, wenn man das ganze Gehäuse des Gerätes demontieren muß, dann hat keiner an die Belange der Instandhaltung gedacht.

Die Ausführungen von Konstruktionen werden dann einseitig ausfallen, wenn die Schwerpunkte, so wie sie der Hersteller setzt, vom Nutzer keine Einsprüche erfahren.

Das Anlagenmanagement kann durch seine Anregungen und Wünsche an die Konstruktion dazu beitragen, daß Einrichtungen entstehen, die sowohl für den Hersteller/Lieferant, als auch für den Nutzer ein Optimum darstellen..

2.4.2 Projektierung

Arbeitsteiligkeit

Die Phase Projektierung ist in manchen Unternehmen organisatorisch von der Phase Konstruktion getrennt. Diese Trennung ist jedoch nur dann sinnvoll, wenn der Umfang der Projekte groß ist. Das Ziel der Arbeitsteiligkeit ist meist wirtschaftlicher Art.

Ebenso ist die Arbeitsteiligkeit mit der nachfolgenden Funktion der Beschaffung zu sehen. Die Projektierung wird alle Vorbereitungen treffen, die für einen wirtschaftlichen Beschaffungsvorgang erforderlich sind.

Zielsetzung

Hauptaufgabe der Projektierung ist die Auslegung aller Einrichtungen. Diese sind im Raum anzuordnen und die miteinander zu verbinden. Dazu kommen die Festlegungen der sich daraus ergebenden Anforderungen an die Hoch- und Tiefbauten, an die Infrastruktur.

Konstruktion und Projektierung der Hoch- und Tiefbauten selbst sind ein zeitlich nachlaufender Vorgang, da er auf den Projektierungsergebnissen für die Anlage aufbaut.

Schließlich ist es Aufgabe der Projektierung, die Vorbereitungsarbeiten für die Beschaffung durchzuführen.

Belange des Anlagenmanagements

Das Interesse muß sich jetzt auf die Gesichtspunkte richten, die in dieser Phase der Anlagenerstellung abschließend berücksichtigt werden müssen. Fast alle wurden bereits in früheren Phasen angesprochen. Es konnten aber nicht alle Belange des Anlagenmanagements umgesetzt werden, da der Realisierungszeitpunkt noch nicht gegeben war.

Aufgabe des Anlagenmanagements in dieser Phase sollte sein, Wünsche und aus Erfahrung gewachsene Forderungen an die Projektierung heranzutragen, welche die Erreichung folgender Ziele unterstützen:

– minimale Herstellkosten des Erzeugnisses
– geforderte Verfügbarkeit der gesamten Anlage

– vorgegebene Qualitätskriterien
– Anforderungen an Anlagen- und Umweltschutz

Im weiteren werden einige wesentliche Themenschwerpunkte vertieft, welche die Erreichung der genannten Ziele unterstützen.

2.4.2.1 Einfluß der Normung

Aufgabe der Beschaffung ist es, kostengünstig einzukaufen. Das ist dann möglich, wenn die Projektierung in allen technisch möglichen Fällen genormte Betrachtungseinheiten vorsieht. Je höher die Verbindlichkeit der Normung anzusetzen ist (günstig ist die IEC-Norm, nicht so sehr eine Werknorm), um so besser.

Die Beschaffung kann dann die einzukaufenden Dinge bei mehreren Herstellern/Lieferanten anfragen, die Angebote sorgfältig vergleichen und den günstigsten Anbieter auswählen.

Das sorgfältige Vergleichen von angebotenen Betrachtungseinheiten, die mittels Norm *technisch exakt* beschrieben sind, beschränkt sich dann auf Preis, Lieferzeit und sonstige Konditionen.

Norm-Baugruppen, Norm-Bauelemente

Schrauben, Rohre, Dichtungen, Kabel, Schalter, Verbindungs- und Befestigungselemente, aber auch Wälzlager, Manometer und vieles anderes mehr sind weitgehend genormt. Der Einsatz ist hier die Regel und nicht problematisch.

Zu bedenken ist allerdings, daß die Normreihen eine sehr feine Staffelung aufweisen. Im Hinblick auf die künftige Vorhaltung von technischen Material als Ersatzteil, Reserveteil oder sonstigen Bedarf sollte innerhalb der Normreihen eine Auswahl definiert und vorgeschrieben werden.

Norm-Einrichtungen

Aus den vielen, schon mehrfach angesprochenen Gründen ist es der Wirtschaft gelungen, auch relativ komplexe Einrichtungen zu normen.

Damit die Wettbewerbsfähigkeit und die technische Entwicklung nicht behindert wird, wurden nur

– Leistungsdaten
– Grundabmessungen
– Werkstoffe
– Prüfungen

genormt und dem Hersteller für Details freie Hand gelassen.

So sind beispielsweise Norm-Pumpen (DIN 24255 Wasserpumpen, DIN 24256 Chemiepumpen), Gleitringdichtungen DIN 24960, Norm-Motoren oder Norm-Getriebemotoren untereinander austauschbar. Dies gilt jedoch nur für die *gesamte* Einrichtung, *nicht aber für Teile davon* .

Im folgenden sollen beispielhaft einige Kriterien, unter denen der projektierungsbegleitende Anlagenmanager die Anlagen-Projektierung betrachten sollte, genannt werden:

Tabelle 2.1: Beispiele von Möglichkeiten des Einflusses auf die Projektierung von Anlagen

Kriterien	Möglichkeiten des Einflusses auf Projektierung
Zahl vorzusehender Redundanzen	Wenn nicht bereits während der Entwicklungsarbeiten, dann sollten spätestens jetzt die Zuverlässigkeitsüberlegungen angestellt und die nötigenden redundanten Anordnungen festgelegt werden.
Gute Ablauforganisation bei Anfahr- und Abfahrvorgängen	Der Normalbetrieb ist meist gut durchdacht, seine zeitliche Steuerung wird oft durch den Prozeß bestimmt. Nicht so die Abläufe vor und nach einer Betriebsunterbrechung, gleich welchen Zweckes. (Man nutze die Erkenntnisse aus der Zeitwirtschaft.)
Festlegung Instandhaltungsstrategie	Die geforderte Verfügbarkeit bestimmt die Strategie. Je nachdem, welche Strategie festgelegt wird, sind die davon abhängigen Maßnahmen zu planen (W+I-Pläne, Technische Materialwirtschaft, usw.)
Qualitätssicherung	Nach den Regeln der QS sind möglichst viele QS-Schritte in den Prozeß so einzubauen, daß aufwendige abschließende QS-Schritte unterbleiben können. Hierfür sollten die nötigen Fertigungsunterbrechungen mit Puffermöglichkeiten vorgesehen werden. Auch die räumlichen Bedingungen sind zu schaffen.
Bereitstellung von Flächen für die Ausführung von Instandhaltungsarbeiten	Dies können abgetrennte Flächen innerhalb der Fertigungsbetriebe, aber auch getrennte Werkstätten sein. Es ist sinnvoll, zusammenarbeitende Berufsgruppen nahe zueinander anzuordnen (Maschinen, Elektro-Meß-Regel).
Zugänglichkeit für Mensch und sein Werkzeug	Die Anordnung von Einrichtungen zueinander (Ebenen und Höhen) ist – neben verfahrenstechnisch vorgegebenen Notwendigkeiten – so zu wählen, daß die Mitarbeiter/innen nach ergonomischen Gesichtspunkten, somit also effektiv und sicher, arbeiten können.
Zugänglichkeit für Transport- und Hebezeuge	Es ist grundsätzlich davon auszugehen, daß die zu einer Anlage gehörenden Einrichtungen oder deren Bauteile demontiert, abtransportiert (und umgekehrt) werden sollten. Um nicht mit aufwendig zu errichtenden Hilfsmitteln arbeiten zu müssen, sind entsprechende Hebe- und Transportmittel entweder gleich vorzusehen (Kran, Flaschenzug, Schwenkarm) oder zumindest so in der Anlage anzuordnen, daß mit beweglichen Hebe-und Transportmitteln (Autokran, Stapler, Fahrzeug) gearbeitet werden kann.

Tabelle 2.1: Fortsetzung

Kriterien	Möglichkeiten des Einflusses auf Projektierung
Vorbereitungsarbeiten für eine Technische Materialwirtschaft (Beispiele)	Normteile, Norm-Einrichtungen verwenden Standards innerhalb der Anlage bevorzugen Verschlüsselung Spezialersatzteile vornehmen Erstausstattung definieren Sicherheitsbestände vorschreiben,
Vorarbeiten für ein Wartungs-und Inspektionssystem (W+I)	Anforderung an Hersteller definieren W+I-Pläne aufstellen Inspektions-/Diagnosegeräte festlegen Tätigkeitszeiten definieren

2.4.2.2 Instandhaltbarkeit

Einrichtungen, die weder als ganzes noch in Teilen genormt sind, erfordern innerhalb einer zu errichtenden Anlage eine besondere Aufmerksamkeit. Da sie meist entweder ganz oder zumindest teilweise neu konstruiert werden, ist hier der Erfahrungswert von genormten und damit vielfach bewährten Teilen gering.

Es ist deshalb zu raten, daß Erfahrungen der Konstrukteure, der Projektierenden, der Hersteller *und* des Anlagenmanagements einfließen. Sie betreffen besonders Fragen zur *Instandhaltung*

Das bedeutet nun:

Das Pflichtenheft zur Beschreibung einer Nichtnorm-Einrichtung sollte Forderungen an der Hersteller enthalten, die den Gesichtspunkt Instandhaltbarkeit berücksichtigt.

Bei der Entscheidung über den günstigsten Anbieter ist nicht der Kaufpreis, sondern es sind die künftigen Instandhaltungs- *und* die Ausfallkosten, maßgebend.

Von Interesse wäre es, mit den Lieferanten Vereinbarungen über die Instandhaltbarkeit zu treffen. Dies ist, von Ausnahmen abgesehen, noch nicht möglich.

Die Frage, die zwischen allen Beteiligten abzuklären ist, lautet:

Welche zu beschaffende Einrichtung hat bei sonst gleichen Bedingungen (Pflichten gemäß Pflichtenheft, Preis, Lieferzeit usw.) später die minimalsten Instandhaltungs- und deren Folgekosten?

Diese Frage kann beantwortet werden, wenn man drei Angaben – mit ausreichend hoher Genauigkeit – machen kann:

- Häufigkeit des Ausfalles (Ausfallrate λ oder MTBF Mean Time Between Failure)
- Zeitlicher Umfang der Instandhaltung (Instandhaltungsrate μ oder MTTR)
- Kosten von bestimmten Instandhaltungsvorgängen

Bei der Angabe der Ausfallhäufigkeit ist man entweder auf Aussagen der Hersteller angewiesen oder man nutzt eigene Erfahrungen.

Die Dauer der MTTR (Mean Time To Repair) steht hier für die eines Anlagenstillstandes, sofern keine Redundanzen einsetzbar sind.

Aus der Kenntnis von Dauer eines Instandhaltungsvorganges und dessen Ersatzteilbedarf kann auch eine Ermittlung der Instandhaltungskosten erfolgen.

Wenn keine Werte über MTTR zur Verfügung stehen, genügt es, die Dauer bestimmter Instandhaltungsvorgänge durch Fachleute der Zeitwirtschaft kalkulieren zu lassen.

Noch besser, und in der Praxis bereits bewährt, ist es, vergleichbarer Arbeiten an den zu untersuchenden Betrachtungseinheiten auszuführen und die Dauer dieser Zeiten zu messen.

Beispiel
An sechs Norm-Pumpen wurde eine Zeitaufnahme durchgeführt, die folgende Arbeiten unter gleichen Arbeitsbedingungen umfaßten
– Demontage am Einsatzort von den angeschlossenen Einrichtungen (Rohren, Motor, Fundament)
– Zerlegen einer Pumpe bis zur Auswechselmöglichkeit der Welle
– Ersetzen der Welle
– Montage der Teile bis zur Wieder- Betriebsfähigkeit der Pumpe
– Druck- und Funktionsprüfung
– Montage am Einsatzort

Aus den Ergebnissen solcher Zeitaufnahmen lassen sich Kosten errechnen. Damit wird eine Wirtschaftlichkeitsrechnung möglich, in der mittels einer Kostengegenüberstellung geprüft werden kann, ob eine bessere Instandhaltbarkeit höhere Anschaffungskosten rechtfertigt.

Die beiden gegenüberzustellenden Kosten sind:

– *Zins und Abschreibung* über die erwartete Lebensdauer der zu vergleichenden Objekte
– *Instandhaltungskosten*, wenn ein Anlagenstillstand ausgelöst wird. (Bei redundanter Anordnung gelten andere Betrachtungen). Es wird angenommen, daß die Betriebskosten (Energie, Bedienung, Hilfsmittel) bei den zu vergleichenden Einrichtungen gleich sind

Die Ausfallkosten übertreffen meist die Instandhaltungskosten um ein Vielfaches. Im Falle einer Vergleichsrechnung kann man sie jedoch herauskürzen, da hier nur die Instandhaltbarkeiten von ansonsten gleichwertigen Einrichtungen angesprochen sind.

Bei Einzeleinrichtungen (Großmaschinen, Apparaten) hat man normalerweise keine redundante Anordnung vorliegen. Hier kann man so wie beschrieben vorgehen. Die Ermittlung der zu erwartenden Instandhaltungskosten und die der Ausfallrate ist zugegebenermaßen bei solchen Einrichtungen nicht einfach.

Anstelle von Zeitaufnahmen oder anderen Möglichkeiten der Ermittlung von Instandhaltungskosten kann man auch mit dem Instandhaltungsfaktor arbeiten.

Im Anhang 1 wird ein Beispiel aufgezeigt, in welcher Weise durch Vergleichsrechnung die Instandhaltbarkeit bei Projektierung und Beschaffung berücksichtigt werden kann.

Bewertung statt Vergleichsrechnung

Die Feinschätzung des Instandhaltungsfaktors f für eine auszuwählende Einrichtung bereitet heute noch Schwierigkeiten. Das wird in der Zukunft anders sein, wenn die Forschung und die Praxis mehr über die Zuverlässigkeit von Bauelementen wissen. Bis dahin müssen wir uns mit anderen Möglichkeiten zufriedengeben.

Diese findet man in Bewertungsmethoden. Sie werden in der oben genannten Literatur [2.09] bis [2.12] beschrieben und sollen deshalb hier nicht wiederholt werden.

Da Kriterien nicht *gleichwertig* anzusetzen sind, muß nach einer unternehmensinternen Abstimmung *vor* der Bewertung eine Gewichtung vereinbart werden. Diese führt dann zu einem Punktesystem. Mit ihm können die beteiligten Stellen eine Kaufentscheidung untermauern.

Bewertungskriterien sind:

– Zahl von Bauelementen in bestimmten Baugruppen
– Anteil von Norm-Bauelementen
– Ausfallverhalten wesentlicher Bauelemente
– Ersatzteilversorgung
– Ersatzteillieferbereitschaft über eine bestimmte Zahl von Jahren hinaus
– Ersatzteilpreise und deren zugesagte Steigerungen
– Allgemeiner Lieferantenservice

Beispiel : Tabelle 2.2. Kreiselpumpen-Baugruppen-Vergleich

Lagerung	Verhältnis von Abstand Laufrad bis Innenlager / Abstand Innenlager zu Außenlager Lagergröße bei Wälzlagern, Lagerart Lagerabdichtung nach innen und nach außen
Wellenabdichtung	Gleitringdichtung (Art, Werkstoffe, Entlastung) Wellenschutzhülse (ja oder nein, Werkstoff)
Gehäusedichtung	Art und Werkstoff (Flachdichtung, gekammert ja oder nein, O-Ring)
Achsschubausgleich	Art (Rückenschaufeln oder Entlastungsbohrungen) Spaltring (ja oder nein)

2.4.2.3 Ersatzteil-Versorgung

Während der Projektierung von Anlagen ist es nötig, Vorsorge für die Bevorratung von Ersatz- und Reserveteilen und um anderes technisches Material zu treffen. Es ist dabei gleich, ob die Technische Materialwirtschaft in der Verantwortung des Anlagenmanagements liegt oder nicht. Mit den Lieferanten von Einrichtungen sind Vereinbarungen über

– Lieferzeit der Einrichtung
– Dauer der Lieferfähigkeit der Ersatzteile
– Lieferzeit der Ersatzteile nach Auslauf der Fertigung der Einrichtung
– erforderlich gehaltenen Umfang eines Bestandes an Ersatzteilen
– Preise der Einrichtung und der Ersatzteile
– Preise und Preisstaffel der Ersatzteile nach Auslauf der Fertigung

vor allen Dingen der *spezielle* Ersatz- und Reserveteile zu treffen. *Genormte* Teile werden in der Regel nicht vom Hersteller der Einrichtungen bezogen.

Eine Basis für die Ersatz- und Reserveteilbewirtschaftung ist die DIN 24420, Teil 1 und 2 [2.14].

Vereinbarungen sollten in Lieferverträgen erfolgen, wonach die Einhaltung der DIN 24420 garantiert wird. Das Anlagenmanagement erhielte dann ausreichend hohe Sicherheit für die künftige Technische Materialwirtschaft und die Instandhaltung.

Manche Hersteller oder Lieferanten nehmen auf ihrem Gebiet eine Vorrangstellung ein. Hier kann die Lieferung einer Dokumentation mitunter nicht erzwungen werden.

In diesen Fällen und dort, wo der Lieferant nicht in der Lage ist, solche Listen zu erstellen, sollten andere Formen der Lieferung an Informationen über Ersatz- und Reserveteile vereinbart werden.

Eine schnelle, preisgünstige und technisch einwandfreie Technische Materialwirtschaft ist für eine Anlage unerläßlich.

2.4.2.4 Zeugnisse, Abnahmen

Zeugnisse

Die Notwendigkeit, für verschiedene Betrachtungseinheiten Zeugnisse/ Zertifikate erwerben zu müssen, hat zugenommen. Die Gesetzgebung zum Schutz von Menschen und Umwelt hat viele Anforderungen festgeschrieben, die zwar auch früher in hohem Maße erfüllt, aber nicht nachgewiesen werden mußten.

Die Aufforderung der Hersteller zur Bereitstellung von Zeugnissen wird von der Projektierung ausgelöst. Meistens ist es den Lieferanten bekannt, in welchen Fällen, Zeugnisse erstellt werden müssen. Er selbst muß in diesen Fällen seinerseits Zeugnisse von Vorlieferanten anfordern.

Zeugnisse fallen während oder am Ende des Fertigungsprozesses an. Es ist deshalb wichtig – und sollte stets vom Anlagenmanagement überprüft werden – daß diese Dokumente auch wirklich vorliegen.

Projektierungs- und Beschaffungsabteilungen werden sich nach Fertigstellung ihrer Aufgabe neuen Projekten zuwenden. Nicht vertragsgemäß beigestellte Zeugnisse verzögern die Fertigstellung einer Einrichtung.

Abnahmen

Für manche Maschinen, Geräte oder andere besonderen Einrichtungen können mit den Lieferanten Abnahmen vereinbart werden. Dies ist vor allem dort üblich, wo die im Pflichtenheft geforderten Leistungsdaten vor der Übernahme und Bezahlung überprüft werden sollen. Der Abnahmevorgang wird möglichst beim Hersteller erfolgen, damit Nachbesserungen leicht vorzunehmen sind.

Die Mitwirkung des Anlagenmanagements bei Abnahmen ist deshalb zu empfehlen, weil man dabei die entsprechende Einrichtung kennenlernt. Der Vorgang selbst ist meist rein technischer Art und wird je nach Vereinbarung aus einer Nachprüfung diverser Daten (Maße, Werkstoffeigenschaften, Leistungsdaten uam.) von den Spezialisten der Projektierung abgewickelt.

2.4.2.5 Dokumentation

Zu einer kompletten Dokumentation von Einrichtungen einer Anlage gehören folgende Unterlagen

- Schemata verschiedener Art
- Betriebsanweisungen, Bedienungsanleitungen, Sicherheitsanweisungen
- Zeichnungen
- Listen verschiedenster Art
- Zeugnisse, Prüfergebnisse
- Instandhaltungsanleitungen
- Wartungs/Inspektions-Listen (W+I-Listen)
- Ersatzteillisten
- Sonstige Unterlagen

Das Anlagenmanagement sollte sich konsequent darum bemühen, daß zum Zeitpunkt der Inbetriebnahme der Anlage zusammen mit den körperlich vorhandenen Betrachtungseinheiten auch die komplette Dokumentation über sie vorliegt.

Eine unvollständige Dokumentation kann während des Betreibens der Anlage Nachteile verschiedenster Art auslösen. Bei sicherheitsrelevanten Anlagen kann dies bis zur sofortigen Stillsetzung durch die Behörden führen.

Wenn zum Beispiel keine W+I-Pläne der Einzel-Einrichtungen geliefert werden, kann eine betriebliche W+I-Liste, die auf den Betrieb und seine diversen Belange zugeschnitten ist, nur mit sehr großem Aufwand angefertigt werden. Der Anlagenmanager muß durch Literaturstudium, durch Nachfragen bei den Lieferanten oder bei Kollegen, mittels eigener Erfahrungen mühsam einen Plan erstellen. Wenn er nur mit Annahmen beginnen kann, muß er diese später laufend korrigieren, um zu einem brauchbaren W+I-Plan zu kommen.

Eine Dokumentation wird für die verschiedensten Fälle im Laufe des Betreibens benötigt. Beispielsweise

- Betriebsanleitungen und Schemata
  zum Einweisen und Schulen des Personals.
  zur Klärung anstehender Fragen
  zur Präzisierung von Aufträgen mit ergänzenden Daten
  für Klärungen von Mängeln
- Zeichnungen
  für Prüfzwecke (TÜV, Eigenüberwachung, Behörden)
  für Instandsetzungsaufträge
  zum Analysieren von Schäden
  zum Besprechen und Vereinbarungen von Änderungen
  zur Vorbereitung von Maßnahmen jeglicher Art
  für Analysen von Qualitätsmängeln
- Zeugnisse
  für Prüfzwecke (TÜV, Eigenüberwachung, Behörden)
  für Instandsetzungen
- Wartungs-und Inspektionspläne
  für Terminplanungen der Durchführung
  für Personalkapazitätsplanung
- Sicherheitsanweisungen
  zur Vorbereitung aller technischen Maßnahmen an der Anlage, wie z.B. Demontagen, Instandhaltungs-Maßnhmen, Erweiterungen
- Ersatzteillisten
  zur Pflege der Technischen Materialwirtschaft

2.4.2.6 Verpackung, Anlieferung, Lagerung

Bei größeren Projekten kann die Zeit zwischen der ersten Lieferung und der letzten bis zu zwei Jahren betragen (in Extremfällen noch länger).

Die Montage wiederum beginnt bereits innerhalb dieser Lieferphase (Bild 2.2) und richtet sich nach den dafür notwendigen Gegebenheiten, wie

- Fortschritt der Hoch- und Tiefbauarbeiten
- Menge der zu montierender Einrichtungen und anderer Materialien auf der Baustelle
- Voraussetzungen der Erfordernisse an die Abfolge mancher Arbeiten
- Einsatz der maximalen maschinellen und personellen Kapazitäten auf der Baustelle

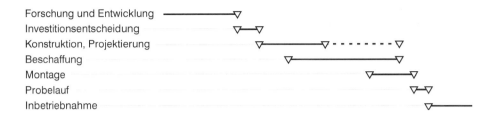

Bild 2.2 Verschachtelung der einzelnen Phasen der Anlagen-Erstellung

Für eine ordnungsgemäße Abwicklung der Montagearbeiten ist es notwendig, dafür Sorge zu tragen, daß

– jede Lieferung entweder so lange beim Lieferanten zurückgehalten wird, bis eine Montage auf der Baustelle sich unmittelbar anschließen kann oder
– jede Lieferung so verpackt und geschützt ist, daß sie notfalls bei Wind und Wetter über mehrere Monate hinweg auf der Baustelle liegen kann.

Besondere Beachtung verdienen Transporte, die mit besonderen Risiken verbunden sind (Schiffstransporte und längere Eisenbahntransporte mit Überschreitung von Landesgrenzen, Ver- und Umladenotwendigkeiten, die nicht unter der Aufsicht von Fachleuten erfolgen könnte, Feuchtigkeitsbeanspruchungen durch Meerwasser oder durch salzhaltige Luft uäm). Hier empfiehlt es sich, Spezialisten für Verpackung, Verladung, Trockenhaltung, Entleerung von Betriebsmitteln usw. hinzuziehen.

2.5 Beschaffung

In der vorangegangenen Phase wurden von Spezialisten die technischen Bestandteile der Anlage definiert, berechnet, ausgelegt, konstruiert, beschrieben. Es entstanden Listen von Einrichtungen (Maschinen, Geräte, Motoren Apparaten, Schalt-und Steuergeräten usf.), von den technischen Mitteln zu deren Verknüpfung (Rohre, Armaturen, Kabel, Schalter, usf.), von den Hoch-und Tiefbauten und dazu alle erforderlichen Beschreibungen (Zeichnungen, Berechnungen, Erläuterungen, Anforderungen, Zahlen usw.) Sie bilden die Basis der Beschaffung und aller weiterhin notwendigen Vorgänge.

In der Regel ist es Aufgabe von Einkauf oder Technischem Einkauf, die Funktion Beschaffung zu erfüllen. Diese besteht darin, dafür zu sorgen, daß die für die Errichtung der Anlage erforderlichen Materialien

– zum vorgegebenen Zeitpunkt
– am Ort der Montage
– kostengünstig eingekauft

zur Verfügung stehen. Hierbei sind die Zeiträume

- für Anfragen
- für Angebotsvergleich
- für diverse Genehmigungsvorgänge
- für meist nicht vermeidbare Änderungen
- für Terminverzögerungen, gleich welcher Seite
- für Abnahmen
- für Transporte

zu berücksichtigen.

In der Phase der Beschaffung sind auch die geforderten Vereinbarungen über die Dokumentation der jeweiligen Einrichtungen mit den Lieferanten zu vereinbaren.

Wenn irgend möglich, sollte das Anlagenmanagement auch in den Beschaffungsprozeß eingebunden sein.

Für das spätere Betreiben ist ein Mitwirkungsprozeß durch das Anlagenmanagement besonders empfehlenswert. Die Auswahl der Einrichtung orientiert sich an der günstigsten Instandhaltbarkeit.

In Anhang 1 wird ein Beispiel gebracht, in welcher Weise die Instandhaltbarkeit als Maßstab bei der Vergabe-Entscheidung herangezogen werden kann.

2.6 Errichtung und Montage

In dieser Phase der Anlagenerstellung sind eigentlich fast alle Entscheidungen gefallen, in die das Anlagenmanagement seine Erfahrungen und Wünsche hat einbringen können.

Wenn die Mitwirkung des Anlagenmanagements in den bisherigen Phasen der Erstellung von Anlagen nicht immer möglich war, so hat die Mitwirkung bei der Montage einen unschätzbaren Vorteil: Man lernt die Anlage vom ersten Spatenstich bis zur letzten Funktionsprüfung intensiv kennen; so intensiv, wie es bei späterer Verantwortungsübernahme nicht mehr möglich ist.

- Bei Bau und Montage von *Groß-Projekten* (>50 Mio DM) liegt die Gesamtverantwortung entweder in den Händen einer hauseigenen Abteilung oder bei sog. schlüsselfertiger Vergabe voll in den Händen eines Dritten. Hier ist der Aufgabenumfang im Regelfall zu groß, um vom künftigen Anlagenmanager ohne fachliche Unterstützung *verantwortlich* wahrgenommen werden zu können
- Bei *Mittel-Projekten* (>5 Mio DM) ist es üblich, die Abwicklung zwar in dem eigenen Unternehmen zu belassen, jedoch unter weitgehendem Einsatz Dritter. Auch hier wird die Mitwirkung des Anlagenmanagements nicht in einer verantwortlichen Leitung bestehen. Wenn doch, dann mit Unterstützung anderer Fachabteilungen oder Dritter.

– *Klein-Projekte* (< 5 Mio DM) sind häufig Erweiterungs- oder Änderungs-Projekte, die der Anlagenmanager mit organisatorischer und handwerklicher Hilfe seiner Mitarbeitern errichten und montieren kann.

Montageabwicklungen von größeren *Instandsetzungsprojekten* sind denen von Investitionen sehr ähnlich. Sie haben oft den gleichen technischen Charakter wie Investitionsprojekte.

In welcher Verantwortungshöhe sich das Anlagenmanagement auch befindet, es gibt eine Reihe von Aufgaben, bei denen es für eine reibungs- und fehlerarme Abwicklung einen Beitrag leisten kann:

– Kontaktpflege zu den Herstellern und Lieferanten
– Ausräumen von Unklarheiten, die in Pflichtenheften, Bestelltexten, Schemata, Zeichnungen usf. enthalten sind
– Terminverläufe mit einhalten helfen, besonders im Falle von Ersatz-Projekten an produzierender Anlagen
– Mithilfe bei der Vorabnahme und Endabnahme von Einrichtungen beim Hersteller und auf der Baustelle
– Mitwirkung bei der Festlegung von Prüfläufen (Wasserdruckprüfungen, Testläufe einzelner Einrichtungen)
– Wesentliche Gestaltung der Probeläufe zum Ende der Montage
– Durchführung von Probe-und Garantieläufen

Zum Ende der Phase Errichtung und Montage erfolgen Probeläufe, Testläufe einzelner Maschinen aller Verfahrensabschnitte und schließlich der ganzen Anlage. Diese Vorgänge sind so stark mit dem vorgesehenen Fertigungsverfahren verknüpft, daß die Verantwortung in der Regel beim Anlagenmanagement liegt. Diese Probeläufe sind Voraussetzung für eine Übernahme der vollen Verantwortung aus den Händen der Ersteller in die Hände der Betreiber der Anlage.

Literatur zu 2

2.01   VDI-Zentrum Wertanalyse (Hrsg.); Wertanalyse; Idee - Methode - System, Düsseldorf: VDI-Verlag 1991
2.02   Hoffmann, H.: Wertanalyse - die Antwort auf Kaizen, München: Langen-Müller/Herbig 1993
2.03   DIN 69910 Wertanalyse, Berlin: Beuth 1987
2.04   Klapp, E.: Apparate- und Anlagentechnik, Berlin; Heidelberg; New York: Springer 1980
2.05   Dolezalek, C. M., Warnecke, H.J.: Planung von Fabrikanlagen, Berlin; Heidelberg; New York: Springer 1981
2.06   Frey, S.: Plant Layout, München: Hanser 1975
2.07   Aggteleky, B.: Fabrikplanung, München;Wien: Hanser 1990
2.08   Pahl, G., Beitz, W.: Konstruktionslehre, Berlin; Heidelberg: Springer 1986
2.09   Mooren van der , A. L.: Instandhaltungsgerechtes Konstruieren und Projektieren, Berlin; Heidelberg: Springer 1991

2.10 Lewandowski, K.: Instandhaltungsgerechte Konstruktion, Köln: Verlag TÜV Rheinland 1985

2.11 Schulz, E., Hagen, U.; Instandhaltungsgerechtes Konstruieren von Fertigungseinrichtungen, Berlin: Beuth 1978

2.12 Steinhilper, R.: Instandhaltungseignung von Fertigungsanlagen , Köln: Verlag TÜV Rheinland 1989

2.13 Warnecke, H. J., Uetz, H.; Methoden und Hilfsmittel des instandhaltungsgerechten Konstruierens, VDI-Z 121 (1979) Nr. 22, S. 250-259

2.14 DIN 24420, Ersatzteillisten 9/76, Berlin: Beuth 1976

3 Verhalten von Anlagen

Die Erstellung einer Anlage ist ein Prozeß, der von der Phase Konzeption, Konstruktion, Projektierung über Beschaffung und Montage bis hin zur Übergabe an das Anlagenmanagement reicht. Die Verantwortlichen für die Phasen erwarten, daß eine Anlage nach Inbetriebnahme wie geplant ihren Dienst versieht, und das möglichst über viele Jahre.

Das sie dies nicht tut, wissen wir alle, denn Anlagen sind unvollkommen.

Der Grad der Unvollkommenheit ist nur mit großem Aufwand zu ermitteln. Für viele technische Bereiche gelingt dies nicht oder nur mit einem großen Unsicherheitsspielraum.

Es gibt jedoch ein elementares Bedürfnis, die Zuverlässigkeit der Bestandteile einer Anlage und erst recht die der ganzen Anlage zu kennen. Sicherheit der Anlage für Menschen und Umwelt, Erzielbarkeit von Menge und Qualität, Erreichen des Kostenziels sind nur einige dieser Wünsche.

Die Kenntnis, *warum* in Anlagen

– die vollen, gewünschten Ergebnisse nicht erbracht werden
– Teile oder gar die gesamte Anlage ausfallen
– wesentliche Teile früher als vorgesehen ersetzt werden müssen

ist nicht oder nur in geringem Maße vorhanden.

Bei vielen Anlagen ist es nicht entscheidend, ob diese Kenntnisse vorhanden sind. Ein negatives Anlagenverhalten wird dem Betreiber nicht wichtig sein, wenn ihm keine wirtschaftlichen Nachteile entstehen.

Denken wir jedoch an Anlagen, bei denen die Sicherheit der Menschen (Flugzeug), der Umwelt (Kraftwerk), eine volle Einsatzbereitschaft (Waffen), eine unverzichtbar hohe Produktqualität (Herzschrittmacher) oder ein hoher Kapitaleinsatz der Investoren (PKW-Fertigungsstraße) im Vordergrund stehen, dann ist es unumgänglich, Zuverlässigkeit in Zahlen auszudrücken.

Die Zuverlässigkeit von Anlagen wurde bisher mit Begriffen oder Zahlen beschrieben, die nicht definiert und deshalb nur bedingt geeignet waren. Die Notwendigkeit, auch hier systematische Arbeit zu leisten, führte in den letzten Jahrzehnten zu beachtlichen Fortschritten.

Es wird versucht, aus der Zuverlässigkeitstheorie nur *soviel* und dieses so *einfach* (und damit nicht ganz wissenschaftlich präzise) zu bringen, wie es im Anlagenmanagement benötigt wird.
Dies sind die Themen:

– Zuverlässigkeit
– Überlebens- und Ausfallwahrscheinlichkeit
– Ausfall und Ausfallrate
– Instandhaltbarkeit
– Abnutzungsvorrat
– Redundanz
– Verfügbarkeit
– Schaden
– Schadensarten
– Schwachstellen
– Störungen

Wer sich im Rahmen seiner Tätigkeit *intensiv* mit den genannten Themen beschäftigen will oder muß, dem sei die nachstehend genannte Literatur empfohlen:
Birolino, Qualität und Zuverlässigkeit technischer Systeme [3.01], VDI-Handbuch Technische Zuverlässigkeit [3.02] , D.T. O´Connor, Zuverlässigkeitstechnik [3.03], Rosemann, Zuverlässsigkeit und Verfügbarkeit technischer Anlagen und Geräte [3.04], Autorenteam von MBB, Technische Zuverlässsigkeit [3.05], Bertsche und Lechner, Zuverlässigkeit im Maschinenbau [3.06].

3.1 Mathematische Grundlagen

3.1.1 Wahrscheinlichkeit

Anlagen, Einrichtungen und Baugruppen sind normalerweise technisch komplex. Die Komplexität ändert aber weder etwas an der Theorie, noch an der Nutzanwendung. Mit entsprechend hohem rechnerischem Aufwand sind auch komplexe Sachverhalte wiederzugeben.
Die Darstellung der Grundlagen soll an Bau*elementen* erfolgen.

Entwicklung
Die Wahrscheinlichkeitsrechnung hat sich in den 30er Jahren unseres Jahrhunderts mit Kolmogoroff zu einer wichtigen mathematischen Disziplin zur Untersuchung zufälliger Gesetzmäßigkeiten entwickelt.

Vor Kolmogoroff hat schon 1812 Laplace die Wahrscheinlichkeit als den Quotienten aus Zahl der „günstigsten" Fälle zur Zahl aller „möglichen" Fälle definiert.
Diese *Klassische Definition* ist gültig für alle Ereignisse, welche die gleiche Chance haben, einzutreten.

$$W(A) = \frac{g(A)}{m}$$

W = Wahrscheinlichkeit
g = Zahl der günstigsten Fälle
m = Zahl der möglichen Fälle

Beispiel:
Eine zu untersuchende Menge von gelieferten 100 Bauteilen enthält 96 gute und 4 defekte. Ein Bauteil wird herausgezogen. Wie groß ist die Wahrscheinlichkeit, daß dieses defekt ist?
Nach Laplace folgt: $W = 4/100 = 0,04$

Eine entscheidende Verbesserung der Definition wurde 1931 durch von Mises mit der *Statistischen Definition* erreicht. Sie berücksichtigt die Erfahrung, daß von auftretenden Ereignissen nicht alle die gleiche Chance haben. Das heißt in der Sprache der Wahrscheinlichkeitsrechnung, daß die relative Häufigkeit um einen Grenzwert schwankt und sich mit wachsender Zahl der Versuche diesem nähert.

$$W(B) = \lim_{n \to \infty} H(B) = \lim_{n \to \infty} b/N$$

H = relative Häufigkeit
b = Zahl der beobachteten Ereignisse
N = Zahl aller Ereignisse

Die Grenzwertdefinition wird dort angewendet, wo von einer großen Zahl von Versuchergebnissen ausgegangen werden kann.

Beispiel:
Beim Werfen einer symmetrischen Münze nach „Kopf" wird man bei einer geringen Zahl von Versuchen nicht das Ergebnis nach Laplace nämlich $1/2 = 0,5$ erhalten, sondern eines ,das zwischen 0 und 1 (theoretisch) liegt, in der Praxis zwischen 0,4 und 0,6 zunehmend nach 0,5 tendiert.

Kolmogoroff hat schließlich 1933 die *Axiomatische Definition* gefunden, die man auch als Ereignisalgebra oder Boolsche Algebra bezeichnet.

Regeln

Zur Berechnung der Wahrscheinlichkeiten von Ereignissen bedarf es nun einer Reihe von Regeln.

Die Wahrscheinlichkeitsmathematik unterscheidet zwischen *unvereinbaren, unabhängigen* und *beliebigen* Ereignissen. (Da auch hier in der Literatur die Sprachregelung nicht einheitlich ist, werden die Begriffe nach Birolini [3.01] verwendet).

(1) Zwei unvereinbare Ereignisse
Unvereinbar sind zwei Ereignisse, wenn das Eintreten des einen das des anderen *ausschließt* oder anders gesagt, wenn ein Ereignis *oder* das andere eintritt.

$$W(A \cup B) = W(A) + W(B) \qquad \text{Additionssatz}$$

Beispiel:
Eine Untersuchungsmenge von 100 Bauteilen enthält 3 mit Kurzschluß und 2 mit schadhafter Lötstelle. Wenn ein Bauteil herausgezogen wird, wie groß ist die Wahrscheinlichkeit, daß dieses defekt (Kurzschluß oder schadhafte Lötstelle) ist?
Aus der Gleichung folgt:
W(Bauteil defekt) = 3/100 + 2/100 = 5/100

(2) Zwei unabhängige Ereignisse
Unabhängig sind zwei Ereignisse, wenn die Wahrscheinlichkeit des Eintretens des einen keinen Einfluß auf die Wahrscheinlichkeit des Eintretens des anderen Ereignisses hat.

$$W(A \cap B) = W(A)W(B) \qquad \text{Multiplikationssatz}$$

Beispiel:
Ein aus zwei Bauteilen bestehende Baugruppe bedarf für seine Funktionsfähigkeit beider Bauteile. Der Ausfall des einen hat keinen Einfluß auf die Funktionsfähigkeit des anderen. Die Überlebenswahrscheinlichkeit des einen sei 0,7, die des anderen 0,9. Wie groß ist die Überlebenswahrscheinlichkeit der Baugruppe?
Nach obiger Gleichung gilt:
W(daß die Baugruppe überlebt) = 0,7·0,9 = 0,63

(3a) Beliebige Ereignisse, Additionssatz
Für das Eintreten von mindestens einem der beliebig verknüpftem Ereignisse gilt

$$W(A \cup B) = W(A) + W(B) - W(A)W(B)$$

Beispiel:
Zur Erhöhung der Überlebenswahrscheinlichkeit werden in einer Anlage zwei Maschinen in Redundanz, unabhängig von einander arbeiten (und ggf. ausfallen). Die Überlebenswahrscheinlichkeit jeder der identischen Maschinen ist 0,9. Wie groß ist die Überlebenswahrscheinlichkeit des gesamten Anlageteils?
Nach der Gleichung gilt:
W(daß die eine oder die andere Maschine überlebt) = 0,9 + 0,9 − 0,9·0,9 = 0,99

Der Additionssatz für beliebige Ereignisse läßt sich durch ein Näherungsverfahren auch auf n Ereignisse erweitern.

(3b) Beliebige Ereignisse, Multiplikationssatz
Für beliebige Ereignisse gilt

$$W(A \cap B) = W(A) \cdot W(B \,|\, A)$$

Beispiel:
Eine Lieferung von 100 Bauelementen enthält 95 gute und 5 defekte. Beim Herausnehmen von 2 Bauelementen ist

a) die Wahrscheinlichkeit zu ermitteln, mit der man kein defektes Teil
b) die Wahrscheinlichkeit, daß man genau ein defektes Teil

bekommt.

Lösung a): W (erstes Teil gut und zweites Teil gut) = (95/100)(94/99) = 0,902
Lösung b): W (genau ein Teil defekt) =W (erstes gut / zweites defekt)oder W (erstes defekt / zweites gut) = (95/100)·(5/99) + (5/100)·(95/99) = 0,096

Auch hier kann eine Erweiterung auf beliebig viele Ereignisse erfolgen.

3.1.2 Zufallsgrößen, Verteilungsfunktion

Wenn sich Ergebnisse zufällig bilden (z.B. die Zahlen 1 bis 6 beim Würfeln), dann spricht man von *Zufallsgrößen*. Die Wahrscheinlichkeiten, nach denen Ergebnisse entstehen, bezeichnet man kurz als *Verteilung* der Zufallsgröße. Zufallsgrößen sind z.B. die Zuverlässigkeit oder der Ausfall von Betrachtungseinheiten.

Verteilungsfunktion und Verteilungsdichte

Die Zufallsgrößen interessieren das Anlagenmanagement hinsichtlich der Abhängigkeiten von der Zeit.

Deshalb soll eine allgemeine Zufallsgröße und eine Verteilungsfunktion F(t) definiert werden, wobei im Praktischen die Zeit von t = 0 bis t = ∞ läuft.

Obwohl die Wahrscheinlichkeitsmathematik

– diskrete und
– stetige

Zufallsgrößen unterscheidet, soll im weiteren nur der in der praktischen Anwendung interessierende *stetige* Fall betrachtet werden.

Die Verteilung von Zufallsgrößen folgt der Gleichung

$$F(t) = \int_{0}^{t} f(t)\, dt \qquad\qquad \text{Verteilungsfunktion}$$

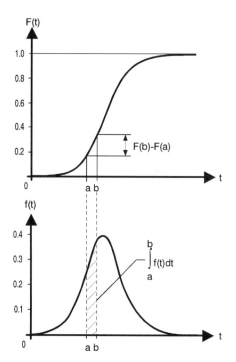

Bild 3.1: Zusammenhang zwischen Verteilungsfunktion und Verteilungsdichte (aus Birolini [3.01])

Wenn man die Funktion f(t) im Zeitraum 0 bis ∞ differenziert, erhält man die Gleichung

$$\int_0^\infty f(t) = 1 \qquad \text{Verteilungsdichte}$$

Die Verteilungsfunktion ist differenzierbar und es gilt dann

$$f(t) = \frac{dF(t)}{dt}$$

Der Zusammenhang der beiden Beziehungen ist in Bild 3.1 zu sehen

In Tabelle 3.1 sind die wichtigsten Verteilungsfunktionen und Verteilungsdichten der Zuverlässigkeitstheorie (entnommen aus Berolini [3.01]) zusammengestellt.

Im Anlagenmanagement wird vorwiegend mit der Normalverteilung (Gauß) und der Weibull-Verteilung gearbeitet. Letztere schließt auf einfache Weise die ebenso wichtige Exponentialverteilung mit ein.

Als abschließende Information aus der Wahrscheinlichkeitsmathematik soll noch auf die praktische Verwendung von Zufallsgrößen hingewiesen werden.

Tabelle 3.1: Verteilungsfunktionen (aus [3.01])

Name	Verteilungsfunktion $F(t) = \Pr\{\tau \le t\}$	Verteilungsdichte $f(t) = dF(t) / dt$	Wertebereich
Exponential	$1 - e^{-\lambda t}$		$t \ge 0$ $\lambda > 0$
Weibull	$1 - e^{-(\lambda t)^{\beta}}$		$t \ge 0$ $\lambda, \beta > 0$
Gamma	$\dfrac{1}{\Gamma(\beta)} \displaystyle\int_0^{\lambda t} x^{\beta-1} e^{-x} dx$		$t \ge 0$ $\lambda, \beta > 0$
Chi-Quadrat (χ^2)	$\dfrac{\displaystyle\int_0^t x^{(v/2)-1} e^{-x/2} dx}{2^{v/2}\, \Gamma(v/2)}$		$t \ge 0$ $v = 1, 2, \ldots$ (Freiheitsgrade)
Normal	$\dfrac{1}{\sigma\sqrt{2\pi}} \displaystyle\int_{-\infty}^t e^{-\frac{(x-m)^2}{2\sigma^2}} dx$		$-\infty < t, m < \infty$ $\sigma > 0$
Logarithmische Normalverteilung (Lognormal)	$\dfrac{1}{\sqrt{2\pi}} \displaystyle\int_{-\infty}^{\frac{\ln(\lambda t)}{\sigma}} e^{-x^2/2} dx$		$t \ge 0$ $\lambda, \sigma > 0$

Numerische Kenngrößen

Für die Bedürfnisse des Anlagenmanagements genügen meist Anhaltswerte oder Durchschnittswerte. Häufig ist auch nicht genügend statistisches Material vorhanden, was zu einer höheren Genauigkeit, d.h. zu einem eindeutigen Verlauf in Abhängigkeit von der Zeit führen würde.

Deshalb verwendet man die folgenden Werte:

– *Mittelwert* (Erwartungswert)
– *Varianz*, das ist die Streuung einer Zufallsgröße um ihren Mittelwert (nutzt man im Qualitätswesen)
  Die Varianz wird wie folgt definiert

$$\mathrm{Var}[\tau] = \int\limits_{-\infty}^{+\infty} \left(t - E[\tau]\right)^2 f(t)\, dt$$

Tabelle 3.1: Fortsetzung

Ausfallrate $\lambda(t) = f(t) / (1 - F(t))$	$E[\tau]$	$Var[\tau]$	Eigenschaften
	$\dfrac{1}{\lambda}$	$\dfrac{1}{\lambda^2}$	Gedächtnislos $\Pr\{\tau > t + x_0 \mid \tau > x_0\} = \Pr\{\tau > t\}$ $\qquad = e^{-\lambda t}$
	$\dfrac{\Gamma(1+\frac{1}{\beta})}{\lambda}$	$\dfrac{\Gamma(1+\frac{2}{\beta}) - \Gamma^2(1+\frac{1}{\beta})}{\lambda^2}$	Monotone Ausfallrate (wachsend für $\beta > 1$ ($\lambda(0) = 0$, $\lambda(\infty) = \infty$), fallend für $\beta < 1$ ($\lambda(0) = \infty$, $\lambda(\infty) = 0$))
	$\dfrac{\beta}{\lambda}$	$\dfrac{\beta}{\lambda^2}$	$\tilde{f}(s) = \lambda^\beta / (s + \lambda)^\beta$; monotone Ausfallrate ($\lambda(\infty) = \lambda$), Erlang-Verteilung für $\beta = n = 2, 3, \ldots$
	ν	2ν	Gamma-Verteilung mit $\beta = \nu / 2$ und $\lambda = 1 / 2$ $F(t) = 1 - \displaystyle\sum_{i=0}^{\nu/2-1} \dfrac{(t/2)}{i!} e^{-t/2}$
	m	σ^2	$F(t) = \Phi(\dfrac{t-m}{\sigma})$ $\Phi(t) = \dfrac{1}{\sqrt{2\pi}} \displaystyle\int_{-\infty}^{t} e^{-x^2/2} dx$
	$\dfrac{e^{\sigma^2/2}}{\lambda}$	$\dfrac{e^{2\sigma^2} - e^{\sigma^2}}{\lambda^2}$	ln τ ist normalverteilt

– *Modalwert, Quantil und Median.* Der Erwartungswert (Mittelwert) einer Zufallsgröße ist definiert als

$$E[\tau] = \int\limits_0^\infty (1 - F(t))\, dt = \int\limits_0^\infty R(t)\, dt$$

Diese Werte finden sich in Tabelle 3.1 wieder, wo sie sich aus praktischen Erwägungen mit Hilfe der Ausfallrate und anderer Faktoren errechnen lassen, die sich wiederum aus den Verteilungen bestimmter Wahrscheinlichkeitswerte ergeben.

3.2 Begriffe des Anlagenverhaltens

3.2.1 Ausfall

Beim Betreiben und Instandhalten von Anlagen wird der Begriff *Ausfall* viel verwendet; oftmals nicht unterschieden von den Begriffen *Störung, Schaden, Unterbrechung* uam.

Bei DIN 31051 [1.05] bzw. VDI/VDE 4001 (IEC 271) [3.10] wurde das anstehende Begriffsfeld definiert bzw. zusammengestellt. Die neueste, von DIN und VDE herausgegeben Begriffsnorm DIN 40041 [3.07] sollte deshalb für die hier zu verwendeten Begriffe herangezogen werden.

Als die geeignetste Definition erscheint dem Autor die nach IEC 271:

Ausfall (failure, defaillance)=Beendigung der Funktionsfähigkeit einer materiellen Einheit im Rahmen der zugelassenen Beanspruchung.

Der Ausfall betrifft die technischen Komponenten einer Anlage. Einen Ausfall aus organisatorischen oder personellen Gründen gibt es also nicht.

Die Unterscheidung verschiedener Arten von Ausfällen scheint im ersten Moment überflüssig. Für die Kommunikation zwischen Zuverlässigkeitsfachleuten und dem Anlagenmanagement sind jedoch die folgenden Unterscheidungen sinnvoll:

Nach DIN 40041 werden Ausfälle wie folgt unterschieden

– Betriebsphasen mit bestimmten Ausfallraten
  Frühausfälle, zu Beginn einer Betriebsdauer
  Betriebsphase mit konstanter Ausfallrate (Zufallsausfall)
  Spät-/Abnutzungsausfälle, zum Ende der Betriebsdauer
– Zeitlicher Verlauf des Ausfallprozesses
  Driftausfall
  Sprungausfall
– Beeinträchtigungsumfang des Ausfalles
  Teilausfall
  Vollausfall
– Ursache des Ausfalles
  entwurfbedingter Ausfall
  fertigungsbedingter Ausfall
  intermittierender Ausfall

Gleichwohl welche Art von Ausfall sich ereignet hat, gleichwohl wie der zeitliche, sachliche Verlauf stattgefunden hat oder auch welche Auswirkungen er hat, *das Ausfallver-*

halten von Anlagen oder seiner Teile *sollte permanent* ermittelt werden, *so weit, wie es die Wirtschaftlichkeit insgesamt gebietet.*

Eines Tages wird es eine solch ausreichende Menge an Informationen geben, daß man für die verschiedensten Fälle (Konstruktion, Beschaffung, Neubeschaffung oder Instandsetzung, uvm.) Entscheidungen rational treffen kann.

3.2.2 Instandhaltbarkeit

Ein Anlagenverhalten anderer Art ist die *Instandhaltbarkeit.*
Nach Birolini gilt

Instandhaltbarkeit = ein Maß für die Fähigkeit einer Betrachtungseinheit, funktionstüchtig gehalten werden zu können.

Wenn wir den mathematischen Ansatz übergehen, zeigt die praktische Anwendung, daß zwei Kennzahlen Mean Time To Repair MTTR und Mean Time To Preventive Maintenance MTTPM verwendet werden können, um die Instandhaltbarkeit zu erfassen.

Instandhaltbarkeit ist ein Maß, welches in großem Umfang nicht nur von technischen Einflüssen abhängt. So sind folgende Einflüsse von Belang:

- Organisation der Instandhaltung
- Ausbildungsstand und Ausrüstung des Instandhaltungspersonals
- Betrachtungseinheiten mit
    guter Zugänglichkeit (Überwachung, Justierung, Kalibrierung)
    reifer Ersatzteillogistik (Austauschbarkeit, Standardisierung)
    Instand*setzungs*freundlichkeit
    geeigneten Befestigungs- und Verbindungselementen
- Ausstattung mit Redundanzen

Für die Größe der Instandhaltbarkeit spielen organisatorische Gründe die Hauptrolle. Die Verfügbarkeit, eine in Konjunkturzeiten wichtige Kenngröße, kann vor allem durch die Höhe der Instandhaltbarkeit beeinflußt werden.

Zur Vermeidung von Mißverständnissen soll an dieser Stelle dem Begriff „instandhaltbar" noch der oft verwendete Begriff „instandhaltungsfreundlich oder instandhaltungsgerecht" gegenübergestellt werden. Wiewohl Birolini die Instandhaltbarkeit als einen Zeitbegriff, und damit in Zahlen ausdrückbar definiert, sind die anderen Begriffe in gleichem Sinne zu verstehen.

In den USA hat das Verteidigungsministerium Standards herausgegeben, in denen in ausführlicher Weise die Maintainability, ihre Definition, Wege der Ermittlung und ihre Anwendung festgelegt sind. Gemessen wird die Maintainability in man hours, d.h. in einem Zeitmaß. MIL STD 470 B [3.08] .

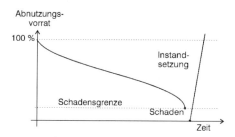

Bild 3.2: Abnutzungsvorrat mit Schadensgrenze

3.2.3 Abnutzungsvorrat

Im Zusammenhang mit der Erläuterung der Anlagenzustände Ausfall und Instandhaltbarkeit soll auf einen Zustand eingegangen werden, der nach langer Diskussion auf
Initiative von Renkes in die Norm DIN 31051 Instandhaltung, Begriffe [1.05] aufgenommen wurde.

Jedes Bauelement und jedes Konglomerat davon erhält bei seiner Herstellung ein bestimmtes Maß an Abnutzungsvorrat. Dieses Maß wird im Pflichtenheft festgelegt und
durch Fertigung und Montage erzielt.

Im Laufe der Anwendung/Nutzung des Bauelementes wird sich dieser Abnutzungsvorrat
nach einem, auf das Bauteil einwirkenden Schadensprozeß verringern (siehe Bild 3.2).

3.2.4 Redundanzen

Der Begriff der *Redundanz* wurde bereits mehrfach erwähnt.
Seine Definition lautet nach DIN 40041 [3.07].

*Redundanz = Vorhandensein von mehr funktionsfähigen Mitteln in einer Ein-
heit, als für die Erfüllung der geforderten Funktion notwendig sind*

Bei den heute teilweise sehr hohen Anforderungen an die Zuverlässigkeit, an die Verfügbarkeit oder auch an den Umweltschutz- und die Anlagensicherheit, kann man diese
nur erreichen, wenn mit Hilfe redundanter Anordnungen der wichtigen und ausfallge-
fährdeten Betrachtungseinheiten gearbeitet wird.

Die Regeln der Wahrscheinlichkeitsmathematik zeigen daß sich bei redundanter d.h.
paralleler Anordnung von gleichen Betrachtungseinheiten die *Überlebenswahrscheinlichkeit* steigern läßt. *S. 44*
Das Maß der Steigerung hängt davon ab, welche Art von Redundanz angewendet wird.
Die wesentlichsten Redundanzarten sind

– *Kalte Redundanz* = R., bei der die zusätzlichen technischen Mittel erst ab Funktionsübernahme als beansprucht zu betrachten sind. (Nach DIN 40041 „Nicht funktionsbeteiligte Redundanz" genannt)

– *Warme Redundanz* = R., bei der die zusätzlichen technischen Mittel schon vor Funktionsübernahme als teilweise beansprucht zu betrachten sind

– *Heiße Redundanz* = R., bei der die zusätzlichen technischen Mittel in Betrieb sind und funktionsbedingter Beanspruchung unterliegen. (Nach DIN 40041 „funktionsbeteiligte Redundanz" genannt)

Man kann außerdem noch zwischen aktiver und passiver Redundanz oder auch zwischen homogener und diversitärer Redundanz unterscheiden. Diese andersgelagerte Betrachtungsweise, die einer präziseren Definition dienen soll, wird hier nicht weiter verfolgt.

In der Steuerungstechnik gibt es Redundanzanordnungen, die wie folgt bezeichnet werden: Eine (1) heiße Redundanz aus 2 oder aus 3; oder aber auch 2 heiße Redundanzen aus 3. Die dafür geltenden Zuverlässigkeitssteigerungen sind ableitbar oder einfacher in der Spezialliteratur nachzulesen, z.B. bei Berolini [3.01].

Wie stellt man in der Praxis sicher, daß die Zuverlässigkeit nicht nur rechnerisch, sondern auch tatsächlich erhöht wird.

– Bei *kalter Redundanz* (A neben B, jedoch nicht in Funktion) erhält man keine tatsächliche Zuverlässigkeitserhöhung. Bei Ausfall von A wird zuerst einmal ein Anlagenzustand eintreten, den man als mindestens kurzzeitig ausgefallen betrachten muß. Auch wenn in der Steuerungstechnik Schaltvorgänge vorgesehen werden können, die das Umschalten von A nach B automatisch bewirken, so sind in der Regel Abfahrvorgänge von A und Anfahrvorgänge bei B zu beachten. Diese Ab-und Anfahrvorgänge kosten soviel Zeit, daß der Prozeß instabil wird und in dieser Zeit meist keine qualitätsgerechte Produkte herzustellen sind. Man kann diese Schaltzeiten überbrücken, wenn man mit Puffern arbeitet. Zuverlässigkeitstechnisch gesehen ist hier die Redundanz praktisch nicht vorhanden.

– Bei *warmer Redundanz* wird der Anfahrvorgang erleichtert oder zeitlich deutlich abgekürzt. Die Anordnung wird aber doch grundsätzlich anders sein, als bei heißer Redundanz. Die Zuverlässigkeitswerte dürften zwischen denen von kalter und heißer Redundanz liegen.

– Bei *heißer Redundanz* sind definitionsgemäß beide (oder alle) parallel geschalteten Betrachtungseinheiten in voller Beanspruchung. Bei Betrachtungseinheiten, die Energie aufnehmen oder abgeben, kann das nur angenähert richtig sein. Wenn bei Ausfall von A praktisch sofort die gleiche Funktion von B übernommen werden soll, heißt das, daß unmittelbar nach dem Ausfall nur diejenige Leistung erbracht wird, die B auch schon vorher hatte. Durch entsprechende Regelungen im Parallelbetrieb ist der ausfallfreie Betrieb möglich.

Diese Problematik ist im Maschinenbau ausgeprägter, als bei elektrischen oder gar elektronischen Baugruppen.

Beispiel:
Wenn zwei Kreiselpumpen in heißer Redundanz arbeiten sollen, muß jede einzelne Pumpe nur 50 % leisten, was bei entsprechender Auslegung möglich ist. Man muß in Kauf nehmen, daß dieser Betrieb mit schlechterem Wirkungsgrad läuft. Die Zuverlässigkeit (bei gleichen Einheiten ist R1=R2)

$$R = R1 + R2 - R1 \cdot R2 = 2R - R^2$$

ist trotzdem deutlich höher als bei kalter Redundanz, obwohl die Zuverlässigkeit bei Teillastbetrieb herabgesetzt sein könnte.

Redundanzen verlangen Investitionsmittel, die bei einer Wirtschaftlichkeitsbetrachtung ganzer Strategien ins Kalkül gezogen werden müssen.

3.3 Zuverlässigkeit

Der zentrale Begriff für das Verhalten von Anlagen ist die *Zuverlässigkeit*. Sie ist die unabdingbare Größe bei Fragen über Verfügbarkeit, Qualität, Anlagenauslastung und Instandhaltung.

Der Begriff Zuverlässigkeit wurde von verschiedenen Institutionen genormt. Nach Aussage der Normungsgremien selbst sind die Definitionen aber auch nach nunmehr fast 30 Jahren Normungsarbeit noch nicht endgültig.

In den folgenden Normen und Richtlinien ist der Begriff definiert: VDI-Handbuch Technische Zuverlässigkeit [3.02], VDI 4001 [3.09], DIN 55350 Begriffe der Qualitätssicherung [3.10], VDI/VDE 3541 Steuerungseinrichtungen [3.11].

An dieser Stelle soll auf Unterschiede in den Definitionen nicht weiter eingegangen werden .

Am geeignetsten erscheint die Definition nach VDI/VDE 3541 (nach IEC 271) [3.11]:

Zuverlässigkeit = Fähigkeit einer Betrachtungseinheit, eine vorgegebene Funktion innerhalb vorgegebener Grenzen und für eine gegebene Zeitdauer zu erfüllen.

Die mathematische Beschreibung der Zuverlässigkeit wurde in den letzten Jahrzehnten zunehmend genutzt. Dies vor allem deshalb, weil in bestimmten Arbeitsgebieten die Zuverlässigkeit von ganzen Anlagen über Erfolg oder Mißerfolg von Prozessen entscheidet.

In militärischen und zivilen Anwendungen gibt es heute viele kostenaufwendige Projekte – z.B. Satelliten, Raketen, Kernkraftwerke, Chemieanlagen, – bei denen eine Betrachtung der Zuverlässigkeit an wichtiger Stelle steht. So schreiben Gesetze bei Anlagen zur Produktion bestimmter Stoffe die Anfertigung von „Sicherheitsanalysen" vor. Die Ergebnisse solcher Sicherheitsbetrachtungen sind Bestandteil von Genehmigungsverfahren.

3.3.1 Zuverlässigkeitsfunktion

Die *Zuverlässigkeitsfunktion* R(t) beschreibt die Wahrscheinlichkeit, daß eine Betrachtungseinheit im Zeitraum von 0 bis t nicht ausfällt.
Zuverlässigkeit kann man mit *Überlebenswahrscheinlichkeit R* oder *Ausfallwahrscheinlichkeit F beschreiben.*

$$R(t) = 1 - F(t)$$

R(t) und *Q(t)* sind die zugehörigen Funktionen.

Für das Verhalten von Bauelementen oder einer Kombination davon, gelten hinsichtlich ihrer Zuverlässigkeit die in der Wahrscheinlichkeitsmathematik gemachten Aussagen. D.h. bei experimentellen Untersuchungen gewonnenes oder durch Erfahrungswerte ermitteltes Zahlenmaterial kann mit den in 3.1 genannten Regeln behandelt werden.

Hat man statistisch ausreichendes Material, so sind über die erkennbaren Verteilungsfunktionen auch Vorhersagen für das weitere Verhalten machbar.

Ist von Bauelementen deren Zuverlässigkeitsverhalten unbekannt oder wenig gesichert, dann kann eine Vorhersage nur schwer getroffen werden.

Da es klar ist, daß wir es mit *zeit*abhängigen Prozessen zu tun haben, soll künftig der Einfachheit halber nur der Begriff Zuverlässigkeit verwendet werden.

Blockdiagramm

Die Darstellung von Zuverlässsigkeiten mittels Blockdiagrammen ist in Bild 3.3 gezeigt.

Bei der Ermittlung der Zuverlässigkeit von komplexen Betrachtungseinheiten ist es üblich, diese vom Gasamtumfang her nach unten hin systematisch aufzuschlüsseln und

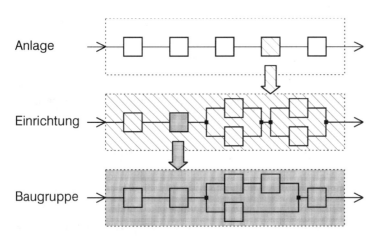

Bild 3.3: Blockschaubilder für eine Anlage

sog. Blockdiagramme zu bilden. Über diese Blockdiagramme erhält man Antwort auf die Frage nach der Zuverlässigkeit von Einrichtungen, Baugruppen oder Bauelementen. Wenn die Gesamtzuverlässigkeit einer Anlage nicht den Anforderungen genügt, kann wiederum die Zuverlässigkeit der tieferen Ebenen (Einrichtungen, Baugruppen, Bauelemente) verändert werden. Die kann z.B. mit Hilfe von redundanten Anordnungen bestimmter Betrachtungseinheiten geschehen.

Wie sich ein Blockdiagramm darstellt, ist von dem verfahrenstechnischen Einsatz der einzelnen Betrachtungseinheiten abhängig.

Serienschaltung

Betrachtet man die Schaltung eines Ohmschen Spannungsteilers in Bild 3.4, so führt die Frage „Überlebt die Baugruppe, wenn eines von den beiden Bauelementen ausfällt?" zur Feststellung, daß die Bauelemente im Blockdiagramm in Serie anzuordnen sind.

Die mittlere Zuverlässigkeit R_m für eine Serienschaltung von n Bauelementen lautet, wenn wie im Beispiel gezeigt, zwei unabhängige Ereignisse vorliegen

$$R_m = R_1 R_2 R_3 \cdots R_n = \prod_{i=1}^{n} R_i$$

Parallelschaltung

In Bild 3.4 sind zwei parallel angeordnete Pumpen zu sehen. Betrachtet man deren Schaltung und stellt wieder die Frage: „Überlebt die Anordnung (hier ein Anlageteil),

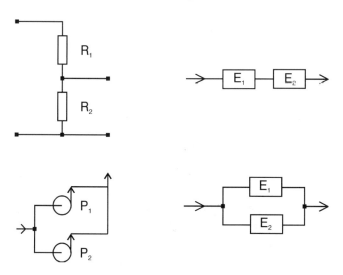

Bild 3.4: Serien- und Parallelschaltung

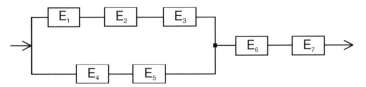

Bild 3.5: Serien-/Parallelschaltung

wenn eines der beiden Einrichtungen ausfällt", dann gilt hinsichtlich der Zuverlässigkeit das danebenstehende Blockdiagramm.

Bei zwei redundanten Betrachtungseinheiten erhält man für das Eintreten von mindestens einem Ereignis folgende mittlere Zuverlässigkeit

$$R_m = R_1 + R_2 - R_1 R_2$$

Bei sehr hoher erforderlicher Zuverlässigkeit wird mehrfache Redundanz (z.B. 2 von 3 oder k von n) angewendet.

Für die mittlere Zuverlässigkeit einer redundanten Schaltung k von n gilt dann

$$R_m = \sum_{i=k}^{n} \binom{n}{i} R^i (1 - R)^{n-i}$$

Serien-/Parallelschaltung

Obwohl sich alle Kombinationen in zu untersuchenden Betrachtungseinheiten aus den Gleichungen für Serien- und für Parallelschaltungr ableiten lassen, soll an einem Beispiel der Aufbau dieser Gleichung gezeigt werden (siehe Bild 3.5).

Die mittlere Zuverlässigkeit errechnet sich hier wie folgt

$$R_m = (R_1 R_2 R_3 + R_4 R_5 - R_1 R_2 R_3 R_4 R_5) R_6 R_7$$

3.3.2 Ausfallkenngrößen

3.3.2.1 Vorbemerkungen

Die mathematischen Beschreibungen- für die Entwicklung der Grundlagen unabdingbar – sind in der Praxis nicht direkt verwendbar. Das Anlagenmanagement wird nicht mit Differentialen, sondern mit Differenzen arbeiten. Damit wird auf ein hohes Maß an Genauigkeit und Exaktheit verzichtet. Der Verwendung von Mittelwerten wird deshalb in den folgenden Abschnitten der Vorrang eingeräumt.

Mit der VDI 4004 [3.12] wurde eine nützliche Zusammenstellung brauchbarer Kenngrößen geschaffen, auf die an dieser Stelle hingewiesen werden soll.

Mit Kenngrößen wird es möglich, Anlagenverhalten zu beschreiben, um die Zuverlässigkeit einer existenten Anlage zu erhöhen. Wenn es wirtschaftlich vertretbar ist, kann man solche Kennzahlen ermitteln, um durch Rückkopplung neue Anlagen zuverlässiger zu gestalten.

Methodisch kann man das erreichen

- durch Diagnosen von Stichproben, entweder
  als Punktschätzung oder
  als Bereichsschätzung nach VDI 4009
- durch Prognose mittels statistischer Verfahren nach VDI 4008

In der Anwendung von Zuverlässigkeits-/ausfallkenngrößen wird nach VDI 4004 [3.12] wie folgt unterschieden.

- nicht instandsetzbar oder nicht vorgesehen
- *instandsetzbar*, für Zeiträume bis zum ersten Ausfall
- *instandsetzbar*, für Ausfallrate λ = const.

Bei den einzelnen, im weiteren beschriebenen Größen, wird jeweils auf die Gültigkeit hingewiesen.

3.3.2.2 Ausfallrate (Versagensrate) λ

Aus der *Zuverlässigkeitsfunktion R(t)* kann die *Ausfallrate $\lambda(t)$* abgeleitet werden:

$$R(t) = e^{-\int_0^t \lambda(x)\,dx}$$

Bei konstanter Ausfallrate λ = const. gilt

$$R(t) = e^{-\lambda \cdot t}$$

λ ist nur unter bestimmten Bedingungen konstant. Aus dem Verlauf von (t) können wichtige Rückschlüsse auf das Alterungsverhalten von Betrachtungseinheiten gezogen werden.

Weibull-Verteilung

Es hat sich gezeigt, daß viele Betrachtungseinheiten, auch komplexer Natur, ein Ausfallverhalten zeigen, das der Verteilung nach Weibull folgt. Man bezeichnet dieses Verhalten häufig als sog. Badewannenkurve (Bild 3.6).

Dieser Verlauf unterscheidet drei Phasen

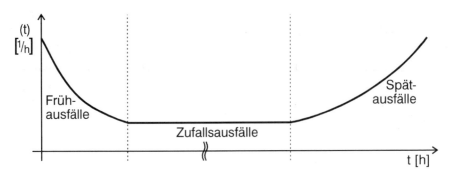

Bild 3.6: Ausfallverhalten nach Weibull (Badewannenkurve)

– Phase der Frühausfälle
  Ein relativ starkes Abfallen von λ am Beginn des Betriebes einer Betrachtungseinheit
  kommt durch Mängel (im weitesten Sinne) zustande, die in den Vorstufen der Anla-
  generstellung liegen (Fertigung, Werkstoffe, Montage)
– Phase der Zufallsausfälle mit λ = const.
  Diese, meist im Vergleich zu der Frühausfallphase lange Phase, zeigt plötzliche, zu-
  fällig auftretende Ausfälle
– Phase der Spätausfälle. steigt mit zunehmender Betriebsdauer stetig an. Gründe sind
  Alterung, Ermüdung uam.

Die Ausfallrate wird relativ viel benutzt. Seine Berechnung ist leicht auszuführen.
  Wenn eine hinreichend große Zahl von Betrachtungseinheiten vorliegt, so darf man
die Gleichung

$$\lambda(t) = -\frac{1}{R(t)} \cdot \frac{dR(t)}{dt}$$

so umstellen, daß gilt

$$\Lambda(t) = \frac{A(t, \Delta t)}{\Delta t} \cdot \frac{1}{B(t)}$$

Darin bedeuten

  $\Lambda(t)$ Schätzwert für $\lambda(t)$=Ausfallrate
  $B(t)$ Anzahl der funktionsfähigen Betrachtungseinheiten
  $A(t, \Delta t)$ Anzahl der im auf t folgenden Zeitraum Δt ausfallenden Betrach-
              tungseinheiten

Die Gleichung läßt sich sowohl für nicht instandsetzbare Betrachtungseinheiten, als
auch für solche bis zum ersten Ausfall und instandsetzbare anwenden.

Tabelle 3.2: Richtwerte von λ für elektrische und elektronische Bauteile (aus Bertsche-Lechner [3.06] nach [3.15] in 10^{-8} /h

IC digital, bipolar	20	7-Segment-Anzeige	20	-Kohleschicht, variabel	20
IC digital, MOS	20	Optokoppler	20	-Masse	0,14
IC analog	20			-Metallfilm	0,2
		Tantal-Kondensator	4	-Draht, fest	1
Transistor, SI-Leistung	6	Papier-Kondensator	1	-Draht, variabel	20
Transistor, SI-universal	20	Mylar-Kondensator	2,5	Thermistoren	
Transistor, FET	5	Keramik-Kondensator	0,6		
GE-Transistor	75	Glimmer-Kondensator	0,2	HF-Spulen	3
GE-Transistor	2,4	Ker.-Kond.,Variabel	2	Leistungsspulen	2
Dioden, SI-Leistung	5	Glas-Kond.,Variabel	4,5	HF-Übertrager	2
Dioden,SI-Zener	4	Luft-Kond.,variabel	20		
Dioden, SI-universal	0,3	Al-Elko	50	Trafos	1-5
Dioden, GE-universal	1,5	Kondensato-Durchfüh.	1	Taste, Schalter	150
				Codierschalter	50
Operationsverstärker	10	Widerstände		Relais, geringe Schaltz.	50
		-Kohleschicht, fest	1	Mechan. Zählwerk	150

Ausfallraten von Verbindungen

Industrie-Steckerfassung	10
Steck-Kontakt, seltene Steckung	1
Koax-Stecker, seltene Steckung	5
Klemmkontakt auf Leiterplatten, sehr seltene Steckung	3
Lötverbindung	0,5
Wire-Wrap-Verbindung	0,05
Kabel-Ader, seltene Bewegung	6

Wichtige Quellen für Zuverlässisgkeitsangaben von elektronischen und elektromechanischen Bauteilen sind MIL-HDBK-217 [3.13], der CNET-Ausfallratenkatalog [3.14] und Schäfer [3.15].

3.3.2.3 Ausfallwahrscheinlichkeit nach Weibull

Die von Weibull gefundene Gesetzmäßigkeit für die Ausfallrate wird meist zweiparametrisch dargestellt (t, b). Sie umfaßt dann den Zeitraum von t_0 bis t.

Genauer werden die Aussagen, wenn man die Zeit bis zu den ersten Ausfällen dadurch eliminiert, daß man anstelle der Zeit t den Wert $t-t_0$ einführt. Man spricht dann von der dreiparametrischen Darstellung.

$$\lambda(t) = \frac{b}{T} \cdot \left(\frac{t}{T}\right)^{b-1} \;\rightarrow\; \text{zweiparametrisch}$$

$$\lambda(t) = \frac{b}{T - t_0} \cdot \left(\frac{t - t_0}{T - t_0}\right)^{b-1} \;\rightarrow\; \text{dreiparametrisch}$$

Hierin bedeuten

  t statistische Beanspruchungszeit (z.B. Laufzeit, Lastwechsel)
  T Charakteristische Lebensdauer = Mittelwert bei $t = T$, ergibt
      $F(t) = 63,2\,\%$
  b Weibull-Parameter
  t_0 Ausfallfreie Zeit

Die in den Weibull-Papieren (Bild 3.7) verwendete Ordinate ist die Ausfall-wahrscheinlichkeit F(t). Die Gleichungen dazu lauten

$$F(t) = 1 - e^{-\left(\frac{t}{T}\right)^b} \;\rightarrow\; \text{zweiparametrisch}$$

$$F(t) = 1 - e^{-\left(\frac{t - t_0}{T - t_0}\right)^b} \;\rightarrow\; \text{dreiparametrisch}$$

Bertsche, Lechner [3.06] geben Zahlen an, welche die Größenordnung des Ausfallverhaltens mit Hilfe des Weibull-Parameters b aufzeigen.

Bei dreiparametrischer Betrachtung ändert sich der b-Wert. Um dies zu berücksichtigen, wurde von Bertsche, Lechner ein Faktor eingeführt, der die ausfallfreie Zeit t_0 zur Ausfallwahrscheinlichkeit von 10 % in Beziehung setzt.

Für diesen Faktor

$$f_{tB} = \frac{t_0}{F_{10\%}}$$

nennen Bertsche, Lechner auch einige Werte:

Wellenbruch	0,7-0,9
Wälzlager-Grübchen	0,1-0,3
Zahnräder-Grübchen	0,4-0,8
Zahnräder-Bruch	0,8-0,95

Mit Hilfe der dreiparametrischen Anwendung der Ausfallwahrscheinlichkeit gelingt es, schon mit relativ wenig Versuchsdaten eine verläßliche Aussage zu erhalten.

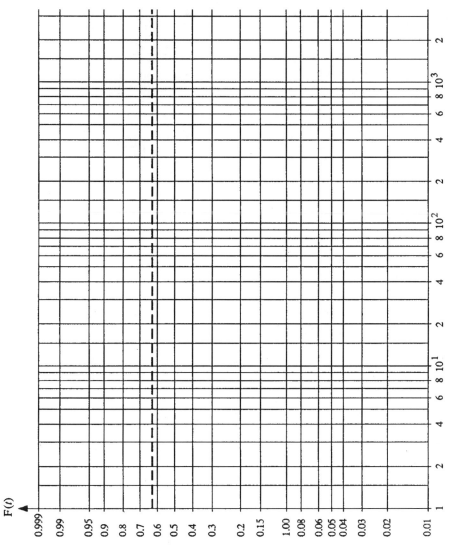

Bild 3.7: Weibull-Papier

Tabelle 3.3: Weibull-Parameter b

Wellenbruch		1,1-1,9
Wälzlager-Grübchen	Kugellager	1,11
	Rollenlager	1,35
Zahnräder	Grübchen	1,1-1,5
	Bruch	1,2-2,2
Gleitringdichtungen		0,6-1,1

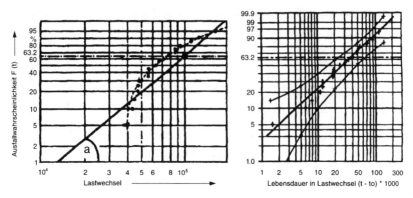

Bild 3.8: Beispiel für eine Weibull-Auswertung (nach [3.06])

Bild 3.8 zeigt das Ergebnis einer Zahnbruch-Untersuchung mit nur 19 Versuchen (aus [3.06]). Mit Berücksichtigung der ausfallfreien Zeit t_0 erhält man eine Gerade im Weibull-Papier mit $b = 1,01$. Die Charakteristische Lebensdauer läßt sich zu 75 175 Lastwechseln ermitteln.

3.3.2.4 Mittlerer Ausfallabstand MTBF

Bei der Nutzung der Ausfallrate für λ = const. verwendet als ihren Kehrwert den mittleren Ausfallabstand MTBF

$$\text{MTBF} = \frac{1}{\lambda} \qquad \textit{Mean Time Between Failure}$$

Die Gleichung gilt für instandsetzbare Betrachtungseinheiten.

Richtwerte (in h):
- Festplattenlaufwerke (Prospektangaben) $1,5 \cdot 10^5$
- Kugellager für
    Landtechnik $0,5 - 2 \cdot 10^3$
    Allgemeiner Maschinenbau $0,2 - 2 \cdot 10^4$
    Werkzeugmaschinen $2,0 - 5 \cdot 10^4$
    Elektromotoren $0,3 - 1 \cdot 10^5$

Quelle: FAG Kugelfischer [3.16]

3.3.2.5 Lebensdauer

Überlebenswahrscheinlichkeit bis zum Zeitpunkt t_1

Diese Größe beschreibt das Ausfallverhalten für Zeiträume bis zum ersten Ausfall t_1. Dabei kann die Zeit t_1 das Alter, die Betriebsdauer, Zahl der Lastwechsel, Betriebszyklen uäm. bedeuten.

Die für die Ermittlung verwendeten Elementardaten für im betrachteten Zeitraum werden normalerweise als konstant angesehen. Je nachdem welches Datenmaterial zur Verfügung steht gilt

$$R(t_1) = \exp\left(-\int_{t=0}^{t_1} \lambda(t)\, dt\right) \qquad \text{mit } \lambda(t) \text{ im Alter } t$$

$$R(t_1) = e^{-\lambda \cdot t_1} \qquad\qquad \text{mit } \lambda = \text{const.}$$

Der Kennwert ist geeignet, das Verhalten z.B. ab Auslieferung, Abnahme, Übergabe, Inbetriebnahme oder letzter Instandsetzung aufzuzeigen. Er kann also auch für Vereinbarungen zwischen Hersteller/Lieferer und Empfänger/Nutzer verwendet werden.

Überlebenswahrscheinlichkeit für ein Zeitintervall

Die Überlebenswahrscheinlichkeit in einem Zeitintervall beschreibt das Ausfallverhalten nach einer bestimmten Betriebszeit, in der die Betrachtungseinheit mehrfach instandgesetzt wurde. Sie gibt an, wie hoch die Wahrscheinlichkeit ist, daß die Betrachtungseinheit in dem vorgegeben Zeitraum ausfällt.

Es gilt

$$R(t_2 \mid t_1) = \exp\left(-\int_{t=t_1}^{t_2} \lambda(t)\, dt\right) \qquad \text{mit } \lambda(t) \text{ im Zeitintervall } t_2 - t_1$$

$$R(t_2 \mid t_1) = e^{-\lambda(t_2 - t_1)} \qquad\qquad \text{mit } \lambda = \text{const.}$$

Die Gleichungen gelten ebenfalls nur für nichtinstandsetzbare Betrachtungseinheiten bzw. für welche bis zum ersten Ausfall.

3.3.2.6 Mittlere Lebensdauer L

Als praktischen Kennwert verwendet man die mittlere Lebensdauer L

$$L = \int_{t=0}^{\infty} R(t)\, dt$$

Für den speziellen Fall von λ = const. gilt dann

$$L = \frac{1}{\lambda} = \text{MTTF } (\textit{Mean Time To Failure})$$

Die Gleichungen gelten für Betrachtungseinheiten bis zum ersten Ausfall.

3.4 Verfügbarkeit

Im Anlagenmanagement ist die *Verfügbarkeit* ein außerordentlich wichtiger Begriff. Er wurde deshalb auch von diversen Gremien definiert, wobei auch hier (unwesentliche) Unterschiede festzustellen sind:

DIN 40041 [3.07] und VDI 4001 [3.09] verwenden etwa die gleiche Definition (VDI-Fassung in Klammer)

> *Verfügbarkeit (engl.: availability)* = *Wahrscheinlichkeit, eine Einheit zu einem vorgegebenen Zeitpunkt der geforderten Anwendungsdauer in einem funktionsfähigen Zustand anzutreffen.*
>
> *(Verfügbarkeit = Wahrscheinlichkeit, daß zur Betrachtungszeit keine als maßgeblich geltenden Störungen vorliegen, die unter den zu betrachtenden Bedingungen die Erfüllung der vorgesehenen Funktion verhindern).*

Die DIN 40041 benennt aber nicht den Begriff einfach „Verfügbarkeit", sondern sagt „Momentane Verfügbarkeit". Bezogen auf die betriebsüblichen Zeiträume ist hier die Verfügbarkeit der Quotient aus Betriebsdauer und geforderter Anwendungsdauer.

Den praktischen Erwägungen des Anlagenmanagements genügt *ein* Verfügbarkeitsbegriff nicht. Der Einfluß von planmäßigen Arbeiten der Instandhaltung (Wartung, Inspektion, Diagnose) soll sichtbar werden. Man sollte deshalb zwei Verfügbarkeiten unterscheiden.

Folgt man VDI, dann wird man die nachstehenden Verfügbarkeiten unterscheiden:

– V_i: *innere oder theoretische Verfügbarkeit* (engl.: inherent availability.)
Hier werden nur technisch bedingte Ausfälle und Instandsetzungszeiten berücksichtigt
– V_t: *technische oder eingeprägte Verfügbarkeit.* (engl.: intrinsic availability)
Zusätzlich werden Inspektions- und Wartungsarbeiten berücksichtigt, wenn sie nicht ohne Beeinträchtigung des Betriebes ausgeführt werden können
– V_o: *operationelle oder praktische Verfügbarkeit* (engl.: total availability.)
Bei dieser wichtigen Zahl sind auch die nichttechnischen, administrativen, organisatorischen oder logistischen Nichtverfügbarkeiten berücksichtigt

Die Aufbereitung praktischen Zahlenmaterials aus der ermittelten tatsächlichen *Verfügbarkeit* führt zur *Auslastung* von Anlagen.

Für die Darstellung von Zeiten und Zeiträumen während des Betriebes von Anlagen kann die DIN 31054, Zeitbegriffe für die Instandhaltung [3.17] verwendet werden.

Die verschiedenen Verfügbarkeitsdefinitionen lassen sich recht gut mit den bisher beschriebenen aus dem englischen stammenden Kenngrößen darstellen.

Innere Verfügbarkeit

$$V_i = \frac{\text{MTBF}}{\text{MTBF} + \text{MTTR}}$$

Technische Verfügbarkeit

$$V_t = \frac{\text{MTBF}}{\text{MTBF} + \text{MTTR} + \text{MTTPM}}$$

Für die *Operationelle Verfügbarkeit* soll keine Gleichung angegeben werden, da sie die diversen betrieblichen Gegebenheiten berücksichtigen kann. Denkbar wäre zum Beispiel, für personelle, logistische, vertriebsmäßige und andere organisatorische Ausfallzeiten entsprechende Erfassungen vorzunehmen, diese zu benennen und letztlich eine selbstdefinierte operationelle Verfügbarkeit zu ermitteln.

Für die Verfügbarkeits-Kenngrößen können im praktischen Verfahren einfache Zeiten (Sekunden, Minuten, Stunden oder auch Tage), verwendet werden.

Hinweise für die Nutzung von Verfügbarkeitsangaben

Die Definition der Verfügbarkeit sagt etwas darüber aus, ob und wieviel sich eine Anlage in funktionsfähigem Zustand befindet.

Wenn man V_o so definiert, daß *alle* Unterbrechungen die Verfügbarkeit bestimmen, so kann man dies tun, begeht aber einen Fehler. Eine Anlage, die wegen Personalmangels oder logistischer Probleme nicht produzieren kann, ist trotzdem *verfügbar*.

Richtiger wäre es, solche Unterbrechung anstelle über die V_o über die *Auslastung* zu berücksichtigen.

Die gleiche Problematik hat man vor sich, wenn man die Unterbrechung wegen eines Ausfalles betrachtet.

Wird die Durchführung der Arbeiten nicht *sofort* nach dem Ausfall begonnen, dann wird die MTTR fälschlicherweise mit der Wartezeit belastet, die bis zum Instandsetzungsbeginn vergeht.

Diese Wartezeit kann in der Verfahrenstechnik begründet sein („Abfahren", Entleeren, Druckentlastung, Umstellen, Sichern u.a.m.), kann aber auch an der Vorbereitungsarbeit für die Instandsetzung liegen. Wenn Planungs- und Vorbereitungszeiten erst mit dem Ausfall beginnen können, müssen sie der reinen Instandsetzungszeit MTTR hinzugerechnet werden.

Der Mittelwert wird über den Zeitraum hinweg gebildet, der vorgegeben wird.

Diesen Werten haftet aber auch das Problem aller Mittelwerte an, daß sie einerseits einen hohen Aussagewert für längere Zeiträume respektive einen niedrigen für kurze aufweisen. Verteilungen zu ermitteln wäre besser – aber eben auch aufwendiger. Hier muß der Verantwortliche seine Interessen abwägen.

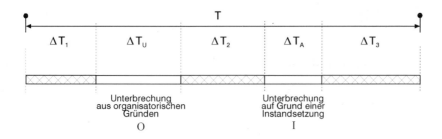

$$\text{Auslastung} = \frac{\Delta T_1 + \Delta T_2 + \Delta T_3}{T}$$

$$V_t = \frac{\Delta T_1 + \Delta T_2 + \Delta T_3 + \Delta T_U}{T}$$

$$\text{MTTR} = \Delta T_A / \text{Zahl der I} \qquad [\; = \Delta T_A \text{ im Bild }]$$

$$\text{MTBF} = \frac{T - \Delta T_U - \Delta T_A}{\text{Zahl der (I+O)}} \qquad \left[= \frac{T - \Delta T_U - \Delta T_A}{2} \text{ im Bild} \right]$$

Bild 3.9: Zeitachse

Den Unterschied zwischen Verfügbarkeit und Auslastung kann das Bild 3.9 deutlich machen.

3.5 Servicezeit

Für leistungsfähige Montageanlagen ist die optimale Verkettung verschiedenster Maschinen und Handarbeitsplätze eine große technische und logistische Organisationsaufgabe. Die Verpackungstechnik hat, aus der ihr offensichtlich eigenen Anlagenproblematik, zusätzlich eigene Kennzahlen entwickelt und in DIN 8743 niedergelegt [3.18].

Es sind

– MTBS *Mean Time Between Service*
– MTTS *Mean Time To Service*

MTBS gibt die durchschnittliche Zeit an, die vergeht, bis Servicepersonal erneut eine Störung (im weitesten Sinne, enthält auch Instandsetzungen) beheben muß.

MTTS ist die durchschnittliche Zeitdauer, die für eine Störungsbehebung nötig ist. Diese Kenngrößen bieten eine Möglichkeit, Störungsdauer, Störungshäufigkeit und Personalaufwand zu analysieren. Sie sind über den Bereich der Verpackungstechnik hinaus in vielen Betrieben anwendbar.

Diesen Kenngrößen liegt die Erkenntnis zugrunde, daß Störungen in den wenigsten Fällen schadensbedingt sind. Störungen behindern den Fluß der zu montierenden oder zu verpackenden Objekte.

Obwohl solche Störungen meist leicht zu beheben sind, muß Servicepersonal (Maschinenbediener oder Instandhalter) eingreifen. Die Dauer einer Störungsbehebung bzw. die Wartezeit bis zum Eingriff plus die Störungsbehebung beeinträchtigen die Verfügbarkeit und damit auch die Auslastung.

Beispiel:
Zwei parallel angeordnete Montagestraßen zeigen dieselben Betriebszeiten und damit auch dieselbe Auslastung von 77,5 %.

Gesamte Schichtzeit   80 h
Betriebszeit   62 h
Summe Stillstandszeiten   18 h

Montagestraße 1: Zahl der Störungen 6
Montagestraße 2: Zahl der Störungen 36

Die MTBF und MTTR errechnen sich nun wie folgt:
Montagestraße 1:   MTTR = 18/6= 3 h
                   MTBF = (80–18)/6=10,33 h
Montagestraße 2:   MTTR = 18/36=0,5 h
                   MTBF = (80–36)/36=1,72 h

Die Anwendung dieser Betrachtung mit Hilfe sensorisch erfaßter Daten beschreibt Habenicht [3.19]. Nach seinen Untersuchungen an Anlagen aus der Kfz-Industrie, der Kfz-Zulieferindustrie und der Feinwerk- und Elektrotechnik ergeben sich die größten Nutzungsverluste durch Stillstandszeiten zwischen 1 bis 2 Minuten. Auch sind diese Stillstandszeiten weitaus am häufigsten.

In diese Stillstandszeiten fließen jedoch auch organisatorische Mängel ein. Organisatorisch heißt auch, daß bei der Verkettung der einzelnen Maschinen Taktzeiten nicht optimiert sind.

Aus einem Betrieb mit einer weitgehend automatisierten Gesamtverkettung der Verpackungsindustrie wurden folgende Zahlen gemessen. Sie sollen bewußt nicht als Richtwerte, sondern als Beispielwerte genannt werden, da sich nicht nur in den infrage kommenden Betrieben die Zahlen permanent verbessert haben, sondern da jeder Fall anders liegt. (V_t technische Verfügbarkeit)

Beispiel

Anlageabschnitt	V_t (%)	MTBS(min)	MTTS(min)
Etikettiermaschine	99,5	9,1	0,7
Schiebeautomat	98,1	0,9	0,5
Faltautomat	96,4	8,1	0,7
Füllautomat	99,2	5,2	0,5
Prüfautomat	99,6	6,0	0,4

Das Beispiel macht deutlich, in welchem Maße das Servicepersonal gefordert ist.

Während der Erfassung dieser Zahlen betrug die Auslastung der Gesamtanlage 85 % der Schichtzeit. Von der Verlusten fielen 10 % auf Abstimmungsprobleme in der Verkettung, 4 % auf organisatorische Mängel und 1 % auf instandhaltungsbedingte Ausfälle.

3.6 Schaden

Der Begriff Schaden ist auch dem Nichttechniker bekannt.
Die Instandhalter haben den Begriff im technischen Sinne in der DIN 31051 [1.05] genormt.

Schaden = im Sinne der Instandhaltung Zustand einer Betrachtungseinheit nach Unterschreiten eines bestimmten (festzulegenden) Grenzwertes des Abnutzungsvorrates, der eine im Hinblick auf die Verwendung unzulässige Beeinträchtigung der Funktionsfähigkeit bedingt.

Die Qualitätssicherer sprechen vom Fehler, anstatt vom Schaden. Sie definieren ihn in DIN 55350 [3.10]

Fehler = Nichterfüllung einer Forderung

Im weiteren soll der Begriff Schaden verwendet werden.
In Bild 3.2 ist der Schaden als Schnittpunkt der Kurve des abnehmenden Abnutzungsvorrats mit der Schadensgrenze markiert.

Ein Schaden ist also kein Ausfall, sondern er ist die Beschreibung der Abweichung vom – mit Toleranzen ausgestatteten – Sollzustand. Er stellt sich nach einer bestimmten Betriebszeit t ab Betriebsbeginn t_0 ein. Es ist *grundsätzlich* davon auszugehen, daß der Abnutzungsvorrat einer jeden Betrachtungseinheit abnimmt.

Wie die Definition richtig einschränkt, ist der Zustand zu definieren, ab dem er als Schaden anzusehen ist.

Die *Art* der Schäden ist unterschiedlich, die Zeitabhängigkeit läßt uns von *Schädigungsprozessen* sprechen.

Es ist eine wichtige Aufgabe des Anlagenmanagements, Schädigungsprozesse zu erkennen und ihren Verlauf derart zu beeinflussen, daß keine Ausfälle auftreten. Wenn Schädigungsprozesse unvermeidbar sind – und das ist die Regel – dann sollten sie nicht unerwartet auftreten. Mit den Möglichkeiten unterschiedlicher Instandhaltungs-Strategien kann man dem begegnen.

3.6.1 Schadensarten

Sturm, Förster [3.20] unterscheiden zwischen Schadensarten bei Normalbeanspruchung und bei Überbeanspruchung

– Normalbeanspruchung
  Verschleiß
  Korrosion
  Ermüdung
  Alterung
– Überbeanspruchung
  Plastische Deformation
  Bruch
  Explosion

Überbeanspruchungen von Betrachtungseinheiten erfolgen im Leben einer Anlage meist völlig unerwartet. Bei nichtinstandsetzbaren Betrachtungseinheiten sind Neubeschaffung/Ersatz nötig. Bei instandsetzbaren sind die terminlichen, technischen und kostenmäßigen Gesichtspunkte zu bedenken, ob eine Instandsetzung sinnvoll ist (Instandsetzung oder Neubeschaffung.

Die *Normalbeanspruchungen* von Betrachtungseinheiten und die dabei entstehenden Schäden äußern sich nicht so dramatisch, wie die Überbeanspruchungen. Sie erfolgen quasi im Verborgenen und bedürfen deshalb der großen Aufmerksamkeit.

3.6.2 Schädigungsprozesse

3.6.2.1 Verschleiß

Mechanische Bauelemente haben eine längere Geschichte als die elektrischen oder elektronischen. Schädigungsprozesse von mechanischen Bauelementen bzw. seinen Konglomeraten werden schon länger erforscht.

Tribologie, Wissenschaft der gegeneinander reibenden Flächen, befaßt sich mit dem Verschleiß, aber auch der Schmierung. Die Industrie profitiert von den Ergebnissen tribologischer Forschung in starkem Maße. In Branchen mit hohem Verschleiß (Stahlindustrie, Bergbau, Fördertechnik, Steine und Erden) werden umfangreiche Mittel dafür aufgewendet.

In der chemischen Industrie finden andere Verschleißvorgänge statt, die auf Grund der hohen Zahl handzuhabender Chemikalien ebenso von großer wirtschaftlicher Bedeutung sind.

In der DIN 50320 [3.21] werden die verschiedenen Verschleißarten klassifiziert und das Verschleißgebiet nach tribologischen Beanspruchungen gegliedert.

An einem Verschleißprozeß nehmen in der Regel vier Komponenten teil (siehe Bild 3.10).

Nach den physikalischen Vorgängen zwischen diesen Komponenten unterscheidet man vier Mechanismen, welche bei den Verschleißvorgängen unterschiedlich beteiligt sind. Auf der Basis dieser vier Verschleißmechanismen hat DIN 50320 [3.21] das Gebiet nach der Art der tribologischen Beanspruchung gegliedert.

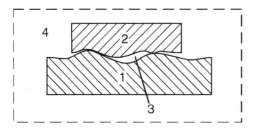

1 Grundkörper
2 Gegenkörper
3 Zwischenstoff
4 Umgebungsmedium

Bild 3.10: Tribologisches System

Diese Mechanismen sind (mit einer Abkürzung für die untenstehende Tabelle)

- Adhäsion   Ad
- Abrasion   Ab
- Oberflächenzerrüttung   Ob
- Tribochemische Reaktionen   Tr

Die beteiligten Partner sind (ebenfalls abgekürzt)

- Festkörper   Fkö
- Flüssigkeit   Flü
- Gas   Gas
- Partikel   Par

Tabelle 3.4: Gliederung des Verschleißgebietes nach der Art der tribologischen Beanspruchung (nach DIN 50320)

Systemstruktur	Tribologische Beanspruchung	Verschleißart	Ad	Ab	Ob	Tr
Fkö+Fkö+Zwi-stoff	Gleiten, Rollen, Wälzen, Prallen Stoßen				x	x
Fkö+Fkö	Gleiten	Gleit-V.	x	x	x	x
	Rollen, Wälzen	Roll-, Wälz-V.	x	x	x	x
	Prallen, Stoßen	Prall-, Stoß-V.	x	x	x	x
	Oszillieren	Schwingungs-V.	x	x	x	x
Fkö+Fkö+Partikel	Gleiten	Furchungs-V.	x			
	Gleiten	Korngleit-V-	x			
	Wälzen	Kornwälz-V.	x			
Fkö+Flü+Partikel	Strömen	Spül-,Erosions-V.	x	x		x
Fkö+Gas+Partikel	Strömen	Gleitstrahl-. (Erosions-)V	x	x		x
	Prallen	Prallstrahl- Schrägstrahl-V.	x	x		x
Fkö+Flü	Strömen, Schwingen	Kavitation		x		x
	Stoßen	Tropfenschlag				x

Die DIN 50320 bietet einen Überblick über die Verschleißvorgängen. Man kann Verschleißkenngrößen definieren und zwecks Minimierung des Verschleißes entsprechende Mittel ergreifen.

Das kann gemäß Bild 3.9 sowohl ein besseres Schmiermittel, als auch eine Veränderung der Umgebungsbedingungen sein. (Die Reibpartner sind in den Betrachtungseinheiten einer Anlage nicht ohne weiteres zu ändern).

Im Maschinenbau ist der Verschleiß an den Baugruppen

– Gleitlager
– Wälzlager
– Zahnräder

für oft große Schäden an den zugehörigen Maschinen verantwortlich.

Diese drei Baugruppen hat Bartz [3.22] untersucht und deren Schadensbilder und -ursachen gegenübergestellt.

3.6.2.2 Korrosion

Wenn man im Fachgebiet des Anlagenmanagements von Korrosion spricht, meint man in der Regel die der Metalle. Das soll auch hier so sein.

Ausgelöst durch das Bewußtsein um die hohen wirtschaftlichen Verluste in Industrie, Staat und Gesellschaft durch Korrosion von einfachem Stahl *und* durch spektakuläre Unfälle bei Brücken, Stahlbetongebäuden, Schiffen uam., wird innerhalb der Werkstoffkunde dem Teilgebiet der Korrosion ein sehr hoher Stellenwert eingeräumt.

Die Bedeutung der Korrosion reicht von schwach (z.B. Automobil- und Werkzeugmaschinenbranche) bis hin zu außerordentlich stark (Chemie-, Energieerzeugungsbranche).

Weiterführende, vertiefende Literatur sind die DIN 50900 [3.23], Berns, Stahlkunde [3.24], Hornbogen-Warlimomt, Metallkunde [3.25] und Steel – A Handbook for Materials, VDEh (Hrsg.) [3.26].

Korrosionsarten

Korrosionsprozesse sind wie andere Verschleißprozesse von der Zeit abhängig. Da es sich aber bei der Korrosion um chemische oder elektrochemische Vorgänge handelt, ist die Temperatur ein weiterer entscheidender Faktor. Dies und die mögliche unbekannte oder nur in Spuren anwesenden katalytischen Begleiter, können einen Korrosionsprozeß um Zehnerpotenzen beschleunigen.

Man unterscheidet *chemische* und *elektrochemische* Korrosion.

Bei der chemischen Korrosion sind zwei oder mehr „Chemikalien" beteiligt, das sind z.B. Metalle oder Metallverbindungen und bestimmte Chemikalien. Chemische Produkte, die in Apparaten verfahrenstechnischen Prozessen unterliegen, korrodieren die sie umgebenden Werkstoffe.

Bei der elektrochemischen Korrosion ist definitionsgemäß ein Elektrolyt erforderlich. Diese Art der Korrosion hat – über alle Branchen gesehen – den größeren Umfang. Das liegt an der Atmosphäre, die offenliegenden Metalle samt ihrer schützenden Oxidschicht angreift.

Die Feuchtigkeit (heute noch in Verbindung mit salz-/säurehaltigen Anteilen) ist hierbei der entscheidende Partner. Das Gegenteil ist uns über die trocken-heiße Luft Ägyptens und die Jahrhunderte während Beständigkeit von Metallen und organischen Werkstoffen bekannt.

Der Schutz von Werkstoffen, die der Korrosion ausgesetzt sind (Planmäßige Instandhaltung), ist deshalb von großer Bedeutung.

Erscheinungsformen

Die Erscheinungsformen der Korrosion sind.

– Flächenkorrosion
  mehr oder weniger *gleichmäßiger Abtrag* über der gesamten Fläche
– Selektivkorrosion
  örtliche K. (Lochfraß)
  interkristalline K. Hier findet der Angriff an den Korngrenzen statt
  intrakristalline K. Auch hier wird die Kornstruktur angegriffen, jedoch durch das Korn hindurch.(Spannungsrißkorrosion)

3.6.2.3 Ermüdung, Alterung

Ermüdung von Bauelementen führt sehr oft zu einem nicht vorhersehbaren Bruch und damit zu seinem Ausfall. Das liegt daran, daß Ermüdung ein Prozeß ist, der aus Spannungs- und Schwingungsbelastung resultiert.

Die Wechselbeanspruchung bewirkt durch Gleitvorgänge in der Kristallstruktur einerseits Zerrüttung, andererseits Verfestigung des Werkstoffes. Der Vorgang, bereits von Wöhler 1859 erkannt, ist in seiner zahlenmäßigen Ausprägung sehr von der Legierung der Metalle abhängig, auch von den physikalischen Randbedingungen, wie Schwingfrequenz, Temperatur, Oberflächenbeschaffenheit und Umgebungsatmosphäre. Für spezielle Bedürfnisse wurden spezielle wechselfeste Stähle entwickelt.

Bei besonders beanspruchten Bauelementen entstehen sehr feine Risse. Da sie im µm-Größenbereich beginnen, sind laufende Überprüfungen erforderlich. Bei sicherheitsrelevanten Konstruktionen ist die genaue Kenntnis der verwendeten Werkstoffkennzahlen unabdingbar.

Ermüdungsbrüche sind zu erwarten, wenn bei der Wechselbeanspruchung, der ein Bauelement ausgesetzt ist, die Zerrüttungsvorgänge nicht durch gleichlaufende Verfestigung ausgeglichen werden und die zulässige Spannung überschritten wird. Dies ist bei Lastwechselzahlen unterhalb der Grenzlastwechselzahl im Bereich zwischen der

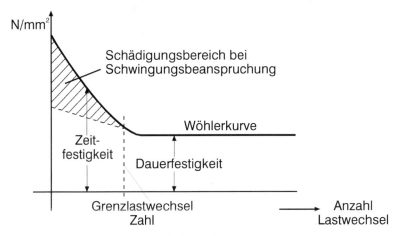

Bild 3.10: Schädigungsbereich bei Schwingungsbeanspruchung

Wöhlerkurve und der Schadenslinie jederzeit möglich. Will man Ermüdungsbrüche vermeiden, sollte man die Beanspruchung möglichst weit unterhalb der Zeitstandsfestigkeit halten. Die Überschreitung der Schadenslinie (Grenzfall ist Dauerstandsfestigkeit!) muß um so geringer sein, je näher man der Grenzlastwechselzahl kommt.

Überschreitet man diese, so kann man bei Einhaltung der erlaubten Spannung mit einer lange währenden Dauerfestigkeit rechnen (Bild 3.10).

Die Grenzlastwechselzahl liegt für Eisenwerkstoffe bei $3 \cdot 10 \cdot 10^6$.

3.7 Schwachstellen

In der Instandhaltung wird gern über Schwachstellen gesprochen.

Der Begriff Schwachstelle wird nicht in allen Branchen verwendet. Dem Thema wird deshalb eine unterschiedliche starke Aufmerksamkeit gewidmet.

Nach DIN 31051 [1.05] *ist eine Schwachstelle „eine durch die Nutzung bedingte Schadenstelle oder schadenverdächtige Stelle, die mit technisch möglichen und wirtschaftlich vertretbaren Mitteln so verändert werden kann, daß Schadenshäufigkeit und/oder Schadensumfang sich verringern".*

In der Zuverlässigkeitstechnik findet man viele Möglichkeiten, Bauelemente und deren Konglomerate hinsichtlich ihres Ausfallverhaltens zu beschreiben. Hat der Hersteller oder Betreiber mit hinreichender statistischer Sicherheit festgestellt, daß sowohl der Schadensverlauf, als auch die Ausfallrate nicht mit anderen Bauelementen zeitlich harmoniert, dann muß er diese Bauelemente technisch verbessern. Das Anlagenmanagement kann das mit Hilfe einer *verbessernden* Instandsetzung oder mit einer veränderten Konstruktion tun.

Sind Ausfälle für die Verfügbarkeit bedeutsam, wird der Verantwortliche im praktischen Betrieb *schon vor Erreichen* einer statistischen Sicherheit tätig.

Bei solchen Veränderungen von Betrachtungseinheiten spielen Kostengründe der Fertigung eine viel größere Rolle als das technische Interesse an einer statistischen Sicherheit. Die Erfüllung der bestimmungsgemäßen Aufgabe einer Anlage hat Vorrang.

Schwachstellen sind nur über die längere Erfassung identischer Fälle auszumachen. Wenn man sie sofort als solche erkennen würde, wären es eigentlich keine mehr, denn entweder man lebte mit dem Ausfallverhalten (z.B. aus wirtschaftlichen Gründen), oder man verändert schon früh Baugruppen oder Bauelemente an der Betrachtungseinheit.

Beispiel.:
In einer Chemieanlage gäbe es 50 Pumpen. Sie unterscheiden sich erfahrungsgemäß im Hinblick auf die Vergleichbarkeit von Ergebnissen nach Lieferfirma, Typ, Größe, Werkstoff, Abdichtungssystem, gefördertem Medium, Standort, u.a.m..

Statistisch gesehen – und die Realität bestätigt dies – gibt es unter diesen 50 Pumpen keine, die der anderen so gleicht, daß man deren Schäden mit anderen in Beziehung setzen könnte.

Komplette Pumpen, die nach bestem technischen Wissen und Erfahrungsstand ausgewählt sind, haben durchschnittliche MTBF-Werten von $4 - 8 \cdot 10^3$ Stunden .

Das bedeutet, daß man in 4 Jahren 8 Schadensfälle hat. Diese reichen nicht aus, um an der Konstruktion einer Pumpe etwas grundsätzliches zu ändern

Schwachstellenuntersuchungen sind nur an Serien-Erzeugnissen sinnvoll, die unter gleichen Bedingungen betrieben werden. Das ist kaum vorzufinden. (Selbst die Hunderttausende gefertigter gleicher PKWs werden hinsichtlich Fahrer, Fahrweise, Straßen-Zustand, Klima, Treibstoffsorte, Wartungshäufigkeit, usw. zu wenigen wirklich vergleichbaren Schadensbildern und damit zu Ansätzen für Verbesserungen führen).

Auszunehmen von diesen Überlegungen sind solche Schwachstellen, die als Prototypen, Muster, Nullserien mit wissenschaftlichen Methoden auf ihre konstruktiven Merkmale untersucht werden, um sie zu optimieren oder um das Ausfallverhalten zu studieren.

3.8 Störungen

Der Zustand einer Betrachtungseinheit bewegt sich hinsichtlich seines Ausfallverhaltens vom

– bestimmungsgemäßen Betrieb über
– einen fortwährenden Schädigungsprozeß bis hin zum
– Ausfall.

Während dieses Vorganges wird die Funktion Produktion oder Dienstleistung innerhalb der tolerierten Grenzen erfüllt.

Es gibt jedoch Gründe, daß trotz Funktionsfähigkeit eine Anlage nicht betrieben werden kann. Dafür wurde der Begriff Störung eingeführt (VDI 3541 [3.11] und DIN 40041 [3.07]).
Die geeignetste Definition entstammt der DIN 31051 [1.05]

Störung = unerwünschte Unterbrechung oder Beeinträchtigung der Funktionserfüllung einer Betrachtungseinheit

Eine Störung ist im Sinne des Verhaltens von Anlagen lediglich als ein Zeitbestandteil der Operationellen Verfügbarkeit anzusehen.

Die Störung ist als ein Ereignis anzusehen, bei dem durch direkten Eingriff des Bedienungspersonals z.B. durch Korrektur einer Steuergröße oder Lösen einer mechanischen Verklemmung, die Unterbrechung der Funktion wieder aufgehoben wird, ohne daß ein Ausfall von Bauelementen stattgefunden hat.

Bei Analysen von Betriebsabläufen sollte man Unterbrechungen, die eindeutig Ausfälle oder deren Instandhaltungsmaßnahmen sind, nicht unter der Rubrik Störung summieren. Man würde eine Grauzone schaffen, deren Aufklärung schwierig ist.

3.9 Hinweise für Untersuchungen

Das technische Zuverlässigkeitsverhalten einzelner Bauelemente, Baugruppen oder Einrichtungen bis hin zum Gesamtverhalten von komplexen Anlagen ist meist nur teilweise bekannt. Das Ziel des Anlagenmanagements sollte es sein, sich zunehmend Fakten zu beschaffen und seinen *Betrieb* danach zu führen. Die erforderlichen Daten muß es ermitteln.

Die Ermittlung von Zuverlässigkeitkennwerten verlangt eine systematische, eher wissenschaftliche Arbeitsweise. Dafür fehlen meist die personellen Ressourcen. Forschung und Lehre sollten sich diesem Arbeitsgebiet vorrangig annehmen.

Die Ermittlung von Verfügbarkeitskennwerten ist dagegen durch einfache Zeitenermittelung möglich.

Sollte es in dem zu analysierenden Betrieb keine eingeführte Zeitwirtschaft geben, dann sind geeignete Zeiterfassungsmethoden zu suchen, die der Wichtigkeit des Anlasses angemessen sind.

Zwei Wege sind möglich

- Beobachtungen mit anschließender Datenerfassung (Eingaben in ein Betriebs-Datenerfassungs-System BDE oder handschriftliches Führen von Betriebsaufzeichnungen)
- spezielle Erfassungsaktion über einen bestimmten Zeitraum
- Vereinbaren und Durchführen von Multimomentstudien

Für Schadensanalysen ist in der VDI-Richtlinie 2822 [3.27] beschrieben, wie man bei Analysen systematisch und damit erfolgversprechend vorgehen soll. Die Regeln sind:

- Vor jeder Analyse muß vom Auftraggeber ein präziser Auftrag erteilt werden
- Der zu analysierende Betriebsteil ist zu Neben- und Hilfsbetrieben genau abzugrenzen
- Dauer der Analyse muß festliegen

Sind Untersuchungen geplant, welche zu Erkenntnissen über Verfügbarkeiten, Servicezeiten, Auslastung u.ä. führen sollen, sind noch die folgenden Gesichtspunkte zu beachten:

- Zeitbestandteile, die auszuklammern sind, sollten definiert sein
- der einzubeziehende Personenkreis und seine Abgrenzungen in der Organisation sind zu bestimmen
- der Genauigkeitsgrad der Analyse muß besprochen werden, da die Dauer der Analyse davon abhängt
- Vorgespräche mit Einheiten außerhalb des Betriebes, wie Personalwesen und Arbeitnehmervertretung sind zu führen
- die betroffenen Mitarbeiter sind zu informieren

Ein möglichst vielseitig zusammengesetztes Team hat diese Vorgaben in ein konkretes technisch-organisatorisches Programm umzusetzen.

Die Einbeziehung der betrieblichen Mitarbeiter sollte so erfolgen, daß sie die Analyse als notwendig ansehen und zum Erfolg der Durchführung beitragen.

Auch die notwendige Anschaffungen an Geräten, Sensoren und deren Einbau sollte rechtzeitig vorbereitet werden

Kenngrößen sind *vor* Beginn einer Analyse festzulegen.

Der Gesamtumfang einer Untersuchung kann leicht die Kapazitäten des Anlagenmanagements überschreiten. Vorbereitung ist möglich mit folgender Literatur: VDI 4004 Blatt 1 bis 4 [3.12], den MIL-HDBK des Verteidigungsminsteriums der USA [3.13] und VDI 2893 Bildung von Kennzahlen für die Instandhaltung (Entwurf) [3.28].

Literatur zu 3

3.01   Birolini, A.: Qualität und Zuverlässigkeit technischer Systeme, Berlin; Heidelberg; New York; London: Springer 1991

3.02   VDI-Handbuch Technische Zuverlässigkeit, Berlin: Beuth 1989

3.03   O`Connor, P. D. T.: Zuverlässigkeitstechnik, Weinheim: VCH-Verlag 1990

3.04   Rosemann, H.: Zuverlässigkeit und Verfügbarkeit technischer Anlagen und Geräte, Berlin; Heidelberg; New York: Springer- 1981

3.05   Hrsg. MBB München, Technische Zuverlässigkeit, Berlin; Heidelberg: Springer 1986

3.06   Bertsche, B.; Lechner, G.: Zuverlässigkeit im Maschinenbau, Berlin; Heidelberg; New York: Springer 1990

3.07   DIN 40041 Zuverlässigkeit, Begriffe 12/90 Berlin: Beuth 1990

3.08   MIL STD 470 B Maintainability Programm for systems and Equipment, Department of Defense 1983

3.09 VDI 4001, Allgemeine Hinweise zum VDI-Handbuch Technische Zuverlässigkeit,, Berlin: Beuth 1986

3.10 DIN 55350, Teil 11, Begriffe der Qualitätssicherung und Statistik, Grundbegriffe der Qualitätssicherung, Berlin: Beuth 1987

3.11 VDI/VDE 3541, Steuerungseinrichtungen mit vereinbarter gesicherter Funktion, Einführung, Begriffe, Erklärungen, Berlin: Beuth Okt. 1985

3.12 VDI 4004, Zuverlässigkeitskenngrößen Übersicht, Berlin: Beuth 1986

3.13 MIL-HDBK-217, Reliability Prediction of electronic Equipment Edit. E 1986

3.14 CNET Receul de Donnèes de Fiabilitè du CNET, Lannion, 1983

3.15 Schäfer, E.: Zuverlässigkeit, Verfügbarkeit und Sicherheit in der Elektronik, Würzburg: Vogel-Verlag 1979

3.16 FAG Kugelfischer, Wälzlager auf den Wegen des technischen Fortschritts, Eigenverlag Schweinfurt 1984

3.17 DIN 31054 Zeitbegriffe für die Instandhaltung, Berlin: Beuth 1985 (Entwurf)

3.18 DIN 8743 Kenngrößen aus der Verpackungstechnik 1987, Berlin: Beuth

3.19 Habenicht, J.: Schwachstellen erkennen, Maschinenmarkt, Würzburg 95 (1989), S.92-98

3.20 Sturm, A.; Förster, R.: Maschinen- und Anlagendiagnostik, Stuttgart: Teubner 1990

3.21 DIN 50320 Verschleiß, Begriffe Berlin: Beuth 1979

3.22 Bartz, W. J.: Schadensanalyse und Voraussetzung zur vorbeugenden Instandhaltung, VDI-Z. 121 (1979), Nr.22, S. 266-280

3.23 DIN 50900, Teil 1 bis 3, Korrosion der Metalle, Berlin: Beuth 1985

3.24 Berns, H.: Stahlkunde für Ingenieure, Berlin; Heidelberg; New York: Springer 1991

3.25 Hornbogen, E.; Warlimont, H.: Berlin; Heidelberg; New York: Springer 1991

3.26 Steel - A Handbook for Materials Research and Engineering, Edit VDEh, Berlin; Heidelberg; New York: Springer 1992

3.27 VDI 2822 Schadensanalyse, Berlin: Beuth

3.28 VDI 2893 (Entwurf) Bildung von Kennzahlen für die Instandhaltung, Berlin: Beuth 1989

4 Betreiben von Anlagen

4.1 Betrieb

4.1.1 Betrieb als Unternehmensteil

Eine Anlage ist gemäß Definition die „Gesamtheit der technischen Mittel eines Systems".

Das System wiederum beinhaltet neben den technischen die organisatorischen und anderen Mittel zur Erfüllung eines Aufgabenkomplexes [1.6].

Es enthält somit neben materiellen Dingen auch das Personal, dessen Erfahrungen, die Organisation des Betriebes, Verfahrenskenntnis, Kenntnisse über Umweltschutz und Sicherheit und vieles andere mehr.

Bei entsprechender Betrachtung könnte man das System auch wesentlich weiter fassen. So z.B. durch Einbeziehung von Mitteln, die weit außerhalb der Unternehmungen liegen, wie Städte und Gemeinden, Infrastruktur, Bildungswesen u.a.m.

Es wäre aber auch umgekehrt möglich, die Grenzen viel enger zu fassen.

Für unsere Betrachtungen soll das System gleich Betrieb sein. Die Anlage ist dann das technische Mittel des Betriebes.

Bild 4.1 zeigt schematisch, welche Funktionen innerhalb und welche außerhalb der Grenzen des Systems Betrieb liegen.

Innerhalb der Grenzen finden wir die Funktionen dargestellt, die sicherstellen, daß die Anlage ihre Aufgabe erfüllen kann.

Die DIN 32541 definiert Betreiben enger: „Betreiben ist: Die Gesamtheit aller Tätigkeiten, die an Maschinen und vergleichbaren technischen Arbeitsmitteln von der Übernahme bis zur Ausmusterung ausgeübt werden." Dieser Definition wird hier nicht gefolgt.

Die Verwendung des Begriffes Produktion soll vermieden, sondern es wird der Begriff Fertigung verwendet. In Fertigung ist auch stets Dienstleistung eingeschlossen.

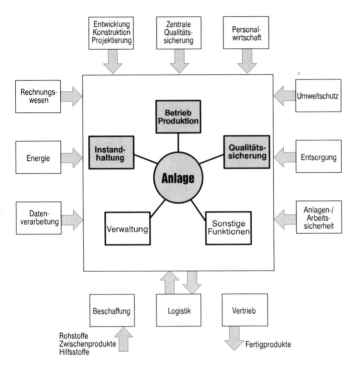

Bild 4.1: Struktur eines Betriebes und seine Abgrenzungen zu anderen Unternehmensfunktionen

Die gezeigte Abgrenzung zu anderen Funktionen außerhalb eines Betriebes
wird auch darin bestätigt, daß die Leitung eines Betriebes, das Anlagenmanagement,
Kostenverantwortung trägt. Betriebe sind deshalb gleichzeitig Kostenstellen.

Andere Grenzziehungen sind denkbar. Sie werden vor allem von der Größe eines Unternehmens bestimmt. Je kleiner ein Unternehmen, um so mehr Funktionen liegen in der Verantwortung des Anlagenmanagements.

Fertigungsbetriebe

In Fertigungsbetrieben werden Erzeugnisse nach den unterschiedlichsten Verfahren hergestellt. Diese Verfahren bestimmen die Art der Anlage.

Trotz Vielfalt setzen sich Anlagen zu einem hohen Prozentsatz aus gleichartigen Einrichtungen zusammen. Damit erhalten Aussagen zum Anlagenmanagement ein Maß an Allgemeingültigkeit.

Dienstleistungsbetriebe

In Dienstleistungsbetrieben findet man ebenfalls Anlagen, die von einem Anlagenmanagement zu betreiben sind. Folgende Beispiele zeigen, daß Anlagen in Dienstleistungsbetrieben denen von Fertigungsbetrieben gleichen :

Dienstleistungs- Betrieb	Anlagen und -teile (Beispiele)
Logistik	Hochregallager, Fördereinrichtungen, Tanklager, Fahrzeuge,
Energie-Erzeugung	Dampferzeuger, Generatoren, Umspannanlagen, Verteilungsanlagen, Wasser- bereitstellungsanlagen und -netze
Entsorgung	Kläranlage, Abgasreinigung, Abfallverbrennung, Kanalnetz
Instandhaltung	Spezialwerkstätten, Krane, Ersatzteillager, Diagnosegeräte
Verwaltung	EDV-Anlagen, Kopieranlagen

4.1.2 Aufbauorganisation

Betriebe sind *meist* nicht gleichartig organisiert, auch wenn sie gleiche Funktionen erfüllen. Unternehmensorganisationen sind oft gewachsen, von Zeitläufen oder Personen geprägt.

Organisationen haben sich durch Aufgabenteilung und Verantwortungsteilung verändert, wenn das Unternehmen gewachsen ist.

Meisterbetriebe des 17./18. Jahrhunderts wurden zu Mittelbetrieben, diese entwickelten sich mit der Industrialisierung zu Großbetrieben und nach dem 2. Weltkrieg bildeten sich daraus multinationale Unternehmen.

Organisationsformen wurden an die geänderten Bedingungen angepaßt. Damit ergaben sich für manche Unternehmungen Abweichungen von der für sie günstigsten.

Die ideale Aufbauorganisation für jedes Unternehmen gibt es nicht. Sie soll aber so ausgebildet sein, daß die Betriebe stets schlank, kostengünstig und doch in seinen Funktionen schlagkräftig geführt werden können.

Über die Organisation von Unternehmen gibt es ein Fülle von Literatur. Es soll nur auf wenige hingewiesen werden:

Müller, Management für Ingenieure [4.01], Hill, Organisationslehre [4.02] , Schertler, Unternehmensorganisation [4.03] , Frese, Grundlagen der Organisation [4.04] und Vossberg, Bayer-Berichte [4.05].

Linienorganisation

In der Linienorganisation findet sich die größte Klarheit für Kompetenzabgrenzung und Verantwortlichkeit. Sie verlangt, das Unternehmen in eine entsprechende Zahl von Ebenen zu gliedern und legt über eine eindeutige „Linie" von der untersten bis zur obersten Ebene die Verantwortlichkeiten und die Berichtswege fest. Man spricht hier von einer eindimensionalen Organisationsform.

Im Bild 4.2 sind drei Beispiele gezeigt, wie die einzelnen Funktionen in mehreren Ebenen, einmal in einem Fertigungsbetrieb, zum anderen in einer betrieblichen Funktion Instandhaltungsbetrieb, organisiert werden könnten.

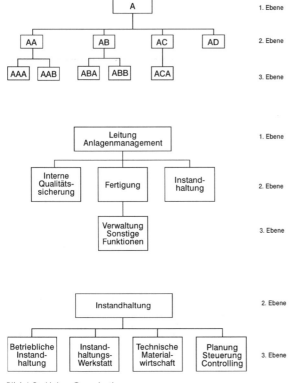

Bild 4.2: Linien-Organisation

Stab-Linien-Organisation

Die Stab-Linien-Organisation hat ihren Ursprung bei den Militärs. Neben der Sinnfällig-
keit dieser Form (Bild 4.3) ist ableitbar, daß die Wirtschaftlichkeit für die Herausbil-
dung keine wesentliche Rolle gespielt haben dürfte.

Viele Führungskräfte sind der Meinung, daß die Stab-Linien-Organisation in der Wirtschaft zu teuer sei. Ihre Vorteile seien auch anders zu erzielen.

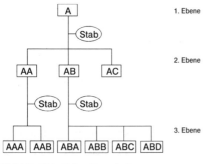

Bild 4.3: Stab-Linien-Organisation

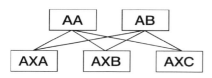

Bild 4.4: Mehrlinien-Organisation

Unbestreitbar ist, daß in komplexen Unternehmen (ab ca. 500) Mitarbeitern, Organisationen mit mehreren Führungsebenen benötigt werden. Anstehende Entscheidungen müssen vorbereitet und durchgesetzt werden. Dafür ist die Funktion von Stäben geeignet. Sie koordinieren und arbeiten den Führungskräften zu.

Stäbe haben in der Regel keine Weisungsbefugnis, wie dies aus Bild 4.3 hervorgeht. Es bleibt jedoch nicht aus, daß sich in allen Stäben versteckte Linienfunktionen bilden.

Mehrlinienorganisation

Mit der Mehrlinienorganisation (Bild 4.4) will man die Spezialkenntnisse von Führungskräften für mehrere Unterstellungen nutzen. Diese Form ist kostengünstiger als bei einer Linienorganisation, da man das Verhältnis Mitarbeiter/Führungskraft (Kontrollspanne) günstig gestalten kann. Vorteilhaft sind auch kürzere Anweisungs- und Berichtswege.

Bei der Mehrlinienorganisation ist jedoch die Abgrenzung von Kompetenzen schwieriger. Dies wirkt sich auch bei der Koordination von Arbeiten aus.

Bei der Mehrlinienorganisation sind in kleineren Betrieben eher menschliche Schwierigkeiten zu erwarten, als bei der Linienorganisation.

Fachvorgesetzte-/Disziplinarvorgesetzte-Organisation

Bei der Fachvorgesetzte-/Disziplinarvorgesetzte-Organisation sind die Probleme, die bei der Mehrlinienorganisation angesprochen wurden, noch stärker ausgebildet.

Ein Mitarbeiter, der zwei Vorgesetzte hat, wird oft in Konflikte geraten, wenn die Abgrenzungen der Zuständigkeiten zwischen den Vorgesetzten nicht klar geregelt sind.

Bild 4.5 zeigt eine typische Organisationsform: An zwei Orten sind je eine Einheit mit jeweils zwei Berufen (z.B. Elektro- und Maschinenhandwerker) im Einsatz. Die fachliche Führung der Mitarbeitern ist sichergestellt vom Ort X bis zum Ort Y.

Wird jedoch der Mitarbeiter des Berufes B disziplinär durch den Vorgesetzten des Berufes A im Ort X geführt, dann sind Probleme angesagt.

Bei dem Begriff „disziplinär" geht es nicht um die Durchsetzung von Disziplin – hier ist der Begriff nicht präzise genug – sondern um Fragen, die im allgemeinen personellen Bereich liegen, wie

– Entlohnung
– Aufstieg

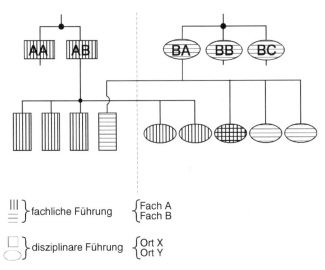

Bild 4.5: Fachvorgesetzte-/Disziplinarvorgesetzte-Organisation

– Weiterbildung
– Urlaubs- und Freizeitfragen
– Jobrotation u.a

Unter bestimmten günstigen Verhältnissen ist diese Form der Organisation möglich.
Sie erfordert eine permanente Abstimmung zwischen Fach - und Disziplinarvorgesetz-
ten in allen Fragen. Dafür ist ein hoher Aufwand und die Kooperationsbereitschaft *beider* Vorgesetzer Voraussetzung.

Matrix-Organisation

Die Matrix-Organisation entwickelte sich in Deutschland in den 60er Jahren. Das war
die Zeit der Expansion vieler Unternehmen in andere Länder. Zur Entstehung beigetragen hat auch, daß bestimmte Arbeitsgebiete eine früher nicht gekannte Bedeutsamkeit
erlangten, wie z.B. der Umweltschutz mit seiner umfangreichen Gesetzgebung oder wie
das internationale Finanzwesen.

Matrix-Organisation bedeutet, daß in den oberen Führungsebenen Verantwortlichkeiten matrixartig festgelegt sind. So ist die Verantwortlichkeit für einen Produktbe-
reich verknüpft mit der Verantwortung für ein Land oder für eine zentrale Unternehmensfunktion (Personal, Forschung, Finanzen). In Großunternehmen wird mitunter
noch eine dritte Verantwortungsdimension geschaffen (Bild 4.6).

Auch für diese Organisationsform ist eine gute Kompetenzabgrenzung nötig. Ein Ma-
trix-System erfordert zwecks eindeutiger Führung eine umfassende Abstimmung. Der
Abstimmungsvorgang muß gut (ablauf-)organisiert sein. Bei der Form der Matrix-Organisation ist die Notwendigkeit von Stäben unabdingbar. Findet man in Organigrammen

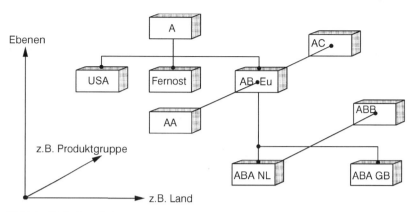

Bild 4.6: Matrix-Organisation

solcher Unternehmen keine Stäbe, dann wird deren Funktion von Stellen wahrgenommen, die in der Linie organisiert sind.

Die Organisationsform der Matrix kann Entscheidungsvorgänge verzögern. Auf diese Weise würde die Beweglichkeit und Entscheidungsfähigkeit eines Unternehmens – und damit seine Wirtschaftskraft – empfindlich gestört. Seit Mitte der 80er Jahre versucht man, dieses Problem durch Verkleinerung der Unternehmensgröße (Dezentralisierung, Ausgliederung und Schaffung von eigenständigen Unternehmungen) zu lösen.

4.2 Betriebsführung

4.2.1 Arbeitsrecht

Die Kenntnis von Gesetzen, zumindest das Wissen um sie, sollte in großen Zügen vorhanden sein, auch wenn empfohlen wird, Personalfachstellen für wichtige Fragen hinzuzuziehen.

Die wichtigsten Gesetze für das Anlagenmanagement werden in einer tabellarischen Übersicht aufgeführt.

Die Inhalte des sog. Arbeitnehmerrechts werden im Anschluß an die Tabelle etwas ausführlicher dargelegt.

Arbeitnehmerrecht

Mit dem Schlagwort Mitbestimmung wird im (nachlässigen) Sprachgebrauch beschrieben, was die Rechte und Pflichte der Arbeitnehmer gegenüber dem Arbeitgeber betrifft.

Bezeichnung	Abkürzung	Inhalt (Stichworte)
Arbeitnehmerüber--lassungsgesetz	AÜG	Erlaubnis (Erteilung, Erlöschen, Versagen, Rücknahme, Widerruf) Auskünfte, Meldungen, Vorschriften, Rechtsverhältnisse Mitbestimmungsfragen
Arbeitssicherheitsgesetz	ArbSichG	Betriebsärzte Sicherheitsfachkräfte, Rechte und Pflichten
Arbeitszeitordnung	AZO	Regelmäßige Arbeitszeit Verlängerung der Arbeitszeit, Höchstgrenzen, Gründe Freie Zeiten, Pausen, Erhöhter Schutz für Frauen
Betriebsverfassungsgesetz	BetrVG	siehe unten
Gewerbeordnung	GewO	Beschäftigungszeiten Betriebssicherheit (=Basis für UVV)
Jugendarbeitsschutzgesetz	JArbSchG	Definitionen Arbeitszeit und Freizeit Beschäftigungsverbote Beschränkungen Pflichten des Arbeitgebers Gesundheitliche Betreuung
Kündigungsschutzgesetz	KSchG	Kündigungsschutz Änderungskündigung Abfindung, Entlassung, Kurzarbeit
Mitbestimmungsgesetz	MitbestG	siehe unten
Mutterschutzgesetz	MuSchG	Schutzfristen Bestimmte Beschäftigungsverbote Kündigungsschutz Mutterschaftsurlaub Leistungen,
Reichsversicherungsordnung	RVO	Unfallversicherung Leistungsarten Unfall-Begriffsdefinitionen Haftung
Schwerbehindertengesetz	SchwbG	Definition Schwerbehinderter Beschäftigungspflicht der Arbeitgeber Kündigungsschutz Vertretung der Schwerbehinderten Leistungen

Die Zusammenhänge im Arbeitnehmerrecht zeigt die nachstehende Grafik:

„Mitbestimmung" gesetzlich	
Mitbestimmungsgesetz (MitbestG) 04.05.76	Betriebsverfassungsgesetz (BetrVG) 15.01.72
Beteiligung der Arbeitnehmer im Aufsichtsrat	Einfluß der Arbeitnehmer durch den Betriebsrat auf das Betriebsgeschehen
Reglungsabreden	Betriebsvereinbarungen
„Mitbestimmung" betrieblich	

Betriebsverfassungsgesetz (BetrVG)

Im BetrVG ist geregelt, in welcher Weise die Arbeitnehmer ihre Rechte ausüben können.

Grundsätze der Zusammenarbeit im BetrVG

Einige wichtige Abschnitte aus dem BetrVG

§ 2 Vertrauensvolle Zusammenarbeit zum Wohle der Arbeitnehmer und des Betriebes

§ 74 Verständigungsbereitschaft bei strittigen Fragen, Friedenspflicht = Unterlassung aller Betätigungen, durch den der Arbeitsablauf oder der Frieden des Betriebes beeinträchtigt wird. Verbot der parteipolitischen Betätigung, Verbot des Arbeitskampfes

§ 76 Geregelte Konfliktlösung. Erst ist die Einigungsstelle, dann das Arbeitsgericht anzurufen

§ 81 Unterrichtung des Arbeitnehmers über Aufgabe, Verantwortung und Art seiner Tätigkeit, Einordnung in Arbeitsablauf, Unfall- und Gesundheitsgefahren, Veränderungen im Arbeitsbereich

§ 87 Ordnung im Betrieb, Arbeitszeit, Auszahlung des Entgeltes, Urlaub, Einführung von Einrichtungen, die dazu bestimmt sind, das Verhalten oder die Leistung der Arbeitnehmer zu überwachen, Fragen der Lohngestaltung

§ 90 Planung von Neu-, Um- und Erweiterungsbauten von Fabrikations- Verwaltungs- und sonstigen betrieblichen Räumen
– technischen Anlagen
– Arbeitsverfahren und Arbeitsabläufen
– Arbeitsplätze und Auswirkungen der Maßnahmen auf den AN zu beraten (z.B. über Ergonomie)

§ 91 Änderungen von in § 90 geschilderten Maßnahmen müssen arbeitswissenschaftlichen Erkenntnissen entsprechen, dürfen nicht belasten, müssen menschengerecht gestaltet sein

Wichtigste Ausschüsse

– Wirtschaftsausschuß (§ 106 BetrVG)
Paritätisch mit Arbeitnehmer- und Arbeitgeberseite besetzt
Themen sind:
  – Wirtschaftliche und finanzielle Lage des Unternehmens
  – Produktions-und Absatzlage
  – Rationalisierungsvorhaben
  – Fabrikations- und Arbeitsmethoden
  – Einschränkung oder Stillegung von Betrieben
  – Änderung der Betriebsorganisation
  – Vorgänge und Vorhaben, welche die Interessen der Arbeitnehmer des Unternehmens wesentlich berühren

– Betriebsausschuß
Tagt zusammen mit dem Personalausschuß des Unternehmens
Themen sind:
  – Wirtschaftliche Situation
  – Personalbericht
  – Personelle Einzelfragen, wie z.B. Teilzeit, Resturlaub, Bildschirmarbeit

– Kommissionen und andere Ausschüsse
– Betriebsjugendvertretung
– Schwerbehinderten-Vertrauensmann
– ggf. Gesamtbetriebsrat
– ggf. Konzernbetriebsrat

4.2.2 Personalführung

Das Personal eines Betriebes führt die Anlagen durch Beherrschung der Technik. Es sorgt durch seine Sachkenntnis und Erfahrungen dafür, daß Menge, Qualität, Herstellkosten und Anforderungen an Umweltschutz und Sicherheit erfüllt werden.

Das Anlagenmanagement führt dieses Personal.

Dazu bedarf der Führende bestimmter Eigenschaften und der Kenntnisse einiger Gesetze, Verordnungen, betrieblichen Vereinbarungen. Eigenschaften sind in gewissem Umfang durch Schulung und Training zu vermitteln.

Führungsmethoden

Direktive Führung

Eine Linienorganisation und damit eine direktive Führung gibt es in keinem Unternehmen in reiner Form. Auch die Matrix-Organisation ist nicht durchgängig als Matrix wirksam, sie existiert meist nur in den oberen Ebenen.

So ist es auch nicht angesagt, eine bestimmte Organisationsform über eine andere zu stellen. Jede hat ihre Vor- und Nachteile.

Linienorganisationen haben Führungsformen zur Folge, die auf dem Direktionsrecht aufbauen. Jede Linie zwischen zwei verbundenen Ebenen bedeutet vom Vorgesetzten, dem Mitarbeiter Anweisungen zu geben. Der Mitarbeiter ist in umgekehrter Richtung dem Vorgesetzten berichtspflichtig.

Diese Form erlaubt, ja verlangt von jeder Ebene eine Zusammenarbeit mit anderen Ebenen. Entscheidungen werden aber nur in bestimmten Ebenen zugelassen. Den Entscheidungen gehen Abstimmungen voraus.

Die Erfahrung hat gezeigt, daß sich in den Unternehmen unzweckmäßige, jedoch „praktikable" Aufbauorganisationen bilden, wenn irgendwelche Gründen (persönliche Rücksichten, unternehmensstrategische Anlässe) maßgebend waren. Das heißt, die Zusammenarbeit erfolgt nicht nur auf gleichen Ebenen, sondern über mitunter mehrere Ebenen hinweg. Auf diese Weise werden einerseits Entscheidungen durch nichtkompetente Stellen getroffen oder zumindest nicht reversibel vorbereitet. Andererseits werden aus diese Weise Fehlorganisationen korrigiert.

Kooperative Führung

Fortschrittliche Unternehmensführungen haben in den letzten Jahren versucht, Organisationsformen aufzubauen, um die Hierarchien aufzulösen und das Führen über Direktion und Anweisung durch andere Methoden zu ersetzen. Die gemeinsame Verantwortung wurde in den Vordergrund gestellt.

Parallel zu diesen Veränderungen haben sich in den Unternehmungen Führungsformen entwickelt, die nicht das direkte Tagesziel betreffen, sondern die Mitarbeiter in den Gesamtprozeß der Erreichung des Unternehmenszieles einbinden.

Es sind dies das Betriebliche Vorschlagswesen, Arbeiten mit Qualitätszirkeln, Gruppenarbeit generell, Ideenwettbewerbe, Sicherheitswettbewerbe uam.

Diese Führungsformen lösen das Direktionsrecht nicht auf. Sie verändern aber das Verhalten von Vorgesetzten und Mitarbeitern so, daß der Abstimmungsprozeß eine andere Bedeutung erhält, als er sie bei der bisherigen Führungsform hatte. Die verschiedenen Ebenen identifizieren sich mit getroffenen Entscheidungen.

Zielvereinbarung

Vom Harzburger Modell bis zum Davoser Manifest, über die verschiedenen „Management by"-Konzepte (das wichtigste war Management by Objectives), hat sich in den letzten Jahren die derzeit wichtigste Führungsform, die Zielvereinbarung entwickelt. Sie ist nicht für die Basis gedacht, sondern wird vom mittleren bis ins obere Management angewendet.

Für das Anlagenmanagement heißt das, die Führung der Basis und die nächste Ebene können mit dieser Methode ergänzend geführt werden.

Die Methode hat sich inzwischen zum institutionalisierten System entwickelt. Die Bestandteile sind:

– *Aufgabenbeschreibung:* Der Mitarbeiter beschreibt seine Aufgaben, die für einen bestimmten Zeitraum zu erfüllen sind (z.b. Projekte, allgemeine laufende Aufgaben, eigene Weiterbildung). Mit ihr werden gleichzeitig aufbauorganisatorische Klärungen vorgenommen.

– *Ziele:* Der Mitarbeiter leitetet aus den Aufgaben Ziele ab, die er erreichen will. Mit dem Vorgesetzten werden diese Ziele besprochen, um dessen Wünsche und Forderungen ergänzt.

– *Pflichten:* Aus den Zielen erwachsen Pflichten, sowohl für den Vorgesetzten wie für den Mitarbeiter.

– *Abstimmung:* Nach erfolgter Abstimmung von Aufgabenbeschreibung, Pflichten und Zielen werden die Rahmenbedingungen (Mittel, Zeitvorstellungen, Unterstützung durch andere, uam.) festgelegt.

– *Schriftform*: Die Zielvereinbarung wird schriftlich fixiert und von beiden Seiten unterschrieben.

Mitarbeitergespräch

Obwohl zwischen Vorgesetzten und Mitarbeitern *immer* Gespräche geführt werden, hat das ebenfalls institutionalisierte Mitarbeitergespräch einen anderen Sinn.

Die Methode des Mitarbeitergesprächs hat als Hauptziel, betriebliche und persönliche Probleme, Sorgen, Ängste und Interessen des Mitarbeiters zutage zu fördern.

Die Mitbestimmungsgesetzgebung verlangt auch hier eine Abstimmung zwischen Unternehmensleitung und Arbeitnehmervertretung. Das gilt auch, wenn das Anlagenmanagement diese Methode nur in seinem Verantwortungsbereich einführen möchte.

Die Methode besteht darin, daß in gleichartiger Weise Vorgesetzter und Mitarbeiter Gespräche führen. In 1 bis 2jährigen Abständen behandeln die Gespräche z.B. folgende Themen:

– Beurteilung der Zielerreichung des Mitarbeiters
– berufliche Entwicklung, Interessen des Einsatzes, Möglichkeiten der Verbreiterung des Einsatzes
– Weiterbildung, Sprachliche Verbesserungen
– Entgelt, Entwicklungsmöglichkeiten, Immaterielle Entgelte
– persönliche Probleme/Wünsche
– Kritik am Unternehmen, an der Führung

Solche Gespräche sollen nicht unter zeitlichem Druck stattfinden. Die Gesprächspartner sollen Gelegenheiten haben, sich auf das Gespräch vorzubereiten. Dazu muß dem Mitarbeiter vorher der Ablauf eines Gespräch bekannt gemacht worden sein.

Auch sollte den Mitarbeitern die Möglichkeit eingeräumt werden, nach längerer Betriebszugehörigkeit auf solche Gespräche zu verzichten.

Die Vorgesetzten sollten unbedingt in der Führung solcher Gespräche geschult werden.

Auch bei Mitarbeitergesprächen ist eine einfache Dokumentation sinnvoll. Ob diese in die Personalunterlagen eingehen sollen, ist umstritten. Ebenso umstritten sind Versuche, persönliche und mentale Ungleichheiten zwischen den Partnern des Mitarbeitergespräches zu neutralisieren.

4.2.3 Gruppenarbeit

Wie so oft beim Beschreiten neuer Wege, entdeckt man beim Näherkommen an das geplante Ziel weitere Ziele und findet dann auch dafür neue Wege .

Eine ursprünglich als Quality Circle in Japan eingeführte Methode, direkt am Arbeitsplatz die Mitarbeiter an der Qualitätsverbesserung zu beteiligen, hat sich weit verbreitet. Daraus wurde Gruppenarbeit unter der Bezeichnung

- Quality Control Circles
- Zero Defekt Groups

und in Deutschland unter der Bezeichnung

- Qualitätszirkel
- Lernstatt-Zirkel
- Werkstatt-Zirkel
- TREFF-PUNKT-i

entwickelt. Im Laufe der Jahre hat sich aus dem Ziel, die Qualität zu verbessern ein deutlich weiter gestecktes Ziel ergeben: *die Verbesserung von Führung und Zusammenarbeit an der Basis.*

Diese Verbesserung wurde notwendig, weil sich die Strukturen und die Anforderungen an die Unternehmen verändert haben:

- Die Anlagen wurden immer leistungsfähiger. Durch größere Mengendurchsätze konnten die Stückkosten gesenkt werden .
- Die Anlagen wurden komplexer. Eine Verbesserung der Prozeßführung verlangte mehr Meß-und Regeltechnik.
- Die Anforderungen an die Qualität der Produkte wurden größer.
- Die Anlagen wurden instandhaltungsfreundlicher. Bessere Werkstoffe, bessere Einrichtungen, bessere Werkzeuge und Hilfsmittel haben dazu beigetragen.
- Der Ausbildungsstand der Mitarbeiter wurde besser, Schulungen und allgemeine Weiterbildungsmaßnahmen steigerten Kenntnis- und Erfahrungsstand.
- Die Arbeitsbedingungen in den modernen Anlagen veränderten sich, aber auch das Arbeitsumfeld (Gesellschaft, Staat, Umwelt, Freizeit uam).
- Die von den Unternehmen geforderte Flexibilität des Marktes mußte in hohem Maße vom Menschen erbracht werden (Schichtfragen, Überzeit, Arbeitsplatzwechsel).

All diese Veränderungen mußten nicht nur vom Mitarbeiter *verkraftet* werden, sondern er war *auch* aufgerufen, seinen Anteil am Unternehmenserfolg zu steigern. Dies natürlich nicht durch einfaches Mehrarbeiten, sondern durch Beteiligung an der weiteren Gestaltung des Unternehmens.

Die Unternehmensleitungen mußten erkennen, daß es ein hohes Ziel der Unternehmenspolitik sein sollte, Kräfte im Mitarbeiter zu mobilisieren.

Es zeigte sich:

Die Möglichkeit der Mitgestaltung im Unternehmen führt zur Identifikation und damit zu Initiativen vielerlei Art.

Diese Mitgestaltung erfolgt in Kleingruppen, die nach einem bestimmten Reglement arbeiten.

Kleingruppen können sich beispielsweise Schwerpunktziele setzen:

– Lean-Production-Lösungen
– Qualitätsverbesserungen
– Arbeitsablaufverbesserungen
– Arbeitsplatzverbesserungen
– Arbeitssicherheitsverbesserungen
– Prozeßoptimierungen

aber auch

– Bewahren oder Schaffen eines guten Betriebsklimas
– Betriebswirtschaftliche Zusammenhänge verstehen können
– Sparsam mit Material und Energie umgehen

In Deutschland haben sich Gruppen entwickelt, deren Zielsetzungen den genannten Ansprüchen genügen sollten:

– „Lernstatt-Zirkel" bei der Hoechst AG
– „Werkstatt-Zirkel" bei Bosch AG
– „TREFF-PUNKT-i-Zirkel" bei BASF AG.

Der Bundesarbeitgeberverband Chemie e.V. hat eine Broschüre herausgegeben, „Anleitung zur Arbeit mit Kleingruppen zur Erhöhung der Motivation der Mitarbeiter und der Effizienz der Arbeit" [4.06].

Bei der BASF AG wurden, beginnend in den Zentralwerkstätten, 1981 die sog. „TREFF-PUNKT-i-Zirkel" vom Autor ins Leben gerufen. [4.07] und [4.08] beschreiben die Einführung, Voraussetzungen und Erfahrungen.

Diese Zirkel, oder Teams genannt, haben sich nach erfolgreicher Einführung in verschiedenen Bereichen des Werkes eingeführt.

Darüber soll hier etwas näher berichtet werden, weil sie im Grundsatz die oben genannten Anforderungen erfüllen.

Modell TREFF-PUNKT-i

Mit dem „i" soll auf das Prinzip hingewiesen werden:

i	*wie*	*Information*
i	*wie*	*Ideen*
i	*wie*	*Initiative*
i	*wie*	*Identifikation.*

Der Zusammenhang der einzelnen „i" ist wie folgt zu beschreiben

Nur durch umfassende Information *wird der Mitarbeiter* Ideen *haben, er kann sie durch seine* Initiative *realisieren. Wird ihm diese Möglichkeit gegeben, so wird er dies tun und sich damit mit seiner Arbeit, seinen Kollegen und seinem Unternehmen* identifizieren.

Das Modell, welches nach intensiver Abstimmung mit dem Betriebsrat als eine Betriebsvereinbarung verabschiedet wurde, enthält folgende Elemente:

- Gruppen, sog. i-Teams, umfassen 8–10 Mitarbeiter/innen.
- Mitarbeit ist freiwillig
- Teammitglieder sind gleichrangig
- Leiter (Sprecher) des Teams wird nach einigen Sitzungen aus den Reihen des Teams gewählt
- Betriebsräte oder Vertrauensleute sind, falls gewünscht, Mitglieder oder Gäste des Teams
- Sprecher und falls machbar Teammitglieder werden trainiert (Arbeit in und mit Gruppen)
- Treffen finden alle 2 Wochen während der Arbeitszeit statt, die Zeit wird bezahlt. Dauer der Treffen solange Themen vorhanden
- Themenwahl frei unter dem Motto „Wir und unsere Arbeit". *Tabuthemen* sind: Unternehmenspolitik, Entlohnung und ähnliches, „Fußball, Fernsehen"
- über alle Sitzungen wird ein einfaches formalisiertes Protokoll angefertigt
- Anlagenmanagement ist zu Ergebnisgesprächen verpflichtet. Teilnehmer: Sprecher, Vertrauensmann .

In der chemischen Industrie hat es sich gezeigt, daß Gruppenarbeit ein wichtiges Element im Anlagenmanagement ist. Da Führungsfragen stets unterschiedlich gesehen werden, wurden einige zusätzliche Bemühungen angestellt, um auch bei Kritikern weitgehende Akzeptanz zu erzielen.

Es seien nur einige Beispiele genannt:

- Versuch des Nachweises, daß neben dem gesellschaftspolitischen Ergebnis auch ein wirtschaftliches erzielbar ist (z.B. über größere Zahl von Verbesserungsvorschlägen)

– Jährliche Präsentationen einiger Ergebnisse der Teamarbeit durch die Teams selbst. Das ist eine sehr wirksame Form äußerer Anerkennung
– Bericht über die Arbeit der Teams in der Werkzeitung
– Gelegentliche anerkennende Besuche von Vorgesetzten in den Teamsitzungen

Die Ergebnisse der Gruppenarbeit waren insgesamt gut. Dem Anlagenmanagement wird deshalb empfohlen, solche oder ähnliche Gruppenarbeit einzuführen.

Orga<<<nisation der Kleingruppenarbeit

Die Erfahrung hat aber auch eine Annahme bestätigt, die von Anfang an im Konzept vorgesehen waren. Nämlich, daß in einem Großunternehmen mit vielen Teams eine *Organisation der Kleingruppenarbeit* erforderlich ist. Eine größere Zahl von Teams erfordert für die Beteiligten besonders eine zeitliche Steuerung, da die Gruppenarbeit während der Arbeitszeit erfolgt und somit eine Vertretung am Arbeitsplatz organisiert werden muß. Die organisierte Abwicklung erlaubt es auch, Erfahrungen auszutauschen und Fehler auszumerzen (Bild 4.7).

Die Organisation besteht darin, die Sprecher der Teams in einer „Sprecherrunde" zusammenzufassen, die ein „Koordinator" – ähnlich einem solchen in der Wertanalyse – leitet.

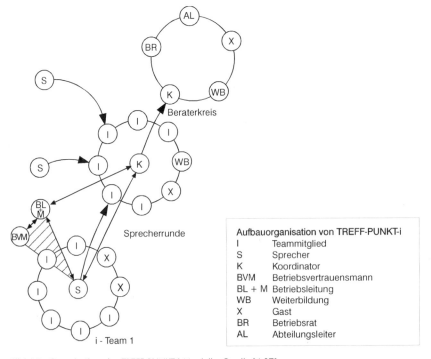

Aufbauorganisation von TREFF-PUNKT-i	
I	Teammitglied
S	Sprecher
K	Koordinator
BVM	Betriebsvertrauensmann
BL + M	Betriebsleitung
WB	Weiterbildung
X	Gast
BR	Betriebsrat
AL	Abteilungsleiter

Bild 4.7: Organisation des TREFF-PUNKT-i Modells, Quelle [4.07]

Aus dem Abteilungsleiter, dem Koordinator, einem Betriebsratsmitglied und einem Vertreter der Weiterbildung bzw. des Personalwesens wird schließlich ein „Beraterkreis" gebildet, der die gesamten Aktivitäten durch Rat, Richtungsweisungen und Hilfe begleitet.

Vorbereitungsarbeiten

Kleingruppenarbeit ist gut vorzubereiten. Dazu gehören - *in dieser Reihenfolge*

- Zustimmung und Auftrag der Unternehmensleitung
- Information und Abstimmung im mittleren Management
- Auswahl eines Koordinators (des „Motors")
- Abstimmung mit der Arbeitnehmervertretung und Personalwesen
- Vereinbaren und Festschreiben der Regeln
- Schulung des mittleren Managements
- Schulung der Arbeitnehmervertreter und der vorgesehenen Teamleiter
- Gute Vorbereitung der erste Teamsitzungen
- Rückkoppelnde Kritik in den Leitungsgremien, ggf. Modifizierungen
- Regelmäßige Teamarbeit

4.2.4 Arbeitszeit

Fragen der Arbeitszeit in Fertigungs- und Dienstleistungsbetrieben sind von zwei gegensätzlichen Verläufen geprägt:

- Fortlaufende Verkürzung der „Arbeitszeit" der Mitarbeiter
- Fortlaufende Verlängerung der „Arbeitszeit" der Anlagen

Das Anlagenmanagement hat Arbeitszeitmodelle und Schichtformen zu finden, die diese gegenläufigen Interessen vereinen.
Dabei sind zu berücksichtigen:

- *Arbeitszeit-Ordnung* (AZO) und anderer Schutzgesetze
- *Jahreszeitliche Zyklen* bestimmter Produktionsverläufe (z.B. Sommerabstellung in der Automobilindustrie)
- *Anlagen-Nutzungsart* (Maschinenbau und Elektro mit von 1 bis 4 Schichten, Chemie und Energie mit 24-h-Betrieb, Kampagne-Betrieb in Landwirtschaft und Lebensmittelindustrie)
- *Verkehrsverhältnisse* für die Arbeitswege der Mitarbeiter (z.B. Fahrgemeinschaften)
- *Arbeitszeiten* von sachlich miteinander verknüpften Unternehmen (z.B. Auslieferung von Zukaufsprodukten)
- *Urlaubswünsche*
- *Schwangerschafts- und Erziehungszeiten*
- Inanspruchnahme von *Flexibler Arbeitszeit*

Das Registrieren der Arbeitszeit des Einzelnen wird sehr unterschiedlich gehandhabt. Nachdem die Verwendung der Stechkarte in den 70er Jahren aus gesellschaftspolitischen Gründen immer mehr verdrängt wurde, hat sie auf anderem Wege eine Neubelebung über die Gleitende Arbeitszeit erfahren. Früher war es der Arbeiter – und wohl in vielen Branchen auch der stundenbezahlte Angestellte – der seine Anfangs- und Endzeiten „stechen" mußte.

Heute erfolgt das Buchen teilweise bis in die Chefetagen hinein.

4.2.5 Aus- und Weiterbildung

Alle beruflichen Bildungsmaßnahmen sind im Berufsbildungsgesetz (BBiG von 1969) und im Berufsbildungsförderungsgesetz (BerBiFG von 1981) geregelt.

Man unterscheidet

– *Berufsausbildung*, dient der Erlangung von Kenntnissen und Fertigkeiten eines Erst-Berufes.
– *Qualifizierende Weiterbildung* oder *Berufliche Fortbildung*, dient Erwachsenen, die schon eine Berufsausbildung haben oder erstmalig eine erwerben.

Arbeitgeber, Gewerkschaften, Kammern, Hochschulen und das Bundesinstitut für Berufsbildung erarbeiten gemeinsam die Ausbildungsordnungen, nach denen einheitliche Berufsbilder entstehen.

In den letzten Jahrzehnten haben sich wegen der rasanten Entwicklung in der Technik sowohl Ausbildungsinhalte, Dauer der Ausbildung und die Berufsbezeichnung geändert.

Wichtige Berufsbilder

Da der Anlagenmanager gelegentlich vor der Frage steht, Mitarbeiter mit bestimmten Kenntnissen und Fertigkeiten in seinen Betrieb einstellen zu müssen (von einem anderen Betrieb des Unternehmens, von der internen Ausbildung oder vom Arbeitsmarkt), soll der momentane Stand der beiden wichtigen Berufsgruppen der Metall- und der Elektroberufe betrachtet werden.

In der Broschüre über die neuen Metall- und Elektroberufe [4.08a] ist ein guter Überblick zu erhalten.

Die seit Jahrzehnten, teilweise seit Jahrhunderten gebräuchlichen Berufsbezeichnungen haben sich grundlegend geändert. In Anhang 5 sind die alten und die neuen Berufsbilder der Metall- und der Elektroberufe gegenübergestellt. Außerdem sind Kurzbeschreibungen für die neuen Berufsfelder genannt.

Es ist dort zu sehen, daß bei den meisten Berufen vermerkt wird, ob der Schwerpunkt bei dem *Herstellen* oder dem *Instandhalten* (Warten oder Instandsetzen) der Objekte liegt. Ein ausgebildeter Mitarbeiter kann nach der Ausbildung demnach *entweder* in der Fertigung *oder* in der Instandhaltung eingesetzt werden.

Durch die Grundausbildung ist allerdings sichergestellt, daß mit Erfahrung und einer Verbreiterung von Kenntnissen und Fertigkeiten auch ein Wechsel zwischen den Schwerpunkten möglich wird. Die Flexibilität des Ausgebildeten wird sich erhöhen.

4.3 Lean-Production

Firmenphilosophien und Strategien verändern sehr oft den Aufbau ganzer Unternehmungen. So werden – oft aus USA oder Japan kommend – Methoden erdacht, entwickelt und verbreitet, die den Unternehmungen helfen sollen, sich gegenüber der Konkurrenz durchzusetzen.

So sehr solche Problemlösungen im Rückblick oftmals einer kritischen Betrachtung nicht voll standhalten, wird von vielen Unternehmen Erfolg gemeldet.

Die derzeit tiefe Rezession und die Bemühungen um die Angleichung Ost-West fordern riesige Anstrengungen von Wirtschaft, Staat und Gesellschaft.

Die Ergebnisse solcher Anstrengungen beginnen mit dem Wort *lean, schlank*.

Es liegt aber in der Natur solcher Zeiten, daß Problemlösungen gefunden werden, die sich später als nicht optimal erweisen.

So besteht zum Beispiel die Gefahr, beim Schlankwerden auch Muskulatur abzubauen. Muskulatur, die man braucht für

- Innovation, Forschung,
- Moderne Unternehmensführung,
- Marktforschung und -entwicklung
- Einführung umfassender Datenverarbeitung (CIM),
- Aufrechterhaltung hoher Anlagensicherheit,
- Weiterentwicklung des Umweltschutzes
- Instandhaltung der Infrastruktur

und vieles anderes mehr.

Es gilt deshalb, mit Verstand und Augenmaß schlank zu werden.

Und zwar *nur so* schlank, daß der Körper Unternehmen mit all seinen Organen physisch *und* psychisch in der Lage bleibt, die Zukunft zu bestehen.

4.3.1 Ziel

Das Ziel aller Lean-Überlegungen ist die Stärkung der Wettbewerbsfähigkeit.

Da in den meisten Branchen die Personalkosten die bestimmenden Kosten sind, gilt es

- unnütze oder verzichtbare Teil-Funktionen abzuschaffen
- die Effizienz der Arbeit zu erhöhen durch Vermeiden von Wartezeiten, Liegezeiten, Wegezeiten usw.

Dieses Ziel ist nicht neu. Neu ist der Versuch, durch andere Führungsmethoden, durch andere Abläufe, durch Qualifizierung der Mitarbeiter und durch Verteilung der Verantwortlichkeiten Kräfte in der Belegschaft freizusetzen.

4.3.2 Entwicklung in den Betrieben

Es ist weit verbreitet, die Fertigung als *den* Funktionsbereich anzusehen, der *zuletzt* schlank gemacht werden kann. Denn, so die Argumentation, sind doch die verkauften Erzeugnisse die Basis der Einkünfte eines Unternehmens.

Diese Argumentation ist genau so wenig richtig, wie die, daß andere Funktionen nicht einer Schlankheitskur unterzogen werden könnten. Wie beispielsweise solche:

– wenn man keine Erzeugnisse verkaufen kann, benötigt man keine Fertigung
– wenn man keine gute Betriebsabrechnung und kein Controlling hat, läßt sich das Unternehmen nicht steuern
– wenn die Anlagen nicht konsequent instandgehalten werden, steigt die Zahl der Ausfälle, die Verfügbarkeit und die Anlagensicherheit nimmt ab

Jeder hat mit seiner Argumentation *dann* recht, wenn das Hinführen zu einer Lean-Production übertrieben und ohne Konzept erfolgt.

Für das Anlagenmanagement sind die Funktionen Fertigung, Instandhaltung und Qualitätssicherung die wichtigsten.

Verknüpfung von Fertigung, Instandhaltung und Qualitätssicherung

Die *sachliche* Verknüpfung von Fertigung, Instandhaltung und Qualitätssicherung ist in sehr vielen Unternehmen bereits vorhanden.

Deshalb war und ist es nicht entscheidend, ob die Instandhaltung und Qualitätssicherung *organisatorisch* mit der Fertigung unter einer Leitung stehen.

Es ist auch nicht wichtig, wer welche Arbeiten ausführt.

Der Fertigungsmitarbeiter könnte jedoch mehr als bisher die Qualität seiner Fertigungsstufe sichern, und er könnte mehr als bisher instandhalten. Ebenso wäre es möglich, daß der Instandhalter fertigt und Qualität sichert. Wenn die gesamte Belegschaft gleiche Kenntnisse und Erfahrungen hätte, gäbe es die zu lösenden Probleme nicht.

Man sollte trotz Bedenken Voraussetzungen schaffen, Fertigung, Instandhaltung und Qualitätssicherung „nicht nur in einem gemeinsamen Haus, sondern auch in einem gemeinsamen Zimmer" unterzubringen.

Eine Entwicklung der letzten Jahre bietet jetzt die Möglichkeit, aus der *Verknüpfung* *eine Verschmelzung* zu machen:

Nämlich die permanente Aus- und Weiterbildung des Fertigungspersonals. In den Schlüsselindustrien Automobil, Elektro und Chemie war ein hoher Anteil von angelernten Arbeitskräften in den fertigenden Einheiten eingesetzt. Dieser Personenkreis wurde intensiv geschult, zum Teil sogar mit einer Erwachsenenausbildung bis zum Facharbeiter.

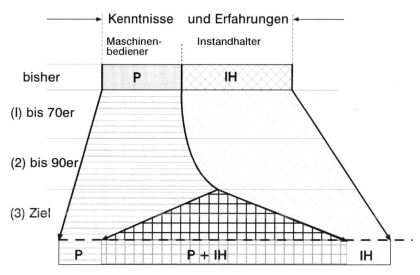

Bild 4.8: Verbreiterung von Kenntnissen und Fertigkeiten durch Aus- und Weiterbildung ermöglicht gegenseitige Übernahme von Arbeiten

Bild 4.8 zeigt, wie sich die beruflichen Fähigkeiten verschoben haben. Dadurch wurden einige der genannten Voraussetzungen erfüllt oder sie sind relativ leicht zu erfüllen.

Das Bild soll zeigen, daß der Nachteil einer strikten Trennung zwischen Fertigung und dienstleistenden Funktionen (z.B. Instandhaltung und Qualitätssicherung) schon in den 70er Jahren erkannt wurde.

Verschmelzung von Fertigung, Instandhaltung und Qualitätssicherung

In der chemischen Industrie entstand aus der früher angelernten Tätigkeit der jetzige anerkannte Beruf des Chemiefacharbeiters.

In der deutschen Automobilindustrie wurde in den 80ern durch Kooperationen mit japanischen Unternehmen eine Entwicklung eingeleitet, nach der die betrieblichen Tätigkeiten eine fachliche Höherqualifikation erfahren haben. Meist wurde kein zusätzliches Berufsbild samt Ausbildung geschaffen, sondern die Qualifizierung der angelernten Mitarbeiter lief über die Weiterbildung.

Die angelernten Arbeiter erweiterten ihre Kenntnisse und Fähigkeiten durch Weiterbildung so, daß sie ehemalige Aufgaben der Instandhaltung und Qualitätssicherung übernehmen konnten. Umgekehrt lernten die Handwerker das Betreiben der von ihnen bisher nur instandgehaltenen Anlagen.

Das Ziel ist die *Verschmelzung* von Funktionen *so weit,* daß nur noch für bestimmte Tätigkeiten (z.B. für sicherheitsrelevante oder hochspezielle Arbeiten) Berufsbilder bleiben. In Bild 4.8 ist dies als Ziel dargestellt. Die Vorstellung wäre, daß ein möglichst hoher Prozentsatz der betrieblichen Tätigkeit vom Betriebspersonal (mit welcher Ausbildung auch immer) ausgeführt wird. Nur in den speziellen Tätigkeiten würden Spezialisten der Instandhaltung, der Qualitätssicherung oder auch des Betriebes benötigt. Wie groß der fachliche und kapazitive Umfang dieser Gruppen sein könnte, wird je nach Branche *sehr* unterschiedlich sein.

Wahrscheinlich wird in der Kernenergie, der Energiewirtschaft und der chemischen Industrie die *Verschmelzung* aus vielerlei Gründen weit weniger möglich sein, als in der Maschinenbau-, Elektro- und Automobilbranche.

4.3.3 Voraussetzungen

Es gibt für das Gelingen einer weitgehenden Verschmelzung von Fertigung, Instandhaltung und Qualitätssicherung einige Voraussetzungen, die, wenn sie nicht schon gegeben sind, mit aller Intensität durch das Anlagenmanagement betrieben werden sollten. Es sind dies

(1) Abstimmung über die Kompetenzgrenzen und Beschreibung der Tätigkeiten hinsichtlich
  - Prozeßführung
  - Instandhaltung
  - Qualitätssicherung
(2) Schulung der beteiligten Mitarbeiter in den Themenkreisen
  - Verfahren
  - Technisch-handwerkliche Fertigkeiten und Kenntnisse
  - Anlagensicherheit, Umweltschutz
  - Arbeitssicherheit
(3) Einbeziehen der Mitarbeiter in Mitwirkungsvorgänge
  - Gruppenarbeit
  - Vorschlagswesen
  - Sicherheitswettbewerbe
(4) Gestaltung eines Führungskonzeptes mit Hilfe wie von
  - Zielvereinbarungen,
  - Mitarbeitergesprächen,
  - kooperativem Führungsstil.
  - Führungsschulung des mittleren Managements

zu (1) Abstimmung über die Kompetenzgrenzen und Beschreibung der Tätigkeiten

Es wird sich nicht hundertprozentig einrichten lassen, daß *jeder jede* Arbeit ausführen kann. Deshalb ist es nötig, daß die Mitarbeiter oder auch kleinere Einheiten ihren Verantwortungsbereich genau kennen und beachten.

Gehen wir hier davon aus, daß die Instandhaltung in die Fertigung integriert wird und nicht umgekehrt, dann wird ein bestimmter Prozentsatz an Instandhaltungstätigkeit auch weiterhin von erfahrenen, jahrelang geschulten Instandhaltungshandwerkern ausgeführt werden (Schätzung):

– Kerntechnik, Energie, Chemie   70–90%,
– Konsumgüter-Serien-Fertigung   50%,
– Maschinenbau, Elektro   20–40%.

Hierbei sei *unerheblich*, ob Instandhaltungsarbeiten von unternehmens*internen* Dienstleistungseinheiten oder von *Dritten* ausgeführt werden.

Eine Untersuchung der Ruhruniversität Bochum und der Icon-Wirtschaftsforschung, über die in den VDI-Nachrichten [4.09] berichtet wird zeigt auf, daß von 2000 Maschinenbaubetrieben in 9,3% (1991) und 13,8% (1992) die sog. „Rundum-Wartung" von Maschinenbedienern ausgeführt wird. Gleichzeitig stieg die Zahl der Betriebe im gleichen Zeitraum von 8,2 auf 11,8%, in denen die gesamte Instandhaltung von Maschinenbedienern ausgeführt wird.

Die Unterschiede in den Branchen erklären sich aus folgendem:

– unterschiedliche fachliche Anforderungen an Fertigungs- und Instandhaltungs-Mitarbeiter. (So sind zum Beispiel in der Chemie zwei wichtige Partner Maschinenschlosser – Chemiefacharbeiter, im Maschinenbau sind es Maschinenschlosser – Maschinenarbeiter)
– Sicherheitsrelevanz der Anlagen (z.B. Chemie: Hochdruckanlage oder Produktion gefährlicher Stoffe, Maschinenbau: Montagelinie für LKW-Hinterachse)
– nicht für alle Branchen gib es einen leistungsfähigen Dienstleistungsmarkt
– die Arbeitszeitregelungen sind unterschiedlich (Chemie 24 h/Tag, meist ohne jede Generalabstellung, Maschinenbau: 2-Schichtbetrieb mit jährlicher Generalabstellung oder mit fertigungsfreiem Wochenende)

Teilarbeiten der Instandhaltung einschließlich Störungsbehebung liegen zwar im Bereich des handwerklichen Geschickes der meisten Menschen, verlangen aber trotzdem genaue Anweisungen. Diese sollten in einer Form vorliegen, daß sie von jedermann mit ausreichender Qualität befolgt werden können.

Arbeitsanweisungen für (ehemalige) Fertigungsmitarbeiter

Die im folgenden geschilderten Arbeitsanweisungen sollten umfassen

– Beheben von Störungen jeder Art
– Wartungsarbeiten (z.B. Filterwechsel, Ölwechsel, Austausch von Dichtungen an Niederdruck-Leitungen, Reinigung von Einrichtungen, Nachstellen von Federn, von Abstandshalterungen), solange keine schwierigeren Vorarbeiten dazu nötig sind
– Inspektions-/Diagnosearbeiten, sofern die Bedienung der Geräte keine Spezialausbildung erfordert
– Einfachere Instandsetzungsarbeiten mit den zur Verfügung stehenden Maschinen und Einrichtungen. (z.B. Demontagearbeiten und Remontage instandgesetzter Pum-

pen, Motoren, Armaturen an ungefährlichen Anlageabschnitten, Austausch beschä-
digter Kleinteile ohne deren Instandsetzung; wie Einbauten in Armaturen, Änderungen an einer SPS-Regelung durch Eingriff in die Software)
- Zur Instandhaltung gehörende Vorbereitungsarbeiten wie Materialauswahl und -be-
schaffung, Dokumentation von Daten über Schäden (Schadensbilder, ausgeführte Arbeit) und von betrieblichen Daten

Arbeits-Anweisungen für (ehemalige) Instandhaltungsmitarbeiter

Für das von der Instandhaltung kommende Personal sind Arbeits-Anweisungen zu erstellen:

- Rüst-, Umstellungs-und Einstellungsarbeiten an Anlageteilen bei Änderungen des Er-
zeugnis-Sortimentes
- Nachregeln von Prozeßreglungsschritten (z.B. wenn sich die Merkmale der Einsatzstoffe ändern oder wenn Qualitätsunterschiede von Zwischenprodukten zu kompensieren sind)
- Qualitätssicherungs-Einzelschritte (z.B. Eichen, Kalibrieren von Meßstellen einschließlich der zugehörigen Geräte)
- Proben entnehmen und analysieren
- Logistische Schritte überwachen (z.B. interner Transport von Zulieferteilen, Stape-
lung und Zwischenlagerung bei Störungen)

Mit der Beschreibung der Tätigkeiten wird definiert, wer welche Tätigkeiten *ausführt und* für welche er damit auch die *Verantwortungen übernimmt* . Für die Ausführung von Spezialisten-Tätigkeiten im Sinne des Bildes 4.8 läge dann die Verantwortung außerhalb des Anlagenmanagements.

Besonders für sicherheitsrelevante Tätigkeiten ist eine klare Abgrenzung nötig (z.B.
an unter Spannung (> 40 V) stehenden Einrichtungen, druckführenden Apparaten und
Leitungen, an Einrichtungen, die giftige und ätzende Stoffe führen, an schnellaufenden,
einziehenden Maschinen).

zu (2) Schulung der Mitarbeiter

Der beschriebene Teil des Modells einer Lean Production ist nur zu verwirklichen,
wenn die Verantwortlichen erkannt haben, daß nur eine systematische Schulung der
Mitarbeiter zum Ziel führen kann.

Das Vermitteln dieser Kenntnisse ist Sache von Fachstellen innerhalb und außerhalb
des Unternehmens.

Es ist in jedem Fall zu beachten, daß Mitarbeiter nicht überfordert werden. Sie sollten auch innerlich *zu* diesem Modell stehen.

Die Schulung kann auf verschiedene Weise erfolgen:

– Lernen während der Tätigkeit (Learning by Doing). Diese Methode ist für die Betriebe die einfachste, wenngleich die unsicherste Methode. Den Vorteilen durch die Nähe zur bisherigen Arbeit stehen die Nachteile des reinen Anlernens ohne Verstehen gegenüber. Auf längere Sicht gesehen ist dies nicht der richtige Weg, allerhöchstens in Verbindung mit anderen Vorgehensweisen. .

– Schulung außerhalb der Betriebe, jedoch im Unternehmen (Lehrwerkstatt). Dieser Weg bringt gute Ergebnisse, hat aber den Nachteil, daß die ohnehin meist auf ein Minimum reduzierte Belegschaft diesen zusätzlichen „Ausfall" kompensieren muß.

– Schulung spezieller Kenntnisse und Fertigkeiten bei Dritten, meist bei Lieferanten bestimmter Geräte.

Bei den Schulungen ist eines zu beachten und geradezu für das Gelingen des Lean Production-Modells *zwingend einzuhalten*:

Jeder beteiligte Mitarbeiter mit einer abgeschlossenen Ausbildung muß in seinem Beruf so umfassend weitergebildet werden, wie er es erfahren würde, wäre er voll in seinem Beruf tätig. (z.B. ein Meß- und Regelmechaniker in einer entsprechenden Werkstatt oder in einem anderen Unternehmen). Der Mitarbeiter wird diesen berechtigten Wunsch stets vor Augen haben, da er berufliche Veränderungen einkalkulieren muß. Wenn dem Mitarbeiter dieser Wunsch nicht erfüllt wird, werden innere Vorbehalte gegen ein solches Lean-Modell entstehen.

Darüber hinaus wird der Betreffende zwar zum intimen Kenner „seiner" Anlage, wird aber auch „schlanker" hinsichtlich der Breite seiner beruflichen Basis.

zu (3) Einbeziehen der Mitarbeiter in Mitwirkungsvorgänge und zu (4) Gestaltung eines neuen Führungskonzeptes

Veränderungen im Unternehmen im Zusammenhang mit der Hinführung zu einer schlanken Arbeitsweise erfolgen in *vielen* Funktionen. Der Mitarbeiter wird deshalb nicht nur in seinem Betrieb durch das Anlagenmanagement mit Veränderungen konfrontiert, sondern auch mit Veränderungen in Arbeitsbereichen außerhalb der betrieblichen Grenzen.

Es ist zu empfehlen, den Mitarbeiter intensiv durch Einführung von Kleingruppenarbeit in die verschiedensten ergänzenden Maßnahmen, wie Betriebliches Vorschlagswesen, Sicherheitswettbewerbe einzubeziehen.

Die Durchsetzung neuer Modelle verlangt auch vom mittleren Management Einsicht und Mitwirkung. Klafft zwischen der Leitung des Anlagenmanagements und der Basis eine Akzeptanzlücke, dann sind neue Wege schwer zu gehen.

Es ist deshalb weiter zu empfehlen, auch diesem Personenkreis mit neuen Führungsmethoden zu begegnen. Geeignet sind die geschilderten Wege der Zielvereinbarung und des Mitarbeitergesprächs.

P   Produktionsfunktion
IH   Instandhaltungsfunktion
QS   Qualitätssicherungsfunktion

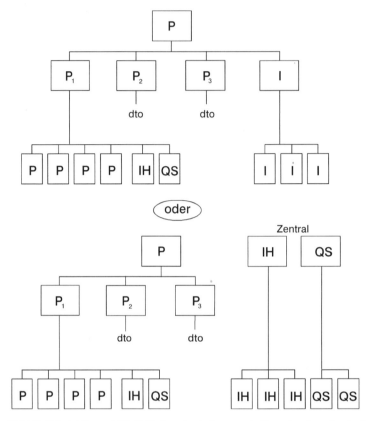

Bild 4.9: Beispiel für zwei Möglichkeiten der Aufbauorganisations einer Lean-Production

Organisatorische Maßnahmen

Trotz geänderter Strukturen, wird es auch unter Lean-Bedingungen noch eine Aufbau-Organisation geben. Es ist nicht anzunehmen, daß mit der Hinführung zur Lean-Production gleichzeitig eine „Führung-über-die-Gruppe" entsteht, sondern es ist zu erwarten, daß sich eine Aufbauorganisation nach einem Organigramm, entwickelt, wie es für zwei Beispiele in Bild 4.9 dargestellt wurde.

Es ist zu empfehlen, die Aufbauorganisation einer Lean-Production nicht mit einer Fachvorgesetzte-/Disziplinarvorgesetzte-Organisation auszustatten.

Nachteile

Einen Nachteil bei der Einrichtung einer solchen Organisation erfährt man aus einer Veränderungen oder gar der Aufgabe einer Leistungsbemessung. Wenn ein Handwerker bisher seine Tätigkeit in Stunden bemessen bekam und so auch verrechnet hat, dann wird ein Übergang zu einem „Monatsgehalt" problematisch. Die Dienstleistung Instandhaltung wäre nicht mehr meßbar und somit auch nicht ohne weiteres bewertbar. Das gilt auch für den bisherigen Fertigungsmitarbeiter, der seine Leistungsbemessung aufgeben muß. Die neuen verschmolzenen Funktionen können nicht ohne weiteres auf bisherige Leistungsbemessungssysteme aufbauen. Neue wären zu schaffen.

Es würde bedeuten, daß für die Zeit bis zu einem neuen bewährtem System kein detailliertes Zahlenmaterial für irgendwelche erhellenden Untersuchungen des Anlagenmanagements zur Verfügung stehen. Und das wiederum zöge einen Verlust an Beurteilung des betrieblichen Geschehens, an Planungs- und Steuerungsmöglichkeiten und anderer Führungsmittel nach sich.

Zum Abschluß sei noch auf die von Metzen [4.10] zusammengestellte Übersicht über die bisher erschienene Literatur zum Thema Lean-Production verwiesen.

4.4 Fertigung

Die Fertigung von Erzeugnissen geschieht mittels entsprechender Verfahren. Die verfahrenstechnische Breite ist so groß, daß es nicht möglich ist, Fertigungsverfahren hier zu beschreiben.

Möglich ist es hingegen, Fertigungsplanung und -steuerung zu beschreiben. Sie folgen allgemeingültigen Regeln.

Planungsergebnisse bilden das systematische Gerüst einer optimalen Abwicklung der Aufgaben und sind Basis für eine Beurteilung der Wirklichkeitsergebnisse (Soll-Ist-Vergleich). Die Steuerung dient der Anpassung der Planung an die Realität.

Die Planungen der betrieblichen Abläufe erfolgen in der Regel schon im Vorfeld der Anlagenerstellung. Die vorgegebene Verfahrenstechnik führt zur technischen und räumlichen Ausstattung und diese wiederum zur Organisation der Fertigungsabläufe.

Dies gilt jedoch nur, wenn mit der Anlagenerstellung schon recht genau das herzustellende Produkt festliegt. In einer Vielzahl von Fällen liegt die Ausstattung der Anlage fest, ohne daß das Fertigungsprogramm im Detail festläge.

4.4.1 Aufgaben und Erzeugnisse

Aufgaben

Die einzelnen Aufgaben von Planung und Steuerung lauten nach REFA [4.11]:

– Ziele planen
– Aufgaben und deren Ablauf planen
– Mittel planen.
– Aufgabendurchführung veranlassen

- Aufgabendurchführung überwachen
- Aufgabendurchführung sichern.

Die Brockhaus Enzyklopädie [4.12] definiert Planung:

„Planung ist die gedankliche Vorwegnahme der Mittel und Schritte sowie deren Abfolge, die zur effektiven Erreichung eines Zieles notwendig erscheinen"

Das Ziel, mit einer Anlage ein Erzeugnis herzustellen, ist durch eine Investitionsentscheidung vorgegeben.

Eine Aufgabe des Anlagenmanagements besteht deshalb vornehmlich darin, den Ablauf der Fertigung zu planen, die notwendigen Mittel bereitzustellen und die Ausführung zu steuern. Dieses soll unter dem Begriff Ablauforganisation der Fertigung synonym verstanden werden.

Folgende Literatur zu Planung und Steuerung der Fertigung kann für weitergehendes Studium eingesetzt werden, wie die vom REFA Verband für Arbeitsstudien und Betriebsorganisation, Methodenlehre [4.11], Eversheim, Organisation in der Produktionstechnik [4.13], und Warnecke, Der Produktionsbetrieb [4.14].

Erzeugnisse

Der Einsatz von Planung und Steuerung ist je nach Art der Erzeugnisses unterschiedlich. Die Menge der in einem Auftrag (Los) herzustellenden Erzeugnisse bestimmt den Aufwand, den man wirtschaftlich sinnvoll treiben sollte. So unterscheidet man in

- Serien-Fertigung
- Einzel-Fertigung

oder verfeinert mit einer Blickrichtung auf CIM bei Miska, CIM Computer-integrierte Fertigung [4.15] in

- Serien-Fertigung ohne Varianten
- Serien-Fertigung mit Varianten
- Serien-Fertigung mit auftragsbezogener Anpassung
- Auftragsfertigung.

Bild 4.10 zeigt ungefähr auf, welche Losgrößen man den vier letztgenannten Arten der Fertigung zuordnen könnte.

Im weiteren soll nur in *Serien- und Einzel-Fertigung* unterschieden werden. Mit dieser Unterscheidung ist es möglich, auch Aufträge der Instandhaltung mit abzudecken.

Die Unterschiede in Planung und Steuerung von Aufträgen dieser verschiedenen Fertigungsarten sind beachtlich. Nicht im Prinzip, aber doch in der Realisierung.

Die REFA-Methodenlehre hat Grundsätze entwickelt, die in für die meisten Arten der Fertigung im Maschinenbau, der Elektrotechnik, dem Fahrzeugbau und anderen „Stücke" fertigenden Industrie geeignet sind. In übertragener Weise ist die Methodenlehre auch für

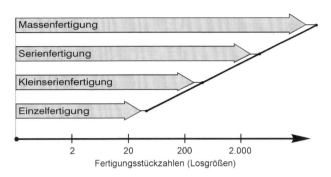

Bild 4.10: Stückzahlen der Fertigung

die Branchen Chemie, Kohle, Energie und Bau geeignet, obwohl statt in Stück z.B. in t Schwefelsäure, kWh Strom oder qm Wohnfläche in Gebäuden gefertigt wird.

Serien-Fertigung, für die eine Anlage speziell ausgelegt wurde, bedarf eines wesentlich geringeren Planungs- und Steuerungsaufwandes, als eine Serien-Fertigung, die auf einer zwar vorhandenen Anlage erfolgt, deren Erzeugnisse sich von Auftrag zu Auftrag ändern (Kleinserien). Bei diesen Aufträgen sind meist auch die Fertigungsschritte neu auszuwählen, zusammenzustellen und in einen optimalen Ablauf mit anderen Aufträgen zu bringen

Einzel-Fertigungen sind Aufträgen der *Instandsetzung* ähnlich.

4.4.2 Fertigungsplanung

Die Aufgaben der Fertigungsplanung sind in Bild 4.11 gezeigt (aus [4.11]).

4.4.2.1 Arbeitsablauf planen

Serien-Fertigung:

Für die Herstellung eines Serienerzeugnisses wird in sehr früher Phase die Verfahrenstechnik festgelegt. Sie führt zur Erstellung der Anlage mit ihren Einrichtungen. Die Anlage ist bei Serien-Fertigung so gestaltet, daß die Arbeitsabläufe festliegen. So führte z.B. der Verfahrensschritt „Härten einer Stahlkante" zur Auswahl, Beschaffung und Errichtung eines Durchlaufglühofens. Die Anordnung dieses Glühofens in der Anlage liegt im Arbeitsablauf an einer bestimmten Stelle.

Trotz dieser vom Verfahren bestimmten Abläufe, gibt es Gründe, den Arbeitsablauf jeweils neu zu planen:

– bei Herstellung von anderen, als den ursprünglich geplanten Produkten
– bei Herstellung von Varianten
– wenn Änderungen im Verfahren, gleich welcher Ursache, verlangt sind.

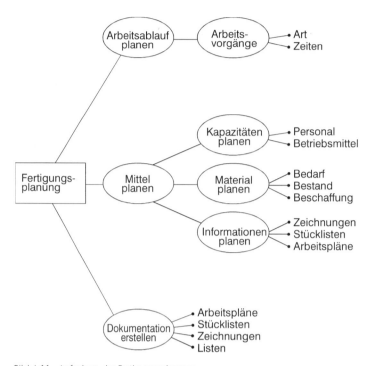

Bild 4.11: Aufgaben der Fertigungsplanung

Beispiel: Wenn mit dem oben genannten Durchlaufglühofen jeweils ein kundenspezifisches Werkstück geglüht werden soll, ist das Glühverfahren jeweils neu festzulegen.

Nach der Verfahrensbeschreibung lassen sich folgende Details des Arbeitsablaufes festlegen:

– Verfahrensdaten, Materialdaten
– Reihenfolge der einzelnen Verfahrensschritte
– Zeitdauer der einzelnen Verfahrensschritte und Gesamtzeit.
– Reine Fertigungszeit eines Schrittes

Einzel-Fertigung

Bei Einzel-Fertigung ist die Planung des Arbeitsablaufes ein – im wahrsten Sinne des Wortes – grundlegender Arbeitsschritt. Hier entscheidet sich die Qualität der nachfolgenden Steuerungsschritte. Vor allem aber liegt hier die Basis für eine problemarme und kurze Abwicklungszeit des gesamten Auftrages.

Die Mitarbeiter, welche die Ablaufplanung von Einzel-Fertigungen vorzunehmen haben, sollten über folgende Eigenschaften verfügen:

– Breite Kenntnis der Fertigungstechnik. Für jedes zu fertigende Teil eines Gesamtauftrages (z.B. einer Werkzeugmaschine, eines Verdichters, eines Wärmetauschers) sind die Fertigungsschritte festzulegen).

- Genaue Kenntnis der Anlage
- Genaue Kenntnis von Zeitdaten jeglicher Art (Fertigung, Rüsten, Warten, Liegen, Lieferungen, Prüfen, usw.)
- Gutes Schätzvermögen für den Fall, daß es keine Zeitdaten gibt
- Kenntnis des Marktes über Dritte, die als Zulieferer von Teilen oder als Vorlieferanten infrage kommen.

4.4.2.2 Mittel planen

Bei Serienerzeugnissen, die in neu errichteten Anlagen hergestellt werden, ist auch dieser Teil der Fertigungsplanung in großem Umfang bereits bei der Erstellungs der Anlage erledigt worden.

Für sie, aber erst recht für Einzelaufträge sind nach REFA folgende Mittel zu planen [4.11]:

- Kapazität des Personals
- Kapazität der Betriebsmittel
- Material
- Informationen

Planungszeiträume, Planungshorizont

Die Planung der Mittel kann im Unternehmen auf zwei Wegen geschehen:

- *Auftragsbezogene Mittelplanung*: Man erfaßt permanent die Auftragseingänge (oder auch schon die erwarteten) und errechnet mit einfachen Methoden den Mittelbedarf, vor allem den Personalbedarf. Das führt zu einem Mittelbedarf, der je nach zeitlicher Vorausschau (Planungshorizont) abnimmt und gegen Null gehen müßte, wenn der letzte Auftrag planerisch abgearbeitet ist. Daß das nicht so ist, dafür setzt man die
- *Statistische Mittelplanung* ein: Jedes Unternehmen muß eine Mittelplanung vornehmen, die über das Ende der auftragsbezogenen Planung, d.h. über das sichtbare Planungsende hinausreicht. Dies ist nicht nur wegen einer wünschenswerten Kontinuität in der Personalpolitik, sondern auch wegen der generellen Jahresplanung des Unternehmens nötig.

Die Berechtigung und die Qualität für eine statistische Mittelplanung erwächst aus dem Wissen um die wirtschaftliche Situation des Betriebes.

In der Planung jedweder Art spricht man von Planungshorizont (Bild 4.12) oder Planungsreichweite. Nach REFA [4.11] ist dies „der Zeitabschnitt, für den die Planung Gültigkeit haben soll". Mit Hilfe der Statistischen Planung kann man somit sozusagen über den Horizont hinausschauen.

Hierfür ist es üblich, Planungszeiträume so zu unterteilen:

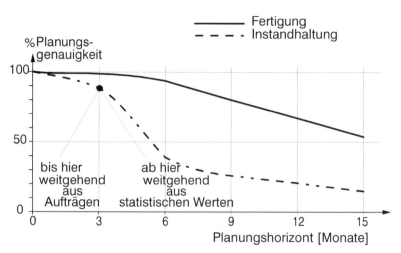

Bild 4.12: Der Planungshorizont ist für Fertigung und Instandhaltung unterschiedlich weit entfernt

- langfristig   drei bis zehn Jahre
- mittelfristig   ein bis drei Jahre
- kurzfristig   bis ein Jahr

Für die Fertigungsplanung und -steuerung ist diese Aufteilung nicht geeignet. Für sie eignet sich eine Unterteilung des Planungshorizontes in

- tagesfristig   ein bis sieben Tage
- wochenfristig   eine Woche bis vier Wochen
- monatsfristig   mehr als einen Monat (könnte etwa „kurzfristig" entsprechen)

Kapazitätsplanung des Personals

Serien-Fertigung

Wird eine Type eines Gerätes (mit und ohne Varianten) in einer bestimmten Menge produziert, dann läßt sich der Personalbedarf dafür genau bestimmen.

Berücksichtigt man die aus der eigenen Statistik bekannten Abwesenheitsquoten, dann erhält man die erforderliche Personalkapazität in recht guter Genauigkeit.

Der Planungshorizont für solche Kapazitätsplanungen muß einige Monate bis zu einem Jahr reichen. Dies verlangen die aus der Personalwirtschaft bekannten Kriterien (Einstellungs-, Probe- und Kündigungszeiten).

Einzel-Fertigung

Bei Einzel-Fertigung ergibt sich der Personal*bedarf* erst aus den Planungen der Arbeitsabläufe. Die Arbeitsabläufe sollten mit Fertigungszeiten und den Durchlaufzeiten (die meist ein Mehrfaches der Fertigungszeiten betragen) belegt sein. Daraus ist die erforderliche Personalzahl, deren Qualifikation und der ungefähre Zeitpunkt des Einsatzes zu bestimmen.

Die Planung des betrieblichen Personal*bestandes* überschreitet in der Regel die Möglichkeiten des Anlagenmanagements. Dieser ist durch mittel- bis langfristige Personalplanung des Unternehmens nicht so einfach zu verändern.

Kapazitätsplanung der Betriebsmittel

Betriebsmittel sind in der Sprache der Fertigungsplaner

- die Anlagen oder Teile davon
- Vorrichtungen
- Werkzeuge

Normalerweise sind sie vorhanden und definiert.

Serien-Fertigung

Wie schon bei der Ablaufplanung gilt auch hier, daß im Falle der Fertigung von Serienartikeln auf die vorhandenen Betriebsmittel zurückgegriffen wird. Bei mancher Serien-Fertigung bleibt die Anlage während der Fertigungszeit (z.B. beim PKW über mehrere Jahre) mehr oder weniger gleich. Trotzdem ist bei der Planung des Betriebsmittel-Bedarfs folgendes zu berücksichtigen:

- Zeit der Umrüstung der Anlage nach Beendigung eines Teilauftrages
- Instandsetzungszeiten sind für die Einrichtungen einzuplanen, für die keine Redundanzen vorhanden sind
- Die Leistungsabnahme von Einrichtungen sind in die Fertigungszeiten einzurechnen (z.B. reduzierte Belastungen wegen Verschleißes, geringere Taktzeiten wegen Verschlechterung des Ausfallverhaltens bestimmter Bauelemente)

Einzel-Fertigung

Einzel-Fertigung ist dadurch gekennzeichnet, daß mehrere unterschiedliche Aufträge zeitlich annähernd parallel abgewickelt werden. Während dieser Zeit sind die Einrichtungen einer Anlage in unterschiedlich großem Umfang in Anspruch genommen.

Die Aufgabe der Kapazitätsplanung derBetriebsmittel besteht nun darin, den Bedarf an den Einrichtungen für die einzelnen Aufträge so zu ermitteln, daß ein schnellstmöglicher Durchlauf jedes einzelnen Auftrages erfolgen kann.

Hierbei ist zu berücksichtigen, daß es sinnvoll sein kann, Arbeitsschritte auf nicht ganz optimalen Einrichtungen mit kleineren wirtschaftlichen Nachteilen abzuwickeln.

Bei Einzel-Fertigung sind Veränderungen der Betriebsmittel deutlich größer. als bei Betrieben mit Serien-Fertigung. Das gilt besonders hinsichtlich notwendiger Hilfseinrichtungen, wie z.B. Vorrichtungen, Zusatzaggregate, Werkzeuge, Hebezeuge.

Der Arbeitsschritt „Anbieten" von Produkten auf dem Markt ist eine Aufgabe des Vertriebes. Das Anlagenmanagement sollte dort wiederholt darauf hinweisen, daß die Bereitstellung solcher zusätzlichen Hilfseinrichtungen preislich und terminlich (vor allem dieses) bedacht werden muß.

Materialplanung

Die Planung des Material*bedarfs* und der Material*beschaffung* gehören eng zusammen.
Materialbedarf ergibt sich aus dem Erzeugnisprogramm.
Bei Serienerzeugnissen liegt der Bedarf fest.
Bei denen mit kundenspezifischen Varianten liegen Mengen und Qualitäten des Basiserzeugnisses ebenfalls fest. Die variantenabhängigen Materialien werden, wie im Falle von Einzelerzeugnissen entweder nach erfolgtem Auftragseingang oder nach statistischen Erkenntnissen der Vergangenheit ermittelt.

Bei Einzelerzeugnissen erfolgt die Materialplanung quasi parallel mit der Arbeitsablaufplanung, denn die Abläufe bedürfen der Kenntnis der Materialmengen (Stückliste, Sortenauszug).

Die Funktion *Beschaffung* ist in den meisten Unternehmungen außerhalb des Anlagenmanagements angesiedelt, so daß zur Vermeidung von Zeitverlusten interne Regelungen zu vereinbaren sind.

Bei Serienprodukten sind Materialbedarfszahlen meist langfristig planbar und deshalb selten problematisch.

Wenn es nicht sinnvoll ist, Material in größeren Mengen zu beschaffen, empfiehlt sich der Abschluß von Rahmen-Lieferverträgen. Damit könnte das Anlagenmanagement die Teil-Beschaffung direkt vornehmen.

Material wird entweder von *außen direkt oder von der unternehmensinternen Logistik* bezogen.

Die Materialbeschaffung muß zum Ziel haben

– zeitgenaue Verfügbarkeit von Materialien
– qualitätssichere und funktionsfähige Materialien
– fachgerechte Lagerung und Transport bis zur Verarbeitung
– geringe Mittelbildung bis zur Verwendung im Auftrag

Dieses *Just-In-Time* kann einen deutlichen Beitrag zur Gesamtwirtschaftlichkeit eines Betriebes und damit des Unternehmens leisten.

Hinsichtlich der Organisation von Materialbereitstellungsabläufen ist diese Funktion in die der allgemeinen Fertigungsplanung und Fertigungssteuerung eingebunden..

Die Qualitätssicherung der *von außen eingehender* Materialien findet bei jeder empfangenden Stelle statt. Dies bedeutet, daß dort, wo Produktionsbetriebe Materialien *direkt* vom Lieferanten beziehen, eine zusätzliche Qualitätssicherung erfolgen muß.

Auch die Aufgabe der

- Lieferannahme und -bestätigung
- Entladung und Ein- oder Zwischenlagerung
- Bearbeitung der zugehörigen Informationen
- Reklamationsbearbeitung
- Entscheidung zu überschüssigen Lagerbeständen

sollte vom Anlagenmanagement verantwortlich organisiert werden.

Die Planung von Material*beständen* ist zweckmäßigerweise eine Aufgabe der Funktion Logistik im Unternehmen oder die der Technischen Materialwirtschaft.

Informationsplanung

Diese Planung ist besonders bedeutsam. Von der Qualität dieser Arbeit hängt heute in hohem Maße die Wettbewerbsfähigkeit der Unternehmen ab.

In der Regel wird nach einer Anfrage ein vom Auftraggeber stammendes Pflichtenheft in ein Angebot umgewandelt. Damit wird vom Hersteller die Ausführbarkeit bestätigt. Aus diesen Vorstufen ergeben sich die Informationen, die man benötigt. Folgende Informationen sind zur Erledigung eines Auftrages im Unternehmen (im Maschinenbau) notwendig:

- Zeichnungen
- Stücklisten
- Arbeitspläne
- Sonstige Beschreibungen und Formulare, die andere Informationen transportieren (z.B. Entlohnungsmerkmale, aktuelle Anweisungen zur Arbeitssicherheit)

In einer anderen Branche sind dies (in der chemischen Industrie) Angaben über

- Mengen, Reinheiten
- Lieferform
- Art der Konfektionierung,
- Transport-und Sicherheitsanweisungen

Die Nutzung der Datenverarbeitung mittels Großrechner oder vernetzter PCs ist heute die Regel.

Die EDV verlangt eine neue Qualität an

- Informationserstellung
- Informationseingabe
- Informationsverarbeitung
- Informationsausgabe
- Informationsweitergabe
- Informationsdokumentation

Die Informationsplanung hat auch für die Erstellung von Software Bedeutung, da inzwischen viele Einrichtungen durch Programme gesteuert werden (CNC). Die Softwareerstellung ist noch Sache von Spezialisten, die meist außerhalb der Betriebe zentral organisiert sind.

Die Informationsplanung sollte berücksichtigen, daß trotz einer beachtlichen Entwicklung der Rechnerleistung nicht alle Informationen (heute) wirtschaftlich durch die EDV zu verarbeiten sind. So wird man wohl noch lange (welche Branche auch immer) nicht ohne Papier auskommen. Das Nutzen der handschriftlichen Informationsweitergabe wird ebenso noch lange existieren und selbst durch die besten Scanner und die beste Schrifterkennungs- und Weiterverarbeitungs-Software nicht abzuschaffen sein.

4.4.2.3 Planungsergebnisse dokumentieren

Die gesamten Ergebnisse der Fertigungsplanung sind so zu dokumentieren und aufzubereiten, daß sie bei Bedarf wie folgt zur Verfügung stehen:

– mit präzisen und eindeutigen Angaben
– rechtzeitig
– ausreichend, d.h. nicht mehr als nötig
– gut lesbar
– beständig (viele Papiere gehen durch viele – manchmal ölige – Hände)

4.4.3 Fertigungssteuerung

In Bild 4.13 sind die Aufgaben der Fertigungssteuerung dargestellt.

Vorab eine Bemerkung zum Sprachgebrauch: Man verwendet oft den Begriff der *Arbeitsvorbereitung*. Das ist die *Tätigkeit* oder *die organisatorische Einheit*, welche sowohl Fertigungsplanung als auch -steuerung durchführen.

Diese Benutzung des Begriffes ist deshalb zulässig, weil in mittleren bis kleineren Unternehmen einzelne Schritte von denselben Personen erledigt werden. Dies gilt sowohl für die Fertigungsplanung und die Fertigungssteuerung, als auch für die parallele Bearbeitung mehrerer Aufträge. Die Erfahrung zeigt, daß dieses einer zügigen Abwicklung sehr dienlich ist.

Wenn die Planungsarbeiten abgeschlossen sind, findet man drei Möglichkeiten vor:

– *die Auftragsabwicklung hat bereits begonnen.*
Das kann bei einem großen Auftrag normal sein, denn hier dauert die Planung oft über Monate. Bei einem kleineren Auftrag sollte dies nicht zulässig sein.
– *die Auftragsabwicklung beginnt unmittelbar nach Ende der Planung.*
Das ist der anzustrebende Fall, kann aber meist aus objektiven Gründen, wie im nächsten genannt, nicht erreicht werden
– *die Auftragsabwicklung beginnt erst später*
Das ist der Normalfall bei der Einzel-Fertigung. Hier laufen in der Regel noch Lieferzeiten von Materialien, von Informationen (Zeichnungen und/oder Software), von Zulieferungen Dritter und von Vorrichtungen.

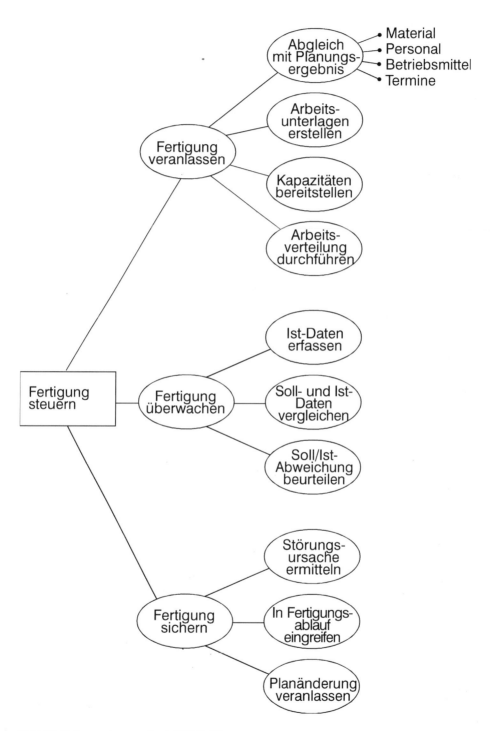

Bild 4.12: Fertigungssteuerung (nach REFA [4.06]

Bei Serienaufträgen kann dies ebenfalls die Regel sein; nämlich wenn die Fertigungssteuerung sehr früh ihre Planungsarbeit abgeschlossen hat, aber noch kein Produk-
tabruf (z.B. vom Vertrieb oder dem internen Lager) vorliegt.

Im dritten Fall ist es nötig, eine Terminverfolgung für die anzuliefernden Materialien
einzurichten, damit sofort, wenn die Erfordernisse gegeben sind, die Fertigung veran-
laßt werden kann. Diese Aufgabe kann durch die Einheit Beschaffung oder die Fertigungssteuerung wahrgenommen werden .

Die Beschreibung einer Arbeitsvorbereitung in Werkstätten der chemischen Industrie, die Aufträge der Einzel-Fertigung (für Neubau und Instandhaltung) ausführt, ist
in [4.16] zu finden.

4.4.3.1 Fertigstellungstermin planen

Neben Qualität und Preis sind in unserer Zeit die Liefertermine wichtige Wettbewerbs-
gesichtspunkte. Die Notwendigkeit, Produkte so schnell wie möglich auf den Markt zu
bringen und dem Mitbewerber Wochen oder Monate voraus zu sein, kann ein wesentlicher Erfolgsbestandteil sein.

Es ist deshalb verständlich, daß jede Unternehmensleitung versucht, das eigene Erzeugnis zum vereinbarten Termin zu liefern.

Die Zusage eines Termines wiederum kann nur gegeben werden, wenn die Fertigungsplanung so gut war, daß man einen zugesprochenen Auftrag auch erfüllen kann.
Das ist meist eine Gratwanderung und verlangt in fast allen Fällen während der Fertigung hohes Organisations- und Improvisationsgeschick.

Eine Fülle von verschachtelt ablaufenden Fertigungsschritten ist zeitlich optimal zu
verknüpfen. Mit Hilfe der EDV ist so etwas rechnerisch kein Problem (Methode des
kritischen Pfades oder ähnliches).

Für die Lösung der Aufgabe sind verschiedenen Zeitbegriffe nötig:

Reine Fertigungszeit

Das sind die Zeiten, wo der Mensch oder/und die Anlage am Produkt wirken (z.B. das
Werkzeug nimmt Späne vom Werkstück, der Schweißer legt eine Naht, der Rührer im
Rührbehälter vermischt zwei Komponenten, das Förderband fördert ein in Montage
befindliches Gerät).

Reale Fertigungszeit

Diese Zeiten beinhalten die einem vorangehenden oder nachfolgenden Auftrag zuzuordnenden Zeiten, wie:

– Abstell- und Anfahrzeit
– Reinigungszeit
– Zeiten für Rüst- und Umstellungsarbeiten

– ggf. Zeiten für Programmierarbeiten
– Vor- und Nachbereitungsarbeiten

Für unerwartete Ereignisse sollten Reserven in die Zeitplanung eingebaut werden
z.B. für Instandhaltung, Störungen, Stillstände aus Mangel an Material.

Wartezeit/Liegezeit

Dieses sind Zeiten, in denen ein Erzeugnis auf seine Weiterbearbeitung warten muß. Es
ist selten möglich, die Einzelschritte eines Auftrages so miteinander zu verzahnen, daß
sich ein Fertigungsschritt an den anderen anschließt. Warte- und Liegezeiten sind mitunter beträchtlich.
Begründete Wartezeiten dürfen nicht gleichzeitig Anlagenstillstand bedeuten. In einem Optimierungsprozeß kann versucht werden, einen für eine andere Zeit geplanten
Auftrag so umzusteuern, daß die Durchlaufzeit aller Aufträge minimiert wird.

Durchlaufzeiten

Sie ist die Zeit von Beginn der Fertigung bis zur Auslieferung an den Kunden. Der Beginn der Fertigung kann gemessen am Zeitpunkt der Auftragserteilungs relativ spät liegen. Die Zeit vor der Fertigung muß deshalb auch beachtet werden. Bei Terminzusagen
sollte mit der Verzögerung der Lieferung von Vor- und Zwischenprodukte gerechnet
werden.

Lieferzeit

Die Lieferzeit reicht von der Erteilung eines Auftrages bis zur Übernahme des Produktes durch den Kunden. In Verträgen sind der Zeitpunkt und -ort der Übernahme klar zu
definieren. Auch sollte dem Transport von der Auslieferung des Herstellers bis zum
Kunden Aufmerksamkeit hinsichtlich Zeit, Art des Transportes, Kosten , Versicherung
uam gewidmet werden.
Auf die Begriffe Gefahrenübergang, Probelauf, Garantie, Mängelrüge ua. sei nur hingewiesen.

4.4.3.2 Fertigung veranlassen

Die Aufgabe „Fertigung veranlassen“ besteht darin, dafür zu sorgen, daß ein Auftrag
zum geplanten Termin begonnen werden kann.
Es ist festzustellen, ob für den geplanten Ablauf

– das benötigte Personal und die notwendigen Maschinen- und Hilfseinrichtungen verfügbar sind
– das bestellte Material (Rohstoffe, Zulieferteile, Hilfsstoffe, auftragsbezogene Hilfseinrichtungen) vorhanden ist oder sicher vorhanden sein wird
– alle erforderlichen Informationen vorliegen können; auf die eigenerstellten hat man
  meist Einfluß, nicht auf die Dritter (z.B. Qualitäts- oder Prüfzeugnisse)

Daran schließt sich die *tatsächliche* Belegung der Menschen- und Maschinenkapazitäten an.

Da während der Fertigungsplanung mit Erfahrungswerten oder statistischen Durchschnittswerten der Vergangenheit gearbeitet werden mußte, hängt eine Realisierung dieser Planwerte davon ab, wie weit die Fertigungssteuerung zeitlich vom Beginn der Planungsarbeit entfernt ist (Planungshorizont!).

Der Start der Fertigung erfolgt durch eine *„Freigabe"* oder *„Zuteilung"*. Damit erhält der Fertigungsbereich die Verantwortung für die sachliche und terminliche Abwicklung.

4.4.3.3 Fertigung überwachen und sichern

Die Funktion „Fertigung überwachen und sichern" besteht aus den Schritten:

- Ist-Daten erfassen, Soll- und Ist-Daten vergleichen und beurteilen
- Maßnahmen ergreifen, um Ziele zu erreichen.

Das Problem der Ist-Daten-Erfassung, des Vergleichens und Beurteilens liegt darin, daß Abweichungen selten im Moment des Entstehens bekannt werden. Verzögerungen von Entscheidungen, die daraus gefällt werden sollen, bewirken meist weitere Abweichungen von der Planung. Damit entsteht ein permanenter Zustand der Unsicherheit.

Die Fertigungssteuerung hat zuerst die im Ablauf vorgesehenen Pufferzeiten, zu nutzen. Pufferzeiten sind gewollt in den Fertigungsprozeß (Zwischenlager, Speicher) eingebaute und ungewollt (vernetzte Belegung von Einrichtungen) entstandene. Diese Nutzung verlangt zwar gute Übersicht über alle Fertigungsaufträge, ist aber relativ leicht zu bewerkstelligen.

Sind diese Möglichkeiten erschöpft oder sind die Störungen anderer Art, dann muß man zu besonderen Hilfen greifen.

Einige wiederholt auftretende Abweichungen und Möglichkeiten der Abhilfe sind in Tabelle 4.1 aufgelistet:

Durch solche Abweichungen entstehen für den Betrieb Gewinneinbußen, deren Höhe durch das Anlagenmanagement zu minimieren ist:

- Qualitätsverluste, können zum Verwerfen des Produktes führen. In günstigen Fällen der Verwendung führen sie nur zu geringen Erlöseinbußen
- Materialverluste, sofern kompensierbar sind es Gewinneinbußen, wenn Neubeschaffung erforderlich kommen noch Zeitverluste hinzu.
- Zeitverluste, mit einer evtl. Verfehlung des Endtermins
- Energieverluste, sind Gewinneinbußen
- Imageverluste

Tabelle 4.1: Abweichungen von der Fertigungsplanung

Abweichung	mögliche Abhilfe
Ausfall einer Maschine	– Arbeitsschritt auf einer unwirtschaftlicheren Maschine ausführen (z.B. Drehteile auf einer eigentlich zu großen Maschine oder auf einem Bearbeitungszentrum statt auf der Spezialmaschine) – Fertigungsverfahren ändern (z.B. WIG von Hand anstelle UP auf der Schweißanlage) – Überstunden. Hier sind lediglich Grenzen gesetzt, wenn im 24-h-Betrieb gefertigt wird oder wenn die Arbeitszeitordnung dagegen steht. – Instandsetzung außerhalb der normalen Arbeitszeit
Ausfall von Steuerungs-elementen	– Handbetrieb. Kurzzeitg kann ein Regler (z.B. ein Temperaturregler an einem Ofen oder eine Lichtschranke an einer Förderband) ersetzt werden.
Fehlfertigung	– Versuch der Korrektur in einem zusätzlichen Arbeitsgang (z.B. Auftragen einer Schicht, um ein Mindermaß zu kompensieren, Wärmehandlung wiederholen) – Neufertigung in Überzeit – Abqualifizieren (z.B. in Abstimmung mit dem Vertrieb als zweite Wahl oder mit dem Auftraggeber zu niedrigerem Preis)
Materialausfall	– Ersatz durch höherwertigeres Rohmaterial (z.B. Verwenden eines Stahles höherer Festigkeit) – Ersatz durch unwirtschaftlichere Rohmaterial Eigenschaften (z.B. Abmessungen eines Stabstahls mit dem nächsthöheren Durchmesser, Einsatz einer Rohchemikalie mit niederer Konzentration des zu gewinnenden Stoffes)
Ausfall eines Spezialisten	– Überstunden durch einen Vertreter (außerhalb der Normalarbeitszeit) – Verschieben von Prioritäten anderer Aufträge, so daß der Schaden für das Unternehmen minimiert wird – Hilfe durch Kapazität Dritter. Hier müßten schon Rahmenverträge existieren, sonst ist diese Abhilfe zu langsam

4.4.4 Erfahrungen

Planungsergebnisse sind so gut wie die Basis der Planung. Diese ist in der betrieblichen Praxis mitunter schwächer, als sie es im Sinne einer wirtschaftlichen Fertigung sein sollte.

Es gibt aber Gesichtspunkte, bei der dem Anlagenmanagement oder der Unternehmensleitung eine schwache Planungsbasis zugestanden werden muß:

– Vollbeschäftigung
– Anlagenauslastung
– Füllen einer Auftragslücke

– Terminvorstellung des Auftraggebers
– Verzögerung von Lieferungen
– Auftragshöhe bei hoher Kompliziertheit

Sehr oft ist der Planer auch gezwungen, mit Schätzzahlen zu operieren. Es ist ihm oder dem Ergebnis nicht anzulasten, daß dann bei der Abwicklung einiges nicht optimal läuft.

Auch sind Voraussetzungen zu schaffen, daß Auftraggeber die Abwicklung von Aufträgen nicht mit Änderungen, Terminverschiebungen, Nachforderungen stören.

Der Zwang zu Kompensation von Unabsehbarkeiten sollte nicht zu *Überbuchungen* (wie in der Luftfahrt) führen.

Man sollte versuchen, bei Engpässen auf Überzeiten oder zusätzliche Schichten auszuweichen. Mitunter stehen dem aber Tarife und die Arbeitszeitordnung im Wege.

Viele Abweichung von Planungsvorgaben entstehen, weil nicht überall die Erkenntnis bekannt ist, daß bei Einzel-Fertigung – in geringerem Maße auch in der Serien-Fertigung – mit *systemimanenten* Liegezeiten, Warteschlangen an Maschinen und mit Mehrfachverplanungen von Kapazitäten gerechnet werden muß.

Nach Untersuchungsergebnissen der TH Aachen [4.17] ergab sich bei 3500 Werkstattaufträgen an 154 Arbeitsplätzen eine Verteilung der Durchlaufzeiten wie folgt:

Vorliegezeit   70,2 %
Nachliegezeit   11,4 %
Belegungszeit   18,4 %

Dabei reicht die Belegungszeit von 4 % in der Einzel-Fertigung bis zu 40 % in der Serien-Fertigung.

Untersuchungen 1987 von Hackstein [4.17a] zeigen, daß sich die Liegezeit verkürzt hat, sie aber immer noch bei 64 % (1975 ca. 82 %) liegt.

Im Falle von Dienstleistungsaufträgen (Instandsetzungsaufträge durch Dritte ausgeführt) werden die Verhältnisse eher ungünstiger liegen. Dort ist die Höhe der Störeinflüsse noch größer

4.5 CIM

Wenn nach vielen Jahren großer Bemühungen um die Einführung von CIM in vielen Unternehmen heute erst Bausteine des Gesamtsystems wirksam sind, so spricht das nicht gegen die Richtigkeit des Konzeptes. Es zeigt eher, daß die Verknüpfung einzelner Bausteine schwierig ist. Zu CIM könnte man sagen, *der Weg ist das Ziel.*

Über die Quelle der Schwierigkeiten sind sich die Verantwortlichen in den Unternehmen nicht einig. Offensichtlich hat man die mentalen Probleme der Mitarbeiter hinsichtlich der Akzeptanz der Datenverarbeitung unterschätzt und nicht den zeitlichen und kostenmäßig hohen Aufwand der Einführung erwartet.

Neben dem bereits genannten Buch von Miska [4.15] ist für eine umfangreichere Beschäftigung mit der Materie die vom Ausschuß für wirtschaftliche Fertigung herausgegebene Grundsatzausarbeitung [4.18] und die kritische Untersuchung eines RKW-Autorenteams [4.19] zu empfehlen.

4.5.1 Grundzüge

CIM hat zum Ziel, die Wettbewerbsfaktoren

- Organisatorische Leistungsfähigkeit
- Flexibilität
  - Kapazitäten
  - Anpassung an Kundenwünsche
  - Geringere Losgrößen
  - Geringere Durchlaufzeiten
  - Geringere Entwicklungs- und Planungskosten
- Technologische Kompetenz
  - Neue Produkte schnell am Markt
  - Hochwertige Fertigungsverfahren

zu stärken.

In einer verkürzten Form könnte man die *CIM-Kernforderung* (für den Maschinenbau/Elektrotechnik) auch auf die Form bringen:

Ein Mitarbeiter/eine Maschine verfügt im richtigen Moment über alle Werkstoffe, Werkzeuge und Daten, die er/sie benötigt.

Das Endziel wäre die vollständige Verknüpfung aller EDV-Aktivitäten im Unternehmen. Sie soll die

Aufhebung der Widersprüche

- Quantität - Qualität und
- Wirtschaftlichkeit - Flexibilität

bewirken [4.15].

Im nachfolgenden Bild 4.14 sind computerunterstützte Anwendungen zusammengestellt. Ein vollständiges CIM-System würde viele Bausteine, wenn sie zu unterschiedlichen Zeitpunkten ohne ein Gesamtkonzept entstanden sind, überflüssig machen. Einige würden ineinander aufgehen.

Die gezeigten computerunterstützten Systeme werden von den Unternehmen in unterschiedlicher Weise benötigt. So benötigt z.B. ein kleineres Chemieunternehmen kaum NC-Steuerungen für seine Werkzeugmaschine in der Instandhaltungswerkstatt; ebensowenig benötigt ein Ingenieurbüro für Anlagenbau ein Betriebs-Daten-Erfassungs-System BDE.

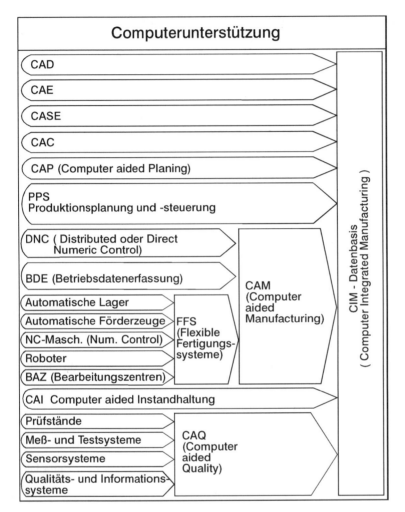

Bild 4.14: Bausteine CIM (nach [4.15])

4.5.2 Stand der Entwicklung

Verbreitung

Eine vom Rationalisierungs- Kuratorium Wirtschaft RKW initiierte Untersuchung [4.19]
über 9 unterschiedliche Unternehmen des Maschinenbaues und der Elektro-/Energie-
technik (kleinstes < 100 Mitarbeiter, größtes > 10.000 Mitarbeiter) und die Befragung
von etwa 100 Experten zeigt , daß zwar eine relativ hohe Nutzung *einzelner* Bausteine
erfolgt (z.B. 33 % PPS, 20 % CAM, 18 % CAD), die *Verknüpfung* zweier oder mehrerer
Bausteine aber deutlich schwächer ausgebildet ist.

Die offensichtlich am stärksten ausgeprägte Kopplung von PPS, CAD und CAM rührt
daher, daß in den meisten Fällen der Ausgangspunkt in der Einführung eines Produkt-

Tabelle 4.2: Einsatzbeispiele von Computeranwendungen

System	Begriff / Funktion	Einsatzbeispiele
CAD	Computer Aided Design	– Konstruktion, Layout, Fließschemata, Grundrisse, Diagramme, 3-D-Darstellungen
CAE	Computer Aided Engineering	– Stromlaufpläne, Leiterplattenbestückung, Verkabelung, Verdrahtung
CASE	Computer Aided Software Engineering	– Softwareprojekte jeder Art
CAC	Computer Aided Calculation	– Berechnungen in der Forschung, Ersatz für Rechenschieber
CAP	Computer Aided Planning	– Fertigungsplanung und -steuerung, Normung, Vorgabezeitermittlung, Sücklistenverarbeitung
PPS	Produkt-Planung und -Steuerung	– MRP II = Material-Requirement-Planning, (Ressourcen-Planung auf allen Ebenen) – JIT = just in time – KANBAN = Hol- statt Bring-Prinzip – OPT = Optimierung Absatzplan
CAM	Computer Aided Manufacturing	– Umfaßt folgende Untersysteme: – BDE = Betriebs-Daten-Erfassung – Steuerungen wie NC, DNC, CNC für Maschinen, SPS für Anlagen – Leitsteuerung, Roboter, Transportsysteme
CAI	Computer Aided Instandhaltung	– Wartung, Diagnose-Daten-Verarbeitung, Störfall-Auswertung
CAQ	Computer Aided Quality	– Qualitätssicherung innerhalb der Produktion (kleiner Regelkreis) oder auch Entwicklung und Zulieferer umfassend (großer Regelkreis)

Planungs-und Steuerungssystems (PPS) lag. Es bot sich dann an, Daten aus der Konstruktion (CAD, z.B. Zeichnungen mit Sortenauszügen) direkt in die Fertigungssteuerung zu geben und dort weiter zu verwenden.

Die Nutzung von Konstruktionsdaten für die Programmierung von numerisch gesteuerten Zerspanungsmaschinen (NC) brachte die Verbindung zwischen CAD und CAM. Auch das zentrale Steuern eines Maschinenparks mittels CNC gehört zur angesprochenen Koppelung von CIM-Komponenten.

Eine Erkenntnis aus dieser Untersuchung war zwar zu erwarten, ist aber deshalb nicht minder bedeutsam:

Die Schwierigkeiten einer CIM-Einführung wachsen mit der Abnahme der Losgröße.

Wie auch schon aus der konventionellen Fertigungsplanung und Fertigungssteuerung bekannt, ist bei Einzel-Fertigung die meist zu kurze Lieferzeit ein wesentliches Hemmnis für eine saubere Planung mit all ihren Stufen und eine sich dann in geordneten Bahnen bewegende Fertigung,

Die gleiche Problematik ist auch bei Instandsetzungsaufgaben festzustellen. Hier können sogar in vielen Fällen noch die erschwerenden Einflüsse

- Plötzlichkeit
- Eiligkeit
- Kapazitätsmangel
- Materialmangel

hinzukommen, verbunden mit der Aufhebung von Planungsdaten anderer Aufträge, wie z.B.

- Prioritätsveränderungen
- Anforderung von Überzeiten an Mensch und Maschinen
- Schaffen von Provisorien

Die Verknüpfung von EDV-Bausteinen ist gerade bei Einzelaufträgen besonders wichtig.

Derzeitige Anwendungen

Planung und Steuerung der Fertigung erfolgt zunehmend mit Fertigungsleitsystemen (FLS), die in den Unternehmen vorhandene EDV-Bausteine zu einem leistungsfähigen Planungs- und Steuerungssystem verknüpfen. Von diversen Softwareherstellern werden für die unterschiedlichen Unternehmensgrößen passende FLS angeboten. Die Einführung erfordert meist eine Änderung der betrieblichen Organisation und eine Anpassung bereits vorhandener Software, um die Funktionsfähigkeit des Systems zu gewährleisten [4.20].

Sowohl in der Fertigung als auch in der Instandhaltung von Betrieben sind EDV-Bausteine seit vielen Jahren in Verwendung. Meist als Mitnutzer von Bausteinen, die im *gesamten* Unternehmen eingeführt sind, wie z.B. für

- Personalwirtschaft (Lohn- und Gehaltsabrechnung, u.a.)
- Rechnungswesen (Auftragsabrechnung, Kostenstellenrechnung)
- Logistik
- Managementinformation
- Instandhaltungsabrechnung
- Projektabrechnung (Investitionen)

Die Kommunikation zwischen diesen Inseln findet vielfach noch mit herkömmlichen Mitteln statt (Formulare, teils maschinen-, teils handbeschrieben, Listen, Batch-Datenträger). Die Vernetzung wurde mit der Einführung der Glasfasertechnologie in den letzten Jahren vorangebracht.

Beispiel:
In einem Werkstattsteuerungssystem WSS war es möglich, einige Inseln miteinander zu verbinden. Im On-line-Betrieb werden dort zwischen folgenden Unternehmensfunktionen Daten ausgetauscht:
Instandhaltung: – Technische Materialwirtschaft
                – Auftragsabrechnung - Produktergebnisrechnung
                – Lohn-und Gehaltsabrechnung
                – Projektabrechnung (Investitionsvorhaben)
                – Ersatzteilfertigung - Technische Materialwirtschaft
                – Verkauf an Tochterunternehmen und Dritte.
                – Instandhaltungsinternes Controlling

Dort, wo heute schon mehrere Systeme verknüpft laufen, herrschte meist auch vorher eine gut funktionierende Ablauforganisation.

Es gilt: Die Einführung von EDV-Systemen verlangt eine bereits durchdachte, funktionierende Organisation.

Die Leichtigkeit der Einführung von CIM-Bausteinen ist umgekehrt proportional zum wirtschaftlichen Nutzen.

4.5.3 Schwerpunkte für die Weiterentwicklung

Folgende Verbindungen von Inseln sind für ein CIM erstrebenswert:

– PPS und Instandhaltung
– CAD für Projektabwicklung mittels CAD und Instandhaltung
– BDE und Qualitätssicherung

Die geschilderten Verknüpfungen könnten z.B. bei folgende Themen hilfreich sein:

– Schadenserfassung und -auswertung
– Zuordnung von Instandhaltungskosten
– Störungsanalysen
– Rückkopplung zur Konstruktion mit Anlagendaten
– Anlagendokumentation.
– Abwicklung von Kleinprojekten an Anlagen (Änderungen, Ergänzungen)
– Regelprozeß der Qualitätssicherung
– Dokumentation von Qualitätsdaten

In wieweit man solche Systeme nutzen wird, wird eine Frage der Wirtschaftlichkeit sein.

Unternehmen, die das CIM-Konzept schon weitgehend eingeführt haben, werden prüfen, wie die Datengenerierung erfolgt. Trotz Verwendung bereits erstellter Daten (z.B. Lohnsätze, interne Verrechnungssätze, Materialpreise, Zuschläge, Standards) ist der Zugriff über die EDV vielfach nicht gegeben. Nicht immer setzen Ergebnisdaten ihren Weg

Tabelle 4.3: Schwierigkeit der CIM-Einführung

Fertigungsart	CIM-Einführung leicht für	CIM-Einführung schwer für
Serien ohne Varianten	Serien-Fertigung Fließfertigung Programmorient. Disposition	
Serien mit Varianten	Serien-Fertigung Gruppen/Linienfertigung	Erzeugnisse mit komplexer Struktur Fertigung mit großer Tiefe
Serien mit kunden- spezifischer Anpassung	Erzeugnisse mit einfacher Struktur Auftragsart Rahmenaufträge	überwiegend kundenorientierte Aufträge viel Fremdbezug Werkstattfertigung
Auftragsfertigung Einzelaufträge	Fertigung geringer Tiefe Material kein Fremdbezug	Einmalfertigung Baustellenfertigung Aufträge nach Einzelbestellung

über Netze fort, um an anderer Stelle für andere Zwecke genutzt zu werden. Hier liegt ein Punkt möglicher Verbesserungen.

Das Problem des *einfachsten, aber wichtigsten* Datentransportes und Datenweges *Handaufschreibung – Transportieren dieser Handaufschreibung – Eingeben mit der Tastatur* ist noch zu lösen. Hier liegen nicht nur nutzbare Rationalisierungsreserven, sondern man könnte durch Ausschaltung des Umweges über den papiernen Datenträger Fehler vermeiden.

In der Untersuchung nach [4.19] wurde versucht, Kriterien über die am leichtesten zu realisierende CIM-Einführung zu finden. Für die differenzierten Fertigungsarten lassen sich folgende Erkenntnisse nennen: Die Schwerpunkte der Weiterentwicklung von CIM liegen im Bereich der Einzel-Fertigung und der kundenspezifischen Serien-Fertigung.

Dies belegt auch eine Befragung von Experten, welche Schwerpunkte sie gesetzt sehen möchten. Bild 4.15 aus [4.19].

Für das Anlagenmanagement, das sich tiefer in die Materie einarbeiten will, sei folgende Literatur empfohlen:

Fachbuchreihe CIM-Fachmann [4.21]. Innerhalb dieser Reihe sind besonders empfehlenswert Bände über die Unikat-Fertigung und -montage [4.22] und über Werkstattsteuerungssysteme [4.23].

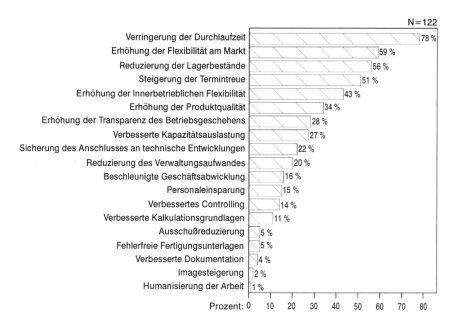

N=122

Verringerung der Durchlaufzeit	78 %
Erhöhung der Flexibilität am Markt	59 %
Reduzierung der Lagerbestände	56 %
Steigerung der Termintreue	51 %
Erhöhung der Innerbetrieblichen Flexibilität	43 %
Erhöhung der Produktqualität	34 %
Erhöhung der Transparenz des Betriebsgeschehens	28 %
Verbesserte Kapazitätsauslastung	27 %
Sicherung des Anschlusses an technische Entwicklungen	22 %
Reduzierung des Verwaltungsaufwandes	20 %
Beschleunigte Geschäftsabwicklung	16 %
Personaleinsparung	15 %
Verbessertes Controlling	14 %
Verbesserte Kalkulationsgrundlagen	11 %
Ausschußreduzierung	5 %
Fehlerfreie Fertigungsunterlagen	5 %
Verbesserte Dokumentation	4 %
Imagesteigerung	2 %
Humanisierung der Arbeit	1 %

Prozent: 0 10 20 30 40 50 60 70 80

Jeder der Befragten sollte fünf Ziele angeben.

Bild 4.15: Häufigkeiten, mit denen einzelne Unternehmensziele zu den fünf wichtigsten einer Rechnerintegration gezählt wurden (Quelle [4.19])

4.6 Qualitätssicherung

Die Qualitätssicherung hat in den letzten Jahren einen großen und wichtigen Stellenwert in den Unternehmungen erhalten.

Qualität ist die Gesamtheit der Merkmale, die ein Produkt oder eine Dienstleistung zur Erfüllung festgelegter und vorausgesetzter Anforderungen geeignet macht.

Um dieser Definition gerecht zu werden, sollte die Qualitätssicherung die Phasen des Lebens einer Anlage (Entwicklung, Konstruktion, Planung, Beschaffung, Montage bis zur Übergabe) begleiten. Dabei wäre es richtig, die Verantwortung in die Hände der jeweiligen Fachleute zu legen. Dies gilt für die Belange der Anlage selbst und für das Erzeugnis oder die Dienstleistung, das/die mit der Anlage hergestellt werden soll.

Qualitätssicherungssystem

Ein Qualitätssicherungssystem reicht weit über die direkte Qualitätssicherung des hergestellten Erzeugnisses hinaus. Wenngleich das eigentliche Ziel die Herstellung eines qualitätskonformen Erzeugnisses ist, so hat sich die Erkenntnis durchgesetzt, daß jede der Fertigung voraus-, nach- und parallellaufende Funktion nach den gleichen Qualitätssicherungs-Regeln behandelt werden muß.

Um dies sicherzustellen, unterscheidet die Qualitätssicherung deshalb die einzelnen Phasen

- Entwicklungsqualität
- Planungsqualität
- Beschaffungsqualität
- Fertigungsqualität
- Servicequalität

Wenn ein Unternehmen den Beschluß zu weitreichenden Qualitätssicherungs-Strategien wie z. B. dem Total Quality Management TQM faßt, sind zwei Grundvoraussetzungen zu erfüllen

- Eindeutige Erklärung der Unternehmensspitze zu einer Qualitätssicherungs-Philosophie
- Intensive Schulung der Mitarbeiter, beginnend mit den oberen Führungskräften bis zum Arbeiter. Dabei ist besonders die Akzeptanz allen Tuns das vorrangige Ziel der Schulungen.

In DIN 55350 [4.24] wird ein Qualitätskreis definiert, der in einer kreisförmigen Anordnung die Phasen benennt, in denen Qualitätssicherung erfolgen sollte.

Bild 4.16: Qualitätsregelkreis nach DIN 55530

Die Bemühungen um Verbesserung der Qualität erhielten in den 80er Jahren einen gewaltigen Schub durch den Total Quality Management-Gedanken, der von Japan ausging und von den anderen Industrieländern aufgenommen wurde.

Basis heutiger Qualitätssicherungs-Systeme (QS-System) sind die Normenreihe DIN ISO 9000 bis 9004 [4.25], DIN ISO 9001 (EN 29.001) [4.26], DIN ISO 9002 (EN 29.002) [4.27], DIN ISO 9003 (EN 29.003) [4.28], DIN ISO 9004 (EN 29.004) [4.29].

Der Inhalt dieser Normen bietet umfassend alle Gesichtspunkte, die ein QS-System erfordert.

In den Normen wird folgendes behandelt

- DIN ISO 9000   Anleitungen, Begriffe, Normen, Anwendungen
- DIN ISO 9001   QS-Modell für Design, Entwicklung, Produktion, Montage und Kundendienst
- DIN ISO 9002   QS-Modell für Produktion und Montage
- DIN ISO 9003   QS-Modell für Endprüfung
- DIN ISO 9004   Qualitätsmanagement und Elemente des QS-Systems

Von allgemeiner Bedeutung ist die DIN ISO 9004. In ihr werden die Bestandteile des QS-Systems ausführlich beschrieben (z.B. Anforderungen an das System oder Fragen der Schulung und Motivation der Mitarbeiter).

Handbuch

Die Erfassung aller unternehmensinternen Regelungen zur Qualitätssicherung werden zweckmäßigerweise in einem sog. QS-Handbuch erfaßt und fortlaufend auf den neuesten Stand gebracht (auditiert). Nach Empfehlungen der deutschen Gesellschaft für Qualität [4.30] enthält ein QS-Handbuch folgende Bestandteile

Allgemeiner Teil, unternehmensintern gültig

1 Grundsätze
2 Beschreibung der QS-Elemente   Zuständigkeiten, Abläufe
                                   Fachspezifischer Teil
3 Betriebshandbücher, Prüfpläne, allgemeine Betriebsanweisungen
4 Prüfanweisungen, spezielle Betriebsanweisungen

Das Handbuch wird von eigens dafür eingerichteten Arbeitskreisen entwickelt, koordinierend mit den Fachstellen erarbeitet und auditiert. Es ist die Basis für den Nachweis eines vorhandenen System für andere Unternehmen.

Methoden

Die Durchführung des Qualitätssicherungs-Prozesses in der Fertigung verlangt auch Qualitätssicherungsmaßnahmen bei anderen betrieblichen Funktionen.

Dafür haben sich verschiedene Methoden entwickelt. Jede zeigt bestimmte Besonderheiten, die den unterschiedlichen Bedarfsfällen angepaßt sind. Ein Unternehmen,

Tabelle 4.4: Methoden der Qualitätssicherung

	Bezeichnung	Merkmale
QTA	Qualitätsorientierte Tätigkeitsanalyse	Zusammenarbeit zwischen Kunden, Produzenten und Lieferanten
QFD	Wertanalyse und Qualität (Quality Function Deployment)	Kundenforderungen werden bei Produkt- und Prozeß-entwicklung hinsichtlich Funktion und Qualität berück-sichtigt
ABC, 635 u.a.	Diverse Analyse-Methoden Ziel definieren	Probleme erkennen, beschreiben, analysieren. Lösungen suchen, bewerten, auswählen und realisieren
FMUA	Fehler-Möglichkeiten- und Ursachen-Analyse	Erkennen und Beschreiben von Fehlern Beschreibung von Fehlern (was-wo-wann-wieviel) Suchen, Abstellen, potentielle Fehler ableiten Vorbeugende Maßnahmen gegen mögliche Ursachen
FMEA	Fehler-Möglichkeiten-und Folgen-Analyse	Potentielle Fehler und Folgen aufzeigen und beschreiben Bewertung mit Risikoprioritätenzahl RPZ Zielvereinbarung, Bewertung und Auswahl Einführung von Verbesserungsmaßnahmen Soll-Ist-Vergleich, Aktualisierung
ATS	Analyse Technischer Störungen	Beschreibung der Störungen (was-wann-wo-wie) Vorrangiges Problem herausfinden (z.B. ABC) Fakten, keine Vermutungen verwenden Veränderungen suchen, wahrscheinliche Ursache ermit-teln, tatsächliche Ursache testen
SPC	Statistische Prozeßregelung (Statistic Process Control)	Nutzung von Prozeßmerkmalen, Prozeßabweichungen Ziel: Erkennen und beseitigen durch Trendanalyse Mittel: QRK Qualitätsregelkarten Prozeßfähigkeitsuntersuchung bestehend aus Prozeß-analyse, Prozeßstudie, Prozeßfähigkeitsstudie, Prozeß-verbesserung
QC	Qualitätszirkel	Kleingruppenarbeit, die zum Ziel haben: Verbesserung am und um den Arbeitsplatz für techni-sche und organisatorische Fragen Mitwirkung und Mitgestaltung, damit Akzeptanz von Unternehmenszielen Identifikation mit QS-Zielen

welches sich dem TQM-Ziel verpflichtet, wird für alle Bedarfsfälle eine Methode an-wenden, wie sie in Tabelle 4.4 als Einzelmethoden aufgelistet sind. Unter Merkmale ist in verkürzter Form der Inhalt der Methode vermerkt.

Die wichtigste Methode ist die der Statistic Process Control (SPC). Nicht die Sen-kung einer Ausschußquote mittels Regelkreis nach Bild 4.17 oben ist das Ziel, sondern

Regelkreis früher

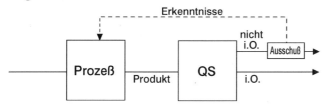

Regelkreis heute

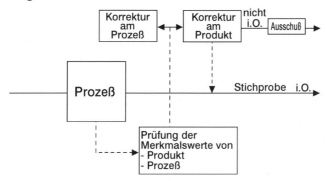

Bild 4.17: Regelkreis der Qualitätssicherung gestern und heute

die Erweiterung des Regelkreises zu einem Prozeßregelkreis, der die „Meßgrößen" Mensch, Maschine, Material, Methode und Umwelt *benutzt*, um Abweichungen sofort zu korrigieren (Bild 4.17 unten). Für dieses Verfahren waren die entsprechenden Sensoren und Meßverfahren zu entwickeln.

Eine Beratung mit Fachleuten ist angezeigt, wenn das Anlagenmanagement für seine Situation eine neue Qualitätssicherung aufbauen möchte.

Auditierung und Zertifizierung

Mit Hilfe allgemein eingeführter QS-Systeme in der Wirtschaft ist es möglich, den Aufwand für Qualitätssicherung generell zu senken.

So ist es das Ziel, die Qualität der Erzeugnisse zu erhöhen, gleichzeitig aber den Umfang der Kontrolltätigkeiten zu senken.

Bei einer sog. beherrschten Fertigung sind theoretisch keine Endkontrollen mehr nötig. Der Bezieher von Erzeugnissen, der um die beherrschte Fertigung seines Lieferanten weiß, könnte sich theoretisch die Eingangskontrollen sparen.

Um diesen theoretischen Vorgang der Praxis weit anzunähern, werden von Lieferanten dem Kunden Audits und Zertifizierungen angeboten, die in vertraglichen Vereinbarungen münden.

Tabelle 4.10: Qualitätssicherungskosten bei IBM nach [4.31]

Jahr	QS-Kosten in % vom Umsatz		davon für Vorbereitung		davon für Prüfung		davon für Fehlerbeseitigung	
1983	26,9	100	4,6	17,1	7,4	27,5	14,9	55,4
1984	26,6	99	5,8	21,6	8,3	30,0	12,4	46,1
1985	19,9	74	5,4	20,1	6,7	24,9	7,8	29,0
1986	18,6	69	6,1	22,7	5,7	21,2	6,8	25,3

Damit solche Zertifikate auch über längere Zeiträume gelten, werden in den Liefer-Unternehmungen interne Audits durchgeführt. Sie erlauben es dann, in Abständen die erneute Überprüfung des Zertifikates durch den Kunden zu erreichen.

Ergebnisse

Erfolge mit einem neuen Qualitätssicherungsdenken zeigen Zahlen, die von IBM Europa 1989 bekannt gemacht wurden [4.31] (siehe Tabelle 4.10). Hierbei wurden die Qualitätssicherungskosten als Maßstab für die verbesserten Verhältnisse angegeben. Die Qualitätshöhe der Erzeugnisse wurde als konstant angesehen.

Ergebnis, das als wichtigste Erkenntnis aus der Tabelle ablesbar ist:

Wenn man die QS-Kosten 1983 = 100 Einheiten setzt, dann sind die QS-Kosten in 4 Jahren um fast 30 % gesunken sind.

Mit einer Steigerung der Vorbereitungskosten von 17,1 auf 22,7 Einheiten gelang es, die Fehlerbeseitigungskosten von 55,4 auf 25,3 Einheiten zu senken.

Es sei noch auf weitere Literatur zur Qualitätssicherung verwiesen:

Masing, Handbuch der Qualitätssicherung [4.32], Warnecke (Hrsg.), Handbuch der Qualitätstechnik [4.33], Juran, Der neue Juran [4.34], DIN ISO 10.011 [4.35], DIN ISO 10.012 [4.36].

4.7 Umweltschutz, Anlagensicherheit

Früher entstanden Unternehmen dort, wo die Infrastruktur gute Bedingungen bot (Straßen, Wasserwege, Menschen, Energie, Wasser für Kühlzwecke usw.) und wo Kommunen bereit waren, Ansiedlungen zu unterstützen.

Oft sind auch die Kommunen um diese neuen Unternehmen herum entstanden. Deshalb sind heute größte Industrieunternehmen mitten in Größstädten zu finden (BASF in Ludwigshafen, Mercedes-Benz in Mannheim, Siemens in Berlin, BMW in München).

Dieser Umstand hat sicher auch mit dazu beigetragen, daß die Gesetzgebung der letzten Jahrzehnte dem Schutz der Umwelt und dem Schutz der Menschen viel Aufmerksamkeit gewidmet hat.

Umweltschutz ist keine Funktion, die man von den Funktionen *Anlagen*sicherheit (oder Sicherheit genannt) *Arbeits*sicherheit (oder Unfallschutz genannt) trennen kann.

Diese Funktionen sind so miteinander verzahnt, daß die Gesetzgebung nicht in eine solche für Schutz der Umwelt, Schutz der Anlage und Schutz der Menschen teilt. Lediglich das Setzen von Schwerpunkten erlaubt eine Aufteilung.

4.7.1 Umweltschutz

Der Schutz der Umwelt vor Emissionen/Immissionen (z.B. gasförmig als FCKW, Stickoxid, Kohlendioxid, flüssig als Abwässer und fest als Müll) hat heute Vorrang vor wirtschaftlichen Fragen. Zur Erzielung dieses Schutzes ist ein eigenständiger Industriezweig entstanden. Er nutzt dafür spezielle, vielfach neu entwickelte Verfahren.

Diese Verfahren wiederum sind mit Anlagen zu betreiben, die denen der chemischen Industrie oder denen der Energieerzeugung ähneln.

Umweltschutz kann nicht nur zentral betrieben werden, obwohl es im Unternehmen zentrale Umweltschutzfunktionen gibt (z.B. Kläranlagen, in welchen die Abwässer eines Betriebes gereinigt werden oder zentrale Entsorgungsbetriebe). Bei kleineren Unternehmen werden diese zentralen Funktionen häufig von privaten oder kommunalen Einrichtungen im Auftrag erledigt.

Verantwortung des Anlagenmanagements

Die Abwicklung von Umweltschutzaufgaben eines Betriebes ist in die gesamte Ablauforganisation des Betriebes eingebunden.

Der dramatische Anstieg der Gesetze und Verordnungen macht die Verantwortung deutlich, die heute das Anlagenmanagement hat. Der Unternehmer hat nämlich die Möglichkeit,

Pflichten hinsichtlich der Sicherheit und des Arbeitsschutzes an Personen zu übertragen, die verantwortliche Tätigkeiten im Unternehmen ausüben (Basis ist § 12 der VGB 1).

Diese Pflichten hinsichtlich „Sicherheit und Arbeitsschutz" können sein, in eigener Verantwortung

– Informationen und Vorschriften zu beschaffen
– Einrichtungen zu schaffen und zu unterhalten
– Maßnahmen zu treffen und Anweisungen zu geben
– Einweisungen, Unterweisungen und Kontrollen durchzuführen
– arbeitsmedizinische Untersuchungen zu veranlassen

Der Begriff der Sicherheit von Anlagen ist eng mit Umweltschutzbelangen verbunden; denn jeder Schaden an einer Anlage, jede Störung kann zu Austritten von Gasen, Flüssigkeiten oder Feststoffen führen, welche die Umwelt schädigen.

Die zweite Kategorie an Pflichten besteht darin, mit allen organisatorischen und technischen Mitteln den bestimmungsgemäßen Betrieb aufrecht zu halten.

Ein Betrieb ist bestimmungsgemäß, wenn eine genehmigte Anlage vorliegt, in der Probebetrieb, der Normalbetrieb, An- und Abfahrbetrieb nach den Vorschriften erfolgen und in dem die Instandhaltung sachgerecht durchgeführt wird.

Genehmigung von Anlagen

Will das Anlagenmanagement wissen, ob eine Anlage eine genehmigte Anlage ist oder keiner Genehmigung bedarf – vielleicht ist die Anlage schon vor Jahren errichtet worden – dann muß Verfahren und technischer Stand der Anlage nach den untengenannten Gesetzen und Verordnungen überprüft werden.

In der Tabelle 4.11 sind einige Gesetze genannt, die man bei solch einer Überprüfung näher betrachten sollte [4.37].

Das für den Umweltschutz wichtigste Gesetz ist das Bundes-Immissionsschutz-Gesetz (BImSchG) und seine Verordnungen.

Das BImSchG hat das Ziel:

Menschen, Tiere und Pflanzen, den Boden, das Wasser, die Atmosphäre und Kultur- und sonstige Sachgüter vor schädlichen Umwelteinwirkungen, vor Gefahren, vor erheblichen Nachteilen und erheblichen Belästigungen zu schützen und dem Entstehen vorzubeugen.

Daraus folgen die Verpflichtungen für das Anlagenmanagement, die Anlagen betriebsgemäß zu betreiben.

Tabelle 4.11: Einige wichtige zu beachtende Gesetze

Gegenstand der Untersuchung	Gesetze	Abkürzung
Medien in der Anlage	Verordnung für brennbare Flüssigkeiten	VbF
	Wasserhaushaltsgesetz	VAwS
	Chemikaliengesetz	
	Störfallverordnung	12. BImSchV
	Gefahrstoffverordnung	GefahrstoffVO
Emissionen (laufende) wie gasförmige, flüssige, feste, Lärm	Bundes-Immissionsschutzgesetz mit diversen Verordnungen	BImSchG
	Wasserhaushaltsgesetz	VAwS
	VO brennbare Flüssigkeiten	VbF
Emissionen bei Störungen	Umwelthaftungsgesetz	UHG
	Störfallverordnung	12. BImSchV
Betriebsbedingungen	Druckbehälterverordnung	TRB
	Gerätesicherheitsgesetz	GerSiG

Erfüllen von Auflagen

Beispiel BImSchG:

Für den *Betrieb und die Instandhaltung von genehmigungsbedürftigen* Anlagen schreibt das *BImSchG* eine Vielzahl von Pflichten vor. Einige betreffen die Prüfung: Wartung und Dokumentation von Instandhaltungsmaßnahmen, andere erstmalige und wiederkehrende Prüfungen durch Sachverständige.

Beispiel Störfallverordnung:

Besonders wichtig ist die 12. Verordnung zum BImSchG, die sog. Störfallverordnung.

Obwohl die Umweltschutzgesetzgebung für viele Unternehmen eine große Umstellung in Denk- und Arbeitsweise ihres Anlagenmanagements gefordert haben, hat die Störfallverordnung die größten Umstellungen gebracht.

So ist für die unter diese Verordnung fallenden Betriebe nicht nur die Genehmigung bei der Erstellung der Anlage schwieriger, sondern es sind auch im laufenden Betrieb einige Bedingungen des Gesetzgebers zu erfüllen.

Auf die wichtigsten Anforderungen soll wieder stichwortartig hingewiesen werden:

– Maßnahmen zu Verhinderungen von Störungen
– Maßnahmen zur Begrenzung von Störfallauswirkungen
– Sicherheitsanalyse
– Dokumentation
– Ständige Überwachung und Wartung
– Durchführen der Instandhaltung nach den allgemein anerkannten Regeln der Technik
– Dokumentation der Instandhaltungsmaßnahmen und Funktionsprüfungen an den Warn-, Alarm- und Sicherheitseinrichtungen einschließlich 5 jähriger Aufbewahrung.

Die Sicherheitsanalyse erfolgt zu Beginn der Erstellung der Anlage. Sie ist Bestandteil der Unterlagen, die für die Genehmigung der Anlage bei den entsprechenden Behörden eingereicht werden müssen. Für die Sicherheitsanalyse werden die Erkenntnisse eingesetzt, die aus dem Verhalten von Anlagen, Einrichtungen, Baumgruppen und Bauelementen bekannt sind. In der Sicherheitsanalyse ist die Zuverlässigkeit nachzuweisen und deutlich zu machen, daß trotz Auftretens eines Schadens die Anlage mit einer ausreichenden Zahl von Sicherheitseinrichtungen (meist redundant ausgestattet) beherrscht bleibt und keine Schäden an Menschen und Umwelt entstehen können.

Beispiel WHG:

Das *Wasserhaushaltsgesetz (WHG)* schreibt vor allen Dingen Pflichten für die Instandhaltung vor, welche die Dichtigkeit und die Funktionsfähigkeit der Sicherheitseinrichtung zum Ziel haben.

Hier ist auch geregelt, welche Qualifikation ein Instandhaltungsbetrieb (Werkstatt) hinsichtlich seines Fachpersonals und seiner Ausstattung aufweisen muß.

Dieses Personal ist ebenfalls zu regelmäßigen Wartungs-und Inspektionsarbeiten und deren Dokumentation verpflichtet. Die Dokumentation der Maßnahmen ist vorgeschrieben und wegen möglicher Rechtsansprüche sehr wichtig.

4.7.2 Anlagensicherheit

Bei der Anlagensicherheit geht es um Schutz der Anlage vor Schäden oder gar Zerstörung, indirekt damit auch um den Schutz der Umwelt und den Schutz der Menschen. Maßnahmen zum Schutz der Anlage bestehen darin, einen bestimmungsgemäßen Betrieb aufrechtzuerhalten, die Anlage regelmäßig zu warten, den Anlagenzustand mit Inspektions- und Diagnosemethoden zu kennen und daraus die erforderlichen Instandsetzungen abzuleiten.

Trotz aller Sorgfalt bei Betrieb und Instandhaltung sind plötzliches Versagen nicht ganz auszuschließen. Solches Versagen kann sein z.b.

- Große Leckage in einer Rohrleitung
- Versagen einer Bremse
- Verpuffung in einem Gebäude
- Bruch einer Behälterunterstützung
- Brand eines Transformators

Für solche Fälle muß ein Notfallprogramm einsetzen, das von Feuerwehr und Ambulanzen getragen wird. Das Anlagenmanagement ist maßgeblich beteiligt.

4.8 Arbeitsschutz/Unfallverhütung

4.8.1 Gesetze, Vorschriften, Normen

Anders als beim Schutz der Umwelt und der Anlagensicherheit dienen Arbeitsschutz und Unfallverhütung vor allen Dingen dem Menschen.

Der Schutz bezieht sich auf Auswirkungen, die entstehen können bei

- Eingriffen in den Prozeß (z.B. Abstellung, unzulässige Änderung bestimmter Parameter)
- Arbeiten für Veränderungen an der Anlage (z.B. Demontage von Betrachtungseinheiten zum Zwecke einer Instandsetzung, Absicherungsarbeiten an Rohrleitungen durch Einbau von Steckscheiben)
- Unsachgemäßer Nutzung von Maschinen, Werkzeugen und Hilfsmitteln

Zur Verhinderung von Unfällen wurden schon vor 100 Jahren die ersten Gesetze und Verordnungen erlassen. Wesentlich für das Anlagenmanagement sind:

- die Gewerbeordnung (GewO)
- die Reichsversicherungsordnung (RVO),
- Gesetz über Betriebsärzte, Sicherheitsingenieure und andere Fachkräfte für Arbeitssicherheit (ArbSichG)
- Unfallverhütungsvorschriften (VGB-Vorschriften)

Gewerbeordnung (GewO)

Neben einer Reihen von Bestimmungen zur grundsätzlichen Regelung der Gewerbe enthält die Gewerbeordnung auch grundsätzliche Bestimmungen über den Arbeitsschutz.

Reichsversicherungsordnung (RVO)

Die RVO ist hier von Interesse, da in ihr Fragen zu Personenschäden bei Unfällen (Fortzahlung von Entgelt, Rentenzahlungen) geregelt sind.

ArbSichG

Wichtig und relativ jung ist das ArbSichG. In ihm ist die Bestellung (formelle Ernennung), Ausbildung und Unterstützung der Fachkräfte für Arbeitssicherheit geregelt. Aufgabe der Fachkräfte ist es (§6), den Arbeitgeber beim Arbeitsschutz und der Unfallverhütung einschließlich der menschengerechten Gestaltung der Arbeit zu unterstützen.

Die Beispiele aus diesem Gesetz (nicht wörtlich) zeigen die Verzahnung mit den Belangen aus dem Umweltschutz:

– §6(2) die Betriebsanlagen und technischen Arbeitsmittel sind sicherheits-technisch zu überprüfen
– §6(3) die Arbeitsstätten sind in regelmäßigen Abständen zu begehen und Maßnahmen zur Beseitigung der Mängel vorzuschlagen ...
– §6(4) es ist darauf hinzuwirken, daß sich alle Mitarbeiter den Anforderungen des Arbeitsschutzes und der Unfallverhütung entsprechend verhalten

Unfallverhütungsvorschriften (UVV)

VGB-Vorschriften, kurz Unfallverhütungsvorschriften genannt, sind eine Loseblattsammlung für die Tätigkeiten in der gewerblichen Wirtschaft [4.38].

Einzelne Berufszweige haben eigene zusätzliche Verordnungen herausgegeben, z.B. die Unfallverhütungsvorschriften der BG Chemie [4.39].

Einige Beispiele aus der Liste der UVVs:

– VGB 5   Kraftbetriebene Arbeitsmittel
– VGB 7w   Ventilatoren
– VGB 14   Hebebühnen
– VGB 15   Schweißen, Schneiden und verwandte Verfahren
– VGB 74   Leitern und Tritte

Die Liste der gültigen VGB-Vorschriften ist in Anhang 2 wiedergegeben.

Bild 4.18 zeigt einen Ausschnitt aus einer solchen VGB. Dargestellt ist die sicherheitsrichtige Anordnung von Schutzhauben für Werkstattschleifmaschinen.

Die Einbindung der Unfallverhütungsvorschriften in den Ablauf von Produktions- oder Instandhaltungsarbeiten ist Aufgabe des Anlagenmanagements.

Beispiel einer Schutzhaube für Werkstattschleifmaschinen (Schleifböcke)

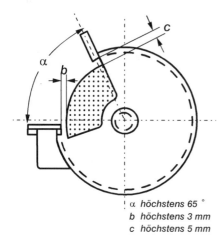

α *höchstens 65 °*
b *höchstens 3 mm*
c *höchstens 5 mm*

Bild 4.18: Ausschnitt aus der VGB 7n6, Schleifmaschinen-Schutzhaube

Betriebsanweisungen für den Betrieb von Anlagen oder Anlageteilen sollen die sicherheits- und arbeitsschutz-relevanten Anweisungen mit enthalten.

Neben den UVV gibt es noch zusätzlich diverse zu beachtende Normen und Richtlinien für elektrotechnische Arbeiten (VDE-Bestimmungen). Einige wichtige seien genannt, z.b. über Starkstromanlagen und explosionsgefährdete Betriebsmittel [4.40] bis [4.42].

4.8.2 Erlaubnis von Arbeiten

Während des Lebens einer Anlage werden an ihr öfter Arbeiten ausgeführt, die nicht zu den betrieblichen Arbeiten der Fertigung gehören (Umbauten, Ergänzungen, Teilstillegungen, Instandsetzungen).

Sowohl die Ausführenden als auch das Anlagenmanagement finden *vor Beginn* solcher Arbeiten stets *betriebliche* Situationen vor, die keiner vorangegangenen Situationen entsprechen werden (neuer Arbeitsauftrag, neue Personen, andere Jahreszeit, usw.) Die sicherheitsrelevanten Bedingungen sind somit auch stets neu.

Es ist deshalb erforderlich, für auszuführende Arbeiten eine sicherheitsrelevante *Erlaubnis* zu erteilen. Die Erlaubnis ist jeweils neu zu erteilen.

Es hat sich gezeigt, daß man dies nicht nur konsequent tun sollte, sondern daß auch zusammenfassende Erlaubnisse oder Dauererlaubnisse die Arbeits- und Anlagensicherheit infrage stellen.

Erlaubnisscheine sollten bei planbaren Arbeiten bereits während der Planung der Fertigung oder Instandhaltung *vorbereitet* werden. Direkt vor Beginn der Arbeiten sollten sie dann so *ausgefüllt* werden, daß sie der *momentanen* Situation angepaßt sind. Ausführende und sonstige Beteiligte müssen sicher sein, daß die Erlaubnis *genau für den jetzt zu beginnenden* Auftrag gilt.

In Anhang 3 sind Beispiele solcher Erlaubnisscheine gezeigt. Da sie aus der chemischen Industrie stammen, wären sie an andere Branchen anzupassen.

Beispiel: In einem Großunternehmen der chemischen Industrie werden mit Erlaubnisscheinen die folgenden Sachverhalte geregelt:

Name des Erlaubnisscheines	Sachverhalte (Beispiele)
Arbeitserlaubnis	Allgemeine gefährliche Arbeiten an der Anlage oder Anlageteilen Arbeiten auf Rohrbrücken, Übergabe von demontierten Einrichtungen Angaben sind erforderlich zu: – Anlageteil – Zustand des Anlageteiles – Zu sichernde Betriebsmittel – Verhaltens- und Schutzmaßnahmen
Befahrerlaubnis	Betreten, Einsteigen und Hineinbeugen in enge und gefährliche Räume Angaben sind erforderlich zu: – Anlageteil – Sicherheitsmaßnahmen vor und während des Befahrens – Verbote (z.B. Sauerstoffzufuhr)
Feuererlaubnis	Feuerarbeiten (besonders Schweißen, offene Flammen), Arbeiten mit Zündgefahren in explosionsgefährdeten Bereichen Angaben sind erforderlich zu: – Arbeitsstelle – Gefahrenstellen in der Umgebung – Sicherheitsmaßnahmen vor und während der Arbeit – Verbote – Regeln für längerfristige Arbeiten
Erlaubnis für Erdarbeiten	Ausheben von Erdreich, Bohrungen im Erdreich, Eintreiben Angaben sind erforderlich zu: – Maßnahme, Ort – Untergrundleitungen – Geräteeinsatz – Besondere Anordnungen bei Starkstromkabeln
Anweisung für Sichern von Anschlüssen, Antrieben und Einbauten	Angaben sind erforderlich zu: – Maßnahmen vor Beginn der Arbeiten – Abtrennen und Abblinden – Gegen unbeabsichtigtes Betätigen sichern (Armaturen, Elektr. Schalter, Radioaktive Srahlenquellen – Zwischenentspannung – Steckscheiben setzen
Anweisung zur Sicherung für elektrische Betriebsmittel	Angaben sind erforderlich zu: – Anweisung für Auftrag, Bestätigung und Aufhebung von Sicherungen

Formulare erfüllen gleich mehrere Zwecke. Sie sind

– Checkliste für das Anlagenmanagement
– Anweisungspapier mit den Unterschriften der Anweisenden für die Ausführenden
  (ist in der chemischen Industrie gesetzliche und berufsgenossenschaftliche Vor-
  schrift),
– Dokumentation der Anweisung

Den Abschluß der Arbeiten haben die ausführenden Stellen per Unterschrift zu bestätigen, damit die Sicherheitsmaßnahmen aufgehoben werden können. Damit kehren
wieder normale Betriebsverhältnisse ein.

Literatur zu 4

4.01 Müller, K.: Management für Ingenieure, Berlin; Heidelberg; New York: Springer 1988
4.02 Hill, W.: Fehlbaum, R.; Ulrich, P.: Organisationslehre, Bern; Stuttgart: 1974
4.03 Schertler, W.: Unternehmensorganisation, München Wien: 1982
4.04 Frese, E.: Grundlagen der Organisation Wiesbaden: 1984
4.05 Vossberg, H.: Die Antwort aus das Wachstum, Bayer Berichte, Nr. 51.1984
4.06 Bundesarbeitgeberverband Chemie e.V.: Anleitung zur Arbeit mit Kleingruppen zur Erhöhung der
      Motivation der Mitarbeiter und der Effizienz der Arbeit: Heidelberg: Haefner-Verlag 1986
4.07 Krüger, H.-G.: Treffpunkt-i, ein Qualitätszirkelmodell in der Instandhaltung, VDI-Z. Bd. 127 (1985)
      Nr. 3 S.81-84
4.08 Krüger, H.-G.: Instandhaltungsziele und deren Erreichbarkeit mit Hilfe von Kleingruppenarbeit,
      Tagungsband Veszprem (Ungarn) 1989
4.08a Die neuen Metall- und Elektroberufe, Köln: Deutscher Institutsverlag 1986
4.09 kip: Maschinenbediener werden zu Instandhaltungsexperten, VDI-Nachrichten, Düsseldorf
      19.11.93
4.10 Metzen, B.: Ein Wegweiser durch den Dschungel der Lean-Management-Literatur, manager maga-
      zin 2 (1993) S.148–151
4.11 REFA-Verband für Arbeitsstudien und Betriebsorganisation e.V., Methodenlehre der Betriebsor-
      ganisation, München: Hanser 1991
4.12 Brockhaus Enzyklopädie 19. Auflage, Mannheim: Brockhaus 1993
4.13 Eversheim, E.: Organisation in der Produktionstechnik, Düsseldorf: VDI-Verlag 1990
4.14 Warnecke, H.J.: Der Produktionsbetrieb, Berlin; Heidelberg; New York: 1993
4.15 Miska, F.M.: CIM-Computer-integrierte Fertigung, Landsberg/Lech: Verlag: Moderne Industrie 1989
4.16 Kost, W., Krüger, H.-G., Andermann, H.: Arbeitsvorbereitung in Werkstätten der chemischen
      Großindustrie, wt-Z. ind. Fertig. 64 (1974) Nr.7, S.387–391
4.17 Nadzeyka, H.; Schnabel, B.: Untersuchungen über Fertigungsdurchlaufzeiten in der Maschinen-
      bauindustrie, REFA-Nachrichten 28 (1975), Heft 5, S. 267–271
4.17a Hackstein, R.: Durchlaufzeitverkürzung, Der Betriebsleiter, Band 26 (1987) Heft 9, Seite 30–33
4.18 AWF, Ausschuß für wirtschaftliche Fertigung (Hrsg.): Integrierter EDV-Einsatz in der Produktion
      – Computer Integrated Manufacturing – Begriffe, Definitionen, Funktionszuordnungen, Eschborn:
      RKW-Verlag 1985
4.19 Köhl, E. u.a.: CIM zwischen Anspruch und Wirklichkeit, Eschborn: RKW-Verlag 1989
4.20 K-: Planung des Fabrikmanagers siegt über das Chaos in der Werkstatt, VDI-N, 13.05.94
4.21 Bey, I. (Hrsg.): CIM-Fachmann (Fachbuchreihe), Berlin; Heidelberg; New York: Springer, Köln:
      Verlag TÜV Rheinland

4.22 Hirsch, B. E..(Hrsg.): CIM in der Unikatfertigung und -montage, Berlin; Heidelberg; New York: Springer, Köln: Verlag TÜV Rheinland 1992

4.23 Storm, M. (Hrsg.): Werkstattinformationssysteme, Berlin; Heidelberg; New York: Springer, Köln: Verlag TÜV Rheinland 1993

4.24 DIN 55350 Begriffe der Qualitätssicherung und Statistik, Berlin: Beuth

4.25 DIN ISO 9000 (EN 29.000) 5/1990 Qualitätsmanagements- und Qualitätssicherungs-Normen, Leitfaden zur Auswahl und Anwendung, Berlin: Beuth 1990

4.26 DIN ISO 9001 (EN 29.001) 5/1990 Qualitätssicherungssystem; Modell zur Darlegung der Qualitätssicherung in Design/Entwicklung, Produktion, Montage und Kundendienst, Berlin: Beuth 1990

4.27 DIN ISO 9002 (EN 29.002) 5/1990 Qualitätssicherungssystem; Modell zur Darlegung der Qualitätssicherung in Produktion und Montage Berlin: Beuth 1990

4.28 DIN ISO 9003 (EN 29.003) 5/1990 Qualitätssicherungssystem; Modell zur Darlegung der Qualitätssicherung bei der Endprüfung, Berlin: Beuth 1990

4.29 DIN ISO 9004 (EN 29.004) 5/1990 Qualitätssicherungssystem; Qualitätsmanagement und Elemente des Qualitätssicherungssystems, Berlin: Beuth 1990

4.30 Deutsche Gesellschaft für Qualität, Qualitätsaudit – Methodik zur Beurteilung der Wirksamkeit des Qualitätssicherungssystems, Seminarunterlagen 1988

4.31 Joksch, H.: Seminarunterlagen TQM, 1989

4.32 Masing, W.: Handbuch der Qualitätssicherung, München, Wien: Hanser 1988

4.33 Warnecke, H.J. [Mitverf.]: Handbuch der Qualitätstechnik, Landsberg/Lech: Verlag moderne industrie 1993

4.34 Juran, J. M.: Der neue Juran – Qualität von Anfang an, Landsberg/Lech: Verlag moderne industrie 1993

4.35 DIN ISO 10.011, Leitfaden für das Audit von Qualitätssicherungssystemen 6/92, Berlin: Beuth 1992

4.36 DIN ISO 10.012, Forderungen an das Qualitätssicherungssystem von Meßmitteln 6/92, Berlin: Beuth 1992

4.37 Umweltrecht, Textausgabe, München: C.H.Beck, dtv 1994

4.38 Hauptverband der gewerblichen Berufsgenossenschaften, Sammlung der Einzel-Unfallverhütungsvorschriften (VGB-Vorschriften), Köln: Carl-Heymanns-Verlag 1992

4.39 Berufsgenossenschaft der chemischen Industrie: Unfallverhütungsvorschriften ; Heidelberg: Jedermann-Verlag 1992

4.40 DIN 75105/VDE 0105 Betrieb von Starkstromanlagen, Berlin: Beuth-Verlag

4.41 DIN 57100/VDE 0100 Errichten von Starkstromanlagen mit Nennspannungen bis 1000 V, Berlin: Beuth-Verlag

4.42 DIN EN 50014/VDE 0170 Elektrische Betriebsmizttel für explosionsgefährdete Räume, Berlin: Beuth-Verlag

5

Instandhaltung von Anlagen

Das Betreiben von Anlagen dient in der Regel dazu, ein Erzeugnis herzustellen oder eine Dienstleistung zu erbringen. Das gewünschte Ergebnis kann nur im Zusammenwirken mit anderen Funktionen erreicht werden. Das organisatorische Bündeln all dieser Funktionen erfolgt in einem Betrieb. Die Leitung hat das Anlagenmanagement.

Eine der wichtigsten Funktionen neben der Fertigung ist die Instandhaltung. Fertigung und Instandhaltung sind eng miteinander verknüpft. Das liegt einmal in der Abhängigkeit voneinander. Eine Anlage, die nichts zu produzieren hat, muß man nicht instandhalten. Würde man nicht instandhalten, könnte man bald nicht mehr produzieren.

Bei manchen Tätigkeiten in den Betrieben ist eine Unterscheidung zwischen Betrieb und Instandhaltung nur sehr klein z. B. bei einigen Maßnahmen der Planmäßigen Instandhaltung, bei Wartung, Inspektion und Diagnose. Instandsetzungen hingegen verlangen in der Regel besondere Kenntnisse und Fertigkeiten, die nach einer entsprechenden Berufsausbildung nur nach langen Jahren der Erfahrungen erworben werden kann.

Instandhaltung ist eine bedeutende Funktion im Betrieb. Sie hat sich deshalb in den letzten Jahrzehnten zu einem eigenständigen Fachgebiet entwickelt.

Die DIN 31051 [1.05] definiert Instandhaltung, wie in Bild 5.1 gezeigt. Trotz dieser seit 1974 vorliegenden, später noch zweimal verbesserten Norm, werden heute noch Begriffe wie Erhaltung, Reparatur, Pflege, Unterhalt u.a. verwendet. Sie gehören alle in das Arbeitsgebiet der Instandhaltung, decken aber doch nur Teilgebiete ab.

Soweit nicht an anderer Stelle zitiert, sei summarisch auf folgende Literatur über Instandhaltung verwiesen:

Warnecke, Instandhaltung Grundlagen [5.01] , Eichler, Instandhaltungstechnik [5.02], Beckmann, Marx, Instandhaltung von Anlagen [5.03], diverse DIN-Normen [5.04-5.07], VDI-Richtlinien [5.08–5.09], Allianzempfehlungen [5.10], Empfehlungen des Deutschen Komitee Instandhaltung [5.11] und Verwaltungsvorschriften [5.12-5.14].

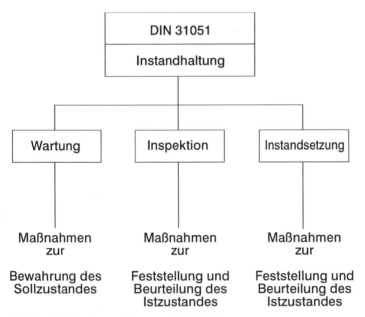

Bild 5.1: Definition Instandhaltung nach DIN 31051

5.1 Instandhaltungsstrategien

Der Begriff Strategie hat sich auch außerhalb des militärischen Bereichs eingebürgert.
Die Brockhaus Enzyklopädie [4.12] sagt, Strategie werde auch „synonym für Entscheidungsfunktion gebraucht". Entscheidungen für Folgeschritte hängen von der momentanen Situation ab.

In den Unternehmen gibt es verschiedene Strategie-Begriffe. Am gebräuchlichsten ist der Begriff der Verkaufsstrategie. Strategische Planung ist eine Funktion, welche die möglichen künftigen Aktionen des Unternehmens untersucht und Vorschläge für deren Realisierung unterbreitet.

Für die Funktion Instandhaltung sind auch Stratagien auszuwählen. In den folgenden Abschnitten werden die verschiedenen Strategien vorgestellt. Welche davon für einen Betrieb die richtige ist, kann nur durch eine *Wirtschaftlichkeitsbetrachtung* ermittelt werden.

Strategiebegriffe

Strategien unterliegen einer Vielzahl von Einflußgrößen. Sie sind deshalb schwer zu normen.

Im Sprachgebrauch haben sich Begriffe eingebürgert, die nicht zur Klarheit beitragen. Da sie auch zum Teil synonym benutzt werden, bedürfen sie stets einer Erläuterung.

In den nächsten Abschnitten werden folgende Strategien unterschieden:

– Planmäßige Instandhaltung
– Vorbereitete Instandhaltung
– Ungeplante Instandhaltung
– Vorbeugende Instandhaltung

5.1.1 Strategiearten

In einem Unternehmen ist es möglich, für die verschiedenen Betriebe unterschiedliche Strategien einzusetzen. Meistens sind es Mischformen von den hier erläuterten Strategiearten.

Ein Betrieb sollte sich jedoch nach Abwägung aller Gesichtspunkte für eine Strategie entscheiden und sie über einige Monate beibehalten. Mit Hilfe des betriebswirtschaftlichen und technischen Zahlenmaterials dieser Zeit kann die Entscheidung überprüft werden.

Änderungen der betrieblichen Umstände (z.B. starker Rückgang der Fertigung, Erhöhung von Umweltanforderungen) können zur kurzfristigen Änderung der Strategie führen.

An Hand des Bildes 5.2 ist erkennbar, daß zwischen den Funktionen Betrieb, Wartung, Inspektion und Instandsetzung Beziehungen bestehen, die in jeder der unten be-

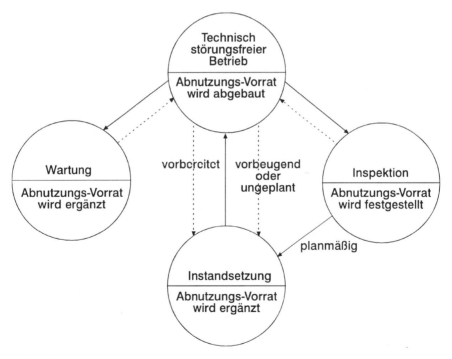

Bild 5.2: Funktionsverknüpfung

schriebenen Strategien wirksam werden. In welcher ablauforganisatorischen Weise (sporadisch, regelmäßig, geplant), bestimmt die Art der Strategie.

5.1.1.1 Planmäßige Instandhaltung

Diese Strategie wird von den meisten Fachleuten empfohlen, da sie die höchstmögliche Anlagenverfügbarkeit verspricht. Man übersieht dabei allerdings, daß die konsequente Anwendung dieser Strategie recht aufwendig und nicht in allen betrieblichen Situationen nötig ist.

Es gibt eine Vielzahl von Anlagen, bei denen nicht die hohe Verfügbarkeit, sondern eine hohe Anforderung an Umweltschutz und Sicherheit im Vordergrund steht. Auch für sie ist diese Stratagie sehr wichtig.

Sie ist durch folgende Merkmale gekennzeichnet:

Wartung und Inspektion (im weiteren W+I)

Konsequente Durchführung aller in den W+I-Plänen aufgeführten Arbeiten. Das beginnt mit der Überarbeitung und Adaption der von den Herstellern gelieferten Unterlagen. Gibt es diese nicht, sind sie selbst zu erstellen.

Die Arbeiten selbst sind zu dokumentieren und auszuwerten, so daß die nötigen Schlußfolgerungen hinsichtlich zukünftiger Wartung- und Inspektionsarbeiten, vor allem aber hinsichtlich erforderlicher Instandsetzungen, gezogen werden können. Mit den Ergebnissen dieser Auswertungen wird auch eine permanente Anpassung der Pläne möglich .

Instandsetzung

Der Normalfall sollte sein, eine Instandsetzung nach den Ergebnissen vorangehender Inspektionen zu entscheiden (auch manchmal Zustandsbezogene Instandsetzung genannt). Auf diese Weise werden Informationen gewonnen, die an anderer Stelle wieder benötigt werden oder aber im Rückkopplungsprozeß bei Anlagenerstellungen usf. wertvoll sein können.

In folgenden Fällen kann die Instandsetzung ohne vorherige Inspektion vertreten werden:

– wenn für Betrachtungseinheiten die Lebensdauer ausreichend sicher bekannt ist. Dann kann zu dem entsprechenden Zeitpunkt eine Instandsetzung (meist ein einfacher Austausch von Teilen) erfolgen
– wenn der Abnutzungsvorrat von Teilen noch nicht verbraucht ist, aber ein späterer Austausch einen am Wert des betreffenden Teiles gemessenen unverhältnismäßig hohen Aufwand bedeuten würde (z.B. Austausch eines Wälzlagers bei zerlegter Maschine während einer Instandsetzung, Austausch von Leuchtstoffröhren bei einem notwendig gewordenen Gerüst in der Fabrikhalle)

– wenn ein Austausch ansteht, der in manchen Branchen zu bestimmten Zeiten durchgeführt werden muß (gesetzlich vorgeschriebene Überprüfungen). Sinnvoll kann sogar der Austausch ganzer Einrichtungen bei Betriebsunterbrechungen sein, die aus anderen Gründen als einer Instandhaltungsmaßnahme entstehen.
Hier muß allerdings darauf hingewiesen werden, daß sich das Ausfallverhalten der Anlage ändert. Es ist abzuwägen, ob dieser Umstand und der verlorengegangene Abnutzungsvorrat einen solch vorgezogenen Austausch rechtfertigt.

5.1.1.2 Vorbereitete Instandhaltung

Vorbereitet ist nicht gleich Planmäßig. Sowohl für Wartung, Inspektion und Instandsetzung, bedeutet *vorbereitet* folgendes:
Man plant Maßnahmen nicht terminlich, das Anlagenmanagement ist aber vorbereitet, durch strukturelle Vorsorge Maßnahmen jederzeit zügig und sachgerecht auszuführen.

Wartung und Inspektion

Bei der Vorbereiteten Instandhaltung werden im Gegensatz zur Planmäßigen Instandhaltung Maßnahmen aus den W+I-Plänen nicht konsequent zu den vorgesehenen Terminen erledigt. Das Anlagenmanagement nimmt auf die betriebliche Situation Rücksicht.
W+I-Pläne legen in der Regel Zeitpunkte oder Zyklen fest. Es ist aber nach allen Erfahrungen zulässig, zeitliche Spielräume anzugeben und zu nutzen. Man liegt auf der sicheren Seite, wenn der Zeitpunkt einer Maßnahme vorgezogen wird. Man kann ihn auch um 50% bis 30% überschreiten, wenn man solche Veränderungen später kontrolliert.
Die Ablauforganisation kann dieses derart berücksichtigen, daß W+I-Arbeiten kurzfristig anberaumt werden (Unterbrechungen der Fertigung, günstige Personalsituation, Betriebsferien o.ä.). Vorbereitet heißt auch hier, für solche kurzfristig anzuberaumenden Arbeiten die sachlichen Voraussetzungen dafür vorgehalten zu haben.

Instandsetzung

Bei der Vorbereiteten Instandhaltung geht man davon aus, daß wegen der nicht konsequent eingehaltenen Termine bei Wartung und Inspektion auch Ausfälle von Betrachtungseinheiten denkbar sind.
Eine plötzlich anstehende Instandsetzung kann vorbereitet ausgeführt werden, wenn

– Ersatzteile oder Reserve-Einrichtungen vorgehalten wurden
– wenn Werkstattkapazität (personelle und maschinelle) vorgehalten oder kurzfristig freigemacht werden kann
– wenn es auf dem Markt eine entsprechende Dienstleistung angeboten wird und diese kurzfristig in Anspruch genommen werden kann

Auch bei der Vorbereiteten Instandhaltung ist durch Einführung von Redundanzen an besonders kritischen Stellen der Anlage, eine Erhöhung der Verfügbarkeit möglich. Sie erlauben eine sichere Anwendung dieser Strategie.

5.1.1.3 Ungeplante Instandhaltung

Wie der Name schon sagt, findet hier keine Planung statt.

Wartung und Inspektion

Maßnahmen werden gar nicht oder sachlich und zeitlich nur sporadisch durchgeführt.

Grund für eine Durchführung könnte sein, wenn es der Zustand der Einrichtung zu erfordern scheint oder wenn personelle Überkapazitäten gegeben sind.

Beispiele:
– Lager laufen heiß
– Vorratsbehälter für Sperrflüssigkeit bei Gleitringdichtungen ist leer
– Auftreten von Aussetzern bei magnetischen Aufzeichnungen
– Toleranzüberschreitung von Qualitätsmerkmalen

Instandsetzung

Sie wird erst nach dem nach Ausfall von Betrachtungseinheiten in die Wege geleitet.

Dieser Extremfall aller Strategien ist in reiner Form eigentlich nur in wenigen Fällen denkbar und dann auch meist ganz bewußt eingesetzt. Solche Fälle könnten sein:

– Die Betrachtungseinheit kann aus bestimmten Gründen nicht instandgehalten werden
– Die Betrachtungseinheit ist in mehrfacher Redundanz vorhanden
– Die Betrachtungseinheit soll aus wirtschaftlichen Gründen nicht planmäßig instand- gehalten werden

Die Folgen ungeplanter Instandhaltung sind besonders

– Das Anlagenmanagement hat keinerlei Informationen über den Zustand seiner Anlage. Sinkende Ausbeuten, Verfügbarkeiten, Mengen, Qualitäten, steigender Energiever- brauch uam.
– durch unerwartet auftretende Schäden müssen Aufträge sich in Instandsetzungs- werkstätten in eine Warteschlange einreihen oder andere geplante Aufträge per Be- schluß terminlich verschieben. Bei Fremd-Instandhaltung ist solche Verschiebung selten möglich
– es entstehen höhere Kosten, da eine wirtschaftliche Abwicklung von Aufträgen sel- ten möglich ist, noch sind Alternativen nutzbar

Trotz aller geschilderten Folgen für den normalen Betriebszustand, gibt es betriebliche Situationen, in denen es richtig ist, die Strategie der Ungeplanten Instandhaltung zu nutzen.

Strategie	I planmäßig	II vorbereitet	III ungeplant
Wartung und Inspektion	nach Plan, Intervall nach Erfahrung	nach Bedarf, wenig Aufwand	keine
Schaden	früh erkannt	erwartet	unerwartet
Instandsetzung	geplant durchgeführt	vorbereitet durchgeführt	ungeplant durchgeführt
Ergebnis	hohe Verfügbarkeit	Verfügbarkeit nicht voll gewährleistet	größerer Aufwand bis zur vollen Verfügbarkeit

Bild 5.3: Instandhaltungsstrategien in Übersicht

In Bild 5.3 sind die bisher geschilderten Grundstrategien noch einmal dargestellt.

5.1.1.4 Vorbeugende Instandhaltung

Dieser Begriff ist viel zu verbreitet, als daß man ihn übergehen könnte.

Die Vorbeugende Instandhaltung gehört heute nicht mehr zu den empfohlenen Strategien. In der Entwicklung der Instandhaltung hat sie einen bedeutenden Platz eingenommen, da man sich in den 60er und 70er Jahren erst *klar* wurde, daß es verschiedene Instandhaltungs-Möglichkeiten gibt.

Vorbeugend bedeutet: Maßnahmen (meist Austausch von Verschleißteilen) zu einem vorgegebenen Zeitpunkt – ohne Rücksicht auf den Zustand – durchzuführen. Solches Vorgehen steht völlig im Gegensatz zu unseren heutigen Erkenntnissen, daß eine Instandsetzung aus allen Erwägungen heraus (Kosten, Zuverlässigkeit, Verfügbarkeit, Sicherheit) erst nach vorangegangener Inspektion erfolgen *sollte* (Planmäßige Instandhaltung).

Hauptgründe, die gegen die Anwendung der Vorbeugenden Instandhaltung sprechen:

– *Kosten*

Sind überflüssig, auch sind sie höher, als die Inspektionskosten zur Feststellung des Istzustandes

- *Verringerung Zuverlässigkeit*
  Die meisten Bauelemente und Baugruppen zeigen ein Ausfallverhalten nach Weibull. Danach wird die Zuverlässigkeit nicht wie gewollt erhöht, sondern verschlechtert.
- *Kein Erfahrungszuwachs*
  Wegen nicht durchgeführter Inspektionen vor einer Maßnahme, erhält man auch keine Daten über das Verhalten der ausgewechselten Teile. Damit ist nicht bekannt, in welcher Phase des Abbaues von Abnutzungsvorrat man sich jeweils befand.

5.1.2 Einflüsse von Fertigung/Dienstleistung

Die Wahl einer der Instandhaltungsstrategien hängt nicht allein von der wirtschaftlichen Situation des Betriebes ab. Übergeordneten Gesichtspunkten können Vorrang haben:

- Leitlinien des Unternehmens
- Gesetzliche Auflagen z.B. für den Umweltschutz
- Sicherheitsbelange
- Qualitätsanforderungen

In diese Fällen wird stets das Höchstmaß an technisch-möglicher Instandhaltung einzusetzen sein.

Bei der Auswahl einer Strategie spielt auch das Schichtsystem des Betriebes eine Rolle. Es ist bestimmend für die *zeitliche* Einsatzmöglichkeit der Instandhaltung.

In einem Betrieb, in dem die Anlagen rund um die Uhr laufen, sind andere Strategien einzusetzen, als in einem Betrieb, der zweischichtig arbeitet und in dem die Nacht und das Wochenende für die Ausführung von Instandhaltungsmaßnahmen zur Verfügung stehen.

Bild 5.4 zeigt den Zusammenhang zwischen kontinuierlicher, nichtkontinuierlicher und gemischter Fertigungsweise.

Die Erkenntnisse über die Regeln zur Anwendung der verschiedenen Strategiearten haben sich erst in den letzten zwei Jahrzehnten verbreitet. Viele Unternehmen sehen keine Notwendigkeiten der Nutzung. Vielleicht deshalb, weil ihre wirtschaftliche Lage gut ist oder weil der Anteil der Instandhaltungskosten keine entscheidende Rolle spielt.

5.1.3 Einfluß von Redundanzen

Redundanzen bringen einen Zuwachs an Zuverlässigkeit und damit an Verfügbarkeit, je nach Anwendung der verschiedenen Redundanzformen (kalt, warm, heiß).

Man gewinnt Vorteile für jede Art an Strategie. Selbst bei Ungeplanter Instandhaltung ist eine Verlängerung der MTTR der Anlage zu erzielen.

Bei Vorbereiteter und bei Planmäßiger Instandhaltung wird der Einfluß von Redundanzen noch evidenter.

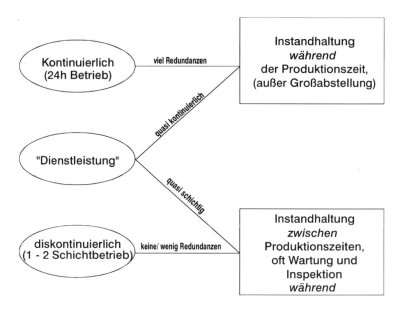

Bild 5.4: Instandhaltungsmöglichkeiten abhängig von der Fertigungsweise

Vorteile:

– Die Instandsetzung muß nicht sofort erfolgen , sondern kann terminlich auf günstige
  Zeitpunkte gelegt werden (Normalarbeitszeit, Betriebsstillstände, Wochenende)
– Die Instandsetzung kann im Kreislaufverfahren erfolgen
– Die Ersatzteilvorhaltung kann auf einem geringeren Mindestbestand gehalten wer-
  den
– Wartungsarbeiten können an der Redundanz B erfolgen, während A läuft.

Nachteile:

– Höhere Investitionskosten
– Erhöhung der Wahrscheinlichkeit eines Anlagen-Ausfalls für die Zeit, in der Redundanz nach dem Ausfall nicht sofort instandgesetzt wird.

An der Aufzählung von Vor- und Nachteilen kann man sehen, daß für eine richtige Entscheidung zu der redundanten Anordnung von Betrachtungseinheiten grundsätzlich eine Wirtschaftlichkeitsbetrachtung anzustellen ist. Eine Erschwernis dazu besteht darin,
daß Entscheidungen über Zahl und Einsatzform der Redundanzen bereits bei der Anlagenerstellung getroffen werden müssen.

In der Regel wird es so sein, daß sich Entscheidungen für die Ausstattung mit Redundanzen am Grad der geforderten Zuverlässigkeit/Verfügbarkeit messen und nicht an
dem Vorteil für eine Instandhaltungsstrategie.

Erst recht dann, wenn der Investitionsaufwand für die redundanten Teile vergleichsweise gering ist, z.b. bei elektronischen Bauelementen oder bei einfachen Meß- und Regeleinheiten.

Die Entscheidungen werden schwieriger, wenn Redundanzen nicht nur höhere Mittel für den Kauf, sondern auch für deren Aufstellung und Anschluß in der Anlage verlangen, z.b. bei Kraft- und Arbeitsmaschinen, Getrieben oder Spezialmaschinen.

Wenn ein Entscheidungskriterium über den Einsatz von Redundanzen die Wahl einer bestimmten Instandhaltungsstrategie sein sollte, muß geprüft werden, ob die erreichbare Einsparung durch eine kostengünstige Strategie, z.b. ungeplant gegenüber vorbereitet, in angemessener Relation zu möglichen Ausfallzeiten steht.

5.1.4 Abhängigkeit von Auslastung und Verfügbarkeit

Bei fast allen Berichten über die richtige Instandhaltungsstrategie nimmt man an, daß vom Anlagenmanagement eine hohe Verfügbarkeit gefordert sei. Nun zeigen aber die Auslastungen von Anlagen jeder Art – ob zur Herstellung von Erzeugnissen oder zur Erbringung einer Dienstleistung gedacht – daß Anlagen aus einer Vielzahl von Gründen ihre innewohnende oder durch die Instandhaltung bereitgestellte Verfügbarkeit nicht annähernd nutzen.

Beispiele für eine Diskrepanz zwischen Verfügbarkeit und Auslastung sind

– interne Gründe   Fehlen von Einsatzstoffen, Dispositionsprobleme
                                  Hohe Lagerbestände
                                    Personalprobleme (Krankheit, Haupturlaubszeit)

– externe Gründe   Lieferengpässe
                                    Qualitätseinbrüche bei Einsatzstoffen
                                    Streik, Verkehrsprobleme (Verspätung, Wetter)
                                    Energieausfall

Pendelt sich die Auslastung unterhalb der Verfügbarkeit ein, wurde eine zu hohe Verfügbarkeit von der Anlage gefordert.

Für unsere, qualitative Überlegungen sei nun folgendes angenommen:

Art der Instandhaltungsstrategie = f (Auslastung, Grad Verfügbarkeit)

Dies bedeutete, daß sich die Strategie an der geforderten Verfügbarkeit orientieren sollte. Das Bild 5.5 zeigt den Zusammenhang auf:

Hohe Auslastung (80 bis über 100 %) ≡ Planmäßige Instandhaltung
mittlere Auslastung (30 – 80 %) ≡ Vorbereitete Instandhaltung
niedrige Auslastung (bis 30 %) ≡ Ungeplante Instandhaltung

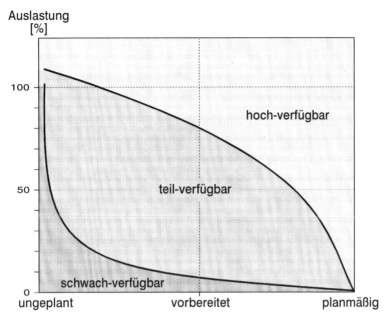

Bild 5.5: Strategiewahl bei bestimmter Auslastung in Abhängigkeit von der Verfügbarkeit [5.15]

Der Grad der Verfügbarkeit sei nicht die Größe Verfügbarkeit in %, wie sie für das Anlagenverhalten definiert wurde. Für die hier angestellten praktischen Überlegungen wird der Grad der Verfügbarkeit wie folgt unterschieden in

- hoch-verfügbar   Anlage hat die Verfügbarkeit gem. Definition durch das Anlagenmanagement für den Normalbetrieb
- teil-verfügbar   Anlage bedarf eines *bestimmten* zeitlichen und sachlichen Aufwandes, um wieder hoch-verfügbar zu sein
- schwach-verfügbar   Anlage bedarf eines *hohen* zeitlichen und sachlichen Aufwandes, um wieder hoch-verfügbar zu sein

Diese drei Grade an Verfügbarkeiten sind an folgenden praktischen Beispielen deutlich zu machen.

- teil-verfügbar wäre z.B. eine Anlage, die im Batchbetrieb, nur tageweise oder innerhalb einer Saison oder für sporadische Aufträge genutzt wird
- schwach-verfügbar wäre z.B. eine Anlage, die aus Auftragsgründen stillgelegt, jedoch nicht demontiert wurde, die aber noch gepflegt wird

Die Kurven in Bild 5.5 zeigen, daß es keine *eindeutige* Zuordnung einer Strategie gibt.
     Es kann sinnvoll sein, eine schwach ausgelastete Anlage hoch-verfügbar zu halten (Saisonarbeit auf hohem Niveau, erwarteter Großauftrag). Umgekehrt kann eine auf Grenzkosten kalkulierte Fertigung – die vielleicht eingestellt werden soll – trotz hoher

Auslastung mit Ungeplanter Instandhaltung betrieben werden. Die Notwendigkeit einer wohldurchdachten Entscheidung wird hier überdeutlich.

5.1.5 Erfordernisse aus Gründen der Sicherheit

Anlagen unter der Prämisse zu managen, daß

- *Anlagensicherheit* (Maßnahmen zum Schutz der Menschen und Sachen auf Grund von möglichen Unfällen, die im Versagen der Anlagen begründet sind)
- *Arbeitssicherheit* (Maßnahmen zum Schutz der Menschen bei ihrer Arbeit in der Anlage)
- *Umweltsicherheit* (Maßnahmen zum Schutz von Land, Wasser, Luft und ihren darin befindlichen Menschen und Sachen)

absoluten Vorrang haben, verlangt von den Verantwortlichen bei der Festlegung der Strategie andere Überlegungen. Hier sind Entscheidungen, die sich allein aus wirtschaftlichen Gründer ergeben, nicht richtig.

Man ist geneigt anzunehmen, daß hierfür die Planmäßige Instandhaltung die einzig richtige Strategie sein kann. Das ist nicht so, zumal die Planmäßige Instandhaltung kein Vorgehen festschreibt. Es gibt genügend Möglichkeiten, innerhalb jeder Strategie gerade die Wartung und Inspektion besonders zu betonen. Die den unerwarteten Schaden in Kauf nehmende Strategie der Ungeplanten Instandhaltung ist jedoch strikt auszunehmen.

Bei den Anlagen der meisten Branchen sind dem Anlagenmanagement wenig Vorschriften gemacht. Das ist anders bei Anlagen, deren Betrieb die Einhaltung diverser Gesetze und Vorschriften notwendig macht. Bei ihnen werden vom Gesetzgeber Anforderungen (z.B. die Druckbehälter-VO)gestellt

Dem Anlagenmanagement ist zu empfehlen, von sich aus zu prüfen oder prüfen zu lassen, an welchen Stellen in seinem Betrieb gesetzliche Regeln eine entsprechende Instandhaltungsstrategie verlangen. So sind in manchen Branchen an nebensächlichen Anlageteilen Regeln zu beachten, die nicht unbedingt eine Betriebserlaubnis gefordert haben. Zum Beispiel, wenn Abluft geringe Mengen Lösungsmittel enthält, Altöle, Härtemittel, Abfälle mit geringen Anteilen an Schwermetallverbindungen vorhanden sind.

5.2 Technologie der Instandhaltung

In der Brockhaus Enzyklopädie [4.12] steht, „Technologie" sei unter anderem auch „Verfahren und Methodenlehre eines einzelnen ingenieurwissenschaftlichen Gebietes". In diesem Sinne soll der Titel dieses Kapitels verstanden werden.

5.2.1 Wartung

In der ersten Fassung der DIN 31051 [1.5] hatte man noch Tätigkeiten im Einzelnen beschrieben, die zur Wartung zählen. Die Wahl der Begriffe über alle Branchen hinweg hat dieses offensichtlich als Einschränkung empfunden, so daß eine Unterteilung in der heutigen, gültigen Fassung nicht mehr existiert.

Die Erfahrung zeigt auch, daß in der praktischen Anwendung des Begriffes kleinere Instandsetzungstätigkeiten, Austausch von einfach zu de- und remontierenden Betrachtungseinheiten im Rahmen der Wartung zu sehen sind.

In der praktischen Anwendung hat sich damit eine Unterteilung in Tätigkeiten herausgebildet, die der Definition der Wartung als „Maßnahmen zur Erhaltung des Sollzustandes" genügen.

Es sind dies die Maßnahmen

– Reinigung (5.2.1.1)
– Schmierung (5.2.1.2)
– Konservierung (5.2.1.3)
– Austausch von Kleinteilen, Ergänzen (5.2.1.4)
– Einstellen, Justieren (5.2.1.5)

Die Maßnahme Justieren, Einstellen soll hier im Zusammenhang mit der Instandhaltung genannt werden, obwohl diese Tätigkeit auch der Prozeßführung und damit dem Aufgabenbereich der Fertigung zuzuordnen ist. Im Zusammenhang mit der Qualitätssicherung wird bei Meßmitteln auf die Zuständigkeit der Funktion Instandhaltung hingewiesen.

Vor jeglicher Ausführung von Wartungsarbeiten sind folgende Aufgaben zu erledigen:

– Aufstellen von Wartungsplänen
– Bereitstellen von präzisen Anweisungen über die auszuführenden Arbeiten
– Bereitstellen von Sicherheitsanweisungen und von jeweilig notwendigen Erlaubnis-Scheinen
– Bereitstellen von Werkzeugen und Hilfsstoffen
– Vorbereitung von Listen/Formularen zur einfachen Dokumentation der ausgeführten Tätigkeiten oder Möglichkeit zur Eingabe in das Betriebliche Daten Erfassungs System (BDE).

5.2.1.1 Reinigung

Den Begriff des Reinigens verbindet man zuerst mit den Vorgängen, die uns aus dem täglichen Leben bekannt sind. Reinigungsvorgänge können aber auch wichtige Bestandteile eines Fertigungsverfahrens sein. Wegen gleicher Technologie der Reinigung ist zwischen Fertigung und Instandhaltung nicht zu unterscheiden.

Obwohl bestimmte Reinigungsprozesse einem Fertigungsprozeß zuzuordnen sind (z.B. das Abschaben von Kristallschichten durch ein rotierendes Messer in einem Kristallisator), kann man an anderer Stelle diesen Vorgang der Wartung zuordnen (Abschaben von Eiskristallen von Scheiben).

Das Fertigungsverfahren Reinigen gemäß Norm DIN 8592 [5.15] zeigt, daß nur wenige Verfahren *instandhaltungsspeziell* sind. Die Raumfahrt hat wegen der Wichtigkeit
des Reinigens in ihrer Branche für die Erstellung von zwei DIN-Normen gesorgt [5.16]
und [5.17]. Die Maschinenbaubranche hat über den VDMA einige Einheitsblätter erstellt, die sich vor allem mit dem bekanntesten Reinigungsverfahren, dem Hoch-
druckreinigen befassen [5.18].

Reinigungsverfahren

Die diversen Reinigungsverfahren und -ziele sind in der DIN 8592 ausführlich beschrieben. Wären sie Verfahrensschritte in der Anlage, gehörten die zugehörigen Einrichtungen zur Anlage.

Reinigung, die hier besonders *unter dem Gesichtspunkt Instandhaltung* betrachtet
werden soll, ist aus vielen Gründen notwendig. Kosten, die durch schlechtes Reinigen
entstehen sind nicht oder nur sehr schwer feststellbar. Das ist auch Grund für gelegentliche Unterschätzung.

Reinigungsgründe

– *Verschleißminderung.* Bei allen Vorgängen, bei denen Abnutzungsvorräte abgebaut
  werden, muß daraufhin gewirkt werden, die Erreichung der Schadensgrenze so lange
  wie möglich hinauszuschieben. Je nach Art des Verschleißes ist dies unter anderem
  durch Reinigen der entsprechenden Oberflächen zu erreichen.
– *Verhinderung des Fließens von elektrischen Strömen* durch Öl- oder Fettfilme an
  solchen Stellen, wo eigentlich Isolieraufgaben bestehen.
– *Beeinträchtigung des Fertigungsprozesses* durch Veränderung von Anlagendaten
  (z.B. Verringerung von Rohr-Querschnitten, Formveränderung bei Apparateeinbau-
  ten) oder durch Behinderung von Verfahrensabläufen (z.B. Späne bei Zerspanungs-
  vorgängen).
– *Beeinträchtigung eines Instandsetzungsvorganges* z.B. des Schweißens bei Vorhandensein von Farbe.

Ursachen für Reinigungsgründe

– *Staub,* praktisch überall in der Luft, meist aus anorganischen Teilen (Größe $0,1–50\,\mu m$)
  bestehend, wirkt an allen Stellen abrasiv, wo ungeschützt Flächen gegeneinander bewegt werden. Schutz davor ist möglich (Kapselung, Filter), aber recht aufwendig.
  Dieser, in modernen Technologien oft unvermeidbare Aufwand wird nur dann getrieben, wenn eine Beeinträchtigung des hergestellten Produktes erfolgt.
– *Feuchtigkeit* führt *in Verbindung mit Säuren* zu chemischem Angriff. Das Entfernen des Rostes gehört zu den bedeutendsten Reinigungsvorgängen.
– *Schlamm,* Algen und andere Bestandteile. Auch nach guter Filtrierung in Kühlwasser
  enthalten. Meist begünstigt das erwärmte Kühlwasser die Algenbildung. Bewirkt ein
  Absetzen oder Anwachsen in Kühlwasser führenden Rohren, Armaturen, Geräten.

– *Kalkablagerungen*, überall dort zu finden, wo die Temperatur eines kalkhaltigen Wasser über jene Temperatur erwärmt wird, bei der Kalk ausfällt.
– *Schmutz*, hier als eine Mischung von Öl, Fett und anorganischer Substanz gesehen, hat zusätzlich zu den schon geschilderten Einflüssen nachteilige Effekte hinsichtlich allgemeiner Arbeiten (Bedienung von Maschinen, Ausführung von Instandsetzungsarbeiten) und hinsichtlich Gesundheit und Arbeitsschutz der Menschen,
– *Fertigungsrückstände*. Der weitaus wichtigste Aspekt der Reinigung ist in der Fertigung zu finden. Bei den meisten Fertigungsprozessen ist das Entstehen von Rückständen unvermeidlich.

Beispiele:
– Späne bei Zerspanungsprozessen. Sie können in den unterschiedlichsten Formen entstehen – vom feinsten Metallstaub bis hin zu Bündeln von gewendelten Spänen – und dabei den Prozeß gewaltig stören.
– Crack-Produkte. Die Entstehung wird ausgelöst durch Temperatur- oder Druck-Schwankungen innerhalb von Rohren, Apparaten und Armaturen. Sie sind häufig Ursache für Fertigungsunterbrechungen, da die Crackprodukte zu Querschnittsveränderungen führen, die ihrerseits den Prozeß beeinträchtigen.
– Polymerisate. Sie entstehen bei chemischen Prozessen, bei denen Produkte mit Polymerisationseigenschaften beteiligt sind. Man findet hier oftmals trotz optimaler konstruktiver Ausbildung der Apparate ein regelrecht erwartetes und somit auch eingeplantes Reinigungsprozedere.
– Kunststoff-Abrieb. Beim Transport von Kunststoffteilen auf Förderbändern entsteht wegen der Weichheit des Kunststoffes unweigerlich ein Abrieb. Die dabei entstehende elektrostatische Aufladung führt dazu, daß sich dieser feine Abrieb an bestimmten Stellen absetzt.

Eine technisch und organisatorisch ungenügende Reinigung führt zu

– Fertigungsausfall und damit Absinken der Auslastung
– Absinken der Verfügbarkeit
– Absinken der Qualität
– Erhöhung von Energiekosten

Einrichtungen, Geräte

Wenn bestimmte Einrichtungen eine Reinigung unvermeidbar erforderlich machen und wenn es nicht gelingt, diese in den kontinuierlichen Fertigungsprozeß einzufügen, dann ist an den Einsatz von Redundanzen zu denken.

Diese sollten dann ohne Störung der Fertigung vor Ort gereinigt werden können. Wenn dieses auch nicht möglich ist, sollte die zu reinigende Einrichtung leicht (schnell, sicher, kostengünstig) demontiert, an anderer Stelle gereinigt und wieder montiert werden können. Das Fertigungs-/Instandhaltungsverfahren Reinigen bedient sich, vor allem im Dienstleistungsbereich einer Fülle von Maschinen, Geräten und Werkzeugen. Auch die Chemie bietet Hilfsmittel an, die in Verbindung mit besonderen Vorrichtungen die Reinigung ermöglichen.

Für den Einsatz im Fertigungsbereich sind Reinigungsgeräte entwickelt worden, die selbst schwierige Fälle schnell und kostengünstig lösen.

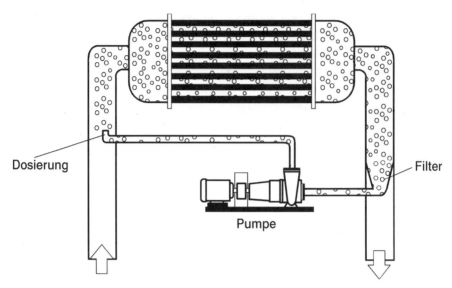

Bild 5.6: Rohrreinigungsanlage für Wärmetauscherrohre (Taprogge)

Beispiele:
– die mit hohen Drücken arbeitenden Wasserstrahl-Reiniger
– Reinigungsbäder mit geeigneten Reinigungsmittel
– Spänebeseitigungsanlagen
– Rohrleitungsmolche
– Wärmetauscherrohr-Reinigungsanlagen (siehe Bild 5.6)

Für die meisten Fällen gibt es aber keine fertigen technischen Lösungen. Hier muß während der Betriebszeit nach originären technischen Lösungen gesucht werden.

Eine Fülle von einfachen Lösungen, käuflich zu erwerben oder auch in den Unternehmen selbst entwickelt sind vom Verband der Chemischen Industrie, Arbeitskreis Planmäßige Instandhaltung zusammengestellt worden [5.19].

Das Anlagenmanagement sollte gute technische Lösungen suchen. Die Reinigung mit einfachen Mitteln (Besen, Schaufel, Behälter, Hammer, Meißel oder Spitzhacke) führt zu hohen Kosten. Die oft nur von Hilfskräften ausgeübten Tätigkeiten werden meist nicht mit der nötigen sicherheitstechnischen Sorgfalt ausgeführt.

5.2.1.2 Schmierung

Dieses Teilgebiet der Wartung hat in der Vergangenheit ein hohes Maß an wissenschaftlicher Durchdringung erfahren.

Für die Lehre von den Gleitvorgängen, daß heißt der vom Wechselspiel zwischen den reibenden Flächen und dem Schmierstoff, verwendet man den aus den angelsächsischen Ländern stammenden Begriff *Tribologie.*

Nach Gülker [5.20] hat jeder 6. Maschinenschaden seine Ursache in einer falschen tribologischen Auslegung. Darüber hinaus sei in maschinellen Anlagen der Anteil der Schmierung an allen Wartungskosten 60–65 %.

Diese Umfänge führen zur Notwendigkeit intensiver Erforschung und Anwendung aller tribologischen Vorgänge. Besonders die Stahlindustrie hat auf Grund der ihr eigenen Verfahrenstechnik mit dynamisch hochbelasteten Maschinenteilen (Kranbahnen, Lagerzapfen an Walzstraßen, an Blockbrammenstraßen, Walzengetrieben) zu tun, bei denen die richtige Schmierung zu einer beachtlichen Schadensminderung führt.

Grieser, Fischer und Nordmeyer [5.21] haben dies an einigen Beispielen aus der Praxis nachweisen können.

In anderen Branchen ist die Wichtigkeit nicht in dem hohen Maße wie in der Stahlindustrie ausgeprägt. Dort werden tribologische Anforderungen durch

– hochverschleißfeste Werkstoff-Paarungen
– Schmieranlagen, voll integriert und automatisiert
– Dauerschmierungen, gekapselt
– gleitfähige Oberflächen aus Kunststoffen (z.B. Teflon)

gelöst.

Für eine ausführlichere Behandlung dieser Materie sei verwiesen auf die Veröffentlichungen der Gesellschaft für Tribologie [5.22] und auf Völkening, Rodermund und Gülker in Warnecke [5.23]. Ein weiteres Buch mit guter Übersicht des Fachgebietes Tribologie bieten Fleischer und Mitautoren [5.24].

5.2.1.3 Konservieren

Das Konservieren von Betrachtungseinheiten dient dem Zweck, deren momentanen Zustand aus den verschiedensten Gründen zu erhalten. Der momentane Zustand kann der Sollzustand sein – vielfach der Neuzustand – aber auch der Zustand, wie er gerade vorliegt.

Gründe, einen Zustand über einen längeren Zeitraum zu erhalten, können sein

– Aufbewahrung als Ersatzteil/-aggregat in Lagerräumen oder auch im Freien
– Überbrücken einer Stillstandszeit
– Wartezeit von der Anlieferung bis zur Montage oder bis zur Inbetriebnahme
– Wartezeit von der Außerbetriebnahme bis zum Versand an Dritte
– Transport über sehr lange Strecken oder über See

Kleinteile

Das Konservieren von *kleineren Teilen* ist in der Regel kein Problem. Hier wird meist schon vom Hersteller eine sachgemäße Verpackung geliefert, die auch im Normalfall als ausreichende Konservierung über längere Zeit dienen kann. Bei angebrochenen Verpackungen muß dafür gesorgt werden, daß durch die Umgebung keine Verschmutzung oder kein chemischer Angriff, wie Rost erfolgen kann.

Will man solche kleineren Teile besser schützen, vielleicht für langes Liegen auf einer Baustelle oder einen Seetransport, dann ist eine getrennte Konservierung nötig. Dazu dienen die gleichen technischen Möglichkeiten, wie sie unten für größere Teile geschildert werden.

Maschinen und Geräte

Sie werden in der Regel nur sehr oberflächlich oder gar nicht verpackt geliefert. Will man sie nach der Lieferung konservieren, dann sind sie so zu betrachten, als wenn sie bereits montiert oder schon in Betrieb gewesen wären.

In diesen Fällen bleibt es nicht aus, sie – nach einer *Vorbehandlung* – in käufliche oder mietbare, dichte Behältnisse z.b. Container einzulagern oder spezielle Behältnisse für die zu konservierenden Einrichtungen anzufertigen.

Die Vorbehandlung kann sein

– Entleerung von Flüssigkeiten, sofern diese nicht selbst eine konservierende Funktion erfüllen, wie z.B. kleinere Ölmengen.
– Einfetten oder anderes Schützen von Oberflächen
– Entfernen von Feuchtigkeit und An-/Einbringen von Silicagel
– Befestigen von losen Teilen gegen Verlust
– Weitgehend luftdichtes Einpacken in Folien
– Anbringen von Transporthalterungen oder Verbinden mit Transportpaletten
– Ausreichende Beschriftung zur eindeutigen Identifikation

Sollte dies nicht genügen, so kann die verpackte Einrichtung doppelt geschützt werden. Sie wird z.B. in ihrer Verpackung in einem weiteren, zusätzlichen Behältnis mit

– einer klimatisierten Atmosphäre oder
– inerten Gasen z.B. Stickstoff

umgeben. Da wegen Undichtigkeiten ein fortwährender Austausch der schützenden Atmosphäre erfolgen muß, kann diese Form der Konservierung recht teuer sein.

Komplette Anlagen

Das Konservieren kompletter Anlagen ist in dem geschilderten Umfang nur mit sehr hohem Aufwand möglich. Wenn eine Anlage für einen längeren Zeitraum gänzlich stillgelegt werden soll, dann sind folgende Schritte erforderlich:

– Einrichtungen entleeren, ausspülen mit Wasser oder Lösungsmitteln, austrocknen und dicht verschließen
– Rohrleitungen lösen, die mit Apparaten verbunden sind. Wie Einrichtungen behandeln und an den offenen Enden dicht verschließen

- Motoren und ihre Spannungsversorgung an geeigneter Stelle (Schaltraum, Schalter oder Klemmkasten) absolut sicher voneinander trennen
- Kleinere Einrichtungen schützen, vor allem Meßgeräte, Kleinantriebe, Regler usw. durch Einpacken in Folie
- Größere Einrichtungen schützen vor Staub, Flüssigkeit durch Abdecken mit Planen, Folien oder durch Verbretterungen. Hierbei ist darauf zu achten, daß unter den Abdeckungen kein Kondensat entsteht (Durchlüftung ggf. über Gebläse mit angewärmter Luft).

5.2.1.4 Austausch von Kleinteilen, Ergänzen

Die in der Fertigung/Dienstleistung beschäftigten Mitarbeiter können diesen Maßnahmenteil der Wartung selbst verantwortlich übernehemen. Der Ausführung von Austauscharbeiten durch Mitarbeiter der Fertigung sind allerdings Beschränkungen unterworfen, wo

- die fachliche Kompetenz der Fertigungsmitarbeiter für solche Arbeiten nicht ausreicht und auch nicht durch Schulung geschaffen werden kann
- die zeitliche Beanspruchung (z.B. Arbeiten an verketteten, synchronisierten Fertigungsstraßen) solche Arbeiten nicht zuläßt
- die Einrichtungen, an denen ausgetauscht oder ergänzt werden muß, nicht ohne handwerkliche Vorbereitung zugänglich sind
- Arbeitssicherheitsbedenken bestehen (z.B. Nähe zu spannungführenden Einrichtungen über 42 V, örtliche Gefahrenquellen)
- Anlagensicherheitsbedenken bestehen (z.B. unter Druck stehende Einrichtungen mit gefährlichen Medien, Sicherheitseinrichtungen)

Bedenken können ausgeschlossen werden, wenn das Anlagenmanagement die Mitarbeiter intensiv schult.

Die auszutauschenden Kleinteile und die zu ergänzenden Hilfs -und Betriebsstoffe sollten in der Verantwortlichkeit der Technischen Materialwirtschaft liegen. Damit ist gewährleistet, daß die Ausführenden – gleich ob Instandhaltung oder Fertigung – auf diese Materialien in der richtigen Ausführung, Qualität und Menge zugreifen können.

5.2.1.5 Einstellen, Justieren

Noch mehr als bei anderen Wartungsarbeiten ist hier eine gemeinsame Verantwortung von Fertigung und Instandhaltung zu sehen.

Die für eine qualitätsgemäße Herstellung von Produkten geltenden Verfahrens- Parameter der Anlagen werden fortlaufend kontrolliert und bei Abweichung von den Sollwerten nachgestellt. Das geschieht in Mehrzahl aller Fälle durch die vorgesehenen Meß- und Regelungseinrichtungen. In solchen Anlagen obliegt es dem Personal, den ordnungsgemäßen Betrieb zu beobachten und bei Störungen einzugreifen.

Der Regelungsprozeß funktioniert, wenn die Sollwerte der jeweiligen Parameter auch mit absoluten Werten abgeglichen sind.

Das Einstellen, Justieren oder Kalibrieren ist ein zu planender Vorgang, der im Sinne anderer Wartungsarbeiten systematisch geplant werden muß.

Neben den regeltechnisch überwachten kontinuierlichen Verfahrensschritten gibt es aber auch diskontinuierliche, die nicht die gleiche, aber doch erforderliche Aufmerksamkeit genießen. Hier können unterlassene Kalibrierungen sehr leicht zu großen Nachteilen führen.

Beispiel:
Eine mechanische Waage sollte einmal wöchentlich mit einem Zeitaufwand von wenigen Minuten einer Kontrolle und ggf. einer Nacheichung unterzogen werden (Auflegen von einigen Gewichten und Ablesen der Anzeige). Dies unterblieb.
Eine durch Wägung von Hand herzustellende Mischung führte in der Verarbeitung zu einem Schaden von einigen Mio DM.

5.2.2 Inspektion, Diagnose

Inspektionen sind nach DIN 31051 „Maßnahmen zur *Feststellung* und *Beurteilung* des Istzustandes von technischen Mitteln eines Systems". Heute gebraucht man aber auch zunehmend den Begriff der *Diagnose.*

Sturm und Förster [5.25] verwenden eine Definition der Technischen Diagnostik, die wie folgt zitiert wird:

„Diagnostik ist die Wissenschaft über die Erkennung des Zustandes technischer Systeme".

Die Brockhaus Enzyklopädie [4.12] sagt: „Diagnose ist das Feststellen, Prüfen und Klassifizieren von Merkmalen *mit dem Ziel* der Einordnung zur Gewinnung eines Gesamtbildes".

Wegen der großen Ähnlichkeit werden die Begriffe Inspektion und Diagnose synonym verwendet.

Als Vorstufe der Entscheidung über eine Instandsetzung ist die Diagnostik von Wichtigkeit. Je früher und je genauer ein Zustand festgestellt und bewertet werden kann, um so sicherer sind die Entscheidungen.

5.2.2.1 Stand

Die Instandhaltungs-*Strategien* haben sich von der Ungeplanten über die Vorbeugende zur Vorbereiteten und Planmäßigen Instandhaltung entwickelt. Mit dieser Entwicklung fiel der Diagnostik eine bedeutsame Rolle zu und durch die Entwicklung in der Diagnostik war die Planmäßige Instandhaltung überhaupt erst möglich.

Betrachtet man heute Betriebe mit einem modernen Anlagenmanagement, wie man es zum Beispiel in der Luftfahrt, in großen Bereichen der chemischen Industrie oder in Betrieben mit großen Maschinenverkettungen vorfindet, dann werden außer bei zyklusmäßig (gesetzlich) vorgeschriebenen Prüfungen viele Instandsetzungen durch Ergebnisse einer Diagnose ausgelöst.

Diagnosen werden mit einer Fülle unterschiedlicher Verfahren und Geräten ausgeführt, die alle auf bestimmte Erkennungsmerkmale ausgerichtet sind und dafür entwickelt wurden. Zur Zeit findet eine Weiterentwicklung der Diagnostik statt, die in der Zukunft noch weitaus mehr Informationen als bisher für die „Beurteilung und Bewertung des Istzustandes" zur Verfügung stellen wird.

5.2.2.2 Diagnoseverfahren

Neben Sturm und Förster [5.25] bieten Pau [5.26] und Collacott [5.27] einen Überblick und weitere Quellen.

Die folgende Gliederung lehnt sich an Sturm und Förster [5.25] an.

Diagnose- Verfahren

Die anschließende Zusammenstellung zeigt nach dem *Diagnoseverfahren* gegliederte Anwendungen.

Dies deshalb, da man mit einem Verfahren verschiedene Schäden feststellen kann. So zum Beispiel Verschleiß durch Röntgen oder durch Ultraschall, zum anderen auch durch Endoskopie. Mit der Endoskopie wiederum ist vielleicht Verschleiß zu sehen, man findet aber vielleicht auch Ermüdungsanrisse

Tabelle 5.1: Volumetrische Diagnostik

Verfahren		Anwendungsbeispiele	Beurteilung der *betrieblichen* Nutzung
Radiographie	Röntgen-Gamma-Strahlung	– Dickenmessung (Narben, Abtragungen), – Inhomogenitäten (Einschlüsse, Schweißfehler, Poren, Schlacken, Lunker) – Rißsuche	ungeeignet, großer Geräte- und Sicherheitsaufwand
Ultraschall	– Longitudinal- – Transversal-Wellen – Impulsecho	wie Radiographie,	möglich in einfachen Fällen, sonst Fachstelle empfohlen
Wirbelstrom		Rißsuche bei Rohren, Stangen	möglich, relativ einfach
Härte	Vickers, Brinell	Materialzustand, -qualität	möglich, auch an eingebauten Teilen
Magnetismus	Remanenz	Werkstoffkennwerte, Ermüdung	möglich

Tabelle 5.2: Oberflächendiagnostik

Verfahren		Anwendungsbeispiele	Beurteilung der *betrieblichen* Nutzung
Visuelle Inspektion	Außen-Sicht-Prüfung	Verschleiß, Korrosion, Erosion, Beläge, Deformation gutes Erkennen der Risse nur bei > 3 mm Länge, > 0,1 mm Breite, ohne Tiefe	möglich
	Endoskopie	wie oben, lediglich durch Geräteart eingeschränkt	möglich
	TV-Kamera	wie oben, Einschränkung durch Auflösungsvermögen	recht aufwendig, Fachstellen empfohlen
Lichtoptisches Verfahren	Interferenz	Rauhigkeit, Ebenheit durch Sichtbarmachen von Interferenzstreifen	leicht möglich
	Holographische	Messungen im Mikrometerbereich für Materialfehler, Risse, Dickenänderungen (Oberflächenverformungen 0,05 μm)	Fachstellen empfohlen
Eindring-Verfahren	Farbeindringverfahren, Luminiszens	Risse, Poren, Bindefehler, Überlappungen an Schweißnähten > 1μm	möglich, einfach
Magnetische Verfahren	Magnet- Pulver	Rißsuche (geeignet für > 3 mm Länge, < 0,5 mm Tiefe)	möglich
	Streufluß-Sonden	Rißtiefenbestimmung (geeignet für < 4 mm Tiefe)	mit gewissem Geräteaufwand und Erfahrung möglich

Tabelle 5.3: Thermische Diagnostik

Verfahren		Anwendungsbeispiele	Beurteilung der *betrieblichen* Nutzung
Temperaturmessung	berührende Sensoren	Gleit- und Wälzlager, Verschleiß an Werkzeugen, Öltemperatur	möglich, sehr verbreitet
	berührungsfreie Sensoren	bewegte Baugruppen, Temperaturverteilung an Flächen durch Infrarotstrahlung ($-30-1600$ °C)	möglich, keine zu hoher Aufwand

Die Spalte Betriebliche Nutzung soll einen Hinweis geben, welcher fachliche und finanziellen Aufwand erforderlich ist.

Bei der Auswahl und Anwendung der Verfahren ist eine Kosten/Nutzen-Betrachtung anzustellen. Man bedenke den oftmals vergleichsweise geringen Aufwand im Verhältnis zu möglichen Schadensfolgen.

Tabelle 5.4: Schwingungsdiagnostik

Verfahren	Anwendungsbeispiele	Beurteilung der *betrieblichen* Nutzung
Wellenschwingungsmessung, berührungslos	Lagerüberwachung durch induktive Aufnahme von Auslenkungen Auswuchten nach Instandsetzungen, Beurteilung des Laufverhaltens durch zusätzliche Messung des Phasenwinkels	meist in größeren Maschinen integriert Fachstellen empfohlen, da Erfahrung und Geräteaufwand erforderlich
Wellenschwingungsmessung, berührend	Lager- oder Rotorschäden durch Messung von Schwinggeschwindigkeit, geeignet für Ermittlung von Restlebensdauer, Anzeichen von Ausfällen	oft schon integriert, aber auch durch Handgeräte einfach anzuwenden (VDI 2056, ISO 3954)
	Apparate, Rohrleitungssysteme durch Frequenz-Spektrums-Analyse und Nutzung der Eigenschwingungen	Fachstellen erforderlich
Druckschwingungen	Beurteilung des Zustandes von Schaufeln an Turbomaschinen (in Verbindung mit Erfassung der Schwinggeschwindigkeit)	Fachstellen erforderlich

Tabelle 5.5: Schallemissionsanalyse

Verfahren	Anwendungsbeispiele	Beurteilung der *betrieblichen* Nutzung
Impulsanalyse	Schadenserkennung durch Entstehen von Schallimpulsen bei Reibkontakt, bei Überrollen von Pittings , Entstehen oder Fortpflanzung von Rissen	Fachstellen erforderlich, relativ großer Geräteaufwand
	Feststellen von verfahrensbedingten Schädigungsprozessen, wie Kavitation, Erosion, Stoßbelastung	mit einfachen Schallaufnehmern und Erfahrung möglich
	Beanspruchungsbeurteilung durch Korngrenzengleiten	Fachstellen sinnvoll
	Bei Übergang von hydrodyn. Flüssigkeitsreibung zu Mischreibung ändert sich Impulsdichte. Anzeige des Freßvorganges	Fachstellen erforderlich
Leckdetektion	Ausströmgeräusche führen zu Leckagen, im Betrieb wegen Störgeräuschen schwierig, aber bei Druckprüfung gut geeignet.	relativ leicht möglich, Vorversuche erforderlich.
Geräuschüberwachung	Abhören von Laufgeräuschen mit Stethoskop, Holzstab, Schraubendreher, mitunter genügt Beurteilung des Luftschalles	möglich, obwohl subjektive Ergebnisse, doch wirksam
Spike Energie	Bei Schwingbeschleunigungsmessungen treten Pulsationen auf und zeigen Schäden an Wälzlagern an., auch an Getrieben beobachtet.	Fachstellen erforderlich

Tabelle 5.6: Partikel-und Betriebsmediendiagnostik

Verfahren	Anwendungsbeispiele	Beurteilung der *betrieblichen* Nutzung
Partikeldiagnostik	Form und Menge von Partikeln geben Aufschluß über Abnutzung durch Verschleiß jeglicher Art, Abtrennung aus Flüssigkeiten mittels Filter oder Ausnutzung magnetischer Eigenschaften	möglich, mit geringem technischem Aufwand
	Partikelbeurteilung mit spektroskopischen Verfahren	Fachstellen erforderlich
	Partikelbeurteilung mittels radioaktiver Strahlung, nach dem die zu beobachtenden Verschleißflächen leicht radioaktiv gemacht wurden	Fachstellen erforderlich
Betriebsmedien-	Getriebeöle können durch Herausfiltern und Beurteilen der Feststoffe auf ihre Eignung geprüft werden. (Metallischer Abrieb oder Crackprodukte)	möglich, einfach
	Überwachung von Transformatoren (Überlastung, Durchschläge, Isolationsfehler) durch Messung von Zersetzungsprodukten aus den Trafoölen.	Sonderfall
Lecksuche	In Kernkraftwerken und bei Kälteanlagen (FCKW) eine Möglichkeit Undichtigkeiten aufzuspüren. Bewährteste Methoden sind Halogen- und Helium -Lecksuchverfahren	Sonderfal

Prozeßparameter-Diagnostik

Die Steuerung der Prozesse erfolgt durch automatisierte Regelung unter Verwenden von Parametern wie Druck, Temperatur, Menge, Konzentration, Drehzahl, Frequenz u.a.

Sollwerte mit ihren Grenzwerten liegen fest. Die Ausstattung einer Anlage mit Meß- und Regelgeräten ist so umfangreich, daß das Bedienungspersonal vornehmlich auf die Funktionsfähigkeit der Geräte achten muß.

Das Verändern von *Sollwerten* oder ihren *Grenzwerten* ist bei komplizierten Prozessen nur nach intensiver Überlegung und Abstimmung mit verschiedenen Fachstellen möglich, wenn nicht große wirtschaftliche Nachteile (Qualität, Energieverbrauch, Menge) entstehen sollen. Sicherheits- und Umweltauflagen verstärken diese Notwendigkeit.

Die Anlage und seine Teile verändern sich durch unvermeidliche Schädigungsprozesse, durch Ermüdungs- und Alterungsvorgänge. Die Veränderung der Ist-Parameter ist oftmals nur nach längerer Zeit bemerkbar, da durch regeltechnisches Nachstellen der Soll-Parameter die Ergebnisse des Prozesses konstant gehalten werden.

Beispiele:
1. Durch Verschmutzen der kühlwasserseitigen Rohre verringert sich der Wärmeübergang. Damit die gleiche Wärmemenge übertragen werden kann, muß die Kühlwassermenge erhöht oder eine größere Temperaturdifferenz zugelassen werden.

Tabelle 5.7: Prozeßparameter-Diagnostik

Verfahren	Anwendungsbeispiele	Beurteilung der *betrieblichen* Nutzung
Belastungs- und Beanspruchungsüberwachung	Beobachtung von Temperaturschwankungen und Zahl der Lastwechsel zur Abschätzung von Ermüdungsvorgängen	möglich mit gewissem Geräteaufwand
	Lebensdauerabschätzung durch Verfolgen des Spannungs-Dehnungsverhaltens in Abhängigkeit von der Zeit	möglich mit gewissem Geräteaufwand
Verfahrensparameter-Überwachung	Siehe oben	leicht möglich
Leistungsparameter-	Bei Vergleich von Anlagenkennlinie/ Soll-Kennlinie einer Kreiselpumpe mit tatsächlichem Q/H-Wert deutet auf Kavitation	leicht möglich
	Fortschreibung der Verbrauchswerte von Kraftmaschinen bei sonst gleichen Abgaswerten deutet auf erhöhte Reibungsverluste	leicht möglich
	Veränderung des Wirkungsgrades an Arbeitsmaschinen, z.B. Kompressor-Enddruck bei gleicher aufgenommenen Antriebsleistung	leicht möglich
Überwachung des Anlauf/ Auslaufverhaltens	Kürzere oder längere Auslaufzeit einer Rotationsmaschine kann Reibungen, Leckagen oder Fehlverhalten von Hilfsmaschinen bedeuten	leicht möglich

2. Die Rektifizierböden einer Kolonne versetzen sich durch Ablagerungen. Die geforderte Reinheit der Produkte kann nur durch Steigerung der Heizleistung (Erhöhung des Rücklaufes) und damit der Kühlleistung erzielt werden.

3. Der Verbrauch von Betriebsmitteln steigt an, wenn eine Verbrennungskraftmaschine in erhöhtem Verschleißzustand die gleichgroße Leistung abgeben soll.

Die Zusammenhänge sind dem Betriebspersonal bekannt, können aber nur schwer erkannt werden, da diese Veränderungen über längere Zeiträume stattfinden.

In den letzten zwei Jahrzehnten hat eine Entwicklung preigünstiger, robuster Sensoren stattgefunden.

Diese Entwicklung führte dazu, daß die Interpretation von Prozeßdaten den Zustand von Anlagen bzw. deren Teile nicht nur in verfahrenstechnischer, sondern in instandhaltungstechnischer Sicht möglich wurde.

So kann durch die Prozeßparameter-Diagnostik die sorgfältige Vorbereitung von Maßnahmen mit dem Ziel einer minimierten Ausfallzeit erfolgen.

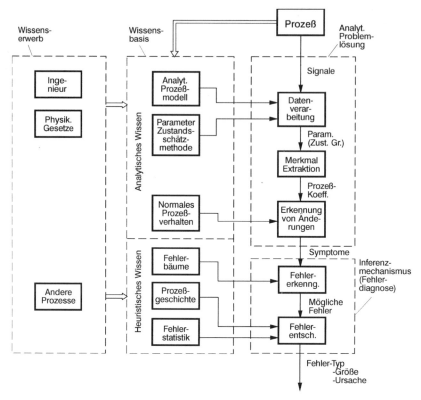

Bild 5.7: On-line-Expertensystem zur modellgestützten Fehlerdiagnose technischer Systeme (aus [5.33])

On-line-Diagnostik

Nach Isermann [5.28],[5.29],[5.30], Schneider-Fresenius [5.31] und Schulz-Vossloh [5.32] ist es möglich, Fehlerdiagnose-Systeme einzuführen, mit denen schon *während* des normalen Betriebes Fehler frühzeitig erkannt und lokalisiert werden können.

Isermann bezeichnet das Verfahren, bei dem der Prozeß mit einbezogen wird, als On-line-Expertensystem. Prozeßdaten werden zunächst nach bestimmten Problemlösungsmethoden (Filterungen, Spektralzerlegungen, Parameter- und Zustandsschätzungen) verarbeitet. Dazu ist analytisches Wissen über den Prozeß erforderlich (siehe Bild 5.7). Die erhaltenen Informationen werden einem Interferenzmechanismus zugeführt und zusammen mit heuristischem Wissen über den Prozeß zu Lösungsvorschlägen weiterverarbeitet. Dabei ist

Analytisches Wissen

– ein analytisches Prozeßmodell
– Schätzmethoden für Parameter und Zustandsgrößen
– Normales Prozeßverhalten (Normalwerte)

Heuristisches Wissen

– frühere Prozeßdaten (z.B. Standzeiten, Beanspruchungswerte, Ermüdungskennwerte u.ä.)
– Fehlerstatistik (z.B. Bauteilverschleißverhalten, typähnliche Fehler)

Man benötigt keine zusätzliche Sensorik – die Zuverlässigkeit des Gesamtsystems eher verschlechtert – sondern man braucht

– ein Prozeß-Modell
– wenige, aber robuste Sensoren
– Rechner-Unterstützung

Intensiven Forschungsarbeiten sind vielfältige Anwendungen gefolgt, die zeigen, daß hier ein zukunftsweisendes Einsatzgebiet für Diagnostik jeglicher Branchen entstanden ist.

Für folgende Anwendungsfälle wurden Problemlösungen vorgestellt:

– Rohrfernleitung
  Erkennen von Leckmenge und -ort an einer Äthylenfernleitung, (150 km Länge, für Leckmengen von > 1 %, Genauigkeit des Leckortes < 1 %)
– Motor-Getriebe-Einheit
  Erkennen von falschen Lagerbelastungen, von verminderter Zahnriemenspannung und von fehlerhafter Verspannung einer Motor-Getriebe-Einheit an einem Industrieroboter
– Servolenkung
  Erkennen von folgenden Fehlern: Unzureichender Antrieb der Hydraulikpumpe, Leck in der Druckleitung, Luft in der Lenkanlage, eingerissenes Kardangelenk
– Kreiselpumpe mit Asynchronmotor
  Erkennen von 19 verschiedenen Fehlern (wie z.B. Wellenversatz, Lager ohne Schmiermittel, Lagerschaden, Kavitation, beschädigtes Laufrad, abgenutzte Kohlen am Motor)
– Wärmetauscher
  Erkennen von Inertgas im Dampfraum, von geöffnetem und geschlossenem Kondensatablaufventil und von verstopftem Rohr im Rohrbündel

5.2.2.3 Erfassung, Auswertung, Dokumentation

Der Nutzen der Diagnostik besteht normalerweise darin, Ergebnisse über lange Zeiträume zu sammeln und auszuwerten. Einzelergebnisse sind geeignet für momentan notwendige Entscheidungen, z.B. die Veranlassung einer Maßnahme (siehe Bild 5.8).

Verfahrensänderungen oder Änderungen an der Anlage oder -teilen sind meist erst nach sich wiederholenden Schäden technisch und wirtschaftlich zu vertreten.

Diagnoseergebnisse sollten so erfaßt werden, daß dieses Erfassen möglichst keinen hohen personellen Aufwand bedeutet.

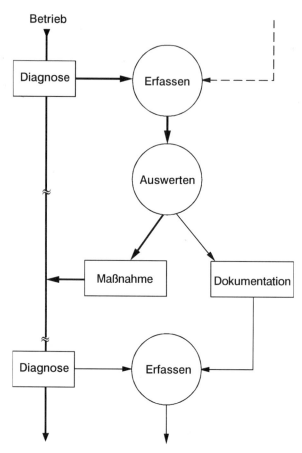

Bild 5.8: Diagnose-Rückkopplungsprozeß

Es gibt noch sehr wenig Geräte, die den Mitarbeitern die Arbeit erleichtern. Die übliche Erfassung besteht nach wie vor in der handschriftlichen Aufnahme und dem Eintragen in eine Liste.

Es ist zu empfehlen, für diesen Zweck die W+I-Pläne zu verwenden.

Diagnoseergebnisse sollten regelmäßig ausgewertet werden. In vielen Fällen ist es sinnvoll, die aufbereiteten Ergebnisse zu festgelegten Terminen in einer graphisch aufbereiteten Form vorzulegen.

Mit der heute üblichen Ausstattung an PCs und oftmals sogar deren Vernetzung ist es zu empfehlen, alle Diagnoseergebnisse möglichst schnell in den PC einzugeben. Man hat dadurch den großen Vorteil, daß die verschiedensten Stellen mit den Daten arbeiten können. Damit der Ausführende nicht gezwungen ist, bei jeder Aufschreibung nach Worten zu suchen und damit die Aufschreibungen leicht auswertbar werden, sollte man hierfür standardisierte Begriffe vorgeben. Diese Erleichterung der Dokumentation muß nicht ausschließen, *Ergänzendes* im Klartext festzuhalten.

Ausgeführte Arbeit

Die Ergebnisse ausgeführter Wartungs-und Inspektionsarbeiten könnten z.B. wie folgt klassifiziert werden:

- belassen
- befestigt
- gereinigt
- gangbar gemacht
- justiert, abgeglichen
- instandgesetzt durch Nacharbeiten
- instandgesetzt mittels Ersatz durch ein gleiches Teil
- instandgesetzt mittels Ersatz durch ein anderes Teil

Die vorgeschlagenen Möglichkeiten dieser Klassifizierung sind gleichermaßen für die Dokumentation vor Instand*setzungen* zu verwenden!

Inspektionsergebnisse

Für die Ausarbeitung eines auf die vorliegenden Verhältnisse zugeschnittenen Systems kann auf die VDI Richtlinie 3822 hingewiesen werden, wenn diese auch durch die rasante Entwicklung auf dem Gebiete der Datenverarbeitung etwas veraltet ist [5.34]. Inspektionsergebnisse, die zu dokumentieren sind :

- Soll-Werte oder Soll-Zustandsbeschreibungen mit zulässigen Toleranzen (sie sollten schon in den Erfassungsformularen enthalten sein)
- Ist-Werte
- Beschreibung, sofern Daten allein nicht voll aussagefähig sind
- Bestätigung durch den Ausführenden mit Datum und Signum

Schadensbilder

Bei der Systematisierung der Erfassung von Inspektionsergebnissen kommt man in ein Dilemma. Der Mitarbeiter, der die Wartungs- und Inspektionsarbeiten ausführt, ist in der Regel nicht zu einer Beurteilung der Schadensergebnisse oder gar der Schadensursache in der Lage. Aus der Erfahrung weiß man, daß in vielen Fällen selbst hochqualifizierte Materialprüfer Schwierigkeiten haben, die Ursache eines Schadens richtig zu analysieren. Und nur eine genaue Analyse bietet die Möglichkeit, durch Maßnahmen den Schaden späterhin zu vermeiden.

Die Schadensbilder in Tabelle 5.8 haben sich bewährt.

Was man hingegen jedem geschulten Mitarbeiter zugestehen kann, ist eine Beschreibung des Schadens.

Tabelle 5.8: Schadensbilder

Code	Schadensbild	Code	Schadensbild
00	Nicht feststellbar	40	Abtrag
01	Teil fehlt	41	Abblätterung
02	Teil gebrochen	42	Lochbildung
03	Teil verformt	43	Riß
04	Teil ein-/ausgebeult	44	Gratbildung
05	Teil verbogen	45	Porosität
06	Teil geknickt	46	Rostbildung
07	Teil verdreht		
08	Teil gequetscht		
09	Teil verklemmt	50	Undicht
		51	Spritzwasser
		52	Überflutung
10	Teil locker	53	Schwitzwasser
11	Teil verlagert	54	Vereisung
12	Teil gerissen	55	Verkrustung
13	Teil geplatzt	56	Verschlackung
		57	Verstopfung
30	Teil ausgeglüht		
31	Teil verbrannt	60	Unzulässsiges Geräusch
32	Teil verfault	61	Vibration
33	Verunreinigung		
34	Viskoseänderung		
35	Schaumbildung	70	Elektr. Überschlag
36	Vertrocknung	71	Elektr. Aufladung
		72	Elektr. Durchschlag
		73	Kurzschluß
		74	Kontaktschaden
		99	siehe Beschreibung

5.2.3 Instandsetzung

5.2.3.1 Verlauf

Jeder Instandsetzungssvorgang folgt im Prinzip dem im Bild 5.9 dargestellten Verlauf. Der Instandsetzung gehen einige Schritte voraus und folgen einige nach, die sowohl technologisch als auch ablauforganisatorisch berücksichtigt werden sollten.

Bei der Aufzählung werden Hinweise auf zugehörige Normen und Regeln gegeben.

Instandsetzungsschritte

– Trennen von der Anlage („Abfahren")
– Demontage am Einsatzort

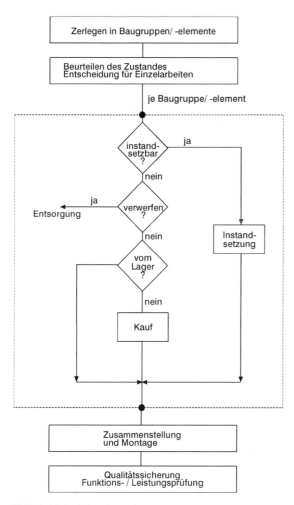

Bild 5.9: Verlauf einer Instandsetzung

- Transport zum Ort der Instandsetzung
- Reinigen, evtl. auch noch während der Instandsetzung
- Instandsetzung, Ablauf gem. Bild 5.9
- Transport zum Einsatzort
- Montage
- Verbinden mit der Anlage („Anfahren")

Verfahren

Instandsetzungsverfahren verwenden Elemente der Fertigungstechnik. Vollständig übertragbar sind die Fertigungsverfahren nicht, da bei Instandsetzungen zusätzliche Einflüsse zu beachten sind.

Gegenüber einer Fertigung können z.B. folgende Voraussetzungen anders sein:

– Betrachtungseinheiten sind zu zerlegen
– Betrachtungseinheiten sind verschmutzt
– Betrachtungseinheiten sind vor jedem Arbeitsgang zu vermessen
– Arbeiten werden unter ergonometrisch ungünstigen Bedingungen ausgeführt
– Arbeiten sind mit Sicherheits- und Unfallschutz-Auflagen verbunden

Diese Beispiele zeigen auf, daß es unter Umständen eine Fülle von Maßnahmen zu ergreifen gibt, die bei einem Fertigungsprozeß nicht auftreten.

Normen

Die Schritte, die der eigentlichen Instandsetzung im Prinzip stets vorausgehen und nachfolgen, sind in vier Normen gefaßt:
    Es sind dies

– Zerlegen [5.35] DIN 8591 ,
– Reinigen [5.36] DIN 8592
– Fügen [5.37] DIN 8592
– Prüfen [4.18] bis [4.24] DIN ISO 9000 ff

Normen der Fertigungsverfahren, die bei Instandsetzungen eingesetzt werden, sind:

– Fertigungsverfahren, Begriffe [5.38] DIN 8580
– Umformen [5.39] DIN 8582
– Biegeumformen [5.40] DIN 8586
– Zerteilen [5.41] DIN 8588
– Zerspanen [5.42] DIN 8589
– Abtragen [5.43] DIN 8590
– Zerlegen [5.44] DIN 8591
– Autogenes Trennen [5.45] DIN 8522
– Schweißen [5.46] DIN 1910
– Löten [5.47] DIN 8505
– Thermisches Spritzen [5.48] DIN 32530

5.2.3.2 Instandsetzungsverfahren

Im folgenden werden nur die Verfahren erwähnt und Hinweise auf sie gegeben, wenn sie eine Bedeutung für die *Instandhaltung* haben. Diese Aufzählung ist beispielhaft angelegt und erhebt bewußt keinen Anspruch auf Vollständigkeit.
    Als Gliederungsschema wird das der Fertigungstechnik gewählt, auch wenn dadurch die Gewichtigkeit einzelner Verfahren nicht zum Ausdruck kommt.

Urformen

Da die Verfahren

- Gasschmelzschweißen
- Gaspulverschweißen
- Flammspritzen

auch anderen Hauptgruppen zuzuordnen sind, werden sie mit dem Schweißen beschrieben. Das Verfahren des Flammspritzens wird bei Thermisches Spritzen in der DIN 32530 abgehandelt.

Umformen

Für die Instandsetzung von Interesse sind

- Biegeumformen mit geradliniger Werkzeugbewegung. Hierzu zählt das freie Biegen (z.b. von Rohren oder Profilen) zwischen zwei Auflagen mittels Stempel. Auch das Runden und das Bördeln von Blech kann auf diese Weise bewerkstelligt werden. In vielen Fällen ist ein Kantenbiegen von Blech erforderlich, z.b. bei der Anfertigung von neuen Abdeckungen und Verkleidungen
- Biegeumformen mit drehender Werkzeugbewegung. Das Biegen von Rohren, Profilen und Blechen ist genauer und bei größeren Wandstärken überhaupt nur mit Walzen möglich.

Trennen

Wichtige Gruppen sind:

- Knabberschneiden, Nibbeln. Beispiel: Freies Schneiden bei Blechbearbeitung, auch Kunststoff
- Mehrhubiges fortschreitendes Zerschneiden. Beispiel: Zertrennen von Stahlprofilen und Blechen oder auch das Messerschneiden von bestimmten Formen aus Plattenmaterial, wie Dichtungen
- Zerspanungsverfahren wie Drehen, Bohren, Senken, Reiben, Fräsen, Hobeln, Stoßen, Räumen, Sägen, Feilen Raspeln, Bürstspanen, Schaben und Meißeln. Alle Verfahren werden in der Instandsetzung benötigt, wobei jeder Bedarfsfall eine entsprechende Mechanisierung verlangt (siehe bei Werkstattausrüstung).
  Beispiele: Fräsen von Auftragsschweißungen, Drehen von (nicht auf Lager vorhandenen) Bolzen, Sägen von Rohren, Schaben von Laufbahnen.

- Bandschleifen
  Beispiel: Es gibt eine Unzahl von Schneidvorgängen in Fertigungsprozessen (von Metallen über diverse Kunststoffe bis zu Papier), wo ein entsprechender Verschleiß der Messer unvermeidbar ist. In der Regel werden diese nicht beim Hersteller, sondern von der Instandhaltung geschliffen. Das Verfahren richtet sich nach Menge und Form der Messer.

- Honen

  Beispiel: Diese beiden Verfahren werden oft für die Wiederherstellung von Bohrungen (Lager, Zylinder) eingesetzt. Dabei kann beim Honen keine definierte Form, sondern es kann nur wie beim Läppen die Oberflächenqualität verbessert werten.

- Läppen

  Beispiel: Formteile mit definierten Oberflächenqualitäten können auf einfachen Maschinen bearbeitet werden(Gleitringe, Messer)

- Lösen kraftschlüssiger Verbindungen

  Beispiel: Abschieben, Auspressen, Lösen durch Dehnen (Wärme), Lösen durch Schrumpfen (Kälte) erfordert entsprechende Vorrichtungen, Behältnisse

Fügen

Von besonderem Interesse ist das Schweißen. Es ist eines der wichtigsten Verfahren bei Instandsetzungen und dies in allen Branchen. Wichtig sind die folgenden Schweißverfahren nach

- Art des Energieträgers (Gas, Strom, elektr. Gasentladung)
- Art des Grundwerkstoffes
- Zweck des Schweißens (Verbindungsschweißen, Auftragsschweißen, Schweißpanzern, Schweißplattieren)
- physikalischem Ablauf (Preßschweißen, Schmelzschweißen)
- Grad der Mechanisierung (Hand, teilmechanisch, vollmechanisch, automatisch)

Wegen der außerordentlichen Wichtigkeit des Schweißens sollen die für die Instandsetzung wichtigsten Verfahren etwas ausführlicher beschrieben werden:

- Gasschmelzschweißen. Bei diesem wird ein Zusatzwerkstoff durch eine Flamme, die aus Azetylen und Sauerstoff entsteht, mit den zu verbindenden Teilen verschmolzen (Autogen-Schweißen).
- Trennschweißen. Dieses Verfahren nimmt deshalb eine wichtige Stelle ein, da das Zerlegen einer Betrachtungseinheit häufig nicht anders als mit einem (zerstörendem) Auftrennen der Hülle möglich ist. Dieses kann leicht vor Ort geschehen. Auch das Heraustrennen von Blechteilen aus Apparaten wird fast nur mit diesem Verfahren bewerkstelligt. Zu Beachten ist wegen Verpuffungsgefahr der Arbeitsschutz .
- Lichtbogenschmelzschweißen. Mit einer ummantelten Elektrode, die gleichzeitig Zusatzwerkstoff ist, wird die Verbindung hergestellt.
- Schweißen von Kunststoffen. Am gebräuchlichsten sind Wärmezufuhr durch *Heißluft* (bei Platten oder Rohren) oder durch *Reibung* bis zum Anschmelzen (bei Formstücken).
- Schutzgasschweißen. Die Weiterentwicklung der metallischen Werkstoffe in Bezug auf ihre Eigenschaften (z.B. Festigkeit, Beständigkeit) hat zu komplexeren Legierungen geführt. Werkstofftabellen zeigen eine solche Fülle von Zusammensetzungen an Legierungsbestandteilen (wie Cr, Ni, Mn, Ti, Ta, Nb), daß das Schweißen (und Wärmebehandeln) technologisch hochkomlexe Prozesse geworden sind. Die durch diese

Weiterentwicklung erreichten höchsten Beanspruchungs-Möglichkeiten (Kerntechnik, Chemische Technik, Luft- und Raumfahrt) erfordern allerdings auch ein Höchstmaß an Sicherheit, die nur durch äußerst gewissenhafte Einhaltung der Verarbeitungsvorschriften erzielt werden können.

Die Instandsetzung muß den gleichen Anforderungen genügen, wie eine Neufertigung. Das wiederum bedeutet, daß Vorbereitungsschritte, Verfahrensschritte, Prüfschritte in der gleichen Weise wie bei Neufertigung abgewickelt werden. Aus diesen Gründen verbietet sich in der Regel eine Instandsetzung im eigenen Hause; es sei denn, die Werkstätten sind speziell dafür ausgestattet.

Das Schutzgasschweißen verlangt, daß während des Schweißprozesses kein Sauerstoff mit dem Plasma bzw. den Schmelzen in Kontakt kommen darf.

Zu nennen sind folgende Verfahren:

– Verfahren, bei dem der Lichtbogen gleichzeitig Elektrode ist und dadurch beim Schweißen abschmilzt.
  – *MIG-Schweißen* Metall-Inertgas (Argon Helium),
  – *MAG-Schweißen* Metall-Aktivgas (CO_2, Mischgas)
– Verfahren, bei denen der Lichtbogen zwischen einer Wolframelektrode und dem Schweißkörper entsteht, der Werkstoff wird daneben zugeführt
  – *WIG-Schweißen* Wolfram-Inertgas
  – *WP-Schweißen* Wolfram-Plasma
  – *WHG-Schweißen* Wolfram-Wasserstoff
– Löten. Von Interesse sind Weichlöten (WL) und Hartlöten (HL)

Beschichten

– Thermisches Spritzen. Für Instandsetzungen zunehmend benutzt werden die Verfahren Drahtspritzen und Pulverspritzen zum Aufbringen von
  – *Korrosionsschutzschichten* (z.B. Zink, Zinn, Blei)
  – *Zunderschutzschichten* (z.B. Oxide, Boride)
  – *Verschleißschutzschichten* (z.B. Carbide, Boride)
  – *Gleitschichten* (z.B. Weißmetall, Bronze, Kunststoff)
– Kunststoffbeschichtungen von Metallen, Glas im Wirbelbett. Die gereinigten Teile werden in das heiße Wirbelbett getaucht. Dabei überziehen sie sich mit einer homogenen, auszuwählenden Kunststoffschicht.

5.3 Werkstätten

5.3.1 Erfordernis

In diesem Abschnitt sollen Werkstätten für den Zweck *der Instandhaltung* beschrieben werden.

Werkstätten für die *Fertigung*, z.B. im Maschinenbau, im Apparatebau, im Schiffsbau oder im Flugzeugbau kann man nur unter dem Gesichtswinkel der speziellen Aufgabe betrachten.

Werkstätten für die *Instandhaltung* sind nicht in allen Unternehmen erforderlich. Betriebe benötigen die Funktion Instandhaltung. Ob dafür eine Werkstätte erforderlich ist, hängt von vielen Faktoren ab, auf die im folgenden eingegangen werden soll. Sollte eine Werkstätte als erforderlich erachtet werden, ist die Ausstattung von Interesse.

Definition: Unter Werkstätte sei hier eine organisatorische Einheit zu verstehen, die räumlich abgetrennt von der Fertigung über eine eigene Ablauforganisation und über spezielle, sich von der Fertigung unterscheidende Einrichtungen verfügt.

Mit Werk*stätten* ist eine Zahl *verschiedener* Werkstätten zu verstehen. Werkstätten gibt es für alle Fachbereiche wie Maschinentechnik, Elektrotechnik, Meß-, Steuer-und Regeltechnik. Auch die Bautechnik benötigt Werkstätten.

Kriterien für die Notwendigkeit von Werkstätten

– Räumliche Trennung von Fertigung und Instandhaltung aus Gründen von
  – Anforderung an Sauberkeit, Klima (Staub, Feuchtigkeit)
  – Gefährdung der Anlagensicherheit (Ex-Schutz)
  – Ungeeignete bautechnischen Voraussetzungen
– Notwendigkeit, einen größeren oder speziellen Maschinenpark vorzuhalten
– Vorliegen von Instandhaltungsarbeiten,
  – die nicht mittels Kenntnissen und Fertigkeiten von Fertigungsmitarbeitern erledigt werden können
  – die eine eindeutige fachliche Führung (Meister, Ingenieur) benötigen
– Notwendigkeit, die Instandhaltungstätigkeiten nach den Regeln einer Serien-Fertigung zu organisieren, Spezialwerkstätten (z.B. für Pumpen, Motoren, Armaturen).

Bei der folgenden Beschreibung der Werkstattformen wird die Frage nach *räumlicher Größe* ausgeklammert.

5.3.2 Werkstattformen

Null-Werkstätte

Die Bezeichnung Null-Werkstätte sagt, daß die Funktion Instandhaltung ausgeübt wird, die Instandhaltungsarbeiten aber keine Werkstatträume benötigen. Das Instandhaltungspersonal (Handwerker, Techniker, Ingenieure) kann seine Tätigkeit mit einer transportablen Werkzeug- und Meßwerkzeugausstattung ausüben.
In solchen Fällen ist es möglich, aber nicht nötig, daß die Funktion Instandhaltung voll in den Betrieb integriert ist (aufbauorganisatorisch, räumlich) und gemischte Tätigkeiten ausübt (Fertigung, Instandhaltung, Qualitätssicherung).

Diese Form ist in solchen Unternehmen verbreitet, wo außerhalb von Betrieben andere Werkstattarten, interne oder von Dritten, existieren.

Vor-Ort-Werkstätte

Diese Werkstattart wird in vielen Unternehmen bevorzugt.

„Vor-Ort" bedeutet, daß die mit der Instandhaltung beauftragten Mitarbeiter in unmittelbarer Nähe oder in der Anlage selbst ihre Tätigkeit ausüben und für gewisse Arbeitsschritte einen Werkstattraum benötigen. In unmittelbarer Nähe heißt, daß sich die Werkstätte im selben Gebäude oder aber im Nachbargebäude befindet.

Bei dieser Werkstattart sind die Wegezeiten gering. Es ist möglich, bei Wind und Wetter Werkzeuge, Meßwerkzeuge und empfindliche Ersatzteile sachgerecht zu transportieren.

Die Organisationsform ist nicht von Bedeutung, da sich durch die Nähe eine leichte Zusammenarbeit zwischen Fertigung und Qualitätssicherung ergibt.

Bereichswerkstätte

Die Betreuung *mehrerer unterschiedlicher* Anlagen erfordert eine unterschiedliche Zahl und Qualifikation an Personen. Meist sind sie mit einer voneinander abweichenden Art und Menge an Werkzeugen und Meßwerkzeugen auszustatten.

In solchem Fall haben sich anstelle *mehrerer* Vor-Ort-Werkstätten *eine* Bereichswerkstätte bewährt. In ihr könnte eine gemeinsame Leitung, zusammen mit ggf. erforderlichen anderen Funktionen (z.B. Arbeitsvorbereitung, Technische Materialwirtschaft, Dokumentation) untergebracht sein.

Die Nutzung der Einrichtungen ist besser als in Vor-Ort-Werkstätten. Auch ist es einfacher möglich, personelle und maschinelle Kapazitäten zu planen und zu steuern.

Zentralwerkstätte

Zentralwerkstätten sind in der Regel Spezialwerkstätten, die Instandsetzungen ausführen. Es ist ein weiteres Merkmal von Zentralwerkstätten, daß sie im Auftrag anderer Werkstätten oder im Auftrag der Fertigung arbeiten. Sie sind in diesem Fall ähnlich zu sehen wie eine externe Werkstätte.

Eine Zentralwerkstätte wird zentral genannt, weil sie organisatorisch gesehen zentral, d.h. für alle tätig ist. Es heißt nicht, daß sie auch räumlich zentral liegen müßte. Da Instandsetzungen sowieso mit einer Demontage vom Einsatzort und anschließendem Transport verknüpft sind, kann der Transport auch eine größere Strecke in Anspruch nehmen.

Das in Zentralwerkstätten tätige Instandhaltungs-Personal hat – als ein wesentliches Merkmal – Kenntnisse über die *Instandhaltungs*verfahren. Dagegen haben die Mitarbeiter in den Null- bzw. Vor-Ort-Werkstätten Kenntnisse über Anlage und *Fertigungs*verfahren. Man spricht auch oft von Ortskenntnis. Sie bleibt erhalten, wenn der Mitarbeiter vor Ort tätig bleibt.

5.3.3 Auswahl

Die Frage, welches Unternehmen welche Werkstattform haben sollte, ist ohne eine ausführliche Untersuchung nicht zu beantworten. Es ist allerdings möglich, ausgehend von der Situation im Unternehmen, Näherungslösungen zu definieren, die man nach folgenden Kriterien finden könnte. Es wird ausdrücklich darauf hingewiesen, daß mit einem solchen Ansatz die Frage nach Eigenleistung oder Fremdleistung davon *nicht* betroffen ist:

– Grad der Unterschiedlichkeit in der Qualifikation der Fertigungs- und Instandhaltungs-Mitarbeiter
– der Wert der Anlage (als Indizierter Anschaffungswert oder das jährliche Instandhaltungsvolumen oder die Höhe des Instandhaltungsbudgets)

Grad der Unterschiedlichkeit der Qualifikation

– *klein* heißt, Fertigungs- und Instandhaltungsarbeiten können von (fast) allen Mitarbeitern ausgeführt werden
– *mittel* heißt, nur Teile der Fertigungsarbeiten (einfachere) können von allen ausgeführt werden. Ebenso können nur Teile der Instandhaltungsarbeiten (einfachere) von allen Mitarbeiter ausgeführt werden.
– *groß* heißt, Fertigung- und Instandhaltungsarbeiten unterscheiden sich sehr stark. Nur in geringem Umfang können Mitarbeiter beide Arbeiten ausführen.

Indizierter Anschaffungswert

– Klein- und Mittelunternehmen (Indizierter Anschaffungswert < 100 Mio DM) lassen Instandsetzungen, bis zu 80 % der gesamten Instandsetzungskosten, durch Dritte ausführen
– Alle Unternehmen mit >100 Mio DM Indiziertem Anschaffungswert führen Instandsetzungsarbeiten bis zur Höhe von 80 % der gesamten Instandsetzungskosten selbst aus.
– Wartungs-und Diagnosearbeiten werden grundsätzlich selbst ausgeführt

Tabelle 5.9 zeigt, wie in Abhängigkeit der beiden Kriterien Indizierter Anschaffungswert der Anlage(n) und Personalqualifikation die Auswahl der Werkstattarten erfolgen könnte.
Bild 5.10 zeigt qualitativ, daß der Einfluß des auftraggebenden Betriebes von vollem Zugriff auf das Personal in der Null-Werkstätte bei zunehmender Zentralisierung abnimmt. Untersuchungen zeigen andererseits, daß in der Zentralwerkstätte durch entsprechende Organisation der Aufträge die höchste Effektivität (Leistungsgrad des Personal- und Maschineneinsatzes) erreicht wird.

5.3.4 Werkstattorganisation

Null-Werkstätten und *Vor-Ort-Werkstätten* sind im wesentlichen für Wartungs-, Diagnose- und kleinere Instandsetzungsaufgaben geeignet.

Tabelle 5.9: Werkstattarten

Grad der Unterschiedlichkeit der Qualifikation	Indizierter Anschaffungswert in Mio DM			
	< 20	>20 <100	>100 <300	>300
klein	N	N	N	N
	–	V	V	V
	–	–	B	–
	–	–	–	Z
mittel	N	N	–	–
	–	V	V	V
	–	–	B	B
	–	–	–	Z
groß	N	–	–	–
	–	V	V	–
	–	B	B	B
	–	–	Z	Z

N=Null-Werkstätte, V=Vor-Ort-Werkstätte, B=Bereichswerkstätte, Z=Zentral-Werkstätte

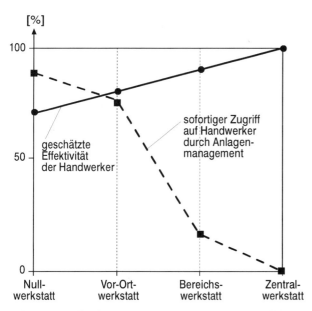

Bild 5.10: Zugriff auf Personal durch die Auftraggeber und Effektivität der Arbeit in verschiedenen Werkstattarten

Bereichswerkstätten werden auf Grund ihrer stärkeren maschinellen Ausstattung auch aufwendigere Instandsetzungsarbeiten erledigen können.

Zentralwerkstätten sind ausschließlich für Instandsetzungsaufgaben – und aus Auslastungsgründen für Neufertigungsaufgaben – gedacht und geeignet.

Ausnahmen: Zentrale Diagnose-Einheiten, die ihres aufwendigen Equipments wegen, zentral organisiert sind und somit den Charakter von Zentralwerkstätten haben. Wartungs-Einheiten (z.B. Aufzugswartung, Wartung nachrichtentechnische Einrichtungen), die spezielle Einrichtungen benötigen und deshalb auch zentral organisiert sein sollten.

Für die Aufbau-Organisation von Werkstätten gelten die Aussagen über die Regeln betrieblicher Organisation. Eine Instandhaltungswerkstätte, wie sie in der Form der Zentralwerkstätte oder der Bereichswerkstätte zu finden ist, sollte wie ein Fertigungsbetrieb organisiert sein, gleich ob in Linien-, in Stab-Linien- oder in Matrix-Form.

5.3.5 Ausrüstung

Die geschilderten Werkstattformen verlangen unterschiedliche Anlagen (Ausrüstung, Ausstattung). Sie sind abhängig von den Aufgaben der Instandhaltung.

Innerhalb dieses technisch vorgegeben Rahmens sind jedoch unterschiedliche Ausstattungsgrade möglich. Der Umfang ist abschätzbar, wenn man den laufenden Zins- und Tilgungsbeträgen für eine bestimmte Ausstattung eine zeitlich oder technische unvollkommene Instandsetzung mit den daraus entstandenen Ausfallverlusten gegenüberstellt. Umgekehrt ist eine zu aufwendige Werkstätte eine zu großer *Fixkostenbelastung*.

Würde man eine Analyse der *Einrichtungen* von Werkstätten der verschiedenen Branchen anfertigen, würde sich wahrscheinlich herausstellen, daß zu 80 % identische maschinelle und gerätetechnische Einrichtungen verwendet werden.

Bei *Werkzeugen* ist die Gleichartigkeit noch größer, da die vom Menschen zu handhabenden Werkzeuge auf Grund ihres Gewichtes eine Begrenzung finden. Ein Werkzeug, das mehr als 2 kg (Elektrowerkzeug) wiegt, wird im Dauereinsatz nicht ohne Hebeunterstützung benutzt. Meist werden die Werkstücke zu Hilfseinrichtungen oder Maschinen transportiert und dort bearbeitet. Werkzeuge sollten vom Handwerker mitgeführt werden können.

Ausrüstung einer Null-Werkstätte

– Hand-Werkzeuge
– Maschinen-Werkzeuge (Elektro und/oder Druckluft)
– Meßwerkzeuge, der Aufgabe entsprechend
– Werkzeugwagen
– Arbeitstisch mit Spannvorrichtungen
– Elektro-und Druckluftanschluß
– gute Beleuchtung, ggf. durch Handleuchten

Diese Ausrüstung sollte an einer geeigneten Stelle im Fertigungsraum zur Verfügung stehen.

Material der Technischen Materialwirtschaft ist von einer Führungskraft (Meister, Techniker) zu organisieren und auf ein Minimum zu beschränken.

Ausrüstung einer Vor-Ort-Werkstätte

In den *getrennten* Räumlichkeit werden zusätzlich zu der Ausrüstung der Null-Werkstätte kleinere Allround-Maschinen aufgestellt.

In jeder Werkstätte könnte von folgenden Maschinen eine nach Größe und Ausrüstung den Verhältnissen angepaßter Typ stehen:

– Werkbank für einen oder ggf. eine für mehrere Handwerker
– Ständerbohrmaschine
– Bügelsäge
– Schleifbock (mit zwei rotierenden Schleifscheiben)
– Elektroschweißgerät
– Autogenschweißgerät
– Löteinrichtungen
– feste oder bewegliche Hebezeuge

Ausrüstung einer Bereichswerkstätte

Wegen der Zahl der in der Bereichswerkstätte tätigen Handwerker und der Art der auszuführenden, umfangreicheren Arbeiten, verfügt sie über aufwendigere Einrichtungen.

Wegen der hohen Anlagenkosten sollten diese Einrichtungen eine möglichst hohe Auslastung haben. Zusätzlich zu den für die Vor-Ort-Werkstätten genannten Einrichtungen sind vorzusehen:

– ein kleineres Bearbeitungszentrum oder entsprechende Einzelmaschinen
– eine Rohr-/Profilbiegeeinrichtung
– eine Blechschere und kleine Blechbiegemaschine
– Hebezeuge für schwerere instandzusetzende Einrichtungen
– spezielle Werkzeuge
– erforderliche Meßwerkzeuge

Ausrüstung einer Zentralwerkstätte

Die Ausstattung von Zentralwerkstätten ist ganz von den Bedarfsfällen abhängig. Die von Branche zu Branche sicher sehr unterschiedliche Ausstattung kann nur nach betriebswirtschaftlichen Überlegungen erfolgen.

Man sollte anfangs nicht davon ausgehen, daß es auf dem Markt Dienstleister gibt, die für umfangreiche, komplizierte oder spezielle Instandsetzungen eingerichtet sind.

Solange dies gilt, muß eine Eigenleistung möglich sein. Es ist allerdings besonders bei Zentralwerkstätten ein laufender Vergleich Eigen-/Fremdleistung anzustellen. Unter Umständen lohnt es sich, mit Dritten langfristige Verträge über Fremdleistungen abzuschließen.

Es gibt daneben eine Art von Zentralwerkstätten, die keinen teuren Maschinenpark benötigen, trotzdem zentral zu führen sind. Das sind die Werkstätten für Serien-Instandsetzung von Einrichtungen, die in großer Stückzahl vorhanden sind, wie beispielsweise

- Motoren
- Pumpen
- Getriebe
- Armaturen
- Sensoren
- Baggerschaufeln
- Vortriebs-Schild-Hydraulikzylinder
- Meß-und Regelgeräte
- Waagen und Abfülleinrichtungen
- Fahrzeuge

Zu der Art Zentralwerkstätten, die ebenfalls kleinere Ausstattungen benötigen gehören auch solche, die Wartungs-und Diagnosearbeiten ausführen, wie z.B.

- Rührwerksgetriebewartung
- Meßtrupps für Gasleckagen
- Aufzugswartung
- PC-Wartung
- Lüftungs-und Klimatechnik-Wartung
- Rohrleitungsinspektion.

Bei diesen zentralen Spezialwerkstätten geht es nicht nur um die optimale Nutzung der Werkstattausrüstung, sondern auch um Fragen der zentralen Nutzung von Spezialisten, deren Erfahrungen und um die zentrale Pflege und Nutzung einer Dokumentation.

Auch Werkstätten sind instandzuhalten. Dafür haben sich einige Institutionen ihre Richtlinien geschaffen. Es sind einige VDI-Richtlinien und österreichische Schriften[5.49] bis [5.52], die ihren Beitrag zur Systematisierung der Arbeit der Instandhaltung geleistet haben.

5.4 Technische Transporte

5.4.1 Erfordernis

Erzeugnisse werden im Fertigungsprozeß fortwährend in irgend einer Form bewegt. Je nach Aggregatzustand des Produktes findet diese Bewegung in Rohrleitungen (gasförmig, flüssig), auf Förderbändern, in Behältnissen (fest) oder bei komplexeren Produkten in ebenso komplexen Transportmitteln (z.B. Containern, Fahrzeugen) statt.

In der Instandhaltung werden Betrachtungseinheiten sehr unterschiedlich transportiert:

– vom Einsatzort auf ein Fahrzeug bzw. umgekehrt
– vom Einsatzort zum Ort der Instandsetzung und zurück
– vom Instandsetzungsort zum Lager (bei Kreislauf-Instandsetzung)
– von einem Einsatzort zum anderen
– vom Einsatzort zu Dritten
– von der Technischen Materialwirtschaft zum Betrieb oder zur Werkstätte

Solange Gegenstände von Hand getragen werden können, sind keine Vorkehrungen irgendwelcher Art nötig. Wenn aber das Gewicht im öfteren Fall 10 kg übersteigt oder sperrig ist, bedarf es bestimmter Transporteinrichtungen.

5.4.2 Organisation

Je nach Größe eines Unternehmens wird es eine Logistikeinheit mit angeschlossener Transporteinheit oder gar eine eigene Transporteinheit geben. In diesem Fall stellt sich die Frage, inwieweit neben ihrer Hauptaufgabe auch die Technischen Transporte mit erledigt werden können.

Unternehmen haben verschiedene Möglichkeiten, die Technischen Transporte in ihre Organisation einzubinden. Betriebe werden sich neben den verfahrenstechnisch bedingten Transporten keine eigene Organisation für technische Güter aufbauen.

Die Einbindung anderer Einheiten muß sich nach technisch-betriebswirtschaftlichen Gründen richten.

In mittleren bis kleineren Unternehmen empfiehlt es sich, nur einfache Transporte mit eigenen Einheiten auszuführen, bei schwierigeren Fällen Fremdfirmen zu beauftragen.

5.4.3 Ausstattung

Bei der Planung einer Anlage ist dafür Sorge zu tragen, daß in den Fertigungsanlagen das nötige Maß an Hebezeugen an dem Betrieb installiert wird. Diese Hebezeuge erhöhen die Investitions- und künftigen Betriebskosten nur unwesentlich.

Feste Installationen

Es gibt dafür folgende technischen Lösungen

– Schwenkarme an Gebäudestützen, von denen aus mittels Flaschenzug die in der Nähe stehenden Objekte angehoben werden können
– Zusätzliche Stahlträger zum Anbringen nicht fest installierter Hebezeuge
– Krananlagen, wenn öfters Transporte und hohe Gewichte einzuplanen sind
– Transportwege vorsehen (Maße und Gewichte beachten)
– Öffnungen in Bauwerken vorsehen, aus denen heraus die Objekte gehoben werden können

Neben diesen betrieblichen Maßnahmen werden die gleichen planerischen Überlegungen auch für Transportvorgänge in der – möglicherweise vorzusehenden – Werkstätte anzustellen sein.

Zwischen den Anlagen und den Werkstätten sind ausreichende Flächen für das Fahren (vor allem das Wenden) von Fahrzeugen und fahrbaren Hebezeugen vorzusehen.

Geräte

In den Betrieben werden – meist sowieso vorhandene – *Stapler* für die technischen Transporte eingesetzt. Die demontierten Einrichtungen werden mit den oben beschriebenen festen Installationen auf Paletten abgesetzt und dann mit dem Stapler weitertransportiert. Stapler können auch mit einem Galgen ausgestattet werden, der dann jedoch auf das Heben von Einrichtungen mit begrenztem Gewicht beschränkt bleibt.

Die Funktion Transport sollte folgende Hub- und Flurförderzeuge als Mindestausstattung, auch in kleineren Unternehmen, vorhalten:

– einige handbetätigte Flaschenzüge
– einige elektrisch betriebene Laufkatzen
– einfache Fahrzeuganhänger mit Pritschen
– Zugmaschinen oder Lastenfahrzeug

5.5 Planung und Steuerung

Instandhaltung ist Dienstleistung und Dienstleistung ist die Erbringung einer Leistung durch das Betreiben einer dafür erstellten Anlage. So, wie man die Fertigung von Erzeugnissen plant und steuert, geschieht dies auch mit Dienstleistungsaufträgen.

Instandhaltungsaufträge lassen sich zum Beispiel mit den Methoden von REFA planen und steuern. Dabei sind allerdings einige instandhaltungsspezifische Besonderheiten zu berücksichtigen:

– die unterschiedliche Eignung von Aufträgen für Planung und Steuerung
– die Notwendigkeit, auch nichtplanbare Auftragsarten zu steuern
– die Anpassung der Kapazitäten an die wechselnden Auftragsarten
– die Unsicherheit des Auftagseinganges (Planungshorizont)
– diverse Gründe für Abweichungen von der Planung

Es ist aus diesen Gründen nötig, sowohl *Tätigkeiten* als auch *Auftragsarten* zu definieren und zu ordnen.

Zuordnung

Den Instandhaltungsmaßnahmen per Definition nach DIN 31051 sind zuzuorndnen:

> – *Wartungs- und Inspektionstätigkeiten. Sie entsprechen einer Serien-Fertigung*
> – *Instandsetzungstätigkeiten. Sie entsprechen einer Einzel-Fertigung*
> – *Instandsetzungstätigkeiten in bestimmten Spezialwerkstätten (Serien-Instandsetzung). Sie entsprechen einer Serien-Fertigung mit Varianten.*

Personal wird selten *nur* mit Instandhaltungstätigkeiten (per Definition nach DIN 31051) beauftragt werden. In der Praxis sind stets auch folgende Arbeiten in bestimmtem Umfang auszuführen:

> – *Störungsbehebung an der Anlage (per Definition keine Instandhaltung)*
> – *Anlagen-Änderungen (per Definition keine Instandhaltung)*
> – *Investitionstätigkeiten* .

Das Spektrum der Tätigkeiten wird sowohl von Betrieb zu Betrieb, als auch in der Zeit unterschiedlich sein.

In den folgenden Ausführungen sind unter Instandhaltung stets diese genannten Aufgaben zu verstehen.

Die dazu auszuführenden Tätigkeiten sind so ähnlich, daß sie für alle Überlegungen (Planung und Steuerung, Zeitwirtschaft, Arbeitssicherheit usw.) nicht unterschieden werden müssen. Sie sind nur aus *steuerlichen Gründen* in ihrer Verrechnung voneinander zu trennen:

– Instandhaltung = Erhaltungsaufwand
– Investitionen = Herstellungsaufwand
– Störungsbehebung = Betrieblicher Aufwand

5.5.1 Auftragsarten

Fertigung (einschließlich einer integrierten Qualitätssicherung) und Instandhaltung sind Funktionen, die dem Ziel der Erwirtschaftung eines Gewinnes für das Unternehmen dienen. Jede Funktion sollte nicht für sich selbst diesem Ziel verpflichtet sein, sondern nur in Summe aus beiden. Das heißt, eine Instandhaltungsmaßnahme kann auch unwirtschaftlich erbracht werden, wenn dafür die Fertigung um so wirtschaftlicher erfolgen kann. Und umgekehrt!

Die Planung und Steuerung von Instandhaltungsaufträgen verlangt einen bestimmten Kostenaufwand und Zeit. Es gibt deshalb eine wirtschaftliche Grenze, von der an eine Planung und Steuerung nach den Regeln von z.B. REFA nicht erfolgen sollte. Diese Grenze klar und eindeutig zu bestimmen ist *vor* einer Entscheidung nicht möglich. Die Richtigkeit danach festzustellen hat nur den Sinn, Entscheidungskriterien für die Zukunft zu ermitteln.

Eine Möglichkeit, das gesamte Auftragsvolumen in brauchbare Auftragsarten *zu glie-dern und nach solcher Gliederung zu planen und zu steuern*, wird aufgezeigt. Modell ist ein Instandhaltungsbetrieb in einem größeren Unternehmen der Feinwerktechnik mit Montage- und Verpackungsanlagen.

Vor jeder Gliederung von Auftragsarten ist zwischen Auftraggeber und Auftrag-nehmer abzustimmen, ob eine Planung und Steuerung überhaupt sinnvoll ist.

Gegen eine Planung spricht ein vom Auftraggeber geforderter sofortiger Beginn aller Aktivitäten unter bewußter Inkaufnahme unwirtschaftlicher Abwicklung wegen z.B.

- Termindruckes in der Fertigung
- Ausnutzen eines Terminfensters in der Kapazität von Spezialmaschinen
- Kapazitätsmangel für Planung

Es gibt auch andere, nicht sachlich begründbare Anforderungen des Auftraggebers, auf eine Planung bestimmter planbarer Aufträge zu verzichten.

In all diesen Fällen, wird bei der Einordnung eines Auftrages die Entscheidung ge-fällt: „Planung zulässig, Planung nicht zulässig". Erst nach dieser Entscheidung wird ei-ne Einordnung nach den Kriterien in Tabelle 5.10 erfolgen können.

Tabelle 5.10: Auftragsarten-Definition

Auftragsart	mögliche Tätigkeiten	Kriterien	
Störungsbehebung *S*	betriebliche Tätigkeit, Optimierung, Störungsbehebung	ohne besonderen Auftrag, nicht planbar	
Daueraufträge *D*	Wartung, Inspektion, Diagnosen,	– Planbarkeit	ja
		– Umfang, Dauer der Arbeit	< 1 h
		– für die Arbeit erforderliche Berufsgruppen	≤ 2
Meisteraufträge *M*	einfache Kleinarbeiten, kleine Eilaufträge, komplizierte Störungsbehebung	– Planbarkeit	nein
		– Umfang, Dauer der Arbeit	< 8 h
		– für die Arbeit erforderliche Berufsgruppen	≤ 2
Klein-Einzelaufträge *K*	Instandsetzungen mit mehreren Berufsgruppen, kleinere Änderungs- und Investitionsarbeiten, Wiederholaufträge, Aufträge mit schwieriger Materialbeschaffung, Vorlaufzeit einige Tage	– Planbarkeit	ja
		– Umfang, Dauer der Arbeit	< 8 h
		– für die Arbeit erforderliche Berufsgruppen	> 2
Groß-Einzelaufträge *G*	wie K, aber Groß-Instandsetzungen, Änderungen, Umbauten, Investitionen, Aufträge über Angebote	– Planbarkeit	ja
		– Umfang, Dauer der Arbeit	> 8 h
		– für die Arbeit erforderliche Berufsgruppen	be-liebig

Erläuterungen zu Kriterien:

– „Planbarkeit ja" heißt, es sind ausreichende Informationen für eine Planung vorhanden, es ist Planungszeit (Vorlaufzeit) gegeben und es ist Planungskapazität vorhanden. Sind Materialbeschaffungen von außen nötig, ist normalerweise „Planbarkeit" nicht nur gegeben, sondern erforderlich
– „Umfang", unterteilt in drei Kategorien (< 1 h, < 8 h, > 8 h), kann von einem erfahrenen Meister/Arbeitsvorbereiter abgeschätzt werden
– Berufsgruppen: Handwerker, Techniker, Angelernte Spezialisten, die sich aus Gründen von Berufserfahrung, Werkzeugeinsatz, Sicherheit oder allgemeiner Verantwortung gegenseitig *nicht* ersetzen können

5.5.2 Kapazitäten

Personal und Betriebsmittel

Der Einfachheit halber wird für alle Planungsüberlegungen für Personal samt Beruf/Berufsgruppe das zugehörige Betriebsmittel mit angesprochen. Tätigkeiten sind in starkem Maße an das Betriebsmittel gebunden (z.B. der Schweißer an sein Gerät, der Anlagenmechaniker an sein Werkzeug, der Zerspanungsmechaniker an sein Bearbeitungszentrum). Diese Vereinfachung ist bei Instandhaltungsaufträgen berechtigt. Hier findet man selten allein laufende Einrichtungen oder Mehrmaschinenbetrieb.

Mitarbeiterzahl

Personalkapazitäten können auf verschiedene Weise geplant werden

– durch Addition des Personalbedarfs für erteilte Aufträge
– durch Extrapolation von Zahlen der Vergangenheit
– durch Umrechnung von Budgetzahlen in die einzelnen Kostenarten und danach die Umwandlung von Personalkosten in Zahl der Mitarbeiter

Die Umrechnung der Personalkosten auf die Zahl der Mitarbeiter ist von der Höhe der Löhne/Gehälter und von der Höhe der Personalnebenkosten abhängig.

Zahlen:

– Lohnkosten im Verarbeitenden Gewerbe (Maschinenbau; der Elektrotechnik und ähnliche Unternehmen) 23,00 DM/h (Statistisches Bundesamt für 1991)
– Nebenkostenzuschlägen 50 – 80 % (1994)
– Durchschnittlicher Bruttolohn / Gehalt für beschäftigte inländischen Arbeitnehmer 3640 DM/Monat (Statistisches Bundesamt für 1992)

Personalbedarf für Arbeiten in anderen Fachbereichen (z.B. für Forschung oder Investition) kann aus deren Planungszahlen ermittelt werden. So zeigt eine Investitionsplanung indirekt Personalkapazitäten (z.B. für Montagearbeiten) an.

Qualifikation

Bei der Ermittlung von Mitarbeiter*kopf*zahlen ist die Qualifikation zu berücksichtigen; wenigstens die Grundberufe sollten in die Planung eingehen.

Die Ausbildung nach den Berufsbildungsgesetz bietet für alle Berufsgruppen eine einjährige „berufsfeldbreite Grundbildung". Für einige Berufsgruppen kommt in der Regel noch eine weitere 1/2 – 1 jährige „berufsspezifische Fachbildung" dazu. Erst in den weiteren 1 1/2 Jahren erfolgt die „fachrichtungsspezifische Fachbildung". Die bei den Mitarbeitern vorhandene berufsfeldbreite Grundbildung erlaubt es, eine grobe Planung nach Berufsgruppen vorzunehmen.

Da häufig mit groben Annahmen über die Art der auszuführenden Arbeit geplant werden muß, ist der Fehler ist tolerierbar. Mit fortschreitender Planung gleichen sich Ungenauigkeiten aus.

Eine Planung muß nicht genauer sein, als die künftige Realität Abweichungen hervorbringt.

Planungsfristigkeit

Planungsfristen sind zu staffeln, um Planungsergebnisse in zeitlicher Hinsicht definieren zu können. Sowohl die Auftraggeber als auch die ausführenden Stellen benötigen einheitliche Planungshorizonte, um sich über die Genauigkeit aller Aussagen im klaren zu sein.

Bild 5.11 zeigt auf einer Zeitachse die definierten Planungsfristen für eine Berufsgruppe.

Planung nach Mitarbeiterzahl und Beruf

Die das Anlagenmanagement interessierende Kapazität der Berufsgruppen und sonstiger Tätigkeiten, kann in je einer solchen Darstellung vorgenommen werden

In der *tagesfristigen* Planung sind die Abwesenheiten (Krankheit, Urlaub, Schulung, Mutterschutz, Jugendschutz, Sonderurlaub u.a.m.) bekannt.

Tabelle 5.11: Planungsfristendefinition

Planungsfristigkeit	Planungshorizont	Genauigkeit an Kopfzahl und Qualifikation
langfristig	>3 Jahre	keine, für Instandhaltung nicht relevant
mittelfristig	1 Jahr bis 3 Jahre	Zahl der Mitarbeiter
Kurzfristig= monatsfristig	1 Monat bis 1 Jahr	Zahl der Mitarbeiter in einer Berufsgruppe
wochenfristig	1 Woche bis 1 Monat	Zahl der Mitarbeiter eines Berufes
tagesfristig	1 Tag bis 7 Tage	Name des Mitarbeiters

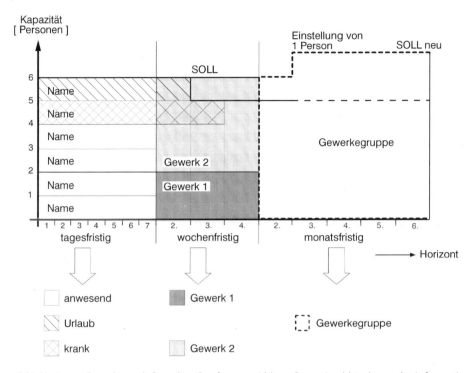

Bild 5.11: Personalkapazität nach Gewerken (Berufsgruppen) bis zur Person (unabhängig von der Auftragsart)

Für die *wochenfristige* Planung ist es notwendig, gewisse Abwesenheiten in ihrer Höhe zu schätzen, auch wenn Langzeitabwesenheiten bekannt sind (Urlaubszeit, anstehende Kuren, Langzeiterkrankungen usw.)

Die *monatsfristige* Planung kann den laufend abnehmenden, bekannten Kapazitätsbedarf nur durch statistische Erwartungen kompensieren. Diese Schätzung genauer angeben zu wollen als mit Berufsgruppen, wäre nicht richtig.

Planung nach Mitarbeiterzahl und Auftragsart

So wie man den Personalbedarf nach *Berufen* staffeln kann, so ist es sinnvoll, ihn parallel dazu nach *Auftragsarten* zu erstellen (siehe Bild 5.12).

Diese Staffelung ermöglicht ebenfalls eine Schätzung der Personalkapazität nach den verschiedenen Planungshorizonten.

Basis ist hier nicht statistisches Material nach Berufsgruppen, sondern nach Auftragsarten. Die Ergebnisse beider Wege sind gleich. Für die Auftragssteuerung ist die Aussage nach Auftragsarten nötig.

Die Tabelle 5.12, die auf dem Datenmaterial von Tabelle 5.11 aufbaut, sieht dann so aus:

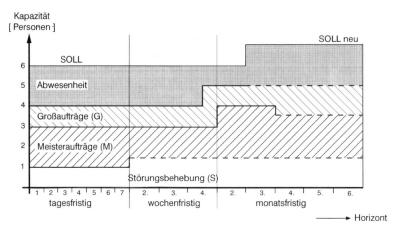

Bild 5.12: Personalkapazität nach Auftragsarten

Tabelle 5.12: Planungshorizont und Auftragsart

Planungsfristigkeit	Planungshorizont	Genauigkeit nach Kopfzahl und Auftragsart in Manntagen
langfristig	3 bis 10 Jahre	ohne, für Instandhaltung nicht relevant
mittelfristig	1 Jahr bis 3 Jahre	Auftragsumfang für Instandhaltung, Investition, Betriebs-tätigkeit
Kurzfristig=monatsfristig	1 Monat bis 1 Jahr	Auftragsumfang nach statistischer Aufteilung in die Auf-tragsarten Tab. 5.12
wochenfristig	1 Wo bis 1 Monat	Auftragsumfang wochenweise summierte in die Auf-tragsarten Tab. 5.12
tagesfristig	1 Tag bis 7 Tage	Auftragsumfang tagesweise zugeteilt in die Auftragsarten Tab. 5.12

Die Erfahrung zeigt, daß jede Planung eines Personalbedarfes schon bei Monatsfristigkeit auf statistisches Material angewiesen ist.

Eine zweigleisige Planung – über die Berufsgruppen und über die Auftragsarten – erhöht deshalb die Sicherheit der Planungsergebnisse.

5.5.3 Abwicklungen von Aufträgen

Die Steuerung von Aufträgen im Sinne der Methodenlehre beginnt zeitlich mit der Zuteilung des Auftrages an den ausführenden Betrieb, bzw. an den für die Instandhaltung verantwortlichen Teil eines Betriebes.

Baut man eine Ablauforganisation so auf, daß Aufträge zulässig sind, die nicht geplant werden können, wie Störungsbehebungs- und Meisteraufträge, dann heißt das nicht, daß sie nicht gesteuert werden müßten. Denn *es gibt nur eine Personalkapazität und einen Maschinenpark.*

Selbst wenn die „verlängerte Werkbank", die Dritten, mit in die Planung einbezogen werden, so kann es nur eine Gesamtkapazität geben, gleich ob sie geplante oder ungeplante Aufträge ausführt.

In Fertigungsbetrieben wird der Anteil an unplanbaren Aufträgen vernachlässigbar gering sein, gegenüber in Betrieben der Instandhaltung. D.h., in der Fertigung wird die Kapazität an Personal und Anlage ausschließlich für planbare Aufträge eingesetzt, in der Instandhaltung nur zum Teil (Erfahrungswerte aus dem o.g. Unternehmen lagen bei ca. 50 %). Trotzdem muß ein System geeignet sein, die Gesamtkapazitäten zu steuern.

Für Aufträge, die wie Fertigungsaufträge (Einzel-, Serien-) in der Planung abzuwickeln waren, gelten auch die Details in der Phase der Steuerung.

Durchlaufzeit

Die Durchlaufzeit ist in der Instandhaltung eine wichtige Größe zur Beurteilung des Grades der Planmäßigkeit. Da in der Regel viele Instandsetzungsaufträge ohne Vorwarnung zu erledigen sind, ist Durchlaufzeit gleich Lieferzeit. In Spezialwerkstätten ist die Durchlaufzeit ein Maß für die Qualität der Ablauforganisation.

5.5.3.1 Einzel-Instandsetzungen

Die Steuerung von Instandsetzungsaufträgen ist davon geprägt, daß zu den laufenden Aufträgen täglich neue hinzukommen und die Prioritäten bereits geplanter geändert werden. Auftragsanalysen zeigen, daß Aufträge sich in folgenden Kriterien unterscheiden:

– Umfang, gemessen in Stunden
– Zahl der beteiligten Berufsgruppen
– Art der Maßnahme (Störungsbehebung, Wartung, Diagnose, Instandsetzung, Ersatzteilfertigung, Anlagenänderung, Investitionstätigkeit)
– Priorität
– Planungsentscheidung („Planung zulässig", „Planung nicht zulässig") nach Kriterien, die in der Wirtschaftlichkeit der Auftragsabwicklung begründet ist
– Planungsumfang (von Null bis Vollplanung)
– Grad des Anteils an Fremdleistung
– Dauer des Vorlaufes bis zum Arbeitsbeginn

Die meist täglich sich wandelnden *äußeren* Umstände verlangen von der steuernden Stelle eine Auftragsfreigabe zu einem Zeitpunkt, an dem hinsichtlich der Ausführung die meisten Kriterien realisierbar sind.

Hier liegt der grundlegende Unterschied zwischen einer Fertigung und einer Instandsetzung.

Stark verkürzt kann man konstatieren:

	Fertigung	Instandhaltung
Auftragsvolumen	fest	variabel
Kapazitäten (Personal, Anlage)	fest	fest

An Unterlagen werden für Einzel-Instandsetzungen benötigt:

- Arbeitspläne
- Vorgabezeiten
- Auftragspapiere
- Prüfunterlagen
- Werkzeugerfordernisse
- Arbeitssicherheitsanweisungen
- Transporterfordernisse, u.a.

5.5.3.2 Serien-Instandsetzungen

Mittlere bis größere Unternehmungen haben in der Regel Einrichtungen oder Baugruppen, die in größeren Stückzahlen vorhanden sind. Beispiele: Pkw, Flurförderzeuge, Fahrräder, Getriebe, Motoren, Pumpen, Hydraulische Streben, Armaturen, Meßgeräte, Gleitringdichtungen. Diese Betrachtungseinheiten unterliegen oft auch besonderen Instandhaltungshäufigkeiten.

Die Instandsetzung solcher Betrachtungseinheiten ist außerordentlich kostengünstig zu gestalten, *wenn man sie in speziellen Werkstätten abwickelt. Das kann auch außerhalb des Unternehmens bei Dritten geschehen!*

Die Einrichtung oder Nutzung solcher Spezialwerkstätten verlangt Voraussetzungen, will man nicht ihren wirtschaftlichen Vorteil durch Nachteile beim Auftraggeber verspielen. Voraussetzungen sind:

- der Auftraggeber muß *so* mit Redundanzen oder Ersatzeinrichtungen ausgestattet sein, daß er der Spezialwerkstätte eine bestimmte Abwicklungszeit (entsprechend der Lieferzeit in der Fertigung) zubilligen kann.
- die Betrachtungseinheiten sollten weitgehend genormt sein
- die Spezialwerkstätte muß ein von den Auftraggebern akzeptiertes Prioritätssystem verwenden
- der Spezialwerkstätte muß ein gut ausgestattetes Ersatzteillager angeschlossen sein

Wenn irgend möglich, sollten die instandzusetzenden Betrachtungseinheiten geeignet sein, nach der Instandsetzung in ein Kreislauflager aufgenommen werden zu können. In diesem Fall kann der Auftraggeber sofort bei der Auftragserteilung eine *identische* Betrachtungseinheit im Tausch erhalten (Kreislaufinstandsetzung).

Die Planung einer solchen Serien-Instandsetzung ist der einer Serien-Fertigung mit Varianten ähnlich. Folgende zusätzliche Planungsunterlagen zu denen der Einzel-Instandsetzung sind erforderlich

– Ersatzteillisten

– Schadenserfassungsunterlagen

Dieses sollte für jede Betrachtungseinheit, die in der Spezialwerkstätte instandgesetzt werden soll, vorhanden sein. Wenn diese Unterlagen einmal erarbeitet sind, genügt eine Pflege.

Man kann aber schon hier den Nutzen von Spezialwerkstätten erkennen. Jeder Instandhaltungsbetrieb *außerhalb* einer solcher Werkstätte müßte für jeden Auftrag dieses Material für eine Einzel-Instandsetzung zusammenstellen .

Die Steuerung eines Auftrages besteht darin, auf vorhandene Unterlagen zurückzugreifen und die Betrachtungseinheit je nach vorhandener Kapazitäten, nach Priorität und nach Bereitstehen der Ersatzteile für den Arbeitsablauf freizugeben.

Mitunter ist vor einer Beurteilung des Arbeitsumfanges eine Demontage der Betrachtungseinheit in seine Bestandteile nötig. In diesem Fall würde die Instandsetzung in zwei Schritten erfolgen. Erst Demontage – und nach Bereitstellung der Voraussetzungen – die Instandsetzung.

Erfahrungen mit solchen Spezialwerkstätten haben gezeigt, daß ein hohes Maß an Wirtschaftlichkeit und Qualität der Arbeit gegeben ist.

Beispiel:
Eine Pumpenwerkstätte führte jährlich 5000 Pumpeninstandsetzungen aus. Der Auftragseingang schwankte im Monatsmittel zwischen 200 und 580, Durchschnitt betrug ca. 400.
Die Durchlaufzeit einschließlich Prüfung unter Last („Lieferzeit") von Pumpen mit kompletter Ersatzteilbevorratung betrug am Ende einer zehnjährigen Entwicklungszeit dieser Spezialwerkstätte
bis 5 Tage   65%
bis 20 Tage   95%
für Pumpen, die als besonders eilig gekennzeichnet waren
bis 2 Tage   80%
bis 5 Tage   100%
Der Grad der als besonders eilig gekennzeichneten Pumpen war sehr hoch.

5.5.3.3 Wartung und Inspektion/Diagnose

W+I-Arbeiten sind bis in Einzelheiten wie Serien-Fertigungsarbeiten planbar. Basis für die Abwicklung der W+I-Pläne sind:

– Benennung der Wartungs-/Inspektions-Betrachtungseinheit
– auszuführende Arbeiten
– erforderliche Meß- und Prüfgeräte, Sonderwerkzeuge, Betriebs- und Hilfsstoffe

Hersteller	Wartungsliste / Inspektionsliste		Erzeugnis....... Liste Nr.	
Lfd. Nr.	Auszuführende Arbeiten	Meß- und Prüfgröße Betriebs- und Hilfsstoffe	Häufigkeit	Bemerkungen
1	E-Motor			
1.1	Lagertemperatur prüfen	60 °C max.	3 m	
1.2	Zustand der Köhlebürsten prüfen		6 m	
2	Getriebe			
2.1	Ölstand prüfen		m	
2.2	Öl wechseln	Schmieröl DIN 51 517 - C 100	a	

Bild 5.13: Beispiel eines Wartungs-und Inspektionsplanes aus DIN 31052

- Häufigkeit der auszuführenden Maßnahme (z.B. täglich, wöchentlich oder 2 mal monatlich)
- Qualifikation des Ausführenden
- Sicherheitseinrichtungen und -maßnahmen
- geschätzte Zeitaufwände

Sollte ein Hersteller keine Anweisungen geben oder sind Einrichtungen selbst entwickelt, konstruiert oder gar hergestellt worden, dann ist es Aufgabe des Anlagenmanagements, solche Angaben zu ermitteln und festzulegen.

Wartungs- und Inspektionsanweisungen sind im Sprachgebrauch der REFA gleichzeitig Arbeitsablaufpläne und Mittelpläne.

In der DIN 31052 [5.53] der VDI-Richtlinie 2890 [5.54] werden Empfehlungen für die Aufstellung solcher Anweisungen gegeben.

Bild 5.13 zeigt aus [5.54] ein Beispiel.

Mit der Planung wird nicht immer ein Ausführungstermin bestimmt. Bei W+I-Arbeiten wird nicht der *Zeitpunkt* der Ausführung, sondern die Häufigkeit vorgegeben. Damit kann innerhalb gewisser Toleranzen das Anlagenmanagement die genauen Zeitpunkte des Ausführungsbeginnes definieren und Rücksicht auf betriebliche Belange nehmen (geplante oder unerwartete Abstellungen, Störungen des Betriebsablaufes).

In Verbindung mit der Arbeitsausführung sind folgende Dokumentationen zu empfehlen, da sie für Schadensanalysen und sonstige Zwecke benötigt werden könnten:

- ausgeführte Arbeit bestätigen
- ausgeführte Arbeit beschreiben

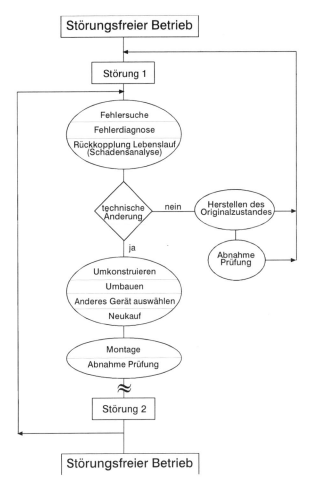

5.14: Störungsbehebung

– Inspektionsergebnisse festhalten
– Schäden – sofern welche festzustellen sind – erfassen

Die Behebung von Störungen ist eine Tätigkeit, die fachlich sowohl bei der Fertigung als auch bei der Instandhaltung angesiedelt ist. Sie ist deshalb nur dann bei der Abwicklung von Instandhaltungsaufträgen zu betrachten, wenn sie von Instandhaltungspersonal ausgeführt wird.

Störungen können einen beträchtlichen Umfang annehmen. Da Anlagen in der Regel Unikate sind, ist besonders in der Phase des Fertigungsbeginnes nach der Inbetriebnahme mit der Erfordernis größerer Personalkapazitäten zu rechnen.

Man spricht hier von der *Lernkurve*.

In Bild 5.14 wird das Vorgehen solcher Störungsbehebung mit integrierter technischer Verbesserung aufgezeigt.

5.6 Werkstattsteuerung

Der von der REFA verwendete Begriff Werkstattsteuerung schränkt einerseits ein, da er dort den *Fertigungsbetrieb Werkstätte* meint, andererseits ist er verwendbar, da er auch die *Instandhaltungs- Werkstätte* abdeckt.

Im Zusammenhang mit der Funktion Instandhaltung ist die Abwicklung der oben genannten Auftragsarten in einer Werkstätte zu betrachten.

Die Hauptaufgabe der Werkstattsteuerung kann wie folgt beschrieben werden:

Die Steuerung des Personal- und Maschinen-Einsatzes in einer für Instandhaltung tätigen Werkstätte besteht in einem permanenten Anpassen an die momentane Situation.

Steuerung der Auftragsarten

In Tabelle 5.10 war eine praktische Gliederung von Auftragsarten gezeigt worden. Die beispielhafte Verteilung eines Auftragsvolumens zeigt Tabelle 5.13.

Beispiel:
Tabelle 5.13 Auftragsverteilung eines Instandhaltungsbetriebes in einem größeren mittelständischen Unternehmens (1990 ca. 200 Handwerker)

Auftragsart	% Anteil
Störungsbehebung und Daueraufträge(S, D)	40
Meisteraufträge (M)	20
Klein-und Groß-Einzelaufträge (K, G)	40

Daueraufträge sind zwar geplante Aufträge, machten aber nicht mehr als 10 % des Gesamtvolumens aus. Da Meisteraufträge per Definition nicht geplant werden können, konnten mit einer EDV-gestützten Werkstattsteuerung etwa 50 % des erweiterten Instandhaltungsvolumens geplant und gesteuert abgewickelt werden.

Die Werkstattsteuerung eines Instandhaltungsbetriebes, bestehend aus Null-Werkstätte, Vor-Ort-Werkstätten und kleinerer Zentralwerkstätte ist in der Lage, die Kapazitäten des *gesamten* Fachpersonals und der maschinellen Einrichtungen zu steuern.

EDV-gestütztes Werkstattsteuerungs-System (WSS)

Ein System sollte folgenden Anforderungen genügen:

- wenig Algorithmen
- viel Information anbieten
- alle Aufträge verarbeiten können
- Zeitwirtschaft ermöglichen
- Entlohnung ermöglichen (Schnittstelle zur Lohn-/Gehaltsabrechnung)

– Auftragsabrechnung ermöglichen (Schnittstelle zur Betriebsabrechnung)
– monatliche Managementinformation geben
– Elektronische Datenverarbeitung ermöglichen (möglichst on-line)

Damit ein solches System in sich geschlossen ist, sind unabdingbare Voraussetzungen
zu erfüllen

– die Belegung der Anwesenheitszeit der Mitarbeiter muß 100 %ig sein, da darauf die
  Entlohnung aufbaut
– die Auftragsbeschreibung muß den steuerlichen Regeln entsprechen , da die unterschiedlichen Arbeiten in der Auftragsabrechnung an den richtigen Stellen eingebucht
  werden müssen (Erhaltungsaufwand, Herstellungsaufwand, Betrieblicher Aufwand)
– die Auftragsabrechnung muß sich präzise an das gewählte System der Handwerker-
  bzw. Maschinenstundensätze halten, damit die Verrechnung an Vor- und Endkostenstellen ordnungsgemäß erfolgt

In den Bildern 5.15 bis 5.17 soll dieses Beispiel einer Werkstattsteuerung dargestellt
und anschließend erläutert werden.

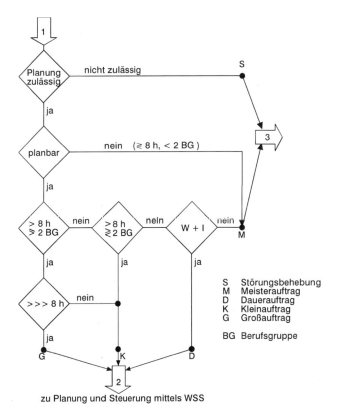

zu Planung und Steuerung mittels WSS

Bild 5.15: Ablaufschema der Auftragsartenzuweisung eines Werkstattsteuerungs-Systems

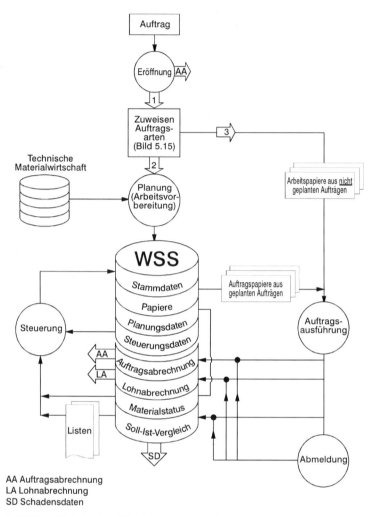

AA Auftragsabrechnung
LA Lohnabrechnung
SD Schadensdaten

Bild 5.16: Abläufe in einem Werkstattsteuerungssystem

Erläuterungen zum Werkstattsteuerungs-Systems (WSS)

Auftragseröffnung

Den schematischen Weg der Auftragseröffnung zeigt Bild 5.15. Ein WSS kann nur funktionieren, wenn *alle* Aufträge *eröffnet* werden. Das gilt auch für Aufträge, die man als „*Planung nicht zulässig*" oder als „*nicht planbar*" eingestuft hat.

Die Notwendigkeit einer Auftragseröffnung ergibt sich aus der abzuwickelnden Entlohnung der Mitarbeiter, aus der Verrechnung gegen die Auftraggeber und wegen der nötigen Kenntnis der Gesamtkapazität an Personal und Einrichtungen.

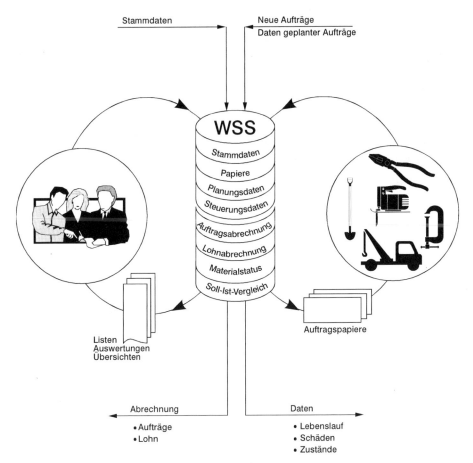

Bild 5.17: Das WSS wird von Daten zweier Kreise gespeist

Personal, das zwar ebenfalls Instandhaltungsaufgaben ausführt (z.B. im Rahmen einer Vereinbarung zwischen Fertigung und Instandhaltung) befindet sich *außerhalb* der zu planenden und steuernden Kapazitäten. Es entzieht sich einer Dokumentation durch die Instandhaltung.

Die einzelnen Tätigkeiten werden wie folgt behandelt:

Störungsbehebung: Bei der nichtplanbaren *Störungsbehebung* genügt eine Auftragseröffnung zu Beginn einer Periode. Diese dafür vorgesehene Personalkapazität ist dann für bestimmte, längere Zeiträume vergeben (Tage, Wochen oder Monat) und steht nur in besonderen Fällen für andere Tätigkeiten zur Verfügung.

Störungsbehebung ist mitunter Bestandteil der Tätigkeit der Fertigung. Sie ist dann der Verantwortung der Leitung der Fertigung zugeordnet. In anderen Fällen sind Störungsbehebungen wie Instandhaltungsaufgaben zu sehen. Die Kapazität dieser Mitarbeiter gehört dann zur Instandhaltung.

Wartungs- und Inspektionsarbeiten: Ähnlich kann man mit *Wartungs- und Diagnose-arbeiten* verfahren. Ob diese hinsichtlich der Anforderung an die Qualifikation der Ausführenden in die Verantwortung der Fertigung gegeben werden kann, hängt von der Art der Arbeit und den Fähigkeiten der Mitarbeiter ab. In jedem Fall muß eine Planung durchgeführt werden, da die Arbeiten bestimmten Voraussetzungen genügen und auch dokumentiert werden sollen.

Die Auftragseröffnung kann hier ebenfalls für eine längere Periode erfolgen. Es hat sich bewährt, den betreffenden Mitarbeitern nur für eine oder wenige Stunden pro Tag solche Arbeit zu vergeben. Sie können dann in der restlichen Zeit Meisteraufträge oder kleinere Instandsetzungsaufträge ausführen.

Meisteraufträge, Klein- und Großeinzelaufträge: müssen grundsätzlich eröffnet werden. Besondere Umstände können dazu führen, dies erst nach Beginn der Arbeiten zu tun. Solange dadurch keine Entlohnungsprobleme entstehen (Monatswechsel), planungsgemäße Abwicklung gewährleistet ist, ist die Verzögerung der Auftragseröffnung um einen bis zwei Tage tolerierbar. Länger deshalb nicht, da der Ausdruck sämtliche Papiere nicht möglich ist.

Entscheidung über Auftragsart

Die erste Frage, ob eine „Planung zulässig" ist, muß jeweils wieder neu entschieden werden (siehe Bild 5.15).

Die Einordnung eines Auftrages in eine der in Tabelle 5.10 genannten Arten ist relativ einfach. Dauer der Tätigkeit, Zahl der Berufsgruppen und Kriterien für Planbarkeit können von erfahrenen Meistern oder Arbeitsvorbereitern gut und schnell beantwortet werden. Für die genannten Kriterien sollten Ermessensspielräume gegeben sein !

Laufweg der Aufträge

Nach der Entscheidung über die Planung von Aufträgen laufen diese zwei verschiedene Wege:

– als „WSS-Auftrag" von der Planung bis zur Abrechnung über das System oder
– als nicht geplanter Auftrag erst nach erfolgter Arbeitsausführung im System weiterverarbeitet (Entlohnung, Auftragsverrechnung, Schadensauswertung)

Planung der Aufträge

erfolgt wie für Fertigung dargelegt

Zuteilung/Fertigmeldung von Aufträgen

Klein- und Großaufträge werden der ausführenden Einheit (Handwerker und Meister) derart zugeteilt, daß unmittelbar darauf die Ausführung begonnen werden kann. In gewissem Umfang ist ein kleiner Arbeitsvorrat (zwischen 1 und höchstens 8 Stunden) für Feindisposition zulässig.

Der Vorgang der *Zuteilung* ist wichtig für den Übergang der Verantwortung an die Ausführenden. Vom Zeitpunkt der Zuteilung an läuft die Zeit der Ausführung der einzelnen Arbeitsschritte.

Die *Fertigmeldung* ist ein einfacher Vorgang, der vom Handwerker oder seinen Vorgesetzten erfolgen kann. Es ist darauf zu achten, daß die Fertigmeldungen sofort erfolgen; bei Vorrat an Arbeit spätestens am Ende des Arbeitstages.

Der Eingang der Meldung in dem Werkstattsteuerungssystem löst – nicht automatisch, sondern bewußt durch der Steuerer – eine neue Zuteilung aus.

Es besteht Pflicht zur Fertigmeldung, da jeder Mitarbeiter zur Gesamtkapazität beiträgt. Der Beginn eines Auftrages sollte sich unmittelbar an das Ende des vorangegangenen anschließen.

Abrechnung

Die Abrechnung der Arbeiten aus Einzelaufträgen ist unproblematisch, da mit der Fertigmeldung alle realen Daten zur Verfügung stehen (tatsächliche Stundenzahl, tatsächlich benutzte Maschine, tatsächlich verbrauchte Materialien, Tag der Ausführung usf.).

Steuerungsprozeß

Die in das System einfließenden Daten, bestehend aus

– geänderten oder ergänzten Stammdaten
– Neuaufträgen
– Abweichungen jeglicher Art
– neue Prioritäten
– Ausfall von Kapazitäten (z.B. Maschinenschäden, Krankheit)

führen durch tägliche oder online-Rechenläufe zu neue Datenmengen (siehe Bild 5.17).

Das Prinzip – *wenig Algorithmen, viel Informationen* – verlangt, daß die ausgegebenen Daten interpretiert werden und zu den jeweils erforderlichen Entscheidungen führen.

Als Entscheidungshilfe dienen Übersichten verschiedenster Art (z.B. die Kapazität der einzelnen Berufsgruppen, ihre Belegung, den Verlauf der noch abzuarbeitenden Aufträge).

Zur Steuerung gehört auch die rollierende Überprüfung der Planung. Die Umwandlung der monatsfristigen in die wochenfristige, die Verfeinerung der wochenfristigen in die tagesfristige Planung geschieht in Abstimmung zwischen Werkstattsteuerung und Verantwortlichen für eine Berufsgruppe. Hierbei werden die persönlichen Gegebenheiten der Mitarbeiter (Können, Belastungsfähigkeit, Zuverlässigkeit usw., aber auch Abwesenheiten) in die Disposition eingebracht.

Der Einsatz von Maschinen wird durch die Werkstattsteuerung erfolgen. Maschinen sind meist für eine Vielzahl von Aufträgen verplant, dürfen deshalb nicht ohne Abstimmung für ungeplante Aufträge eingesetzt werden. Sollten bestimmte kleinere Maschinen für Störungsbehebung und Meisteraufträge zur Verfügung stehen, dann sind diese aus den Kapazitäten herauszunehmen.

Literatur zu 5

5.01 Warnecke, H. J.(Hrsg.): Instandhaltung, Köln: Verlag TÜV Rheinland 1981

5.02 Eichler, C.: Instandhaltungstechnik, Berlin: Verlag Technik 1990

5.03 Beckmann, G.; Marx, D.: Instandhaltung von Anlagen, Leipzig: VEB Verlag für Grundstoffindustrie 1987

5.04 DIN IEC 56, Leitfaden zur Instandhaltbarkeit von Geräten, Abschnitt 4: Ausfallerkennungs- und Fehlerlokalisierungsverfahren 3/84, Berlin: Beuth 1984

5.05 DIN 111042, Teil 1 Instandhaltungsbücher, Bildzeichen, Benennungen 11/78, Berlin: Beuth 1978

5.06 DIN 31054 Instandhaltung, Grundsätze zur Festlegung von Zeiten und zum Aufbau von Zeitsystemen, 9/87, Berlin: Beuth 1987

5.07 DIN 40150 Begriffe zur Ordnung von Funktions- und Baueinheiten, 10/79, Berlin: Beuth 1979

5.08 VDI 2891 Instandhaltungskriterien bei der Beschaffung von Investitionsgütern, 9/85 Berlin: Beuth 1985

5.09 VDI 2892 Ersatzteilwesen in der Instandhaltung 6/87, Berlin: Beuth 1987

5.10 Allianz-Merkblatt 4, Instandsetzung von Maschinenanlagen, München: Allianz 1970

5.11 Deutsches Komitee Instandhaltung (Hrsg.): DKIN-Empfehlungen 1 bis 5, Düsseldorf

5.12 GABI BW: Bekanntmachung über Hinweise zur Vertragsmuster über Instandhaltung von technischen Anlagen und Einrichtungen, InstandhVtrMBek BW 24.01.83

5.13 GABI BW, Rundschreiben über den Abschluß von Verträgen über die Instandhaltung von technischen Anlagen und Einrichtungen, InstandhVtrRdSchr BW 11.08.81

5.14 StAnzHE, Vertragsmuster für Wartung, Inspektion und damit verbundene kleineren Instandhaltungsarbeiten für technische Anlagen und Einrichtungen in öffentlichen Gebäuden, InstandhVtrMErl HE 28.05.86

5.15 DIN 8592 Fertigungsverfahren, Reinigen Berlin: Beuth

5.16 DIN 65079 Luft-und Raumfahrt; Reinigung von metallenen Oberflächen, alkalisch 12/87, Berlin: Beuth 1987

5.17 DIN 65473 Luft- und Raumfahrt; Elektrolytisches Entfernen und Reinigen, Berlin: Beuth

5.18 VDMA-Einheitsblätter 24411, 24413, 24414, 24416; Hochdruckreiniger. Frankfurt

5.19 Verband der chemischen Industrie e.V.(Hrsg.), Sondereinrichtungen und Verfahren der Instandhaltung, Loseblattsammlung, Frankfurt 1979

5.20 Gülker, E. in Dehne, W. (Hrsg.): Anlagentechnik in der Stahlindustrie, Düsseldorf: Verlag Stahleisen 1979

5.21 Grieser, F.W. Fischer, W. und Nordmeyer, F.: Erfassung des Betriebsverhaltens maschineller Anlagen, in Dehne, W. (Hrsg.)

5.22 Gesellschaft für Tribologie: Tribologie, Tribotechnik, Schmierungstechnik Begriffsbestimmungen Arbeitsblatt 1, Duisburg 8/1970

5.23 Völkening, W.; Rodermund, H. und Gülker, E. in Warnecke, H. J.(Hrsg.):[5.01]

5.24 Fleischer, G.; Gröger, H., Thum, H.: Verschleiß und Zuverlässigkeit, Berlin: VEB Verlag Technik, 1980

5.25 Sturm, A.; Förster, R.: Maschinen- und Anlagendiagnostik, Stuttgart: Teubner 1990

5.26 Pau, L. F.: Failure Diagnosis and Performance Monitoring, New York: Marcel Deccer, 1981

5.27 Collacott, R.: Mechanical Fault Diagnosis, London: Chapman and Hall, 1977

5.28 Isermann, R.: Identifikation dynamischer Systeme , Band I 1992, Band II, Berlin; Heidelberg: Springer Verlag 1988

5.29 Isermann, R.: Wissensbasierte Fehlerdiagnose technischer Prozesse, Automatisierungstechnik, at 36. Jg. Heft 11/1988

5.30 Isermann, R.: Beispiele für die Fehlerdiagnose mittels Parameterschätzung, Automatisierungstechnik, at 37. Jg. Heft 12/1989

5.31 Schneider-Fresenius, W.(Hrsg.): Technische Fehlerfrühdiagnose-Einrichtungen, München: R. Oldenburg 1985

5.32 Schulz, H.; Vossloh, M.: Einsatz und Entwicklung von Diagnosesystemen für die Fertigungstechnik, Werkstatt und Betrieb 118 (1985)

5.33 Sermann, R., Fehlerdiagnose an Werkzeugmaschinen mittels Parameterschätzmethoden, wt Werkstattechnik 81(1991)

5.34 VDI 3822 Blatt 6, Erfassung und Auswertung von Schadensanalysen 2/84, Berlin: Beuth 1984

5.35 DIN 8591(Entwurf) Fertigungsverfahren Zerlegen ,6/85, Berlin; Beuth 1985

5.36 DIN 8592 (Entwurf) Fertigungsverfahren Reinigen 6/85, Berlin; Beuth 1985

5.37 DIN 8593 Fertigungsverfahren Fügen 9/85 Berlin: Beuth 1985

5.38 DIN 8580 (Entwurf) Fertigungsverfahren, Begriffe, Einteilung 7/85, Berlin: Beuth 1985

5.39 DIN 8582 Fertigungsverfahren Umformen 4/71, Berlin: Beuth 1971

5.40 DIN 8586 Fertigungsverfahren 4/71, Berlin: Beuth 1971

5.41 DIN 8288 Fertigungsverfahren Zerteilen 6/85, Berlin: Beuth 1985

5.42 DIN 8589 Fertigungsverfahren Zerspanen 1982-85, Berlin: Beuth

5.43 DIN 8590 Fertigungsverfahren Abtragen 6/78, Berlin: Beuth 1978

5.44 DIN 8591 Fertigungsverfahren, Zerlegen Berlin: Beuth 1987

5.45 DIN 8522 Fertigungsverfahren der autogenen Trenntechnik, 9/80, Berlin: Beuth 1980

5.46 DIN 1910 Schweißen, Teil 1 7/83, Berlin: Beuth 1983

5.47 DIN 8505 Löten 1/83, Berlin: Beuth 1983

5.48 DIN 32530 Thermisches Spritzen 10/89, Berlin: Beuth 1989

5.49 VDI 2408 Hinweis für die Einrichtung einer Reparaturwerkstätte für Flurförderzeuge, 12/66, Berlin: Beuth

5.50 VDI 3105 Anleitung zur Wartung und Pflege elektrischer Werkstattkrane, 4/61 ,Berlin: Beuth

5.51 VDI 3568 Maßnahmen und Einrichtungen zur Instandhaltung von Flurförderzeugen, 8/75, Berlin: Beuth

5.52 VÖV-Schriftenreihe Technik 2.111 bis 2.113, Werkstätten und Ausrüstungen für Verkehrsbetriebe (Bus und U-Bahn) 1964–75

5.53 DIN 31052 Instandhaltung, Inhalt und Aufbau von Instandhaltungsanleitungen 6/81 Berlin: Beuth 1981

5.54 VDI 2890 Planmäßige Instandhaltung, Anleitung zur Erstellung von Wartungs- und Inspektionsplänen 11/86, Berlin: Beuth 1986

6 Betriebswirtschaft des Anlagenmanagements

Betriebswirtschaftliches Grundwissen ist für das Anlagenmanagement unumgänglich. Die meisten Universitäten, Hoch-und Fachschulen bieten zwar betriebswirtschaftliche Vorlesungen an, aber wenige angehende Ingenieure machen davon Gebrauch, sei es aus Zeitgründen oder aus mangelndem Interesse. Bei angehenden Wirtschaftsingenieuren sind die Verhältnisse günstiger.

Es ist sehr zu empfehlen, daß das Anlagenmanagement, gleich welcher Ausbildung, aktiv mit den Methoden des betriebswirtschaftlichen Denkens und Arbeitens umgeht. Als Grundwissen sollte der Teil der Betriebswirtschaftslehre bekannt sein, der bei Wöhe [6.01] Rechnungswesen heißt.

Gesamtüberblicke über die Betriebswirtschaftslehre bieten außerdem Kugler [6.02], Jacob [6.03], Vahlens Kompendium der BWL [6.04], Scheer [6.05] und Müller-Merbach [6.06].

6.1 Kostenrechnung

Schweizer, Küpper [6.07] definieren:

> *Die Aufgabe der Kostenrechnung ist es, zahlenmäßige Angaben über einen Unternehmensprozeß bereit zu stellen. Sie ist ein institutionalisiertes Instrument der Unternehmensführung.*

Kosten und die zugehörigen Leistungen müssen erfaßt. verteilt und zugeordnet werden. Die Verteilung kann nach dem

– Verursachungsprinzip
– dem Idenditätsprinzip
– dem Proportionalitätsprinzip
– dem Leistungsentsprechungsprinzip
– dem Durchschnittsprinzip
– dem Tragfähigkeitsprinzip

erfolgen.

Alle Kosten sind Basis für

– Zuordnung von Leistungen
– Beurteilungen
– Vergleiche
– Durchführung von Wirtschaftlichkeitsrechnungen
– andere Zwecke des Rechnungswesens

Zu jeder Kostenrechnung gehört eine Leistungsrechnung. Wie bei den Kosten müssen aber auch Leistungen erst einmal ermittelt und erfaßt werden, um sie später in die Relation zu Kosten setzen zu können.

Wenn ein Unternehmen kein durchdachtes System für eine Kosten- und Leistungsrechnung hat, dann sind auch keine, an den Realitäten orientierten Entscheidungen zu erwarten. Die Nutzung hervorragender Software macht es allerdings heute den Unternehmen leicht, sich ein Instrumentarium anzuschaffen, mit dem weitgehend objektiv vorbereitet und entschieden werden kann.

Zur Kostenrechnung gehören

– Kostenartenrechnung
– Kostenstellenrechnung
– Kostenträgerrechnung
– Betriebsergebnisrechnung

Es gibt häufig Mißverständnisse bei der Verwendung der Begriffe *Kosten, Aufwand und Ausgaben.* Der Unterschied soll kurz erläutert werden.

Kosten

Wöhe hat in [6.01] wie folgt definiert:

> *Kosten sind die Werte des Einsatzes von Gütern zur Erstellung von betrieblichen Leistungen, dabei sind Leistungen die in Geld bewerteten Ausbringungen von Erzeugnissen des Betriebes*

Diese Definition gilt auch für Dienstleistungen.

Güter sind durch folgende Merkmale gekennzeichnet:

– Eingesetzte Güter sind Sachen, Rechte und Dienstleistungen, die zur Leistungserstellung eingesetzt werden
– Eingesetzte Güter müssen bewertbar sein, da die gemeinsame Basis das Geld ist
– Der Einsatz von Gütern muß leistungsbezogen sein

Ausgaben

Ausgaben unterscheiden sich von Kosten. Die tabellarische Gegenüberstellung macht an Hand von Beispielen deutlich, wo die Unterschiede liegen.

Ausgaben können Kosten sein	bei zeitlichem Zusammenfallen, wie Personalkosten, Vetriebskosten
Ausgaben werden zu Kosten	Beschaffung = Ausgabe wird mit der späteren Abschreibung zu Kosten
Kosten haben keine Ausgaben	unentgeltlich eingebrachte Güter
Ausgaben werden nie Kosten	Gewinnausschüttung, Kapitalrückzahlung, Erwerb ungenützter Grundstücke
Kosten, die erst später Ausgaben werden	Einsatz noch nicht bezahlter Stoffe, Personalkosten, die periodengerecht verteilt, aber erst am Jahresende ausgezahlt werden
Kosten weichen von Ausgaben ab	Verrechnungspreise können sich von Beschaffungspreisen unterscheiden

Eine vereinfachte, wenn auch verkürzte Unterscheidung wäre

– Ausgaben sind Geldströme, die das Unternehmen verlassen (das Gegenteil sind Einnahmen)
– Kosten können Ausgaben sein, müssen es aber nicht. Hier spielt der Zeitpunkt der Betrachtung eine Rolle. Da Kosten auch unternehmensintern verrechnet werden können, stehen nicht immer Ausgaben dagegen

Beispiel: Für einen Fertigungsbetrieb, der interne Instandhaltungsleistung empfängt, werden diese Leistungen zuerst nur *Kosten* sein, denn bei der Verrechnung fließen keine Gelder nach außen. Der Instandhaltungsbetrieb selbst hat jedoch auch *Ausgaben*, da er Ersatzteile auf dem Markt kauft bzw. dem Handwerker seinen Lohn zahlt.

6.1.1 Kostenartenrechnung

Über die Kostenartenrechnung erhält man Einblick in die Kostenstruktur eines Unternehmens oder eines Betriebes. Man nutzt sie, wenn man wissen möchte, *welcher Art* die entstandenen Kosten sind.

Obwohl es keine genormten Regeln gibt, hat es sich eingebürgert, folgende Kostenarten zu unterscheiden. (Die Abkürzungen werden später in den Gleichungen verwendet, die Ziffer ist die üblicherweise verwendete Kontenklassen-Nr.)

– Materialkosten   (MK)   40
– Personalkosten   (PK)   41
– Energiekosten   (SK)   42
– Anlagenkosten   (AK)   43
– Fremdlieferungen und -leistungen (LK)   44

– Verkehrskosten   (VK)   45
– Übrige Kosten   (ÜK)   47

Die Zuweisung zu diesen Kostenarten erfolgt über das Vorhandensein bestimmter gleichartiger Merkmale.

Es empfiehlt sich, ein Verzeichnis anzulegen, in welchem alle Kostenpositionen einer Kostenart zugewiesen werden. Das gilt besonders für Grenzfälle.

Beispiel:
Personalkosten = Summe aller Löhne, Gehälter, Sonderzahlungen, Prämien, Urlaubsgeld, Zuschüsse, Personalnebenkosten, Abfindungen, Beiträge zu Versicherungen, Rententrägern, internen Pensionskassen, Ausbildungskosten u.a.m.
Es wäre denkbar, die Ausbildungskosten den Übrigen Kosten oder den allgemeinen Unternehmenskosten zuzuordnen.

An welchen Stellen man Grenzen zu anderen Kostenarten legt, ist unerheblich, solange sie steuerlich zulässig (wird hier nicht behandelt) sind.

6.1.2 Kostenstellenrechnung

Diese Rechnung gibt der Unternehmensleitung oder aber dem Anlagenmanagement Auskunft über die Kostenstruktur, wenn die Frage interessiert, *wo* sind die Kosten entstanden.

Das W*o* kann nun in unterschiedlicher Weise definiert werden

– *Funktion* im Unternehmen (z.b. Produktion, Verwaltung, Logistik)
– *Ort* (z.b. Werk, Gebäude, Gebäudeteil)
– *Abrechnungskreis* (z.b. Zinsen, Provisionen)

Die Kostenstellengliederung ist von der Größe und Struktur des Unternehmens abhängig. Auch davon, ob eine Spreizung der Gliederung erwünscht ist, um dort besonders tiefgehende Analysen erstellen zu können.

Die gebräuchlichsten Gliederungen in mittleren bis großen Unternehmen orientieren sich an Funktionsbereichen.

Funktionsbereiche
Üblich ist folgende Unterteilung:

– Fertigung
– Forschung und Entwicklung
– Verwaltung
– Vertrieb
– Anlagenkosten
– Logistik und Beschaffung
– Energieerzeugung und -verteilung

- Werkstätten
- Datenverarbeitung
- Verkehrstechnik
- Allgemeine Servicestellen

Für diese Funktionsbereiche können nun je nach Aufgabe und Größe im Unternehmen *Kostenstellen* geschaffen werden.

Sie sollen so abgegrenzt sein, daß die Leistungszuordnung zu aussagefähigen Zahlen führt. Zu weit gefaßte Grenzen verwischen die Aussagekraft genau so, wie eine zu starke Aufteilung.

Eine oftmals eingesetzte, tiefere Gliederung in *Kostenplätze* ist geeignet, bestimmte Teile der Anlage näher zu betrachten.

Kostenstellen

Jede Kostenstelle einen Unternehmens, gleich wie tief man sie staffelt, wird mit ursprünglichen Kostenarten verknüpft. In Bild 6.1 wird gezeigt, wie die Kostenarten 40 bis 47 in die Kostenstellen eingehen.

Durch den Zwang, jede Kostenart einer Kostenstelle zuordnen zu müssen, entstehen bei getrennter Addition im Unternehmen zwei parallele Kostensummen.

Die Kostenarten der ursprünglichen Kosten ergeben den sog. *Geschäftskreis*. Parallel dazu benötigt man für die Herstellkostenrechnung einen sog. *Betriebskreis*.

Eine solche doppelte Buchung ist sinnvoll und möglich, wenn sichergestellt wird, daß keine Buchung *nur* in einem Kreis erfolgt. Das Kostenrechnungssystem ist so in der Lage, in einer Parallelrechnung alle *ursprünglichen* Kosten über die Kostenstellenrechnung aufzuschlüsseln.

Zusätzlich werden *abgeleitete* Kosten definiert. Diese werden für die innerbetriebliche Leistungsverrechnung benötigt.

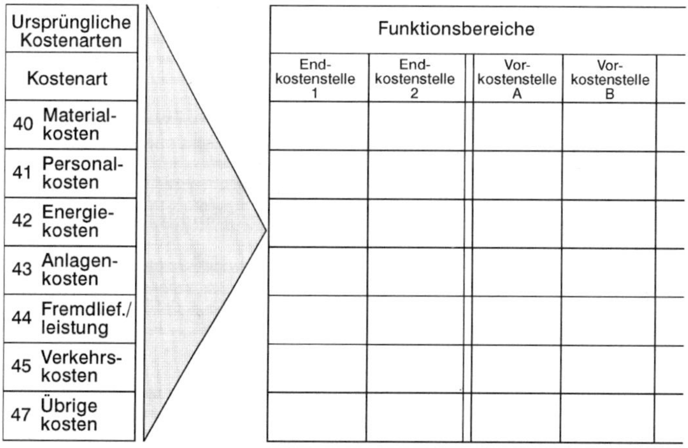

Ursprüngliche Kostenarten		Funktionsbereiche			
Kostenart		End-kostenstelle 1	End-kostenstelle 2	Vor-kostenstelle A	Vor-kostenstelle B
40	Material-kosten				
41	Personal-kosten				
42	Energie-kosten				
43	Anlagen-kosten				
44	Fremdlief./leistung				
45	Verkehrs-kosten				
47	Übrige kosten				

Bild 6.1: Verrechnung von Kosten

Jede Buchung muß mit einem Hinweis auf leistende und empfangende Kostenstelle versehen sein.

Innerbetriebliche Verrechnung

Ein Unternehmen besteht selten aus nur *einem* Betrieb. In der Regel gibt es mehrere Betriebe. Sie hängen in mehr oder weniger großem Umfang voneinander ab. Damit wird es in der Kostenstellenrechnung notwendig, Leistungen und Lieferungen auch *innerhalb* von Unternehmen zu verrechnen.

In größeren Unternehmen werden viele Leistungen intern erbracht (z.b. Verwaltung, Instandhaltung, Vertrieb, Forschung und Entwicklung). Selbst Lieferungen werden „intern" erbracht, in dem sie entweder intern hergestellt oder von einem zentralen Einkauf beschafft und anschließend intern mittels sog. Verrechnungspreise weitergegeben werden (Roh-und Zwischenprodukte, Halbzeuge, Ersatzteile).

Das Kostenverrechnungssystem mit seinen Kostenstellen erlaubt nun, Leistungen von Kostenstelle zu Kostenstelle zu verrechnen. Das heißt, die leistungs*empfangende* Kostenstelle wird mit den Kosten belastet, welche der *leistenden* Kostenstelle entstehen. Die *Belastung* wird zur *Gutschrift*.

Die Offenlegung all dieser Vorgänge erfolgt in den *Betriebsabrechnungen*. Dort wird für alle erkennbar, wer welche Kosten „erzeugt" und wer sie „trägt".

Dieser Vorgang der Kostenverrechnung ist dem Rechnungstellen zwischen Dritten sehr ähnlich, nur daß innerhalb eines Unternehmens genau definierte Einzelpositionen ohne irgendwelche Gewinnzuschläge verrechnet werden dürfen.

Zur innerbetrieblichen Kostenverrechnung bedarf es der Einrichtung von zwei verschiedenen Kostenstellen-Arten.

Vorkostenstellen.

Die *Vorkostenstellen* erbringen nur Leistungen für andere Kostenstellen. Die Verrechnung erfolgt so, daß möglichst im monatlichen Zeitrahmen alle der Kostenstelle entstehenden Kosten (Material, Personal, usw.) an die leistungsempfangenden Kostenstellen verrechnet werden.

Die Durchschaubarkeit der Kosten von Leistungen der Vorkostenstellen verlangt eine verursachungsgemäße Verrechnung. Das ist mitunter aufwendig, wenngleich die EDV hier Hilfe bietet. Eine aufwendige Ermittlung von verursachungsgerechten Kosten ist allerdings nur in besonderen Fällen zu rechtfertigen. Man nutzt deshalb Umlageschlüssel (Zuschläge in der Herstellkostenrechnung).

Basis solcher Schlüssel sind z.B. Kopfzahl des betreffenden Betriebes, sein Anlagenvermögen, Gebäudeflächen uam.

Endkostenstellen

Die Kosten von Leistungen der *Endkostenstellen* werden grundsätzlich nicht auf andere Kostenstellen weiterverrechnet (Definition). Die Kosten gehen in die Kostenträgerrechnung (Herstellkostenrechnung) und diese schließlich in die Betriebsergebnisrechnung ein.

Die Aufteilung von Kostenstellen in Vor- oder Endkostenstellen ist in den meisten Fällen einfach zu lösen: Fertigungen sind immer Endkostenstellen, interne Dienstleistungen Vorkostenstellen.

Ob man zentrale Dienstleistungen (z.B. Verwaltung, Ausbildung, Sozialwesen, Forschung) als Vorkostenstelle führt, hängt davon ab, wie und an welcher Stelle der Ergebnisrechnung diese Kosten weiterverrechnet werden.

Ursprüngliche und abgeleitete Kosten

Die *ursprünglichen* Kostenarten, wie sie oben mit den Ziffern 40 bis 47 gekennzeichnet wurden, können zu *abgeleiteten* Kosten umgewandelt werden, wenn sie für die innerbetriebliche Leistungsverrechnung benötigt werden (siehe Tabelle 6.1).

Jede Kostenstellenabrechnungen enthält danach sowohl ursprüngliche (40er) als auch abgeleitete (60er) Kostenarten (Bild 6.2).

Da das Anlagenmanagement vorrangig am Aufbau von Kostenstellen für die Fertigung eines Erzeugnisses und für die Instandhaltung seiner Anlagen interessiert sein dürfte, solenl in der Tabelle 6.2 *wesentliche* Kostenarten vorgeschlagen werden.

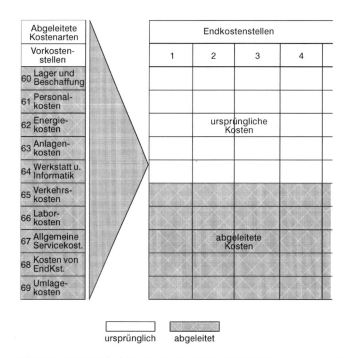

Bild 6.2: Zusammenfließen von ursprünglichen und abgeleiteten Kostenarten

Tabelle 6.1: Ursprüngliche und abgeleitete Kostenarten

ursprüngl. Kostenart	abgeleitete Kostenarten	Nr.
40	Material und Beschaffung	60
41	Personalkosten	61
42	Energiekosten	62
43	Anlagenkosten	63
44	Werkstatt- und EDV-Kosten	64
45	Verkehrskosten	65
–	Laborkosten	66
47	Übrige Kosten	67
–	Kosten von Endkostenstellen	68
–	Umlagekosten	69

Tabelle 6.2: Kostenstellenabrechnung

Kostenart	Nr.	Beispiele
Materialkosten	40	Packmittel, Gemeinkostenmaterial
	60	Lagerkosten, Materialzuschläge
Personalkosten	41	Löhne, Gehälter und Zuschläge
Personalnebenkosten	61	Arbeitergeberanteile für Rentenversicherung, Krankenversicherung u.ä.
Energiekosten	42	Fremdenergien (Strom, Dampf, Wasser, Druckluft, Gas, Heizöl)
	62	intern hergestellte Energien
Anlagenkosten	43	Kalkulierte Abschreibung von Produktionsanlagen und -gebäuden,
Fremdlieferungen/ Fremdleistungen	44	Fremdlieferungen und -Leistungen (Ersatzteile, Reserveeinrichtungen), Werkvertragsleistungen
	64	Instandhaltung, Werkstattleistungen, Kosten der EDV,
Verkehrskosten	45	Reisekosten, Frachten, Postgebühren
	65	innerwerkliche Transporte
Übrige Kosten	47	Versicherungsprämien, Gebühren, Steuern, Literatur, Druckkosten, Mieten, Pachten, Bewirtungen
	67	Entsorgung
Umlagekosten (*)	69	Personalnebenkosten, Betriebliche Steuern, Anlagennebenkosten, Einkaufsnebenkosten, Sonstige Umlagekosten

(*) Umlagekosten sind im weiteren Sinne auch Übrige Kosten. Es empfiehlt sich wegen der schlechten Beeinflußbarkeit durch die Endkostenstellen-Leitung, sie getrennt auszuweisen. Diese Position wird in den Unternehmen sehr unterschiedlich verwendet.

Da man zunehmend zu verursachungsgerechter Verrechnung neigt, werden hier Positionen geführt, die mit voller Absicht nicht anders verrechnet werden sollen. Allgemeine Umweltschutzkosten (die speziellen in der Anlage gehören zum Verfahren und werden nicht gesondert ausgewiesen, z.B. ein Filter in der Abluft oder der Kat im PKW).

6.1.3 Kostenträgerrechnung

In dieser Rechnung werden die Kosten von Kostenstellen den erbrachten Fertigungs-/Dienstleistungsergebnissen gegenübergestellt. Diese Rechnung beantwortet die Frage, *wer trägt die Kosten.*
Die Division der Gesamtkosten durch das erbrachte Ergebnis führt zu Kosten pro Einheit.

Das können sein z.b. Kosten pro Tonne, pro Stückzahlen oder pro qm eines bestimmten Erzeugnisses, aber auch Kosten pro befördertem Flugpassagier oder Kosten pro geleistete Handwerkerstunde.

Eine Kostenträgerrechnung kann deshalb sowohl für Endkostenstellen, als auch für Vorkostenstellen (z.b. für interne Dienstleister) durchgeführt werden. Die Frage, *an wen* Kosten *weiterverrechnet* werden, ist hier zuerst einmal unerheblich.

Kosten zur Herstellung von Erzeugnissen sind Endkosten. Sie setzen sich aus ursprünglichen und abgeleiteten Kosten zusammen.

Für ein Dienstleistungsunternehmen (z.b. Banken, Luftfahrt) ist die Dienstleistung das Produkt.

Dienstleistungen im *eigenen* Unternehmen setzen sich auch aus ursprünglichen und abgeleitete Kosten zusammen. Die Kosten dieses „Erzeugnisses" werden im Unterschied zum gefertigten Erzeugnis nicht in Endkostenstellen, sondern in Vorkostenstellen erfaßt. Der *end*gültige Kostenträger ist somit das gefertigte Erzeugnis.

Beispiel:
In einem chemischen Unternehmen ist die Herstellung von Vitamin A die Fertigung. Die interne Herstellung und Lieferung von Energie hierzu ist eine Dienstleistung.
Würde der Vitaminhersteller die Energie von außen beziehen, ist sie für den Lieferanten jedoch Erzeugnis.
Bei einem Luftfahrtunternehmen ist der beförderte Passagieren das „Erzeugnis", die Instandhaltung der Flugzeuge auf der eigenen Werft eine Dienstleistung. Die Instandhaltung der Flugzeuge auf einer fremden Werft ist für dieses Werftunternehmen das „Erzeugnis".

Herstellkosten

Es gilt:

Einsatzstoffkosten	EK
+ Fertigungskosten	+FK
= Herstellkosten	=HK

Die Herstellkosten sind die Kosten der Einsatzstoffe (Rohstoffe, Zwischenprodukte, Zukaufprodukte) addiert um die Kosten der fertigenden Kostenstelle.

Es ist unerheblich, ob diese Einsatzstoffe aus einem Betrieb (Kostenstelle) im eigenen Unternehmen kommen oder von außen eingekauft werden.

Die Bewertung dieser Einsatzstoffe erfolgt nach *Verrechnungspreisen.* Die Bildung von Verrechnungspreisen ist unternehmensintern zu regeln. Gesichtspunkte solcher

Regelungen können sein: Marktpreise, interne Herstellkosten oder bewußt nach strategischen Gesichtspunkten festgelegte Preise.

Die Zusammensetzung der Fertigungskosten richtet sich nach der Inanspruchnahme eigener betrieblicher Leistungen (vor allem von Personalleistungen und Leistungen der Anlage) und anderer (unternehmensintern oder extern).

Je nach Leitlinien eines Unternehmens unterliegt die Inanspruchnahme externer Leistungen Restriktionen oder – wie in der momentanen Entwicklung – deutlicher Förderung.

6.1.4 Betriebsergebnisrechnung

Der Erfolg jeder unternehmerischen Leistung sollte gemessen werden können. Die *Aussage*, ein Betrieb habe erfolgreich ein bestimmtes Erzeugnis hergestellt und verkauft, genügt in der Regel nicht.

Folgende Begriffe werden als Maß für den Erfolg oder auch Mißerfolg eines Unternehmens verwendet:

Betriebsergebnis, Ergebnis, Gewinn, Profit

Da es in der Betriebswirtschaft keine Begriffsnormen gibt, wird im folgenden der weit verbreitete Begriff *Betriebsergebnis* verwendet. Gewinn vor und nach Steuern sei ein Begriff der Unternehmens-Rechnungslegung, nicht der Kostenrechnung eines Betriebes.

Obwohl die Funktionen des Vertriebes, des Verkaufs , des Marketings außerhalb des Verantwortungskreises des Betriebes liegen, ist es nötig, in die Betriebsergebnisrechnung den Umsatz, Erlös oder deren Teile davon einzubeziehen. Obwohl der Begriff des Erlöses verbreitet ist, soll im folgenden nur der Begriff des Umsatzes verwendet werden. Er ist sehr einfach zu definieren:

Umsatz = Erzielter Einzelpreis pro Menge multipliziert mit der verkauften Menge.

Betriebsergebnis

Unabhängig davon, wie tief man in einem Unternehmen die Kostenstruktur staffelt und wie groß die Kostenverantwortung eines Anlagenmanagements ist, dient das Betriebsergebnisses als wichtigstes Maß für eine erbrachten Leistung.

Das Einfügen der Betriebsergebnisse in die Ergebnisrechnung des Unternehmens entzieht sich in mittleren bis größeren Unternehmen dem Einfluß des Anlagenmanagements.

Normalerweise wird das Betriebsergebnis *pro Einzelerzeugnis ermittelt*. Werden verschiedene Erzeugnisse in einer Anlage hergestellt, ist für jedes einzelne Erzeugnis ein Betriebsergebnis zu errechnen. Unter Umständen ist es nötig, in einem Betrieb mehrere Kostenstellen oder Kostenplätze einzurichten. Auf eine möglichst verursachungsgerechte Aufteilung der Kostenarten auf die einzelnen Erzeugnisse ist zu achten

Brutto-Betriebsergebnis

Das Brutto-Betriebsergebnis wird meist so definiert:

Umsatz	+ U
– Preisnachlässe, Retouren	– R
= Netto-Umsatz	= NU
– Absatzkosten	– A
= Fabrikationserlös	= FE
– Herstellkosten	– HK
– Zinsen auf Vorräten+Forderungen.	– Z
– Vertriebskosten	– V
= Brutto-Betriebsergebnis	= BBE

Addiert man die Brutto-Betriebsergebnisse aller Produkte, erhält man das Brutto-Betriebsergebnis des Unternehmens.

Betriebsergebnis, Netto-Betriebsergebnis

Um das Betriebsergebnis BE zu erhalten, werden die Kosten vom Brutto-Betriebsergebnis abgezogen, die aus unternehmensstrategischen Gründen nicht dem einzelnen Erzeugnis zugewiesen werden. Sie sollen die Beurteilung eines Betriebes nicht verfälschen, sondern führen erst auf einer höheren organisatorischen Ebene oder erst bei der wirtschaftlichen Beurteilung des Unternehmens zur Berücksichtigung.

Die Wahl der Kosten, die auf diese Weise aus der Beurteilung des betrieblichen BE herausfallen, liegt bei der Unternehmensleitung. Es gibt hierzu durchaus kontroverse Auffassungen.

Wenn möglich, sollten alle Kosten des Unternehmens verursachungsgerecht auf die Betriebe verteilt werden.

Meist wird so definiert

Summe aller BBE	BBE
– Forschungskosten	– F
– Verwaltungskosten	– V
= Netto-Betriebsergebnis oder	
Betriebsergebnis	= BE

Für das Anlagenmanagement ist das Brutto-Betriebsergebnis seines Betriebes wichtig. Auf die Kosten für Forschung, Verwaltung und sonstige allgemeine Unternehmenskosten kann es nur indirekt Einfluß nehmen. Ein BE pro Erzeugnis auszuweisen, wäre aus diesen Gründen nicht sinnvoll.

Vollkosten bedeutet, daß alle Kosten einer Kostenstelle für die Ermittlung der Herstellkosten herangezogen werden.

Für den Fall, daß aus der Kostenrechnung heraus Angebots- oder auch Verkaufspreise ermittelt werden müssen, kann es unter bestimmten Konstellationen sinnvoll sein, keine Vollkosten zu verwenden.

Warum? Die Preisbildung muß sich den Gegebenheiten des Marktes anpassen. Dort ist es fast in jeder Branche so, daß Mitbewerber den per Vollkosten erreichten Preis unterbieten.

Es ist in dieser Situation die Frage zu stellen, ob dem Unternehmen ein Schaden entsteht, wenn nur Teile der Gesamtkosten zur Preisbildung herangezogen werden. Diese Teilkosten könnten zum Beispiel aus den Einsatzstoffkosten und einem Teil der Fixkosten bestehen. Teilkostenrechnungen sind aber wegen der Unterschreitung der Vollkosten nur in Ausnahmefällen anzuwenden, denn die nicht in Ansatz gebrachten Kosten entstehen trotzdem und müssen in solchen Fällen von anderen Kostenträgern übernommen werden.

Im letzteren Fall wäre es erstrebenswert, wenigsten einen Deckungsbeitrag zu leisten.

6.2 Deckungsbeitragsrechnung

Die Ermittlung eines Brutto-Betriebsergebnisses dient nicht nur einer *nachträglichen* Beurteilung der Leistung eines Betriebes, sondern auch als Entscheidungskriterium

– für eine Investition *vor* der Erstellung einer Anlage und
– für die Ermittlung eines Verkaufspreises vor Anbieten auf dem Markt

BBE-Rechnungen im Rahmen der Investitionsentscheidung werden von der Erzielung der Vollkosten plus eines Gewinnes ausgehen (siehe hierzu Bild 6.3). Für die Gestaltung eines Verkaufspreises sind die momentanen Verhältnisse des Marktes entscheidend, nicht unbedingt die zurückliegenden Verhältnisse zum Zeitpunkt der Investitionsentscheidung. Häufig lassen sich die Ergebnisse der Vollkostenrechnung nicht erreichen.

Ob es im Sinne des Unternehmens liegt, trotz ungünstigerer Netto-Umsätze das Erzeugnis zu verkaufen, hängt von der Beurteilung nach den Grundsätzen der *Deckungsbeitragsrechnung* ab. Sie haben in den letzten Jahrzehnten aus der Not der Nicht-Vollauslastung weite Verbreitung gefunden.

> *Deckungsbeitrag = Differenz zwischen dem Umsatz auf dem Markt und den variablen Kosten*

Der Deckungsbeitrag wird so bezeichnet, weil er einen Beitrag darstellt, die fixen Kosten abzudecken.

Für eine Kostenstelle ist er wie folgt definiert

Umsatz	U
– Zinsen auf Vorräte, Forderungen	– Z
– Variable Kosten	– VarK
= Deckungsbeitrag	= DB

Der Deckungsbeitrag gibt Auskunft darüber, wie das Betriebsergebnis durch die Höhe der fixen Kosten belastet wird.

Die Berechnung des Brutto-Betriebsergebnisses stellt sich unter Benutzung des Deckungsbeitrages wie folgt dar

Umsatz	U
– Zinsen auf Vorräte, Forderungen	– Z
– Variable Kosten	– VarK
= Deckungsbeitrag	= DB
– Fixkosten	– FixK
– Vertriebskosten	– V
= Brutto-Betriebsergebnis	= BBE

Das Bild 6.3 zeigt drei vereinfachte Fälle der Beurteilung der betrieblichen Situation

– Links ist die Situation dargestellt, in welcher DB>FixK. Das bedeutet eine positives BBE für den Betrieb. *Vereinfacht* könnte man sagen, daß in diesem Fall hier ein Gewinn erwirtschaftet wurde, obwohl bei der Betrachtung aus der Sicht des Unternehmens noch Abzüge für Unternehmensaufgaben und für die Steuer vorzunehmen sind.
– In der Mitte des Bildes ist der Fall dargestellt, bei dem DB = FixK. Hier wird zwar kein BBE erwirtschaftet, aber die Fixkosten sind abgedeckt. Es gibt keinen Verlust.
– Auf der rechten Seite ist der Umsatz weiter gesunken. Es gilt DB < FixK. Nur ein kleiner Teil der Fixkosten sind abgedeckt. Es entstehen Verluste.

Der wesentlichste Sinn der Deckungsbeitragsrechnung liegt im Erkennen, ob selbst bei sinkenden Umsätzen noch ein Teil der fixen Kosten gedeckt wird.

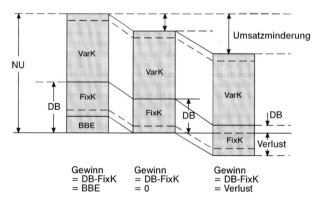

Bild 6.3: Deckungsbeitrag in drei verschiedenen Fällen

Basis für Deckungsbeitragsrechnung

Die gesamten Kosten einer Kostenstelle sind aufzuteilen in

- fixe
- variable (proportionale, über/unterproportionale) und in
- sprungfixeKosten.

Fixe Kosten

Fixe Kosten sind von der Fertigungssituation (Menge, Qualität, Absatz, u.a.) *unabhängig* und entstehen somit kontinuierlich. Es sind die Kosten der betriebsinternen Vorhaltung von erforderlichem Personal und Anlagen.

Variable Kosten

Variable Kosten sind von der Produktsituation *abhängige* Kosten. Sie sind entweder direkt proportional oder über- bzw. unterproportional abhängig von der produzierten Menge oder anderen zu definierenden Meßgrößen der Fertigung oder Dienstleistung. Die Einsatzstoffkosten sind in den allermeisten Fällen variable Kosten. Personalkosten sind nur dann als variabel anzusehen, wenn die Fertigungsorganisation einen flexiblen, einem Auftrag zuzuordnenden Personaleinsatz ermöglicht.

Sprungfixe Kosten.

Man nennt die Kosten so, wenn der fixe Zustand sich in Abhängigkeit der variablen Größen in Form eines Sprunges in einen anderen fixen Zustand begibt.

Beispiel:
Ein mittelständisches Unternehmen liefert für die Automobil-Industrie Zubehörteile, 500.000 Stück pro Jahr. Der Auftraggeber kündigt an, daß im Jahr darauf die Produktion auftragsweise bis zu 100.000 Stück geringer ausfallen könnte.
Das Personal ist mit Tarifverträgen gebunden., Fertigungsstraßen können stillgelegt werden.

Welche Kosten sind variabel, welche fix und welche sprungfix?

Variable Kosten sind hierbei
   Einsatzstoffkosten
   Energiekosten
Fixe Kosten sind
   Personalkosten, wenn Personal nicht versetzbar
   Umlagekosten,
   Energie-Grundkosten
Sprungfixe Kosten sind
   Personalkosten, wenn Personal an andere Arbeitsplätze versetzbar
   Instandhaltungskosten, durch Stillegung von Fertigungsstraßen
   Anlagenkosten, wenn man Produktlinien stillegt

Die Aufteilung in diese drei Arten ist in einigen Grenzfällen willkürlich. Vor einer Kostenanalyse ist deshalb immer eine Überprüfung früherer Festlegung zu empfehlen.

Dies schon deshalb, weil auch die Änderung der Gesetzgebung zu Verschiebungen führen kann (Umweltrecht, Arbeitsrecht).

Bemerkungen zur Zuordnung von Kosten

Bei voller Auslastung der Anlage und vollem Absatz mit kostendeckenden Preisen ist die Zuordnung zu einer der drei Arten ohne Belang.

Bei abnehmendem Umsatz belasten die Personalkosten das BBE, wenn keine kurzfristigen Änderungen möglich sind. Um Personalkosten zu senken, kann nur der rechtlich korrekte Weg (Vereinbarungen zwischen Arbeitgeber- und Arbeitnehmerseite) gegangen werden, in dieser Reihenfolge

– Versetzung auf anderen Arbeitsplatz
– Urlaubsverschiebung
– Kurzarbeit
– Abfindung
– Entlassung

6.3 Herstellkosten

Die Herstellkosten sind Grundlage für verschiedene Kostenbetrachtungen

– Für die Ermittlung eines Verkaufspreises oder einer planerischen Vorausschau über den erwarteten Gewinn- oder Deckungsbeitrag, wird die *Vorkalkulation* verwendet.
– Für die Feststellung der tatsächlich erzielten Gewinne und Deckungsbeiträge und für diverse Untersuchungen über Materialverbrauch, Fixkosten, Instandhaltungskosten, Umlagen u.v.a. nutzt man die *Nachkalkulation*.

Wie man die Herstellkosten ermittelt, hängt von der Art der Erzeugnisse ab und von den Möglichkeiten, die einzelnen Kostenarten den Erzeugnissen verursachungsgerecht zuzuordnen. Die beiden klassischen Methoden sind die Zuschlagskalkulation und die Divisionskalkulation.

Zuschlagskalkulation

Den Namen erhielt diese Kalkulationsmethode von den Zuschlägen in %, mit denen die direkt zuordenbaren Kosten (Material, Personal, Energie, Anlagenkosten) um gewisse Anteile der sog. Gemeinkosten ergänzt werden.

Welche Kostenanteile auf diese Weise zugeschlagen werden, ist nicht eindeutig zu definieren. Ziel für eine klare Herstellkostenrechnung wäre es, möglichst geringe Kostenanteile über Zuschläge zu verrechnen. In diesen Fällen könnte die Unternehmensleitung eine sachbezogene Beurteilung der wirtschaftlichen Situation eines Betriebes vornehmen. Je größer der Anteil von Zuschlägen ist, um so weniger ermöglicht das Zahlenwerk eine eindeutige Beurteilung.

Eine Zuschlagskalkulation ist überall dort notwendig, wo mehrere unterschiedlicher Erzeugnisse gefertigt werden. Bei der Fertigung mehrerer Erzeugnisse in einem Betrieb kann es sogar notwendig sein, Material-, Personal- und alle andere Kostenarten nach bestimmten Schlüsseln auf die einzelnen Erzeugnisse zu verteilen.

Schlüssel sind nicht nur Prozentsätze bestimmter Kostenarten von zentralen Einheiten, sondern es kann jede Form des Zuschlages gewählt werden:

– Absolutbeträge
– Anteile aus Personalkosten-, Nutzungsflächen-, Zeitaufwand uam. entstehen
– Kosten, die aus Handwerker- oder Maschinenstundsätzen ermittelt werden

Divisionskalkulation

Division bedeutet, die Gesamtkosten einer Periode durch die in dieser Periode gefertigte Menge eines Erzeugnisses zu dividieren.

Diese Art der Herstellkostenrechnung ist für Betriebe geeignet, die Erzeugnisse mit „Nichtstückcharakter" fertigen (z.B. Strom, Flüssigprodukte).

Die Divisionskalkulation ist nicht in dem Maße verbreitet, wie die Zuschlagskalkulation. Der Grund liegt in der Fülle von Kosten, die außerhalb des Betriebes entstehen und die auf Kostenträger in Endkostenstellen – das sind die fertigenden Betriebe – zu verteilen sind.

Vorkalkulation

Das Anlagenmanagement hat die Aufgabe, die zu erwartenden Herstellkosten in Abständen zu kalkulieren. Dies nicht nur zum Zwecke der Jahresplanung, sondern stets dann, wenn sich die Annahmen von der vorhergegangenen Vorkalkulation geändert haben. Solche Änderungen gibt es im Laufe eines Jahres mehrfach:

– Tarifliche Lohn- und Gehaltsänderungen
– Marktpreisänderungen von Vor- und Zwischenerzeugnissen, sonstigen Materialien
– Änderungen der Energiepreise
– Änderungen von Zuschlägen im Unternehmen

Inwieweit man solche Änderungen in die überbetriebliche Kostenrechnung per Korrektur dort geltender Ist-Zahlen aufnimmt, ist von der Größe der Abweichung abhängig. Hier sind Grundsätze des Zentralen Controlling zu berücksichtigen.

Unabhängig von der Aufnahme von geänderten Vorkalkulationen in die Kostenrechnung, sollte das Anlagenmanagement für seinen Betrieb einen realistischen Überblick über die erwarteten Herstellkosten haben. Eine zu häufige Überprüfung ist jedoch nicht sinnvoll, da über die Nachkalkulation mit Hilfe vorliegender Ist-Werte die genaueste Beurteilung der betrieblichen Situation möglich ist.

Als Checkliste für die Überprüfung aller Kostenarten kann die nachstehende Tabelle 6.3 dienen. Sie ist auch zu nutzen, wenn die Jahresplanung des Unternehmens ansteht.

Tabelle 6.3:

Kostenart	Bei Planungsüberlegungen zu beachten
Materialkosten	Marktpreisentwicklung oder Preisabschlüsse der Einkaufsabteilungen Gewünschte Produktionsmengen oder Vorgaben der Verkaufsabteilungen Kursentwicklungen, meist Vorgaben der Finanzexperten
Personalkosten	Zu- und Abgang von Personal Lohn- und Gehaltserhöhungen Erhöhung innerbetrieblicher und gesetzlicher Sozialleistungen Einführung zusätzlicher staatlicher Abgaben Veränderung in der betrieblichen Struktur (Qualifikation) Ausbildungs-und Weiterbildungskosten (sofern so geregelt)
Abschreibung	Fortschreibung bisheriger Kosten und Korrektur um Zu- und Abgänge von abschreibungspflichtigen Anlagegütern (Neubeschaffungen, Verschrottungen)

Fremdlieferungen /
Fremdleistungen
	Verträge überprüfen bzw. neu zu verhandeln
	Bei internen Dienstleistungen (abgeleiteten Kosten) kann man verschiedene
	Wege gehen
	– Abstimmung mit dem Dienstleister über dessen Pläne
	– Weiterschreiben und Hochrechnen der laufenden Kosten
	– Überprüfen der Höhe der eigenen Anforderungen und danach Abstim-
	  mung. Diese ist hierbei allerdings erforderlich, damit die Dienstleister ihrer-
	  seits ihre Planzahlen ändern können.

Energiekosten	Veränderungen im Verbrauch Energiepreisänderungen Zuschläge gesetzlicher Auflagen beachten (z.B. Kohlepfennig)
Verkehrskosten	siehe Fremdlieferungen/-leistungen
Übrige Kosten	Diese Position ist besonders zu beachten, da sich hier häufig Kosten ver- stecken, die sich dem Einfluß der Betriebes entziehen. Über die Kostenstel- lenverzeichnisse ist jedem der Zugang zu Informationen darüber möglich
Umlagekosten	In der Regel hat der Anlagenmanagement wenig Einfluß auf diese Position. Es sollte allerdings grundsätzlich möglich sei, über die Hohe, die Zusammenset- zung und die Steigerungen Informationen zu erhalten.

6.4 Instandhaltungskosten

Die Instandhaltungskosten stellen einen beachtenswerten Kostenfaktor für ein Unternehmen dar [6.08].

Die Bedeutung liegt nicht so sehr in der Höhe begründet (in der chemischen Industrie 5 – 8 % des Umsatzes), als in der Wirksamkeit auf das Betriebsergebnis. Instandhaltungskosten sind in einem größerem Umfang als *variabel* anzusehen. Teilweise sind

Maßnahmen *zeitlich* verschiebbar (z.B. größere Anstricharbeiten, Hoch- und Tiefbau-Instandsetzungen, Großabstellungen). Diese Aussage gilt nicht für Maßnahmen, die während eines normalen Fertigungsprozesses anfallen.

Der Anteil der Instandhaltungskosten an den *Herstellkosten* bzw. an den *Fertigungskosten* wurde für verschiedene Erzeugnisse untersucht bzw. erfragt. Die Instandhaltungskosten wurden über alle Fertigungsstufen/Verfahrensstufen hinweg ermittelt.

Die Zahlen sollen lediglich als Richtwerte gesehen werden. Es ist zu beachten, daß in den Herstellkosten die Einsatzstoffkosten enthalten sind.

Richtwerte

Anteile der Instandhaltungskosten an den Herstellkosten (jeder Fertigungsschritt anteilmäßig berücksichtigt):

– Chemische Industrie	Palatin-Farbstoff	5 %
	Harnstoff-Dünger	9 %
	Vitamin E	12 %
– Automobilindustrie	PKW	9 %
– Maschinenbau	Dampfturbine	3 %
– Dienstleistung	Flugstunde	10 %

Anteile der Instandhaltungskosten an den Fertigungskosten

Kunststoffindustrie	Spritzgußteile Polystyrol	8 %
Konsumgüterindustrie	Magnetische Datenträger	18%

6.4.1 Ermittlung

Instandhaltungskosten unterliegen in ihrer jährlichen Höhe einer gewissen Regelmäßigkeit, die den unten erläuterten Beziehungen folgt. Ihre Ermittlung ist für zwei Anwendungen von Interesse:

– für Kostenplanung bei Neuanlagen
– zur Beurteilung der Instandhaltung während der Fertigung (Vergleich mit Ist-Kosten)

Periodische und aperiodische Instandhaltungskosten

Untersuchungen haben ergeben, daß die Instandhaltungskosten K recht gut folgender Beziehung folgen:

$$K = f\,W_i \quad [\text{DM/a}]$$

dabei sind f Instandhaltungsfaktor [1/a]
$\quad\quad\quad\; W_i$ Indizierter Anschaffungswert [DM]

Die Beziehung gilt für die Kosten, die während eines mehr oder weniger normalen Betriebes einer Anlage anfallen. Sie werden *periodisch* genannt.

Maßnahmen sind als *aperiodisch* anzusehen, die

- durch deutliche Abweichungen vom normalen Betrieb erforderlich werden (z.B. langwährende Teil- oder Überauslastung, Abweichungen vom vorgesehenen Erzeugnisspektrum)
- durch geplante Maßnahmen erforderlich werden, die nur in größeren Zeitabständen auftreten (z.B. Anstricharbeiten, Druckbehälterprüfungen größeren Umfanges)
- eine Außerbetriebnahme der Anlage erfordern (z.B. Instandsetzung wesentlicher Anlageteile, Generalüberholungen)

Die Einschätzung von Maßnahmen in periodisch oder aperiodisch ist mit Hilfe einer unternehmensinternen Definition einigermaßen einheitlich vorzunehmen. Erfahrungen haben gezeigt, daß im Unternehmen 10 – 15 % der gesamten Instandhaltungskosten aperiodischen Maßnahmen sind. Für einzelne Betriebe kann dieser Wert in verschiedenen Jahren deutlich davon abweichen.

In der weiteren Betrachtung über *die Ermittlung von Instandhaltungskosten sind stets die periodischen Kosten gemeint.* Eine sprachliche Differenzierung wird hier nicht vorgenommen.

Die Ermittlung von Instandhaltungskosten mit Hilfe von Instandhaltungsfaktoren und Indizierten Anschaffungswerten ist nur eine Möglichkeit.

Man kann auch Planungsgrößen über Material-, Personal- und sonstige Kosten nutzen, um Rückschlüsse auf die Instandhaltungskosten abzuleiten.

Instandhaltungskosten-Aufteilungen:

Kostenart	Unternehmen der Großchemie (1990) in %	Unternehmen Verbrauchsgüterindustrie (1987) in %
Materialkosten (Ersatzteile, Kleinmaterial)	18	19,2
Personalkosten einschl. Nebenkosten	70	65,5
Energie-, Anlagen-, Verkehrskosten, Umlagen	12	15,3
Summe	100	100

Instandhaltungsfaktor f

Anstelle des Begriffes „IH-Kostenrate" wie er in der VDI 2893 (Entwurf) [6.09] vorgeschlagen wurde, soll der Begriff Instandhaltungsfaktor verwendet werden.

$$\text{Instandhaltungsfaktor } f = \frac{K}{W_i} \quad [1/a]$$

Instandhaltungsfaktoren wurden für die unterschiedlichsten Branchen ermittelt.

Richtwerte für Instandhaltungskosten bezogen auf Indizierten Anschaffungswert
(a) für Unternehmen in %
- Chemische Industrie (BRD 1980)   4 – 5
- Zwanzig Chemie Unternehmen USA (1976/79) [6.10]–[6.12]   3,9 – 4,1
- Mittelständisches Montagewerk Feinmechanik   4 – 5,5
- Vierzehn Niederländische Industriebetriebe (1975) [6.13]   6,7

(b) für Anlageteile, aus [6.13] in %
- Schmiedehämmer und -pressen   8,0
- Scheren und Kaltumformmaschinen   5,0
- Spangebende Werkzeugmaschinen   5,0
- Gleislose Flurförderer mit Eigenantrieb   15,0
- Gleislose Flurförderer ohne Eigenantrieb   5,0
- Gleisgebundene Flurförderer mit Eigenantrieb   6,5
- Gleisgebundene Flurförderer ohne Eigenantrieb   4,5
- Baumaschinen   4,0
- Güterkraftfahrzeuge   15,0
- Personenkraftfahrzeuge   14,0
- Bodenfreie Hebezeuge   4,5
- Dampferzeuger   3,0
- Generatoren und Umformer   3,5
- Kondensatoren, Transformatoren   1,5
- Elektrische Leitungen und Netze   5,0
- Elektromotoren   8,0
- Elektrische Schaltgeräte   5,0
- Flüssigkeitspumpen   6,0
- Gebläse und Verdichter   10,0
- Rohrleitungen und Netze   8,0
- Industriehochbauten   1,5
- Straßen und Wege   3,5

Alle diese Richtwerte [6.10], [6.11], [6.12] oder [6.13] sind nicht ohne die Einbringung
kritischer Erfahrungen *direkt* zu übernehmen.

Indizierter Anschaffungswert

Geeignet als Bezugswert eignet sich der Indizierte Anschaffungswert W_i oder der sog.
Wiederbeschaffungswert WBW.

Indizierter Anschaffungswert ist der Wert (Anschaffungswert, ggf. ergänzt um die
Montagekosten) einer Betrachtungseinheit, wenn man sie zum Zeitpunkt t neu be-
schaffen (und ggf. montieren) würde. Dabei ist der Indizierte Anschaffungswert der
Anlage die Summe aller Indizierten Anschaffungswerte der Betrachtungseinheiten.

Man ermittelt diese Werte durch Nutzung der *Preisindizes* für die entsprechenden
Güter nach dem Statistischen Jahrbuch der Bundesrepublik Deutschland [1.07] oder
nach anderen ähnlichen Quellen. In Anhang 10 dieses Buches sind Indizes für Preise
wichtiger Erzeugnisse von 1974 bis 1992 ausgewählt (Beispiele in Tabelle 6.4).

Obwohl man für *jede* Gruppe von Einrichtungen in der Anlage den Indizierten Anschaffungswert ermitteln und somit auch den Instandhaltungsaufwand für diese Gruppe ermitteln könnte, hat es sich als ausreichend genau herausgestellt, den Indizierten
Anschaffungswert aus *gewichteten* Einzelindizes zu ermitteln.

Tabelle 6.4: Beispiele von Indizes für 1991 (Basis 1985=100): Quelle [1.07]

Erzeugnisgruppe	Index
Behälter, Rohrleitungen, Armaturen	123,9
Pumpen	123,8
Straßenfahrzeuge	118,0
Eisen-, Blech-, Metallwaren	112,9
Stahlgerüste	117,6
Elektomotoren	115,8
Büromaschinen	84,8
Gewerbliche Betriebsgebäude (Stahlbau)	124,9
Bau von Straßen	121,0

Tabelle 6.5: Beispiel der Veränderung eines Anlagen-Anschaffungswertes Stand Ende 1992

Erzeugnisgruppe	Anschaffungs-Werte	Index 91 (Mittelwert)	Indizierter Ansch.-Wert
Bestand (aus 1985) Ende 1991	1.350.000	122,6	1.655.100
Zugänge 1992	300.000	100,0	300.000
Abgänge 1992 (aus 1975)	70.000	219,5	−153.650
Korrektur Bestand 1991/1992 (4 %)	1.580.000		63.200
Summe mit Veränderungen			1.864.650

Der Indizierte Anschaffungswert der Anlage wird um die Neuzugänge erweitert und um die Abgänge (meist Verschrottungen oder auch Verkäufe) vermindert (Tabelle 6.5).

Es empfiehlt sich, das Anlagenvermögen (Summe aller Anschaffungswerte) in die wichtigsten Einrichtung-Gruppen zu gliedern, die Summen dieser Gruppen zu gewichten und daraus einen durchschnittlichen Instandhaltungsfaktor zu bilden. Der Fehler, der dabei entsteht ist deshalb nicht groß, da die Indizes über weite Bereiche nicht stark voneinander abweichen. Sollten sie es tun – es gibt Beispiele – und ist diese Einrichtungs-Gruppe bedeutsam, dann sollte man sie getrennt behandeln.

Instandhaltungsfaktor in der chemischen Industrie

In der chemischen (und verwandten) Industrie haben Untersuchungen gezeigt, daß folgende Beziehungen existieren:

$$f = \text{Funktion (Anlagendurchsatz, Art der Medien, Auslastung, Alter)}$$

oder auch

$$f = f_d\, f_m\, f_l\, f_a$$

Die einzelnen Faktoren sollen näher beschrieben werden.

f_d (Anlagenleistung /-durchsatz)

Die Abhängigkeit vom Anlagendurchsatz ist dadurch gegeben, daß der Durchsatz in kontinuierlichen Anlagen quadratisch zum Durchmesser steigt. Da Strömungsprozesse in Rohrleitungen, in Apparaten und auch in Maschinen diesen Gesetzen folgen, werden die Größenabmessungen der Einrichtungen nicht linear, sondern etwa zum Wurzelwert der Durchsatzsteigerung wachsen.

Da nun aber die Instandhaltungskosten in hohem Maße handwerkliche Leistungen sind, erhöhen sich die Kosten proportional zur Dimension der Einrichtungen.

Bezogen auf den Durchsatz liegt der Wert jedoch noch unterhalb des Wurzelwertes, da manche Arbeiten – zumindest über gewisse Bereiche hinweg – von der Dimension unabhängig sind.

Eine Abschätzung mag das Beispiel aufzeigen.

Beispiel:
Eine Rohrleitung NW 40 befördert etwa die zweifache Menge einer von NW 25. Das Legen einer Schweißnaht – gleiche Wandstärke angenommen – erfordert aber nur die 1,6-fache Zeit.
Das Auswechseln einer Armatur dürfte gar bei beiden NW in der selben Zeit zu erledigen sein.
Da man in diesem Beispiel noch die Materialpreisunterschiede hinzurechnen muß, dann dürften – grob gerechnet – bei doppelter Durchsatzmenge die Instandhaltungskosten bei dem 1,1 bis 1,2-fachen liegen.

Man kann für Chemieanlagen den Faktor f_d wie in Bild 6.4 annehmen.

Als Abszisse wurde die in der Chemie übliche Durchsatzbezeichnung moto d.h. t/Monat gewählt.

Diese Relativierung ermöglicht es dem Anwender, die Größen verschiedener Produktionsanlagen (von Raffinerien, Grundstoff-Chemie bis zur Pharma-Chemie, usw.) zu berücksichtigen.

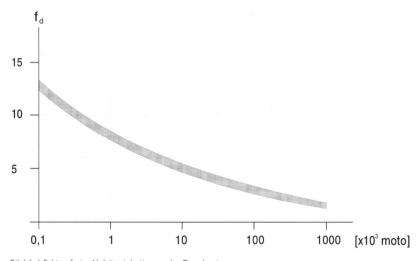

Bild 6.4 Faktor f_d in Abhängigkeit von der Durchsatzmenge

Tabelle 6.6: Faktor f_m für verschiedene Medien

Medium	f_m
Feststoffe	1,5 bis 3,0
Flüssigkeiten mit Feststoffen	1,5 bis 2,5
Flüssigkeiten	0,8 bis 1,5
Gase mit Feststoffen	1,0 bis 2,5
Gase	0,8 bis 1,5

Bei parallel geschalteten Produktionssträngen innerhalb einer Anlage ist *immer nur ein Strang* zu betrachten. Auch bei parallel geschalteten diskontinuierlichen Anlageteilen sind diese getrennt zu betrachten.

f_m *(Medien)*

Der Aufwand an laufender Instandhaltung hängt in hohem Maße von der Konsistenz der Medien ab, die in der Anlage bewegt werden.

Bei Planung der Anlage sind Auswahl der geeignetsten Einrichtungen mit den zugehörigen Werkstoffen wesentliche Schritte.

Trotz optimaler Auswahl werden in Anlagen, in denen saubere Flüssigkeiten oder Gase transportiert und chemisch-physikalisch behandelt werden, geringere Wartungs- (z.B. Reinigungskosten) oder Instandsetzungskosten haben, als solche, wo den Flüssigkeiten/Gasen Feststoffe beigemengt sind. Hier sind Verschleiß, Erosion, Verstopfungen, Festbackungen uam. nicht vermeidbar.

In Anlagen, in denen Maischen oder Feststoffe mit geringen Gasanteilen (Wirbelbetten) gehandhabt werden, ist ebenfalls mit hohen Instandhaltungskosten zu rechnen.

Der Faktor f_m ist demzufolge wie in Tabelle 6.6 anzusetzen.

f_l *(Auslastung)*

Die Höhe der Instandhaltungskosten ist von der Auslastung abhängig.

Der Kurvenverlauf in Bild 6.5 zeigt drei Auslastungsbereiche .

In den Auslastungsbereichen von 50 bis 110 % sind Anlagen meist ohne Sondermaßnahmen zu betreiben. In diesem Bereich fallen bzw. steigen Instandhaltungskosten proportional, wenn auch vergleichsweise gering. Das hat seine Ursache einmal in den vorhandenen Toleranzen der Leistung der Einrichtungen, zum anderen in der Regelbreite, in der die meisten Einrichtungen mit nur kleinen Wirkungsgradeinbußen betrieben werden können (z.B. Verdichter, Pumpen, Motoren).

Kann die Änderung der Auslastung von Anlagen erzielt werden, indem man sie in Normallast *betreibt*, jedoch die *Betriebszeit* (Übergang auf andere Schichtformen, Taktzeiterhöhung, Durchsatzerhöhung) *verändert*, dann werden die Instandhaltungskosten proportional zu den Betriebszeiten wachsen oder fallen.

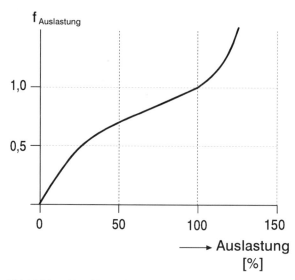

Bild 6.5 Faktor f_i in Abhängigkeit vom Auslastungsgrad der Anlage

Die Auslastung über 110 % beansprucht eine Anlage in starkem Maße dadurch, daß

– anstehende Wartungen und Inspektionen ausfallen, somit größere Schäden zu erwarten sind
– meist nicht mehr nach den Regeln der Planmäßigen Instandhaltung gearbeitet wird
– Abnutzungsvorräte schneller abgebaut werden.

Unterhalb der 50% bis in die Nähe des Anlagenstillstandes findet ein deutlicher Abfall statt.

Das liegt an der einfachen Erkenntnis, daß deutliche Kostenverringerungen erst eintreten, wenn „die Maschinen nicht mehr laufen und keine Produkte mehr fließen". Solange die Einrichtungen noch genutzt werden, wenn auch nur in geringer Teillast, solange wird Abnutzungsvorrat abgebaut, solange muß instandgehalten werden.

Auch eine stillstehende Anlage verlangt noch nennenswerte Instandhaltungskosten . Wie hoch, hängt davon ab, ob die Anlage nur für einen kürzeren Zeitraum stillgelegt wird oder für einen längeren.

f_a(Alter)

Der Anstieg der Ausfallrate (Badewannenkurve) auf Grund von Ermüdungsvorgängen oder allgemeiner Verringerung langhaltender Abnutzungsvorräte ist vorgegeben. Diese bewirken auch einen Anstieg der Kosten.

Der Anstieg hängt sehr stark von Umfang der Instandhaltung im Laufe des Anlagenlebens ab. Auch davon, in wieweit bei Instandsetzungen Erneuerungen von Baugruppen oder Bauelementen vorgenommen wurden.

In der Chemischen Industrie sollte man den Faktor

$$f_a = 1{,}0 \text{ bis } 1{,}2$$

ansetzen.

In Branchen, in denen fortwährende Verjüngungen von Einrichtungen in der Anlage nicht vorgenommen werden, wird der Faktor höher liegen.

Instandhaltungsfaktor f

Der Instandhaltungsfaktor f wird im Normalfall als *eine* Zahl ermittelt und verwendet. Es wird nicht in allen Branchen möglich sein, anlagenspezifische Einflüsse zu finden, um eine mehr oder weniger *unbeeinflußte* Zahl zu errechnen.

Um die Richtigkeit aller Überlegungen für die chemischen Industrie zu prüfen, sollen zwei extreme Beispiele gezeigt werden.

Beispiel 1 :

Anlage zur Herstellung von 12.000 moto Kunststoffgranulat, Wirbelschicht - Verfahren: Einstranganlage, Medien von gasförmig bis fest, Auslastung 85 %, Alter 3 Jahre.

$$f_d = 4{,}0$$
$$f_m = 1{,}2$$
$$f_l = 0{,}9$$
$$f_a = 1{,}0$$
$$f = 4{,}32$$

Nehmen wir an, die Anlage hätte einen gesamten Indizierten Anschaffungswert von 40 Mio DM, dann würde sich ein Instandhaltungsbudget von 40.000.000*0,0432 = 1,728 Mio/Jahr oder von 144.000 DM/Monat errechnen.

Beispiel 2.:

Anlage zu Herstellung von Textilhilfsmitteln: Drei parallele, einfache Rührwerkskaskaden mit je 1000 moto, aufwendiges, für andere Zwecke errichtetes, altes Gebäude. Medien fest-flüssig, Auslastung 100%, Alter 8 bis 12 Jahre.

$$f_d = 8{,}0$$
$$f_m = 1{,}7$$
$$f_l = 1{,}0$$
$$f_a = 1{,}2$$
$$f = 16{,}32$$

Bei einem Indizierten Anschaffungswert der Gesamtanlage von durchschnittlich 3* 2,2 Mio DM errechnet sich ein Instandhaltungsbudget von 3*2.200.000*0,1632 = 1,077 Mio DM/Jahr oder 89.750 DM/Monat.

Beachtungen für Instandhaltungsfaktoren in der chemischen Industrie

Die Ermittlung der Instandhaltungsfaktoren nach der hier geschilderten Methode bietet keine Ergebnisse, die ohne jede Kritik anzuwenden wären. Die Einflußfaktoren reichen nicht aus, um Besonderheiten von Betrieben zu berücksichtigen. So ist unter anderem die Struktur der Einrichtungen zu beachten.

Für eine große Zahl von Chemieanlagen ist die anteilige Zusammensetzung nach Maschinen, Elektro, Meß- und Regel, Rohrleitungen, Hoch-und Tiefbauten sehr ähnlich. Für diesen durchschnittlichen Anlagentyp gelten die Ausführungen.

Überwiegen jedoch bestimmte Anlagenteile, dann kann ein Fehler entstehen, der die Nutzung der Instandhaltungsfaktoren einschränkt.

So liegt der Instandhaltungsfaktor für Hochbauten bei 1–1,5 %. Wenn also der apparative Aufwand im Verhältnis zum erforderlichen Gebäudeaufwand vergleichsweise niedrig ist, so ist es zu empfehlen, den Indizierten Anschaffungswert so zu teilen, daß für die einzelnen Teile eigene Instandhaltungskosten ermittelt werden.

6.4.2 Verrechnung

Instandhaltungskosten sind Kosten, die zur Erfüllung ihrer Funktion entstehen. Dabei ist unerheblich, *wie* diese Kosten ermittelt und verrechnet werden.

Die Instandhaltung als organisatorische Einheit im Unternehmen oder im Betrieb verrechnet ihre Kosten als Vorkostenstelle. Kostenträger ist die Leistung des Handwerkers (Handwerkerstundensatz) oder die einer Einrichtung (Maschinenstundensatz).

Die Vorkostenstelle wird betriebswirtschaftlich wie jede andre Dienstleistungs-Kostenstelle geführt. Die Weiterverrechnung könnte auch wie bei anderen Dienstleistungen erfolgen, z.B. über Zuschläge. Zuschläge ermöglichen aber keine so gute Beurteilung, wie die über eine Leistungsbemessung.

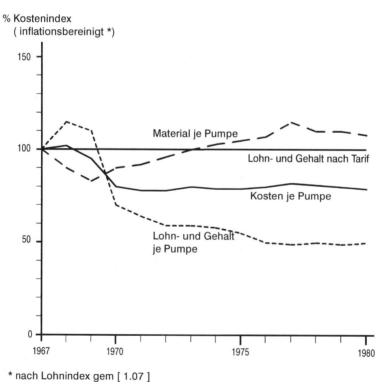

Bild 6.6: Entwicklung von Kostenarten in einer Spezialwerkstatt

Im Zusammenhang mit der Verschmelzung der Funktionen Fertigung und Instandhaltung sind organisatorische Lösungen denkbar, bei denen die Instandhaltungskosten in einer Endkostenstelle erfaßt werden. Sie gelangen damit als Fertigungskosten direkt in die Herstellkostenrechnung. Die Höhe der Kosten ändert dies nicht, es sei denn, es entstehen in Verbindung mit der Verschmelzung andere Kostenvorteile.

Die Enstehung der Kosten der Instandhaltung unterscheidet sich nicht von der der Fertigung. Die einzelnen Kostenarten entsprechen einander in dem Maße, wie die

– Einzel-Instandsetzung wie eine Einzel-Fertigung
– Wartung und Inspektion wie eine Serien-Fertigung
– Serien-Instandsetzung wie eine Serien-Fertigung mit Varianten

zu sehen sind.

Der Vorteil einer Serien-Instandsetzung, wie er schon beschrieben wurde, soll mittels Kostenbetrachtung noch unterstrichen werden.

Wesentlichstes Element der Serien-Instandsetzung ist die Leistungssteigerung der Handwerker durch ihre Spezialisierung. Arbeitsteiligkeit ist Voraussetzung für die Möglichkeit solcher Leistungssteigerung.

Beispiel: Die Entwicklung der Lohnkosten pro Pumpe in der Spezialwerkstatt gegenüber denen in der normalen Instandsetzung vor Ort oder in allgemeinen Werkstätten zeigt Bild 6.6.

6.4.3 Strategieeinflüsse

Das Aufzeigen von Kostenvorteilen für eine Instandhaltungsstrategie gegenüber anderen ist nur schwer möglich. Es wäre nötig, gleiche Anlagen unter gleichen Bedingungen mit unterschiedlichen Strategien instandzuhalten und die Ergebnisse über einige Jahre zu verfolgen. Entscheidend für Vor- und Nachteil einer Strategie wären Unterschiede in der Höhe der Fertigungskosten. Die Unterschiede würden von folgenden Einflüssen stammen:

– Auslastung der Anlage (Nichtgenutzte Fertigungsmöglichkeiten)
– Höhe der Instandhaltungskosten
– Qualität der Erzeugnisse
– Personalkosten der Fertigung
– Höhe sonstiger Kosten

Ein solcher Vergleich wird nur sehr schwer vorzunehmen sein. Die quantitativen Entscheidungen müssen hier den qualitativen weichen.

Nimmt man an, daß alle *gefertigten* Erzeugnis auch den Qualitätsanforderungen entsprechen und nimmt man weiter an, daß zumindest kurzfristig die Kosten des Fertigungs-Personals fix sind, dann resultieren Kostenunterschiede aus den beiden Kostenblöcken

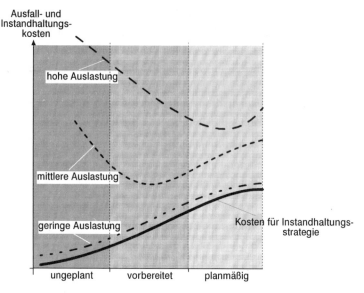

Bild 6.7: Ausfallkosten und Instandhaltungskosten in Abhängigkeit von der angewandten Strategie [6.14]

– Kosten nicht genutzter Fertigung (sog. Ausfallkosten)
– Instandhaltungskosten

Bild 5.5 hat aufgezeigt, daß eine Planmäßige Instandhaltung hoch-verfügbare Anlagen hervorbringt. Sie sind in der Regel einer hohen Anlagenauslastung angemessen. Umgekehrt führt Ungeplante Instandhaltung zu geringer Verfügbarkeit, die wiederum im Normalfall zu Anlagen mit schlechter Auslastung paßt.

In Bild 6.7 sind die zugehörigen Kostenzusammenhänge wie folgt zu erkennen:

Die Kosten steigen von der Ungeplanten bis zur Planmäßigen Instandhaltung an. Ausfallkosten sind dem ausfallenden Umfang proportional. (Sie sind im Bild 6.7 nicht dargestellt).

Die Addition beider Kostenblöcke ergibt jeweils ein entsprechendes Minimum. Dieses liegt – qualitativ gesehen – bei den entsprechenden Zuordnungen

geringe Auslastung   – ungeplant
mittlere Auslastung   – vorbereitet
hohe Auslastung   – planmäßig

Die Darstellung macht weiter deutlich, daß bei mittlerer Auslastung die Gesamtkosten im Falle Ungeplanter Instandhaltung deutlich höher sind, als bei Planmäßiger Instandhaltung. Das liegt an den hohen zeitlichen Aufwendungen, die bei Ungeplanter Instandhaltung an der Anlage vorzunehmen sind. Der Anstieg der Kosten in Richtung Planmäßiger Instandhaltung erhöht die Ausfallkosten wieder.

Im Falle hoher Auslastung und damit hohen Ausfalles sind die Kostensteigerungen bei den weniger wirksamen Strategien vorbereitet und ungeplant am höchsten. In diesen Fällen würden den fixen Fertigungskosten keine Umsätze gegenüberstehen.

Die Darstellung ist bewußt verzerrt. Sie gibt auch nicht die richtigen Kostenrelationen wieder. Die bereits genannten Zahlen über den Anteil der Instandhaltungskosten an den Fertigungskosten von ca. 5 bis 20 % würde die Kurven noch drastischer verschieben. Die Darstellung hätte darunter gelitten [6.14].

6.5 Wirtschaftlichkeitsbetrachtungen

Die Kostenrechnung dient in erster Linie der Bewertung von betrieblichen Leistungen und dazu, ob das für eine Anlage eingesetzte Kapital sich ausreichend verzinst hat.

Die Grundsätze gelten aber *auch* für vergleichende Rechnungen. So sind es vor allen Dingen Wirtschaftlichkeitsuntersuchungen der verschiedensten Problemfälle im betrieblichen Geschehen, die man mit Hilfe der Kostenrechnung lösen kann.

In den folgenden Abschnitten soll auf drei Problemkomplexe eingegangen werden, die vom Anlagenmanagement fortwährend Entscheidungen verlangen.

Es sind Entscheidungen über

– Instandsetzung oder Neubeschaffung
– Eigenleistung oder Fremdbezug
– Zentrale oder dezentrale Erbringung von Leistungen

Für das Unternehmen können nur dann richtige Entscheidungen gegeben werden, wenn sie gut vorbereitet worden sind.

6.5.1 Barwert/Zahlungsreihe

Bei jeder Betrachtung von Kosten muß man eine Basis finden, die dem Umstand Rechnung trägt, daß alle Vorgänge auch *zeitliche* Vorgänge sind.

Bei Wirtschaftlichkeitsbetrachtungen, z.B. bei Kosten-Nutzen-Betrachtungen oder anderen Arten (innerhalb von Wertanalyse, Strukturanalysen o.ä.), rechnet man entweder *heute für das Vergangene* oder man rechnet *heute für die Zukunft*. In jedem Fall müssen Geldbeträge auf einen Zeitpunkt bezogen werden.

Verwendet man den Zeitpunkt der Betrachtung, dann sind alle Beträge *auf- oder abzuzinsen*. Es kann auch notwendig sein, regelmäßige Zahlungen in einen *Barwert* umzurechnen (zu kapitalisieren) oder umgekehrt einen Barwert in regelmäßige Zahlungen umzurechnen.

Man benutzt, je nachdem ob man von einem Zeitpunkt an *n Jahre vorwärts* rechnet, den

$$\text{Aufzinsungsfaktor} = q^n$$

oder von einem Zeitpunkt an *n Jahre rückwärts* rechnet

$$\text{Abzinsungsfaktor} = q^{-n} = \frac{1}{q^n}$$

In q ist der Zinssatz enthalten, der, wenn man in die Zukunft rechnet, abgeschätzt werden muß.

Will man laufende, uniforme Zahlungsreihen (z.B. konstante Ausgaben für Wartung, Mieteinnahmen, Löhne) in einen Barwert zu einem bestimmten Zeitpunkt umwandeln, dann verwendet man für diese Rechnung den

$$\text{Kapitalisierungsfaktor} = \frac{q^{-n} q^{n-1}}{q-1}$$

Beispiel:
Jährliche Aufwendungen für die Wartung einer Maschine werden für die Nutzungszeit von 8 Jahren auf jährlich 2000 DM geschätzt. Wie groß ist der heutige Kapitalwert bei geschätztem Zinssatz von 7 %.
Aus Anhang 6 geht hervor
Barwert = 2000*5,971=11.942 DM

Im umgekehrten Fall, d.h. will einen Barwert in eine laufende, uniforme Zahlungsreihe umwandeln, dann verwendet man den

$$\text{Kapitalwiedergewinnungsfaktor} = \frac{q^n(q-1)}{q^n-1}$$

Beispiel:
Das heute vorhandene Kapital in Höhe von 10.000 DM soll bei einem Zinssatz von 7 % ausreichend sein, für die Dauer von 5 Jahren eine Pacht von jährlich 2.300 DM zu zahlen.
Aus Anhang 7 errechnet sich der erreichbare Ratenbetrag zu
    10.000 * 0,244 = 2.440 DM
Der zu zahlende Pachtbetrag ist also vorhanden.

In Anhang 6 bis 9 sind Tabellen für die Faktoren beigefügt, die für n = 20 Jahre und Zinssätzen von 1 bis 30 % reichen.

6.5.2 Instandsetzung oder Neubeschaffung

Während des Betriebes einer Anlage erleiden deren Einrichtungen Schädigungen.

Die verschiedensten Schädigungsprozesse bewirken, daß der Abnutzungsvorrat *jedes* einzelnen Bauelementes mehr oder weniger abnimmt. Bild 6.8 zeigt, daß im Laufe der Nutzung einer Betrachtungseinheiten der Abnutzungsvorrat durch die verschieden Instandhaltungsmaßnahmen immer wieder erhöht werden kann.

Diese Maßnahmen verursachen Kosten, die sich hauptsächlich aus Personal- und Ersatzteilkosten zusammensetzen.

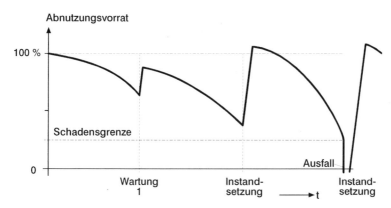

Bild 6.8: Einfluß von Instandhaltungsmaßnahmen auf den Verlauf des Abnutzungsvorrates

Bei bestimmten Schadensbildern ist die Frage zu stellen, ob es sinnvoll sei, weiterhin Kosten für größere Instandsetzungen aufzuwenden, anstelle die Betrachtungseinheiten zu ersetzen.

Die Beantwortung der Frage ist mit Hilfe einer Wirtschaftlichkeitsrechnung möglich.

Würde man steuerliche Aspekte einbeziehen, könnte das Rechenverfahren zu einem komplizierten Iterationsverfahren werden. Dies ist erst dann sinnvoll, wenn eine entsprechend wertvolle Betrachtungseinheit zur Disposition steht..

In die Rechnung gehen einige Faktoren ein, die geschätzt werden müssen

– die Zinsentwicklung
– die Restlebensdauer der instandzusetzenden Betrachtungseinheit
– das Ausfallverhalten resp. die Instandhaltbarkeit der alten B.
– das Ausfallverhalten resp. die Instandhaltbarkeit der neuen B.

Es empfiehlt sich wegen dieser Unsicherheiten mit Hilfe der EDV die Schätzzahlen so zu variieren, daß man ein Entscheidungsfeld erhält. Das Maß des Einflusses der verschiedenen Schätzungen wird dabei sichtbar und dies erleichtert die Entscheidung.

Anhand eines ausführlichen Beispieles soll der Rechengang aufgezeigt werden.

Beispiel: Eine Kompressorenanlage ist ausgefallen. Sie wurde vor 3 Jahren für 200.000 DM angeschafft.

Alternative A: Die Restlebensdauer wird bei einer entsprechenden Instandsetzung, die 70.000 DM kostet, auf weitere 5 Jahre geschätzt. Die Betriebskosten werden auf 12.000 DM/Jahr, die Instandhaltungskosten auf 20 bis 30 % des Indizierten Anschaffungswertes prognostiziert.

Alternative B: Kauf einer preisgünstigen Neuanlage, die bei gleicher technischer Leistung eine Lebensdauer von 8 Jahren bietet und 170.000 DM kostet. Ihre Betriebskosten werden auf jährlich 10.000 DM geschätzt, die Instandhaltungskosten auf 12 % bis 20 % vom Indizierten Anschaffungswert, steigend.

Frage: Soll die alte Anlage instandgesetzt oder die neue Anlage angeschafft werden? (Zinssatz sei konstant 10 %).

Lösungsweg: Alle Ausgaben werden für jede der beiden Alternativen auf das Jahr 0 abgezinst, alle diese Beträge addiert und die Summen verglichen.

Ergebnis: Alternative A:

Jahr	Betriebskosten	Inst.-Kosten	q^{-n}	Summe, kumuliert
0	70.000		1	70.000
1	12.000	40.000	0,909	117.268
2	12.000	44.000	0,826	163.524
3	12.000	49.000	0,751	209.335
4	12.000	60.000	0,683	258.511
5	12.000	70.000	0,621	309.433

Ergebnis: Alternative B:

Jahr	Betriebskosten	Inst.-Kosten	q^{-n}	Summe, kumuliert
0	170.000		1	170.000
1	10.000	20.000	0,909	197.270
2	10.000	22.000	0,826	223.702
3	10.000	27.000	0,751	251.489
4	10.000	33.000	0,683	280.868
5	10.000	40.000	0.621	311.908

Das Ergebnis ist etwa gleich. Man würde also bei Eintreffen der gemachten Annahmen keinen Fehler machen, gleich welche Lösung man wählt.

Man sollte jetzt die verschiedensten Annahmen variieren, dann würde man ein gut nutzbares Entscheidungsfeld erhalten.

So könnte man die Schätzgrößen variieren, z.B.
– Restlebensdauer statt 5, vielleicht nur 3 oder auch 8 Jahre
– Betriebskosten anders ansteigend oder auch fallend

Bei der Interpretation des dadurch zu erhaltenden Entscheidungsfeldes sind folgende Gesichtspunkte zu bedenken:
– die Neuanlage (Aternative B) kann noch 3 Jahre betrieben werden.
– die Mittel der Minderausgaben bei Alternative A können für andere Zwecke eingesetzt werden

Soweit das Beispiel nach Wehe [6.15].

Restlebensdauer

Die Schätzung der Restlebensdauer einer Betrachtungseinheite ist nicht einfach und verlangt Erfahrungen in der Beurteilung von Schäden und den Auswirkungen der Instandsetzung. Einige Erkenntnisse können dazu beitragen:

Jede Einrichtung setzt sich aus einer größeren Zahl von Baugruppen und diese ihrerseits aus Bauelementen zusammen. Es ist technisch (noch) nicht machbar, diese Elemente (Werkstoff, Form) so zu gestalten, daß durch die unvermeidlichen Schädigungsprozesse in der Einrichtung eine zeitlich gleichlaufende Abnahmen des Abnutzungsvorrates *aller* Bauelemente erfolgt. Das bedeutet, daß jede Einrichtung neben kurzlebigen auch vergleichsweise langlebige Baugruppen oder -elemente enthält.

Wenn nun kurzlebige Baugruppen oder -elemente bei einer Instandsetzung durch neue ausgetauscht werden, dann erhält die gesamte Einrichtung fast wieder die ursprüngliche Lebensdauer.

Beispiel.:
Die Gehäuse von Kreiselpumpen bestehen aus den verschiedensten Gründen aus einer starkwandigen Gußkonstruktion. An ihr findet bei richtigem Einsatz kaum ein Verschleiß statt. Hingegen sind Laufrad, Welle, Dichtungen stärker einem Verschleiß unterlegen.

Wenn nun bei einer Instandsetzung solche Teile umfassend durch neue oder neuwertige ersetzt werden, kann eine Pumpe nach vielen Malen solcher Instandsetzungen immer wieder mit der vollen Lebensdauer angesetzt werden.

6.5.3 Eigenleistung oder Fremdbezug

In diesem Abschnitt soll nicht über den Vorgang geschrieben werden, der jeder Investitionsentscheidung vorausgeht. Denn *diese* Entscheidung ist zu einem frühen Zeitpunkt gefallen und die Anlage ist gebaut worden.

Es geht um die Änderung einer bereits getroffenen Entscheidung, da sich beispielsweise die ursprünglich angenommenen Rahmenbedingungen geändert haben oder bei der Erstellung der Anlage falsche Entscheidungen getroffen worden sind.

Die folgenden Überlegungen gelten wie immer sowohl für die Herstellung von Erzeugnissen, als auch für Dienstleistungen.

Es ist eine wirtschaftlich begründete Entscheidung zu fällen, ob Dienstleistungen im Unternehmen oder von Dritten wahrgenommen werden sollten.

Vor der Untersuchung ist die Klärung von Einzelfragen erforderlich:

– Gibt es auf dem Markt mindestens einen Dritten, der die jeweilige Funktion übernehmen könnte (z.B. die gesamte Instandhaltung oder die Lieferung von allen Energien)
– Sollen nur bestimmte Teile von Dienstleistungen an Dritte vergeben werden (z.B. größere Instandsetzungen, Lagerhaltung bestimmter Ersatzteile) und gibt es dafür einen Markt
– Soll und kann man einen kompletten Arbeitsbereich aus einem Dienstleistungsbereich an Dritte vergeben (z.B. Wartung und Diagnose oder Unterhaltung der Anlagen für Kommunikation)
  Ist es sinnvoll, Kaufteile oder bestimmte Energieformen selbst herzustellen

Unabhängig davon, wie weit der Untersuchungsumfang gesteckt ist, sind einige Grundlagen zu verwenden, ohne die jedes Untersuchungsergebnis wertlos wäre:

– Dritte sind als voll kompetent anzusehen
– das Arbeitnehmer-Überlassungs-Gesetz (AÜG) wird beachtet
– es herrscht eine normale wirtschaftliche Situation (keine tiefe Rezession und keine hohe Konjunktur). Die Entscheidung darf nicht durch Einflüsse geprägt werden, die mit dem Untersuchungsumfang nichts zu tun haben (Politik, Änderung des Geschäftszweckes). Es dürfen hierzu keine sog. unternehmerischen Entscheidungen gefällt werden

Vorgehen

Die Problemlösung bedient sich der *vergleichenden Kostenrechnung*. Da sich nicht alle Fragestellung mit Kosten vergleichen beantworten lassen, wird es notwendig sein, *Bewertungen* hinzuzufügen.

In der folgenden Gegenüberstellung der Kostenarten werden einige Hinweise gegeben, die bei einer Vergleichsrechnung zu beachten sind (Tabelle 6.7).

Bewertungskriterien

Für *Fremdleistung* sprechen:

- Personelle Beweglichkeit (Auf- und Abbau von Zahl der eingesetzten Kräfte)
- Keine Vorhaltung von Equipment (z.b. Spezialwerkzeuge, -fahrzeuge, Gerüste)
- Niedrigere Kosten durch niedrigere Löhne bei bestimmten Tätigkeiten
- Wenn das Vorhalten eigener Spezialisten zu aufwendig ist
- Keine langfristige (soziale) Personalverantwortung

Für *Eigenleistung* sprechen

- Verfahrens-und Ortskenntnis
- Leichter Zugriff außerhalb der Normalarbeitszeit

Tabelle 6.7: Bemerkungen zum Kostenvergleich für interne Dienstleistungen

Kostenart	eigen (= intern)	fremd (= Dritte)
Material	Material wird in der Regel vom internen Lager bezogen. Bei Kauf von großen Mengen sind Kosten geringer, als bei Mitlieferung des Dritten	Zwei Möglichkeiten: Mitlieferung oder Verwendung des Materials vom Auftraggeber.
Personal	Es sind alle Kosten und Nebenkosten zu beachten (siehe Modellstundensatz)	dto.
Energie	Wird im Unternehmen verrechnet, gleich ob interne Erzeugung oder Zukauf	Der Energieverbrauch auf dem Unternehmensgelände ist zu berechnen.
Anlagenkosten	Ist für alle genutzten Einrichtungen und Gebäude anzusetzen	Die Nutzung der Gebäude des Unternehmens sind quasi als Miete zu berechnen.
Fremdlieferung Fremdleistung		Werkverträge und Werklieferverträge beinhalten unterschiedliche Leistungen. Materialmitlieferung?
Verkehrskosten	Interne Verrechnung sicherstellen	Inanspruchnahme aller unternehmenseigenen Verkehrsmittel sind zu berechnen, dgl. Kommunikationsmittel
Übrige Kosten	Ändern sich, wenn die Bezugsbasis der Umlage Mitarbeiterzahlen sind. Bei mehr Fremdleistung würden Kosten geringer ausfallen.	

- Geringe Fluktuation, damit Erhalt von Spezialausbildung
- Leichte Wechselmöglichkeit zwischen Instandhaltung, Neubau, Änderung, Großab-
  stellung, ggf. Produktion
- Know how-Erhalt
- Streik-Unabhängigkeit
- Bei bestimmten Tätigkeiten niedrigere Kosten

Der Bewertung soll ein ausreichender Raum gegeben werden.

Es wäre aber nicht richtig, *nur* mit Bewertungen zu operieren und damit Meinungen
und Vorurteilen einen zu großen Einfluß zuzugestehen.

6.5.4 Dezentrale oder zentrale Erbringung von Leistungen

Diese Betrachtung betrifft nicht die Entscheidung Eigen-/Fremdleistung, sondern die
Entscheidung über *Ort und Organisation* der Ausführung von *unternehmensinternen*
Arbeiten. Die folgenden Überlegungen gelten wieder für verschiedene interne Dienstleistungen. Beispielhaft soll jedoch der Entscheidungsfall von dezentralen oder zentralen Instandsetzungsarbeiten beschrieben werden.

Diese sollte sich nicht am Bestehen einer bestimmten Aufbauorganisation mit all
ihren Zuständigkeiten orientieren, sondern an wirtschaftlichen Kriterien.

Solche Untersuchungen sind mit den Mitteln der Kostenrechnung möglich.

Vor Beginn einer Kostenrechnung sind jedoch für beide Möglichkeiten ausführliche
Planungs- und Projektierungsarbeiten vorzunehmen. Diese beinhalten dann auch eine
Schätzung der Investitionskosten und des Personalbedarfs.

Diese Planungsarbeiten sollten auf folgenden Anforderungen aufbauen:

- Art der Tätigkeiten (Wartung, Diagnose, Serien-Instandsetzungen, Kreislauf-Instand-
  setzungen)
- Mengen pro Monat an instandzusetzenden Betrachtungseinheiten, Ersatzteilbedarf
  Terminanforderungen an die Abwicklung (Umfang von Redundanzen in den Betrieben, Eilinstandsetzungen)
- Normungsgrad der Betrachtungseinheiten (Möglichkeit der Serien-Instandssetzung)
- benötigter Flächen und Raumbedarf
- Einrichtungen an Hebezeugen, Sonderwerkzeugen, Lagereinrichtungen, Prüfeinrich-
  tungen

In der Regel werden Fragen nach dezentraler oder zentraler Abwicklung erst zu einem
Zeitpunkt gestellt, wo *eine* Form schon existiert. In jedem Fall muß die Untersuchung
für beide Lösungen die selben Anforderungen zur Grundlage haben.

Bewertungskriterien

Der Kostenvergleich wird nicht alle Fragen beantworten können.

Im folgenden soll stichwortartig das Für und Wider benannt und mit Hinweisen auf die Kostenrelevanz versehen werden.

Es werden *nur* Kriterien genannt, die sehr eindeutig *pro* eine zentrale Abwicklung sprechen. Alle *nicht* genannten Kriterien sind damit eher als *contra* anzusehen (Tabelle 6.8)

Ein Betrieb sollte versuchen, soviel wie *möglich* an Instandhaltungs- und anderen Dienstleistungsarbeiten zentral abzuwickeln bzw. abwickeln zu lassen. *Ein externer Dienstleister ist dem Charakter nach auch ein zentraler Abwickler.*

Tabelle 6.8: Kriterien und Gründe, die für eine zentrale Abwicklung sprechen

Kriterien	Gründe für zentrale Instandsetzung	Beispiele
Planbarkeit	– Effektivität ist hoch, da eine geplante Arbeit wenig Wartezeiten, wenig Leerlauf hat – Abstellungszeiten der Anlage/-teile sind minimiert – Meist ergonomischere Arbeitsumgebung als vor Ort, erlaubt schnellere Ausführung und bessere Qualität der Arbeit	Wartungsarbeiten an Getrieben Justierarbeiten an Meßwerkzeugen für die Qualitätssicherung
Wiederhol-häufigkeit	– Spezialisierung von Handwerkern und deren Werkzeugen ist möglich, damit effektivere Arbeitsdurchführung – Dokumentation leichter vorzunehmen – PKW	Instandsetzungen von – Pumpen – Motoren – Getriebe
Große Stückzahlen bei Serien-Einrichtungen	– Durch arbeitsteilige Ausführung effektiver, jeder Handgriff sitzt – Optimale Nutzung angeschlossener Ersatzteil-Läger – Möglichkeit der Kreislauf-Instandsetzung – Hohes Spezialistentum der Handwerker – Hoher Erfahrungs-Rückkopplungseffekt – Verwendung von Standardarbeitsplänen – Leichtes Einbeziehen von Herstellern/Dritten – Minimierung von Ersatzobjekten, geringere Mittelbindung – Zwang zur wirtschaftlichen Standardisierung – Leichteres Einbeziehen von Herstellern/Dritten	Instandsetzungen von – Armaturen – Meßgeräten – Schneidwerkzeuge Kreislauf von Triebwerken
Hilfsmittel	– Teure Anschaffungen nur an einer Stelle, geringere Abschreibungskosten und IH der Hilfsmittel – Effektiver Umgang durch Spezialisten – Höhere Arbeitssicherheit durch fortwährenden Einsatz	– Hebezeuge – Meßmittel – Prüfstände – Schweißtechnik
Spezialisten-	– Aus- und Weiterbildung streng focussiert, damit Minimierung der Kosten – dadurch höhere Effektivität – Optimale Führungsquote – Hohe Qualität der Ausführung	Flammspritzen▸ Läppen von Gleitringdichtungen

Bei der zentralen Abwicklung von Instandhaltungsaufträgen steht Wirtschaftlichkeit gegen Flexibilität. Entscheidungen sind deshalb unter diesem Gesichtspunkt zu sehen. Alle Kriterien sind auf ihre wirtschaftlichen Auswirkungen hin zu prüfen. Das ist in vielen Fällen möglich, in einigen jedoch nur mit größerem Aufwand.

6.6 Controlling

Nach der Brockhaus Enzyklopädie [4.12] ist

Controlling eine Teilfunktion der Unternehmensführung, die zur Steuerung des Unternehmens Planungs-, Kontroll- und Koordinationsaufgaben wahrnimmt, um die betrieblichen Entscheidungsträger mit den notwendigen Informationen zu versorgen.

In den 70er und 80er Jahren hat sich die Funktion Controlling in den Unternehmungen eingebürgert. Es gibt noch unterschiedliche Positionen zu der Frage , welche Unterfunktionen sollten von ihr wahrgenommen werden.

Horvath [6.16] faßt die unterschiedlichen Auffassungen zusammen und definiert die zu einem Zentralen Controlling gehörenden Aufgabenbereiche:

– Planung (Unternehmens-, Kostenplanung)
– Budgetierung
– Berichtswesen
– Kontrolle
– Analysen
– Strategische Planung

Das Anlagenmanagement ist mit der Unternehmensfunktion Controlling (Zentral-Controlling) wie folgt verbunden:

– Eine betriebliche Funktion Controlling (Betriebs-Controlling) ist ein Instrument für das Anlagenmanagement. Dazu bedarf es eines dem Zentral-Controlling analogen Systems auf einer tieferen Informationsebene mit zusätzlichen, auf die betrieblichen Belange zugeschnittenen Funktionen
– Ein Betriebs-Controlling ist kommunikativ mit dem Zentral-Controlling verbunden. Es liefert Informationen verschiedenster Art (Teilkostenplanungen usw.) und er erhält Informationen für die betrieblichen Belange (Steuerungsempfehlungen, Analysematerial usw.)

Wesentliche Funktionen des Betriebs-Controlling, die mit dem System des Zentral-Controlling korrespondieren sind

– Kostenplanung und Budgetierung
– Berichterstattung

Für die Vertiefung des Fachgebietes Controlling kann die folgende Literatur empfohlen werden: Horvath [6.16], Schröder [6.17], Witt/Witt [6.18] und Ziegenbein [6.19].

6.6.1 Kostenplanung und Budgetierung

Kostenplanung

Die Kostenplanung hat zur Aufgabe, Einnahmen und Ausgaben und die internen Kosten eines Unternehmens für eine zukünftige, vorgegebene Periode so genau wie möglich zu ermitteln. Die Ermittlung setzt sich aus einer Vielzahl tiefgestaffelter Summierungen von Schätzkosten organisatorischer Einheiten zusammen. Die Gliederung ist im Regelfall die aus dem Organigramm erkennbare Aufbauorganisation.

Alle Kostenstellen eines Unternehmens, die ursprüngliche und abgeleitete Kosten erfassen, sind die Quellen dieser Schätzungen.

Sie werden nach Bereichen eines Unternehmens (z.B. Forschung, Vertrieb, Fertigung, Verwaltung, Logistik, Beschaffung) zusammengeführt. Dies geschieht nach einem unternehmensinternen Regelwerk.

Die gewählte Planungsperioden sind meist

– das Folgejahr (Jahresplan)
– die nächsten drei Jahre (Dreijahresplan)

Wegen der schnellen Veränderungen in der Weltwirtschaft hat sich eine noch längere Periode als nicht sinnvoll erwiesen.

Das Vorgehen der vorausschauenden Kostenermittlung eines Betriebes entspricht dem Vorgang, der auch zur Vorkalkulation der Herstellkosten dient.

Zusätzlich werden Kosten geschätzt für Kostenbereiche, die nicht in die Kostenrechnung einfließen, für die aber das Anlagenmanagement Ressourcen im Folgejahr zur Verfügung gestellt sehen möchte (Investitionen, Forschungsaktivitäten, Ausbildungswünsche). Diese Schätzungen werden normalerweise von den zentralen Einheiten vorbereitet, die später das jeweilige Kostenvolumen (Budget) verwalten. Diese vorbereiteten Schätzungen, wie z.B. die für Investitionen, werden mit den betreffenden Einheiten abgestimmt.

Budgetierung

Das Budget ist ein Kostenrahmen. Es dient im Unternehmen dazu, bestimmte Kostenvolumina *parallel* zum gesamten Kostenplan quasi matrixartig zentral zu erfassen und auszuweisen. Diese Budgets werden, genau wie die Kostenermittlung, von den organisatorischen Einheiten aus Einzelpositionen zusammengestellt, vor der Geschäftsleitung vertreten und mit Hilfe des Berichtswesens verwaltet.

Wichtige Budgets sind

- Budget für Forschung und Entwicklung
- Budget für Investitionen
- Budget für Instandhaltung
- Budget für Ausbildung und Sozialleistungen
- Budget für Finanzaktivitäten

Sie stellen – im Durchschnitt über die Jahre von Konjunktur und Rezession – in Unternehmen der Chemischen Industrie ein jährliches Kostenvolumen von etwa 30 – 50 % des jährlichen Umsatzes dar.

Von den Budgets sind nur Teile in der genannten Matrix enthalten. Das heißt, daß die Kostenstellen nur Teile dieser Budgets und davon wiederum nur *den sie betreffenden Anteil* im betrieblichen Kostenplan wiederfinden. Zu diesem Anteil tragen sie in dieser Kostenplanung bei (z.B. vom Instandhaltungsbudget, vom Ausbildungs- und Sozialbudget).

Die Beantragung eines Budgets baut meist auf dem Verbrauch des Vorjahres auf. Hohe Anträge und hohe Gewährungen der beantragten Budgetsumme halten nicht zu einer sparsamen Mittelverwendung an. Die Unternehmensleitung leistet diesem Verhalten mitunter Vorschub, wenn sie dem sparsamen Anlagenmanagement bei Budgetunterschreitung im Folgejahr den beantragten Betrag *von vornherein* kürzt.

Ablauf der Kostenplanung und Budgetierung

Der Kostenplan wird meist bereits zu Beginn der zweiten Jahreshälfte für das Folgejahr im ersten Entwurf erstellt. Die einzelnen Planungsstufen sind von fortlaufenden Rückkopplungsprozessen geprägt, wobei die strategischen Überlegungen mit den betrieblich-taktischen abgestimmt werden müssen.

Bild 6.9 zeigt den Lauf von Planungsdaten, den Abstimmungsprozeß innerhalb der Leitungen der nächst höheren Ebene und den Rückkoppelungsprozeß.

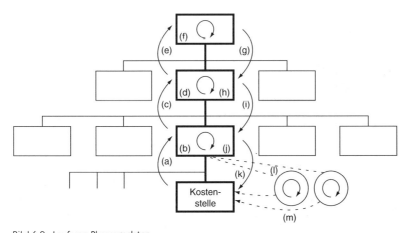

Bild 6.9: Lauf von Planungsdaten

Erster bottom-up-Schritt

Jede Kostenstelle (z.B. ein Fertigungs- oder ein Instandhaltungsbetrieb) ermittelt auf der Basis der Ist-Kosten des laufenden Jahres (oder auch des Durchschnittes mehrerer Jahre) die Plankosten für das Folgejahr. Bei dem Dreijahresplan verschiebt sich nur der Planungshorizont.

Die Basis vieler Kostenschätzungen werden unternehmensweit vorgegeben, sind von jedem Betrieb gleich anzusetzen (z.b. Lohnerhöhung, wichtige Rohstoffpreise, gesetzliche Anordnungen für Lohnnebenkosten)

Dieser nach Bild 6.9 erste Planungsschritt wird zuerst mit parallelen Ebenen (m) abgestimmt. Diese parallelen Ebenen sind andere Kostenstellen, die Leistungen oder Lieferungen abgeben oder empfangen. Nach vorheriger Abstimmung mit der nächsthöheren Ebene (b) wird die Summierung der Kostenstellenschätzungen in das Rechenwerk der übernächsten Ebene (d) und schließlich bis hin zum Vorstand bzw. zur Geschäftsleitung (f) gegeben. In den jeweiligen Ebenen muß sich jeder Planentwurf den ersten, aus der Unternehmensstrategie erwachsenden Korrekturen stellen .

Erster top-down-Schritt

Die Korrekturen dienen dazu, Übereinstimmung zwischen Zielen und Möglichkeiten herbeizuführen. Ein meist veränderter Kostenrahmen wird anschließend bis hinunter auf die Kostenstellenebene weitergegeben .

Diese Umsetzung kann bei den einzelnen Funktions-und Produktionsbereichen in unterschiedlicher Weise wirksam werden. Einzelne Bereiche könnten stark, andere dafür gar nicht von den top-down-Korrekturen betroffen sein.

Abstimmung und Festlegung

In größeren Unternehmen führt diese erste „Runde" nicht immer gleich zu einem für alle zufriedenstellenden Ergebnis. Es folgen dann weitere solche Runden, meist stark vereinfacht.

Der Jahresplan wird anschließend verbindlich und dient den Betrieben (jeweils Kostenstellen) als Vorgabe.

DerUnternehmensleitung dient dieses Zahlenmaterial der Abschätzung eines Unternehmens-Betriebsergebnisses.

Besonderheiten der Budgetierung von Instandhaltungskosten

Auch die Budgetierung der Instandhaltungskosten baut auf den Kosten des Vorjahres auf, sofern möglich. Das Anlagenmanagement wird eine Kostenfortschreibung nach den Regeln des Unternehmens (Lohnsteigerungen, Materialkostensteigerungen, Änderungen sonstiger unternehmensinterner Kosten) vornehmen. Dabei ist zu beachten, daß die Kosten des laufenden Jahres (der Zeitpunkt der Budgeterstellung des Folgejahres liegt im zweiten Drittel) noch nicht genau abschätzbar sind.

In dem Budget des laufendes Jahres sind für den Betrieb bestimmte aperiodische Kostenanteile vorgesehen. Sie müssen *vor eine Extrapolation* der Kosten in das Folgejahr vorher herausgerechnet werden. Darüber hinaus ist der Bedarf für aperiodische Maßnahmen für das Folgejahr neu zu bestimmen. Eliminiert man auf diese Weise die aperiodischen Kosten, dann kann die Fortschreibung mit Hilfe des Instandhaltungsfaktors auf folgende Weise erfolgen:

- Ermittlung der bisherigen Instandhaltungsfaktoren f aus zurückliegenden Jahren
- Glättung des Verlaufes von f über der Zeit wegen gewisser Schwankungsbreiten in der Abgrenzung periodischer und aperiodischer Maßnahmen
- Extrapolation des Verlaufes von f unter Berücksichtigung der Änderungen von Einzelfaktoren (Auslastung, Alter, ggf. auch Größe und Typ der Anlage) auf das Folgejahr
- Korrektur des Indizierten Anschaffungswertes (Beispiel in Tabelle 6. 5)
- Ermittlung der erforderlichen periodischen Instandhaltungskosten
- Schätzung der vorgesehenen aperiodischen Instandhaltungskosten
- Ermittlung des Budgetantrages aus Summe von periodischen und aperiodischen Instandhaltungskosten

Die Zuweisung des Instandhaltungsbudget erfolgt dann wie oben beschrieben.

6.6.2 Berichterstattung, Kennzahlen

Das Berichtswesen ist eine Teilfunktion des Controlling. Es bereitet den zyklisch durchzuführenden Soll-Ist-Vergleich vor, ermittelt ihn in meist monatlichen Abständen und stellt die Ergebnisse den verantwortlichen Stellen zur Verfügung.

Die verantwortlichen Stellen sind die Leitungen der einzelnen organisatorischen Ebenen, zentrale Funktionen und das Anlagenmanagement der Betriebe. Dies sollte in einer einheitlichen, leicht verständlichen und übersichtlichen Form erfolgen.

Eine weitere Aufgabe des Controlling besteht darin, *nach jeweiliger Zustimmung der Unternehmensleitung* für bestimmte Soll-Zahlen rollierend den Plan zu ändern, sie den Realitäten anzupassen.

Bei solchen, auch nur gelegentlichen Anpassungen verdienen Abweichungen – die dann naturgemäß kleiner ausfallen – oft nicht die angemessene Beachtung. Das Stehenlassen von Soll-Zahlen ist die bessere Methode, da sie zwingt, Abweichungen zu erläutern und geeignete Maßnahmen zu ergreifen.

Kennzahlen

Für die Beurteilung und Bewertung der durch die Berichterstattung gelieferten Zahlen, empfiehlt es sich *Kennzahlen* zu bilden. Sie erhöhen die Übersichtlichkeit. Das Anlagenmanagement kann sich darüber hinaus zusätzliche, von der Berichterstattung nicht angebotene Kennzahlen bilden.

Für das Anlagenmanagement geeignete Kennzahlen werden in einer VDI-Richtlinie 2893 (Entwurf) [6.09] und bei Biedermann [6.20] vorgeschlagen. Nach VDI [6.09] und Kugler [6.01] unterscheidet man Kennzahlen in

– Grundzahlen	sind absolute Zahlen
– Verhältniszahlen	sind Quotienten aus zwei Grundzahlen
– Gliederungszahlen	sind Verhältniszahlen, die durch Aufgliederung von Gesamt-zahlen in Teilzahlen entstehen
– Beziehungszahlen	sind Verhältniszahlen, die durch Bezug verschiedenartiger Zah-len zueinander entstehen
– Indexzahlen	sind Verhältniszahlen, die aus gleichartigen Zahlen unter-schiedlicher Zeitpunkte entstehen

Wichtige Grundzahlen sind

– *Kosten* jeder Art, z.b. Instandhaltungskosten, Personalkosten
– *Zeiten* z.B. Betriebszeit, Stillstandszeit, Arbeitszeit
– *Mengen, Stückzahlen* z.b. Aufträge, produzierte Erzeugnisse, Personen

Je nachdem, aus welchem Grundzahlen-Status man Verhältniszahlen bildet, erhält man Soll-Kennzahlen oder Ist-Kennzahlen. Diese werden gegenübergestellt und die Differenzen analysiert.

Die folgenden betriebswirtschaftlichen Kennzahlen sind für das Interesse des Anlagenmanagements beispielhaft (IH = Instandhaltung):

– Instandhaltungsfaktor = IH-Kosten / Indizierten Anschaffungswert
– Personalkostenanteil = Personalkosten / Gesamtkosten
– Fremdleistungsanteil = IH-Fremdleistung / IH-Kosten
– Anlagenkennziffer = IH-Kosten / Verfügbarkeitszeit
– Handwerkerstundensatz = Kosten einer IH-Einheit/geleistete Std.
– Kleinmaterialzuschlag = Kosten der Kleinmaterialkosten/geleistete Std.

Hinzu kommen alle Kennzahlen, die aus dem Anlagenverhalten zu bilden sind.

Nutzung von Kennzahlen

Bei dem Umgang mit Kennzahlen sind, um Fehlentscheidungen zu vermeiden einige wichtige Dinge zu beachten:

Grundzahlen: Sie müssen sehr genau beschrieben sein, müssen im Unternehmen von jedem Verantwortlichen unmißverständlich angewendet werden können und tragen eine Einheitenbezeichnung.

Beispiel:
Für die Ermittlung des Instandhaltungsfaktors wird der „Indizierte Anschaffungswert" verwendet. Es muß klar sein
– wie sich der verwendete Index errechnet hat
– aus welchen Einzelindizes er sich wie zusammensetzt

– ob die Indizes sich auf den Jahresanfang oder das Jahresende beziehen
– welche Erzeugnisgruppen im Anschaffungswert enthalten sind

Die Einheitenbezeichnung wäre hier DM.

Verhältniszahlen: Da sich diese aus Grundzahlen bilden, müßte, wenn das über Grundzahlen gesagte gilt, eine Verhältniszahl *immer* präzise definiert sein.

Beispiel:
Die Anlagenkennziffer errechnet sich aus IH-Kosten und Verfügbarkeit.
Hier muß deutlich sein, was alles in den IH-Kosten enthalten ist.
Bei der Verfügbarkeit wird unterschieden zwischen der Inneren, der Technischen und der Operationellen Verfügbarkeit. Welche ist gemeint?
Einheitenbezeichnung wäre hier DM/a / h/a = DM/h verfügbarer Anlage.

Vergleichbarkeit: Selbst im Unternehmen kann die Abgrenzung von Kostenkategorien – die meist nie 100%ig vorgeschrieben werden können – zu (unzulässigen) Vergleichen führen. Ein Vergleich über Unternehmensgrenzen hinweg ist immer kritisch zu sehen.

Entwicklungsbeurteilung: Kennzahlen zu nutzen, indem man ihre Veränderung im Laufe der Zeit interpretiert, ist die brauchbarste Anwendung.

Viele Ungenauigkeiten kürzen sich heraus. Abweichungen von der *objektiven* Richtigkeit einer Kennzahl ist dann nicht so wesentlich; es kommt auf die Beurteilung des Entwicklung an.

Bei der fortschreibenden Untersuchung von Kennzahlen sind Veränderungen der Einflußgrößen nicht außer acht zu lassen.

Beispiel: Kennzahlen ändern sich, wenn sich z.B. folgendes ändert

– Schichtart und -einsatz
– Produktkontinuität
– Automatisierungsgrad
– Qualifikation des Personals

Häufig ändern sich sogar mehrere Faktoren gleichzeitig. Die Interpretation von Kennzahlen wird dadurch erschwert.

6.4.4 Betriebs-Controlling

In mittleren bis größeren Unternehmungen existiert in der Regel ein gut ausgebautes Zentral-Controlling mit den oben beschriebenen Funktionen.

Für Betriebe bietet das Zentral-Controlling mit seinem Berichtswesen vorrangig *Informationen.* Nachrangig werden Empfehlungen zur Steuerung der Einheiten abgegeben.

Das Steuern liegt in der Verantwortung des Anlagenmanagements und kann nur von ihm wahrgenommen werden. Es benötigt hierzu zusätzlich spezielle Informationen, die es sich für seinen Betrieb schaffen sollte.

Die Hauptaufgaben eines Betriebs-Controlling sind:

- Auswahl von betriebsrelevanten Informationen des Zentral-Controlling
- Zusammenstellen von Soll-Ist-Daten
- Auswertungen
- Aufbereitung von ergänzenden Informationen aus dem Betrieb (z.B. aus Betriebs-
  datenerfassungssystemen, aus W+I-Listen, Schadenserfassungen, Leistungsbemes-
  sungen)
- Bildung von Kennzahlen
- Überwachung von Budgets durch spezielle Informationen der budgetverwaltenden
  Einheiten (Abrechnung von Investitionsvorhaben, Instandhaltungskosten)

In fortschrittlichen Unternehmen ist es Brauch, *Überschreitungen* eines betrieblichen
Budgets (zugewiesener Anteil eines Gesamtbudgets) von der Leitung solange *zu dul-
den*, solange Kostenüberschreitungen im Sinne des betrieblichen Zieles erfolgen. Umgekehrt wird erwartet, daß der Betrieb bei einer *Unterschreitung* des Budgets keine
unvernünftigen Geldausgaben vornimmt, nur um es auszuschöpfen.

Für die Unternehmensleitung ist diese Haltung bei der Handhabung von Budgets immer eine Gratwanderung.

Beispiele für betriebsrelevante Kennzahlen

In den folgenden Beispielen werden Daten für die Fertigung und die Instandhaltung genannt, die das Anlagenmanagement in Form von Kennzahlen nutzen könnte. Bewußt
sind *nicht* Daten mit aufgeführt, die von einem Zentral-Controlling übermittelt werden
könnten.

1. Beispiel
Spezielle Monats-Daten eines Fertigungsbetriebes zur Herstellung von Konsumgüter-Serienartikeln
Fertigungsrelevante Zahlen
- Gesamte produzierte Mengen pro Schicht
  Mengen-Mix
  Auslastung der einzelnen Fertigungslinien
  Entwicklung von Zahl und Menge der Stillstände
  Energieverbrauch pro produzierte Menge nach Produktarten
  Heizwärme-Verbrauch bezogen auf Nutzfläche der Gebäude
  Gasverbrauch pro produzierte Gesamtmenge
  Entwicklung des Anlagenvermögens
- Personalrelevante Zahlen
  Zahl der Mitarbeiter auf den Schichten
  Mitarbeiter-Abwesenheit und Überzeit in % der tariflichen Zeit
  durchschnittliche Höhe der betrieblichen Zuschläge
  Entwicklung im betrieblichen Vorschlagswesen
    Zahl der Vorschläge
    Höhe der Prämien
    Qualität der Vorschläge in Prämiensumme pro Vorschlag

      Meldepflichtige Arbeitsunfälle
        Unfälle am Arbeitsplatz
        Wegeunfälle

– Kostenrelevante Zahlen
      Abweichungen Schätzkosten für Zukauf Packmittel
      Abweichungen Schätzkosten für Kauf Energien

– Qualitätsrelevante Zahlen
      Mengen an zu verwerfendem Ausschuß
      Mengen an abwertbarer, verkaufsfähiger Ware

– Instandhaltungsrelevante Zahlen
      Instandhaltungskosten pro produzierte Mengeneinheit
      Instandhaltungskosten pro Indizierter Anschaffungswert
      Durchschnittliche eingesetzte Handwerkerzahl pro Monat

– Umweltschutzrelevante Zahlen
      Rückstandsmengen pro Monat
      Entwicklung der Emissionen in g/m3
        aufgeteilt nach Stoffen
        aufgeteilt nach Fertigungslinien
        aufgeteilt nach Gebäudeteilen

2. Beispiel

Spezielle Monatsdaten eines Instandhaltungsbetriebes, (der etwa 20 solcher o.g. Fertigungsbetriebe betreut)

– Leistungsrelevante Zahlen
      Personalstand/Abwesenheiten/Überzeiten
      Geleistete Stunden, aufgeschlüsselt nach
        Handwerker-/Maschinenstundensätzen
        Berufsgruppen
        Einsatz in den verschiedenen Fertigungsstraßen

      Leistungsnachweis in Kosten, aufgeschlüsselt nach
        Produkten
        Kostenstellen
        Investitionsprojekten

      Planungsumfang in %, unterteilt in
        Störungsbeseitigung, Wartung und Inspektion/Diagnose
        Instandsetzung ungeplant
        Instandsetzung und Projektarbeiten geplant

– Materialrelevante Zahlen
      Div. Kennzahlen aus der Technischen Materialwirtschaft

– Kostenrelevante Zahlen
      nicht gedeckte Kosten der Vorkostenstellen
      Handwerker-/Maschinenstundensatz
      Anlagenkosten der Werkstatteinrichtungen
      Bestandshöhe spezieller Ersatzteile
      Projektkostenstand nach Berufsgruppen

– Personalrelevante, umweltschutzrelevante Zahlen wie oben

Es ist zu versuchen, Daten die nicht über das Berichtswesen des Unternehmens zu den Betrieben gelangen, möglichst *aus ohnehin vorhandenen* Daten zu generieren. Das verlangt ein vernetztes EDV-System. Da in Fertigungsbetrieben meist ohnehin ein Betriebs-Daten-Erfassungs-System existiert, sollte man möglichst die dabei anfallenden Daten in einem Betriebs-Controlling verwenden.

Literatur zu 6

6.01   Wöhe, G.: Einführung in die Betriebswirtschaftslehre, München: Vahlen 1990
6.02   Kugler, G.: Betriebswirtschaftslehre der Unternehmung, Wuppertal: Verlag Europa-Lehrmittel, 1988
6.03   Jacob, H.: Allgemeine Betriebswirtschaftslehre, Wiesbaden: Gabler 1981
6.04   Vahlens Kompendium der Betriebswirtschaftslehre, München: Vahlen 1990
6.05   Scheer, A.W.: EDV-orientierte Betriebswirtschaftslehre, Berlin-Heidelberg: Springer-Verlag 1990
6.06   Müller-Merbach, H.: Einführung in die Betriebswirtschaftslehre, München: Vahlen 1976
6.07   Schweizer, M.; Küpper, H. U.: System der Kostenrechnung, Landsberg a. L.: Verlag Moderne Industrie 1986
6.08   Krüger, H.-G.: Die wachsende Bedeutung der Instandhaltung für das Unternehmen, VDI-Z. 122 (1980) Nr.1, S.192–196
6.09   VDI 2893 (Entwurf) Bildung von Kennzahlen für die Instandhaltung, Berlin: Beuth 1989
6.10   N.N.: Plant up keep is getting more costly, Chemical week, July 1977
6.11   N.N.: It costs more to keep plants running, Chemical week, July 1978
6.12   N.N.: Plant maintenance tops $1 billion, Chemical week, July 1979
6.13   Grothus, H.: Total Vorbeugende Instandhaltung Dorsten: Grothus 1976
6.14   Krüger, H.-G.: Kostensenkung durch Planmäßige Instandhaltung unter Berücksichtigung der erforderlichen Verfügbarkeit, Chem.-Ing.-Tech. 55 (1982) Nr. 8, S. 625–629
6.15   Wehe, E.: Entscheidungsorientierte Betriebswirtschaft, Seminarunterlagen 1983
6.16   Horvath, P.: Das Controllingkonzept, München: Beck, dtv 1991
6.17   Schröder, E. F.: Modernes Unternehmens-Controlling, Ludwigshafen/Rhein: Kiehl 1992
6.18   Witt, F.-J.; Witt, K.: Controlling für Mittel- und Kleinbetriebe, München: Beck/dtv 1993
6.19   Ziegenbein, K.: Controlling, Ludwigshafen/Rhein: Kiehl 1992
6.20   Biedermann, H.: Erfolgsorientierte Instandhaltung durch Kennzahlen, Köln: Verlag TÜV Rheinland 1985

7 Technische Materialwirtschaft

7.1 Aufgaben

Aufgabe der Funktion Technische Materialwirtschaft ist

Planung und Bereitstellung von technischem Material für Instandhaltung, Investition und sonstigen Bedarf mit wirtschaftlich vertretbaren Kosten und hoher Verfügbarkeit der Materialien

Planung und Bereitstellung sind so zu betreiben, daß die benötigten Materialien

– in der richtigen Menge und ausreichenden, nicht überhöhten Qualität
– zum notwendigen Zeitpunkt
– zum günstigsten Preis
– mit minimalen Kosten der Technischen Materialwirtschaft

dem Anforderer zur Verfügung stehen.

Eine Teilaufgabe hierzu ist es, das betriebswirtschaftliche Optimum für das Unternehmen und nicht für den einzelnen Betrieb anzustreben. Sollten dazu Interessenskonflikte entstehen, sind zwischen den Betroffenen besondere Lösungen anzustreben.

Begriff Technische Materialwirtschaft

Der Begriff *Technische Materialwirtschaft* ist nicht genormt.

Er steht *für einen Teil* der Funktion Logistik (inner- und außerbetriebliche Transporte von Rohstoffen, Zwischen- und Fertigerzeugnissen, Lagerwirtschaft und materialflußsteuernde Informationen). Die Grenzen der Funktion Logistik sind unternehmensintern unterschiedlich weit gesteckt.

Begriffe wie

– Vorratswirtschaft
– Materialwirtschaft
– Versorgung

sind im allgemeinen Sprachgebrauch üblich, werden hier aber nicht verwendet.

Die Logistik von *technischen Materialien* zeigt, daß andere Gesichtspunkte über die technisch-betriebswirtschaftlich optimale Führung gelten, als die über Erzeugnisse, ihre Vorstufen und Verkaufsprodukte. Der Begriff der *Technischen Materialwirtschaft* soll den Unterschied zur Logistik deutlich machen.

Auch für Technische Materialwirtschaft gibt es im Sprachgebrauch andere Bezeichnungen:

- Ersatzteillagerhaltung
- Ersatzteilwirtschaft
- Ersatzteil-Logistik
- Reserveteil-Vorratshaltung

Sie treffen nicht den Inhalt der hier geschilderten Funktion.

Begriffe Bedarf und Verbrauch

Diese zwei Begriffe tauchen in der Technischen Materialwirtschaft oft auf. Sie werden teilweise synonym verwendet; deshalb soll der Unterschiedlich herausgestellt werden:

Bedarf ist der erwartete Verbrauch, Verbrauch der eingetretene Bedarf

Begriff Material

Die allgemeine Bezeichnung Material ist zu weitgefaßt, als daß man in der Technischen Materialwirtschaft ausreichend differenzieren könnte. Der Verwendungszweck ist ein wesentliches Unterscheidungsmerkmal.

Eine Aufteilung ist nicht in allen Branchen, aber in sehr vielen üblich:

- Verbrauchsmaterial
- Hilfsstoffe
- Allgemeine Ersatzteile
- Spezialersatzteile
- Reserveeinrichtungen

Aufgabenlösung

Jedes Unternehmen muß für die Instandhaltung von Anlagen technisches Material bereitstellen. Gleichzeitig wird Material für Investitionen, Erweiterungen und Änderungen der Anlagen und für andere technische Tätigkeiten (z.B. in der Energieerzeugung, beim Umweltschutz) benötigt .

Dies kann mit verschiedenen technisch-organisatorischen Methoden geschehen, die von der Unternehmensgröße und von der Branche *unabhängig* sind:

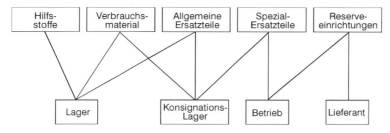

Bild 7.1: Möglichkeit einer Technischen Materialwirtschaft in einem Großunternehmen

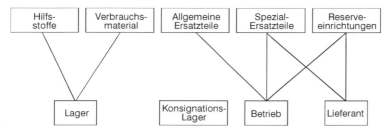

Bild 7.2: Möglichkeit einer Technischen Materialwirtschaft in kleineren Unternehmen

– Komplette Materialwirtschaft intern zentral
– Komplette Materialwirtschaft durch Dritte
– Alle Formen zwischen zentral und Dritten

Eine verbreitete Lösung ist eine gemischte zentrale und dezentrale, interne Lagerhaltung unter Einbindung von Dritten.

Bild 7.1 und 7.2 bietet zwei Lösungsmöglichkeiten. Die verbindenden Linien zeigen, *für welche Art von Material welche Stelle* im Unternehmen oder von Dritten die Aufgaben der Technische Materialwirtschaft wahrnehmen könnte.

In einem Unternehmen sind beachtliche Materialien für Instandhaltung und Investitionstätigkeit erforderlich. Auch wenn die Materialien für Investitionen weitgehendst außerhalb der Technische Materialwirtschaft beschafft werden, verbraucht die Instandhaltung Materialien von mindestens. 20 % der Instandhaltungskosten . (Das sind ganz grob >1 – 2 % des Umsatzes).

Mögen diese Beträge gemessen an den Personal- oder Einsatzstoffkosten bescheiden aussehen, so liegen mitunter große Bestände in den Lägern und belasten das Vorratsvermögen des Unternehmens.

Aus diesen Gründen ist es wichtig, für die Technische Materialwirtschaft eine sowohl technisch, als auch betriebswirtschaftlich optimale Lösung zu finden.

Die optimale technisch-betriebswirtschaftliche Lösung der Technische Materialwirtschaft hat vorrangig die Verbraucher des Materials und deren Belange zu berücksichtigen.

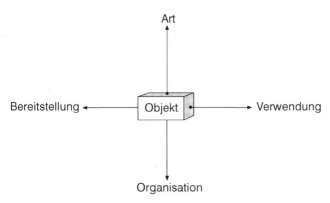

Bild 7.3: Betrachtungsebenen für Material

Für eine weitere Vertiefung sei wieder auf einige Fachbücher verwiesen: Hug, Optimale Ersatzteilwirtschaft [7.01], Arbeitskreis des VCI, Modellbeschreibung Vorratswirtschaft für Hilfs- und Betriebsstoffe [7.02] und Heuer, Ersatzteilwesen und Lagerhaltung [7.03].

7.2 Materialstruktur

Material ist für eine wirtschaftliche Betrachtungsweise des Anlagenmanagements nicht gleich Material. Man muß es unter verschiedenen Gesichtspunkten sehen. Bild 7.3 zeigt das Material als Objekt *der Verwendung*, als Objekt bestimmter *technischer Art*, als Objekt seiner *Bereitstellung* an den Anforderer und als Objekt der *Organisation*.

Verwendung von Materialien ist *ein* Unterscheidungsmerkmal. Es gibt eine Antwort auf die Frage, *welche* Materialien werden *wie* verwendet.

Art gibt an, in welchem *technischen Zustand* es sich befindet und welche *Anforderungen* an das Material einer Technische Materialwirtschaft zu stellen sind.

Bereitstellung sagt etwas darüber aus, *von wo aus* das Material *wie* zum Anforderer gelangt.

Organisation macht Aussagen über die Anforderungen an die Informationsverarbeitung.

7.2.1 Verwendung

Materialien werden nicht nur nach technischen, sondern auch nach betriebswirtschaftlichen Gesichtspunkten unterschieden.

Die Unterscheidung ist allerdings vorrangig technischer Art. Für die steuerlichen Belange ist in Materialien für Instandhaltung, für Investitionen oder für betrieblichen Einsatz zu unterscheiden.

Die Grenzen zwischen den einzelnen Kategorien sind fließend.

Auch Belange der Kostenrechnung, der Bilanzierung und Versteuerung können zu Verschiebungen der Zuordnungen führen.

Verwendungsarten

Verbrauchsmaterial

Verbrauchsmaterialien sind meist genormt, zumindest aber betriebsintern standardisiert. Sie gehen bei Ihrem Einsatz in anderen Betrachtungseinheiten auf oder verbrauchen sich. Für identische Teile gibt es diverse Lieferanten.

Beispiel:
Büromaterial, einfache Werkzeuge, Farbe, Öl

Allgemeine Ersatzteile

Allgemeine Ersatzteile sind nicht selbständig nutzbar. Sie können genormt sein oder auch aus zum Teil genormten Bauelementen bestehen.

Beispiel:
Wälzlager, Gleitringdichtungen, Festplattenlaufwerke, Bildschirme

Spezial-Ersatzteile

Spezial-Ersatzteile stammen von bestimmten Lieferanten, sind aber nur *einer* Betrachtungseinheit eindeutig zuordenbar. Sie sind nicht selbständig nutzbar und untereinander nicht austauschbar.

Beispiel:
Läufer einer Turbine, Einbauelemente eines Hochdruckreaktors, Ständer eines Sondermotors

Reserve-Einrichtungen

Reserve-Einrichtungen sind selbständig nutzbar; sie bestehen aus nicht selbständig nutzbaren Teilen.

Es werden steuerlich zwei Arten von Reserve-Einrichtungen unterschieden:

– Sie sind buchhalterisch einer betrieblichen Kostenstelle als Anlagenvermögen zugeordnet. Die Technische Materialwirtschaft könnte diese Reserve-Einrichtungen im Auftrag lagern.
– Es gibt Reserve-Einrichtungen, die *so häufig* einer allgemeinen Nutzung dienen, daß es zweckmäßig ist, sie als *Lagerartikel* zu führen. In diesem Fall muß Vorsorge getroffen werden, daß bei Nutzung (das ist bei Entnahme aus dem Lager) diese Gegenstände aus dem Vermögen der Technischen Materialwirtschaft in das Vermögen der Anlage überführt wird.

Beispiel:
Standardisierte Pumpen, Motoren, Meßgeräte, Fahrzeuge, Klein-Behälter, Möbel.

Hilfsstoffe

Materialien, die aus kaufmännischen und steuerlichen Gründen nicht direkt den Kosten
für die Herstellung eines Produktes oder für die Erbringung einer Dienstleistung zuzuordnen sind.

Beispiel:
Laborchemikalien, Packmittel.

7.2.2 Art

Für eine Klassifizierung der Art von Materialien eignen sich die bereits in Kapitel 1 erläuterten Ordnungen. Mit Ausnahme von Hilfsstoffen und Verbrauchsmaterialien lassen
sich Materialien in die Ebenen

– Einrichtungen
– Baugruppen
– Bauelemente

gliedern.

Bild 7.4 zeigt die Kombinationen der Teile in die drei Ebenen auf:

– neu
– instandgesetzt
– funktionsverbessert

Die weiteren technischen Arten, in denen Material vorliegen kann, sind:

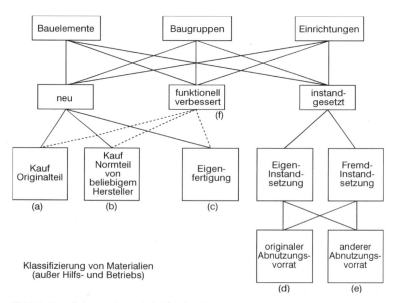

Bild 7.4: Klassifizierung des technischen Materials

Originalteil (a)

Das Einsetzen von Originalteilen ist der einfachste Weg.

Wenn man bei einer Instandsetzung, nach dem Schritt Zerlegen, Originalteile eindeutig identifizieren kann und sicher ist, daß das „Originalteil" zwischenzeitlich keine Veränderung erfahren hat, so geht man kein Risiko ein, solche zu verwenden.

Originalteile sind häufig sehr teuer, da der Hersteller hohe Lagerhaltungsaufwendungen hat oder den Verkauf von Einrichtungen mit dem Verkauf von Originalteilen stützen muß.

Es ist auch zu überlegen, ob man mit der Erstausstattung Originalteile kauft und selbst lagert. Kleinere Lieferanten bieten oft nicht die Gewähr für eine über Jahre währende Lieferbereitschaft. Eine vertragliche Vereinbarung beim Kauf der Erstausstattung oder ein spezieller Vertrag über die Lieferung von Originalteilen ist zu erwägen.

Normteilen von preisgünstigem Hersteller (b)

Die Nutzung von genormten Bauelementengruppen und Einrichtungen bietet Kostenvorteile. Normteile sind in der Regel frei von Schutzrechten und sind wegen meist großer Herstellungs-Stückzahlen preisgünstig zu erhalten.

Wesentlichster Vorteil ist aber, daß Normteile meist von mehreren Herstellern oder Händlern angeboten werden. Damit reguliert der Markt den Preis.

Ebenso vorteilhaft ist die Nutzung von Normteilen für die Technische Materialwirtschaft selbst. Sie kann solche Teile an viele Verwender geben und erhöht damit den internen Lagerumschlag.

Eigenfertigung von Neuteilen (c)

Eigenfertigung kommt dann zum Tragen, wenn man keinen Lieferanten gefunden hat.

Häufig handelt sich um Baugruppen oder Bauelemente, die zu eigenentwickelten und/oder selbstgefertigten Maschinen und Geräten gehören und in denen ein beträchtliches Know-how steckt. Will man das know-how erhalten, muß man solche Teile selbst herstellen.

Ein weiterer Grund für eine Eigenfertigung liegt dann vor, wenn die Auslastung des eigenen Maschinenparks erhöht werden soll. Es wird dann möglich sein, Deckungsbeiträge zu erwirtschaften.

Instandsetzung von Teilen auf den originalen Abnutzungsvorrat (d)

Bei einer Instandsetzung wird die Betrachtungseinheit mitunter bis hin zu den Bauteilen oder den Bauelementen demontiert.

Die geschädigten Teile werden entweder gegen neue ausgetauscht oder instandgesetzt.

Ist diese Entscheidung zur Instandsetzung gefallen, dann kann man das Teil mit den Spezifikationen des Originalteil herstellen. Man erhält den gleichen Abnutzungsvorrat wie das Originalteil.

Instandsetzung von Teilen auf einen anderen Abnutzungsvorrat (e)

Will man den Abnutzungsvorrat von Betrachtungseinheiten erhöhen, dann ist das bei der Instandsetzung der Teile machbar.

Dieses zu tun, ist *dann* geboten, wenn dem Instandhalter klar ist, *wie* er den Abnutzungsvorrat erhöhen kann und was dies hinsichtlich der Harmonisierung der Abnutzungsvorräte anderer Teile bedeutet.

Beispiel:
Die Laufleistung einer Gleitringdichtung wäre zu erhöhen, wenn ein härterer Werkstoff eingesetzt und dieser auf eine höhere Oberflächengüte geschliffen würde.

Der umgekehrte Fall ist auch möglich, wenn z.b. die Restlebensdauer einer Baugruppe deutlich über der Restlebensdauer der Einrichtung läge. Hier wäre es sinnvoll, bei einer Instandsetzung der Baugruppe deren Abnutzungsvorrat zu erniedrigen.

Kauf oder Eigenfertigung funktionsverbesserter Teile (f)

Anstelle wie bei (e) nur den Abnutzungsvorrat zu verändern, ist es häufig üblich, die verfahrenstechnischen Eigenschaften einer Anlage zu verbessern, in dem man Betrachtungseinheiten durch funktionsverbesserte ersetzt.

Steuerlich kann eine solche Maßnahme zwischen Investition und Instandhaltung liegen.

Beispiel:
Das externe Schmierungssystem eines Verdichters war nicht optimal ausgelegt worden. Während eines erneut aufgetretenen Schadens wurde eine anderes System eingebaut.

Sortimentskriterien

Die Funktion Technische Materialwirtschaft hat auch die Aufgabe, für die Betreuung der Anlagen ein *Sortiment* an Material auswählen und beschaffen.

Das Sortiment wird bestimmt von der technischen Ausstattung der Anlagen. Bereits während der Anlagenerstellung war dafür die nötige Vorarbeit zu leisten (Ersatzteillisten der Hersteller oder Lieferanten).

Neben diesen anlagenspezifischen Auswahlgesichtspunkten gibt es auch einige allgemeine, die zu beachten sind:

Ein Sortiment muß fortlaufend den Bedürfnissen der Nutzer angepaßt werden.

Neuentwicklungen auf dem Markt sind zu beobachten und in das Sortiment aufzunehmen. Die Anpassung geht einher mit der Ausmusterung von Sorten (Verschrottung von „Ladenhütern").

7.2.3 Bereitstellung

Material der Technische Materialwirtschaft wird in unterschiedlicher organisatorischer Weise an den Nutzer gelangen. Dabei ist nicht so sehr die Art des organisatorisch-tech-

Tabelle 7.1: Sortimentskriterien für Material

Auswahl-Kriterium	Gründe
lagerfähig und sicher	Die Materialien müssen sich aus Arbeitssicherheits- und Umwelt-schutz-Gründen sicher lagern lassen. Ggf. sind mit den Lieferanten die dafür erforderlichen Voraussetzungen zu schaffen.
betriebsgerecht verpackt	Die diversen Transportstufen vom Hersteller über den Lieferanten und die Technische Materialwirtschaft bis hin zum Nutzer verlangen einen ausreichenden Schutz der Teile. Darüber hinaus sind die Handlingskosten zu minimieren.
normgerecht, lieferantenneutral, schnell beschaffbar	Die Erfüllung dieser Kriterien bietet Gewähr für Preisgünstigkeit. Bei einer schnellen Beschaffbarkeit können Bestände niedrig gehalten werden.
langlebig	Es muß davon ausgegangen werden, daß manche wichtigen Teile lange Zeit bis zum Einsatz liegen. Sie sollten auch dann noch sofort uneingeschränkt verwendbar sein.
qualitätskonform	Der Nutzer muß sich 100 %ig sicher sein können, daß ein Ersatzteil seinen Zweck voll erfüllt. Eine Qualitätskontrolle bei Eingang der Materialien in der Technische Materialwirtschaft ist aus Kostengründen nur stichprobenweise vertretbar.D er Nutzer hat normalerweise keine Mittel zu einer Prüfung.

nischen Transportes von Interesse (Abholung, Kommissionierung mit Zustellung oder andere Formen), als die Frage, *wer stellt die Teile bereit*.

Die Möglichkeiten sind breit gestreut. Die Unternehmen verwenden die unterschiedlichsten Modelle:

- Lieferanten oder Hersteller aus Herstellerwerken
- Lieferanten aus Zentrallägern in der Region
  Lieferanten aus einem zentralen Lager im Unternehmen (Konsignationsläger)
- Technische Materialwirtschaft aus Zentrallager im Unternehmen
- Technische Materialwirtschaft aus zentralen und dezentralen Lägern
- Betriebslager (betriebsgeführtes Unterlager der Technische Materialwirtschaft) in Verbindung mit Instandhaltung; auch als Materialstützpunkt bezeichnet
- Betriebslager mit eigenem Sortiment und eigener Verwaltung in Verbindung mit Instandhaltung
- Betrieb ohne Lager, Instandhaltung führt eigenes, auf die Belange des Betriebes eingerichtetes Lager

Denkbar sind neben den genannten Modellen auch Mischformen. Jedes Unternehmen sollte die wirtschaftlichste Form der Bereitstellung prüfen. Der organisatorische Aufwand ist zu beachten und bei einer Kostenbetrachtung einzubeziehen.

7.2.4 Organisation

Wenn Materialien wirtschaftlich verwaltet, gehandhabt und verrechnet werden sollen, ist eine gute Informationsverarbeitung unabdingbar. Die heute bis in die kleinsten Unternehmungen verbreiteten Datenverarbeitungs-Einrichtungen machen das möglich.

Es ist nötig, ein Nummernsystem einzuführen, um die vielfältigen Informationen, welche einen einzigen unverwechselbaren Gegenstand beschreiben müssen, zu bündeln und für die eigenen Zwecke nutzbar zu machen.

Die Vielfalt der in der Technische Materialwirtschaft geführten Materialien bestimmt den Umfang des Systems.

Bei der *Schaffung* eines Nummernsystems sind die fortlaufenden *Änderungen zu bedenken.*

An der Gestaltung des Systems sind auch

- Kostenverrechnung
- Beschaffung
- Instandhaltung
- Standardisierung
- Schadensdokumentation uam.

interessiert. Deshalb sollten sie bei der Schaffung beteiligt werden.

Die Datenverarbeitung ermöglicht jede gewünschte Art der Verschlüsselung ohne nennenswerten Kostenunterschied. So kann man

- nach Fachgebieten (Maschinen, Elektro, Bau, Sonstige)
- alphanumerisch oder numerisch
- sprechend oder nichtsprechend

vorgehen. Eine Verschlüsselung sollte folgenden Gesichtspunkten gehorchen:

- systematisch
- einheitlich
- eindeutig
- EDV-gerecht
- möglichst leicht erfaßbar
- möglichst einprägsam

7.3 Lagerhaltung

7.3.1 Voraussetzungen für Lagerhaltung

Mischformen einer Technischen Materialwirtschaft gehen davon aus, daß eine *Lagerhaltung* für bestimmte Artikel erfolgt.

Ehe man dem zustimmt, ist zu prüfen, ob und unter welchen Bedingungen eine *eigene* Lagerhaltung bestimmter Materialien richtig ist. Dazu muß man definieren:

Lagerartikel sind Verbrauchsmaterialien und/oder Ersatzteile, deren Lagernotwendigkeit von den Kriterien

– Versorgungssicherheit
– wiederkehrender Bedarf und
– wirtschaftliche Bedarfsdeckung

bestimmt wird.

Die Entscheidung *für oder gegen* eine Lagerhaltung (ob zentral oder dezentral ist hier nicht wichtig) ist nicht errechenbar.

Kriterien, die *für* eine Lagerhaltung sprechen:

– wenn wiederkehrender Bedarf besteht
– wenn die Anlagen hohe Verfügbarkeit erfordern
– wenn das Beschaffen mittels Einzelbestellungen teurer ist
– wenn der Lieferant mengenabhängige Preise anbietet
– wenn Mindestabnahmemengen gefordert werden
– wenn längere Lieferzeiten vorliegen

Kriterien, die *gegen* eine Lagerhaltung sprechen:

– wenn Lager-, Zins und Transportkosten zu hoch sind
– wenn die Artikel einen hohen Schwund aufweisen

Die Frage der Zusammenarbeit mit Lieferanten ist sehr gewissenhaft zu untersuchen. Die Bedürfnisse der Instandhaltung, der Normung, des Einkaufs und der Kostenrechnung (Steuer) müssen einfließen.

Es empfiehlt sich bei einer weitgehenden Versorgung durch Dritte, einen permanent arbeitenden Arbeitskreis einzurichten, der die genannten Funktionen umfaßt und die Richtlinien der Technische Materialwirtschaft steuert.

In Bild 7.5 sind die prinzipiellen Abläufe zwischen den Vorgängen in der Technische Materialwirtschaft (Lagerhaltung und Bereitstellung), den im Unternehmen (Anforderung und Beschaffung) und den externen (Lieferung) aufgezeigt.

Räumliche Anordnungen

Um die Wege zwischen Nutzern und den Anlieferungs- bzw. Auslieferungsstellen klein zu halten, sind Unterläger oder Lagerstellen einzurichten. Diese müssen nicht mit Lagerpersonal besetzt sein. Lagerartikel können zum Beispiel von Meistern, Vorarbeitern oder speziell benannte Handwerkern ausgegeben werden.

In Bild 7.6 ist das Beispiel einer räumliche Gliederung gezeigt. In den sog. Materialstützpunkten lagern meist nur Kleinteile, Spezialersatzteile und Reserve-Einrichtungen.

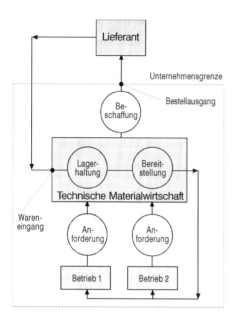

Bild 7.5: Ablauf der Lagerhaltung

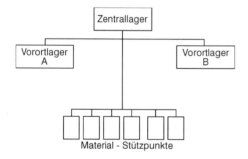

Bild 7.6: Anordnung von Lagerorten

7.3.2 Disposition, Materialeingang

Disposition

Die Disposition innerhalb der Lagerhaltung umfaßt die Vorgänge, die mit der Bedarfsanforderung durch z.B. die Instandhaltung beginnen und bei der Deckung dieser Anforderung enden. Die Disposition löst die Beschaffung der verbrauchten Materialien aus.

Die Disposition benötigt Bedarfs*anforderungen*, um

– Wiederkehrenden Bedarf zu erkennen
– Standardisierung und Normung betreiben zu können

- durch Zusammenfassung von Sortimentsfamilien bessere Kaufkonditionen erzielen zu können
- Abweichungen von der unternehmensinternen Konzeption zu erkennen
- Abrechnung und Zuordnung vornehmen zu können

Materialeingang

Der Materialeingang ist in der Regel der Vorgang, bei dem die Verantwortung vom Lieferanten an den Besteller, hier an die Lagerhaltung im Unternehmen, übergeht.

Die *Prüfung* der vorgegeben *Qualitätsmerkmale* ist im Moment des Materialeinganges in fast allen Fällen nicht möglich, genausowenig eine Kontrolle *aller* Artikel. Man muß sich mit Stichproben begnügen.

Wo sicherheitsrelevante Qualitätsmerkmale zu erfüllen sind, wird eine sehr weitgehende Eingangskontrolle sinnvoll sein.

7.3.3 Materiallagerung, Auslieferung

Technische Ausstattung

Für die Lagerung, einschließlich der Methoden und Verfahren der Ein- und Auslagerung, bedarf es einer entsprechenden technischen Ausstattung, bedarf es einer *Anlage*.

Sie werden einschließlich der zugehörigen Planung auf dem Markt angeboten. Für kleinere Lagermengen kann man die Lagerplanung selbst durchführen.

Kleinteile können in mehreren Etagen auf begehbaren Profilstahlgerüsten untergebracht werden. Größere Teile transportgerecht auf den unteren Ebenen, so gelagert, daß Hebezeuge bzw. Flurförderzeuge ein- und auslagern können.

Neben den zu beachtenden Bau-Normen sind folgende VDI-Richtlinien zu empfehlen: VDI 2199 [7.04], VDI 2380 [7.05] und VDI 2385 [7.06].

Lagerflächen

Lagerflächen werden ermittelt hinsichtlich

- Stückzahl
- Abmessungen
- Gewicht

Die Nutzung der EDV ermöglicht es, chaotisch zu lagern. Es ist nicht nötig, auf die technische Zusammengehörigkeit von Artikeln Rücksicht zu nehmen. Auf diese Weise kann man Räumlichkeiten optimal nutzen.

Es ist darauf zu achten, daß große LKWs einfahren und ohne Schwierigkeiten entladen werden können.

Für besondere Artikel sind zur Aufbewahrung spezielle Vorrichtungen vonnöten (Bleche, Kabelrollen, Rohre usf.). Die dafür vergleichsweise großen Flächen (meist im Freien) sind mit den zugehörigen Hebezeuge auszustatten.

Ausgabe, Auslieferung, Kommissionierung

Die Ausgabe der Materialien an den Anforderer erfolgt in unterschiedlicher Weise. Meist sind alle Fälle, vom Abholen durch den Anforderer bis zu kommissionierten Zustellung von der Technische Materialwirtschaft zu organisieren. Auch die entsprechenden Einrichtungen sind zu beschaffen.

Ausgabe

Werden Anforderungen an Personen vom Lager direkt abgegeben, so ist zu empfehlen, Unbefugte nicht in die Lagerräume zu lassen. Schon ein unbedachtes Vertauschen von Teilen, kann unerwartete bis verheerende Folgen haben.

Außerhalb der normalen Arbeitszeit wird von den Betrieben und von der Instandhaltung ein Zugang zum Lager verlangt. Die Berechtigungen dazu sind streng zu reglementieren..

Auslieferung

Die meisten Anforderungen werden mit geeignet Fahrzeugen auf Abruf zugestellt. Diese Methode ist schnell und flexibel, dafür auch kostenaufwendig.

Üblich sollte sein, daß sich ein Anforderer nicht darum kümmern muß, wie das von ihm benötigte Material zu ihm gelangt. Er möchte, daß das Angeforderte *zu der von ihm angegebenen Zeit* zu dem von ihm ebenfalls *angegebenem Ort* vorfindet. Und zwar mit einer ausreichenden Kennzeichnung, ordentlich und für andere sicher abgestellt.

Dazu bedarf es einer Ablauforganisation, die dieses sicherstellt. Als Stichworte seien genannt:

- Auswahl der Kommissionierungs- und Transportmittel (z.B. Gitterboxen, Paletten, Kartons, Verpackung des Hersteller)
- möglichst festgelegte Fahrwege und- zeiten
- den Materialien angepaßte Fahr- und Hebezeuge
- Schutz gegen äußere Einflüsse (Regen, u.a)
- geeignete Begleitpapiere

Kommissionierung

Die Zusammenstellung von Kommissionen richtet sich danach, was angefordert und sinnvollerweise gleichzeitig (mit einer gemeinsamen Lieferung) transportiert werden kann. Eine gut organisierte Kommissionierung und Zustellung ist kostengünstig und zu empfehlen.

Kennzeichnung

Die *Kennzeichnung* der Materialien (Anhänger, Beschriftung, Beilagen) und eine geeignete Beifügung der *Begleitpapiere* ist eine wichtige Voraussetzung für schnelle, störungs- und fehlerfreie Lieferung. Großer Wert ist auf Stabilität, Schmutz- und Wasserfestigkeit zu legen.

Die Kennzeichnung der Materialien im Lager geschieht in unterschiedlicher Weise. Verbreitet ist noch die handschriftliche Führung von Karteikarten, Aufklebern oder Listen. Der Aufwand ist bei handschriftlicher Übertragung aufwendig und fehlerbelastet.

Nach und nach verbreitet sich die Nutzung des Barcodes mit den zugehörigen Scannern und handlichen Erfassungsgeräten, deren Speicher man anschließend in die EDV entlädt.

7.3.4 Material-Informationen

Um die Materialversorgung für Investitions- und Instandhaltungszwecke befriedigend zu bewerkstelligen, sind diverse Informationen nötig.

Der Transport dieser Informationen als *Begleitung* des Materials erfolgt noch in hohem Maße mittels bedrucktem oder beschriebenem Papier.

Informationen, die der *Verarbeitung* in Planung, Verrechnung und Dokumentation dienen, werden weitgehendst mittels EDV bearbeitet. Sie durchlaufen drei unterschiedliche Ebenen.

Dispositive Ebene

Hier erfolgen die Entscheidungen über den

– *Beschaffungsweg*
   innen (Lager, Eigenfertigung, Kosignationslager)
   außen (Allgemeiner Markt, spezielle Hersteller, „Freunde")
– *Mengenfestlegung* (Diese muß nicht mit der des Anforderers identisch sein)

Administrative Ebene

Auf dieser Ebene werden

– Bestellpapiere
– Reservierungen
– Verschrottungen
– Kostenrechnungen
– Statistiken

bearbeitet

Operative Ebene

Auf ihr werden die Vorgänge bearbeitet, die zu Abwicklung der Anforderung selbst nötig sind. Sie betreffen

– Transport
– Verrechnung

Informationen orientieren sich primär am Artikel und an dessen Verschlüsselung.

7.4 Bestand

7.4.1 Höhe des Bestandes

Die Höhe des Bestandes einer Position oder - addiert man die Bestände der Positionen - vom gesamten Lager, ist von einer Reihe verschiedener Bedingungen abhängig. Sie sind *so* miteinander verknüpft, daß bei der Änderung *einer* Bedingung sich die *anderen* mit ändern.

Die wesentlichsten Abhängigkeiten sind

– Lieferzeit
– Bedarf für und Verbrauch in einer vorgegebenen Periode
– Bestellmenge

Die Lieferzeit liegt normalerweise außerhalb der eigenen Einflußmöglichkeit (Ausnahme Eigenfertigung).

Der Regelkreis, der die Abhängigkeiten aufzeigt, ist in Bild 7.7 dargestellt. Innerhalb des Bestandes ist der Sicherheitsbestand eine feste Größe.

Aus betriebswirtschaftlicher Sicht ist bei *jedem* Lager eine *Bestandshöhe Null* anzustreben.

Bei der Technischen Materialwirtschaft ist dieser Zustand schwer zu erreichen, denn ohne Ersatz- und Reserveteile ist die Instandhaltung eines Betrieb nicht zu verwirklichen. Bei einer sehr weitgehenden Übernahme der Technischen Materialwirtschaft durch Dritte mit den entsprechenden Vereinbarungen käme man dem Ziel nahe.

Erfüllbar ist aber der Wunsch nach *möglichst niedrigem* Bestand.

Sicherheitsbestand

Bei wichtigen Artikeln werden vom Nutzer der Technischen Materialwirtschaft Sicherheitsbestände verlangt. Diese Bestände dürfen nur unter bestimmten Voraussetzung in Anspruch genommen werden.

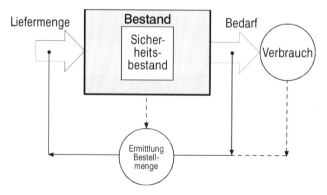

Bild 7.7: Regelkreis

Aus der Sicht der Disponenten sind diese Bestände „nicht vorhanden". Bei der *Anforderung* eines Artikels, dessen Auslieferung aus dem normalen Bestand nicht gedeckt werden kann, darf der Sicherheitsbestand nur mit Zustimmung bestimmter Stellen unterschritten werden.

Es gibt verschiedene Gründe, einen Sicherheitsbestand zu führen:

– eine *geforderte* Verfügbarkeit bestimmter Anlageteile
– die zu große Schwankungsbreite im Bedarf
– unsichere Lieferbedingungen

7.4.2 Senkung des Bestandes

Es gehört zur permanenten Aufgabe eines Lagerverantwortlichen, (das kann bei einem kleinen betrieblichen Lager das Anlagenmanagement sein), die Bestände zu minimieren. Es gibt ein Bestandsminimum, dessen Grenze nicht unterschritten werden sollte. Es wird bestimmt durch

– Unregelmäßigkeiten des Zeitpunktes und der Höhe des Bedarfsanfalles
– die Wirtschaftlichkeit des Einkaufsprozesses (Zahl der Vorgänge, Losgrößen, Transport uam.)

Möglichkeiten einer Bestandssenkung sind:

Werksinterne Standardisierung

Die Auswahl von Teilen aus Teilefamilien bietet die Möglichkeit deutlicher Beschränkung der Bestände.

Beispiel.
Bei M-10 Schrauben legt man nicht die gesamte Längenreihe auf Lager, sondern nur eine ausgedünnte. Vielfach ist es für den Instandhaltungsfall unerheblich, ob eine Schraube geringfügig länger ist, als die originale.

Solche Beschränkungen wären zwar an den technischen Spezifikationen der Anlagen zu messen, das ist jedoch nicht leicht.

Eine Möglichkeit bietet eine Verbrauchsanalyse. Aus ihr wird schnell deutlich, ob und wie das Sortiment beschränkt werden kann.

Verwendung von Normteilen in der Anlage

Die Empfehlung, Normteile oder Normeinrichtungen zu verwenden, wurde bereits gegeben.

Der Einfluß der Normung auf die Bestandshöhe wurde in einem Lager für Pumpenersatzteile nachgewiesen [7.07] (Bild 7.8).

Danach nimmt ein „ausreichender Bestand" von Spezialersatzteilen logarithmisch mit der linearen Zunahme identischer Teile ab .

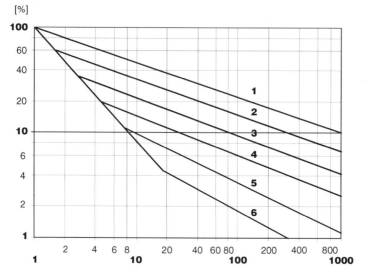

Anzahl identischer Ersatzteile
1 Wellenhülsen
2 Wellen, Gleitringteile
3 Laufräder, Spaltringe, Laufringe
4 Stopfbuchsteile
5 Gehäuse, Gehäusewände, Gehäusedeckel
6 Lagerträgerlaternen

Bild 7.8: Einfluß der Normung auf die Bestandshöhe

In einer Untersuchung über 35.000 Pumpen eines Werkes der Chemischen Industrie konnte gezeigt werden, daß sich die Bestandshöhe um den Faktor 2,75 verringert, wenn sich der Bestand an gleichen Pumpen um eine Zehnerpotenz erhöht. Eine in der Anlage vorhandene Pumpe benötigt als Lagerbestand einen Ersatzteilwert von 60 % ihres Pumpenwertes. Bei 10 gleichen Pumpen sind es nur noch 22 % [7.08] (Bild 7.9).

„Ladenhüter"

Für die *betriebswirtschaftlich optimalen* Führung einer Funktion Logistik ist es wichtig, daß Artikel sich möglichst oft umschlagen.

In der Technische Materialwirtschaft sind zusätzlichen Einflußfaktoren zu beachten, welche diese Regeln einschränken. Für allgemeine Ersatzteile, Spezialersatzteile und Einrichtungen gelten ergänzende Regeln, die in der normalen Logistik nicht anzutreffen sind.

Von Ladenhütern spricht man, wenn die Umschlagshäufigkeit eines Teiles deutlich unter der anderer Artikel liegt. Sie binden Vorratsvermögen; das kostet Vermögenssteuer, mitunter über den Wert des Teiles hinaus.

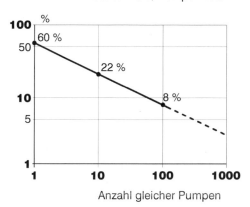

Bild 7.9: Bestandswert in Abhängigkeit von der Normung

Ladenhüter können in der Technischen Materialwirtschaft Artikel sein, die als wichtige Ersatzteile vorgehalten werden müssen. Selbst wenn über Jahre hinweg kein Verbrauch stattfindet, kann jederzeit ein Schaden eintreten, der dieses Ersatzteil erfordert.

Solche Teile sind mit einer Stückzahl 1, höchstens 2 vorhanden. Sie sind oftmals nach einiger Zeit nicht mehr zu erwerben oder sind wegen hohen Wertes nur in der minimalsten Stückzahl gekauft worden.

Das häufige Umschlagen und die Anzahl von Artikeln pro Lagerposition kann deshalb kein Maßstab für eine sachgemäße Lagerführung sein.

Richtwerte:
Sowohl in einem Speziallager der Chemischen Industrie als auch in der Hüttenindustrie bestehen 60% der Teile eines Lagerbestandes aus bis zu 3 Stück pro Artikel [7.01] und [7.07].
Die Altersverteilung von Ersatzteilen der Hüttenindustrie ist [7.01]

bis 1 Jahr	37,8%
1 bis 2 Jahre	18,0%
2 bis 3 Jahre	15,6%
> 8 Jahre	7,0%

Durchschnitt 3,64 Jahre

7.5 Bedarf, Bestellung

Bedarf

Zur Bestimmung des Bedarfs kann man sich dreier Verfahren bedienen.

– Deterministisches Verfahren bei bekanntem Bedarf
  Planbarkeit muß gegeben sein, ist bei Instandhaltung nicht, bei Investitionen jedoch zu erwarten.

– Stochastisches Verfahren bei bekanntem Verbrauch
  Wird eingesetzt, wenn Artikel vorliegen, die in kurzer Zeit (Tage) häufig ange-
  fordert werden
  Wird eingesetzt, wenn Anforderungen sporadisch, d.h. unterschiedlich in Zeit
  und Menge angefordert werden
– Gemischtes Verfahren
  Wird normalerweise verwendet, da sich die verschiedenen Materialgruppen un-
  terschiedlich verhalten

Neben der Unsicherheit eines Bedarfes nach Zeitpunkt und Menge, kommen noch andere Unsicherheitsfaktoren hinzu, die *nicht* in der Stochastik der Instandhaltung begründet sind. Es sind die Unsicherheiten

– Abweichung von angenommener oder zugesagter zu tatsächlicher Lieferzeit
– Abweichung von Buchbeständen zu tatsächlichen Beständen

Ist man sich nun für jede Position oder für eine Gruppe von Materialien über die Höhe
des *normalen Bedarfs* im klaren, ist die Höhe des *Soll-Bestandes* (= Bestand + Sicher-
heitsbestandes) festzulegen.
  Die Differenzmenge (Anfangsbestand minus Null bzw. minus Sicherheitsbestand)
muß für die Dauer der Lieferung der Bestellmenge zur Verfügung stehen.

Bestellung

Die Aufgabe besteht also darin, den Zeitpunkt zu ermitteln, zu welchem eine neue Bestellung ausgelöst werden muß. Diesen Zeitpunkt nennt man *Bestellpunkt* (siehe
Bild 7.10).

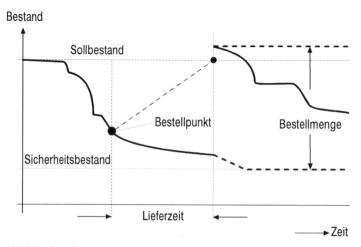

Bild 7.10: Bestellpunkt

Die *Bestellmenge (Losgröße)*, am errechneten Bestellpunkt ergibt sich nicht zwangsläufig. Sie hängt von einer Reihe von Einflüssen ab:

– wirtschaftliche Höhe der Kapitalbindung des Lagerbestandes
– Lagerkapazität
– Lagerfähigkeit der Materialien
– Mindestbestellmengen
– Verpackungs-/Versandeinheiten
– Preisstaffeln
– Be-und Entlademöglichkeiten

Für die Ermittlung des Bestellpunktes gibt es Rechenprogramme, welche die Einflußgrößen mit ihren statistischen Toleranzbreiten entsprechend berücksichtigen.

7.6 Kosten und ihre Verrechnung

Wie die Instandhaltung oder Qualitätssicherung ist die Funktion Technische Materialwirtschaft eine Dienstleistung im Unternehmen. Ist sie eine eigene organisatorische Einheit (bei mittleren bis größeren Unternehmen zu empfehlen) wird sie in der Kostenrechnung als Vorkostenstelle geführt. Die Kosten werden an andere Kostenstellen (Endkostenstellen oder Vorkostenstellen) weiterverrechnet.

7.6.1 Kosten der Technischen Materialwirtschaft

Die Kosten der Technischen Materialwirtschaft entstehen aus

– Lagerung
– innerbetrieblichen Transporten
– Material-Eingangs- und Qualitätskontrollen
– Lagerverwaltung und -leitung

Sie werden nach den Regeln der Kostenrechnung mit den dafür vorgesehenen Kostenarten ermittelt.

Die beachtlich hohen Vermögenswerte einer Technischen Materialwirtschaft führen in der Position Anlagenkosten zu hohen Abschreibungskosten und damit zu hohen Betriebskosten.

Diese müßten bei verursachungsgerechter Vollkostenrechnung den Nutzern, das sind die Betriebe, mit den Lagerartikels verrechnet werden. Die Kosten des einzelnen Artikels würden dann recht hoch, da die Lagerdauer nicht begrenzt werden kann. Es bestünde Gefahr, daß zum Nachteil geringer Verfügbarkeit zu geringe Lagerbestände geführt würden.

Um dieses Phänomen zu vermeiden und die Kosten den potenten Nutznießern zuzuwenden, werden Abschreibung und Zins auf anderem Wege weiterverrechnet, nämlich über das Betriebs- oder das neutrale Ergebnis des Unternehmens.

Richtwerte
Nach [7.01] betragen die Kosten für eine Technische Materialwirtschaft in % des durchschnittlichen
jährlichen Bestandes in
USA   22 – 50 %
Deutschland   18 – 41 %
Literaturauswertung   35 – 45 %

7.6.2 Verrechnungsweise

Um Kostenwälzungen zu vermeiden, verrechnet man Kosten für Materialien direkt an
die Endkostenstellen.

Die Kosten der Funktion Technischen Materialwirtschaft bedürfen einer verursachungsgerechten Zuordnung. Als Kostenträger bieten sich die Materialien selbst an
Sie erhalten einen *prozentualen Zuschlag.*

Das Prinzip Verursachungsgerecht ist bei prozentualen Zuschlägen nicht konsequent
durchzuhalten. Unabhängig vom *Wert* eines Artikels kosten bestimmte *Vorgänge* dieselbe Summe.

Beispiel:
Handhabungs- oder auch Dispositionskosten sind gleich, ob eine Armatur aus GG oder aus Edelstahl
besteht. Auch sind die Transportkosten für 1 kg Nägel ähnlich hoch wie für 1 kg Meßgerät.

Der Zuschlag z errechnet sich aus

$$z = \frac{\text{erwartete Lagerkosten}}{\text{erwarteter Lagerdurchsatz}} [\%]$$

Wegen der Unterschiedlichkeit der Materialien nach Größe, Gewicht, Abmessung, verbrauchte Mengen usw. werden verschiedene Zuschläge ermittelt. Die erwarteten La-
gerkosten für die jeweilige Materialgruppe ist abzuschätzen.

Mit dem festgelegten Zuschlägen auf den Wert des Artikels wird der Verbraucher belastet.

Richtwerte für Zuschläge:
Der durchschnittliche Zuschlag (über alle Artikel) beträgt in 12 Betrieben der Chemischen Industrie
[7.02] ca. 20 % des jährlichen Verbrauches (Durchsatzes).

Bei kleinwertigen Artikeln würden wegen hoher bürokratischer und hoher Hand-
lingskosten relativ hohe Zuschläge anfallen. Das ist nicht vertretbar. Es empfiehlt sich
deshalb, geringwertigen Artikel nicht im Einzelnen zu verrechnen, sondern ohne Verrechnung einer Verwendung freizugeben.

Wirtschaftlichkeitsbetrachtungen ergaben 1990 beispielsweise in einem chemischen
Großunternehmen, daß Artikel bis zu einem Wert von etwa bis zu 100 DM nicht einzeln
verrechnet werden sollten.

Diese Teile werden in größeren Gebinden, wie Kartons, Bündeln, Säcken abgegeben. Sie
sind aus sog. Handlägern wie Regalen, Kästen o.ä. vom Verbraucher direkt zu entnehmen.

Alle Artikel eignen sich für solch eine Handhabung nicht. So kann man diffizile Klein-
geräte oder Baugruppen (z.B. Gleitringdichtungen) nicht ohne die Sorgfalt von geschul-
tem Personal bevorraten. Die Gefahr des Diebstahls muß ebenfalls beachtet werden.

7.7 Statistik, Kennzahlen

Die Verwendung der Kennzahlen ist auch im Arbeitsbereich der Technischen Materialwirtschaft angesagt.
Von vielen eingeführten Kennzahlen sind die folgend genannten wichtig:

$$\text{Umschlaghäufigkeit} = \frac{\text{Verbrauch pro Zeiteinheit}}{\text{Durchschnittsbestand}} [\text{1/Zeiteinheit}]$$

$$\text{Lagerreichweite} = \frac{\text{Bestand}}{\text{Verbrauch pro Zeiteinheit}} [\text{Zeiteinheit}]$$

$$\text{Servicegrad} = 100 - \frac{\text{unerledigte Anforderungen pro Zeiteinheit}}{\text{Gesamtanforderungen pro Zeiteinheit}} \cdot 100 [\%]$$

$$\text{Durchsatz pro Mitarbeiter} = \frac{\text{Verbrauch pro Zeiteinheit}}{\text{durchschnittliche Mitarbeiterzahl}} [\text{DM/Zeiteinheit}]$$

Für die Nutzung der Kenngröße Lagerreichweite gibt es grobe Erfahrungswerte, nach
denen man die Bestandshöhe überprüfen kann.

Richtzahlen:

(1) Lagerreichweite für
– Allgemeine Ersatzteile (Normteile) marktgängig   0,5 – 1 Monat
– Allgemeine Ersatzteile (Normteile) mit Lieferfristen   1 – 3 Monate
– Spezial-Ersatzteile   8 – 12 Monate

(2) Einige Kenngrößen aus der Chemischen Industrie 1981 [7.02]

Kenngröße	von	bis	Mittel*
Umschlaghäufigkeit [1/Jahr]	0,6	4,55	2,6
Lagerreichweite [Monate]	2,6	10	5,7
Servicegrad [%]	94,8	98,6	97,0
Durchsatz pro Mitarbeiter [DM/Jahr]	235	850	570

* gewichteter Mittelwert jeder Kenngröße. (Umrechnung Lagerreichweite und Umschlaghäufigkeit ist nicht erlaubt)

(3) Umschlaghäufigkeit in 12 Unternehmen der Stahl- und Eisen-Industrie [7.01]: 1,8 bis 8, Mittelwert
3,4 [1/Jahr]

7.8 Schnittstellen zu anderen Einheiten

Bei organisatorischen Eigenständigkeiten von betrieblichen Funktionen entstehen Schnittstellen.

Die Technischen Materialwirtschaft hat in mittleren bis großen Unternehmen meist eine organisatorische Eigenständigkeit. Zu vielen anderen Funktionen besteht ein hoher Informationsbedarf. Ein direkten Zugang zu Datenbanken im Unternehmen wäre sinnvoll. Für eine aktuelle *und* auf die Zukunft ausgerichtete Arbeit der Technischen Materialwirtschaft benötigt sie folgende Informationen:

– *Schnittstelle zur Anlagenplanung oder Beschaffung*
  Mitteilungen über Neuerstellung von Anlagen, Anschaffung von Anlageteilen und Geräten zwecks Aufnahme der dafür nötigen Ersatzteile in den Bestand. Empfehlenswert wäre eine formelle Mitteilung über diese Aufnahme mit den dafür nötigen Angaben
– *Schnittstelle zu den Betrieben*
  Mitteilung über Stillegung oder Verschrottung von Anlagen, etc., damit der Bestand an zugehörigen Ersatzteilen ebenfalls aus dem Bestand des Lagers (körperlich und buchhalterisch) genommen werden kann. Auf diese Weise wird vermieden, daß sich „Ladenhüter" sammeln. Laufende Überprüfung der Höhe der Sicherheitsbestände
– *Schnittstelle zur Instandhaltung*
  Bei Wechsel zwischen den verschiedenen Strategien der Instandhaltung sind entsprechende Information an die Technische Materialwirtschaft zugeben.
  Bei Planmäßiger Instandhaltung ist es wichtig zu wissen, welche Materialien laufend benötigt werden (Wartung). Auch ist die rechtzeitige Anforderung von Materialien für eine Planmäßige Instandsetzung zu empfehlen. Entscheidungen über Sicherheitsbestände und über die Handhabung von „Ladenhütern" sind von der Instandhaltung aus zu initiieren

Literatur zu 7

7.01   Hug, W.: Optimale Ersatzteilwirtschaft, Köln: Verlag TÜV Rheinland 1986
7.02   Verband der chemischen Industrie (Hrsg.): Modellbeschreibung Vorratswirtschaft für Hilfs-und Betriebsstoffe, Verband der Chemischen Industrie e.V. 1982
7.03   Heuer, G.: Ersatzteilwesen und Lagerhaltung in Warnecke [5.01]
7.04   VDI 2199 Empfehlungen für bauliche Planungen im Förder- und Lagerwesen, Flurförderer, Berlin: Beuth
7.05   VDI 2199 Empfehlungen für bauliche Planungen im Förder- und Lagerwesen, Stetigförderer, Berlin: Beuth
7.06   VDI 2385 Allgemeine Empfehlungen für die materialflußgerechte Planung von Industriebauwerken, Berlin: Beuth
7.07   Krüger, H.-G.: Kostenbeziehungen zwischen der Instandhaltung und der Ersatzteilbevorratung, wig-Information Nr. 13 Jg. 1983
7.08   Krüger, H.-G.: Instandhaltung und Standardisierung von Pumpen, vt verfahrenstechnik 12. Jg. 1978

8 Zeitwirtschaft

Eine wesentliche Aufgabe des Anlagenmanagements besteht darin, Arbeitsergebnisse von Anlagen und Menschen zu erfassen und zu bewerten. Daraus sind fortlaufend Informationen zu ziehen, ob der Betrieb auch weiterhin seine Anlage wirtschaftlich, sicher und umweltgemäß betreiben kann.

Das besondere Augenmerk wird dabei der wirtschaftlichen Seite gelten.

Arbeitsergebnisse einer Anlage oder der die Anlage betreibenden Menschen werden aber erst zur Leistung, wenn ich sie auf die dafür verwendete Zeit beziehe.

Bei der Fertigung von Erzeugnissen ist am Ende einer Periode bekannt, welche Stückzahlen, Mengen, Meter, Flächen hergestellt wurden.

Die Erfassung der Ergebnisse von Dienstleistungen (das Messen menschlicher Arbeit und das Beziehen auf die zugehörige Zeit) ist schwierig. Da Dienstleistungen meist einen hohes Maß an menschlicher Leistung beinhalten, ist die Bewertung von Faktoren abhängig, die sich im Verhalten des Menschen ausdrücken.

Die Qualität eines Arbeitsergebnisses ist ein zusätzlicher Bewertungsmaßstab.

Im Folgenden soll auf die *Bemessung von Leistungen des Menschen* eingegangen werden. Die Bewertung der Leistung von Anlagen selbst, also ohne den Einfluß des Menschen, kann man ohne Schwierigkeiten über die Differenz zwischen gewünschten und erreichten Ergebnissen erhalten.

8.1 Bemessung und Bewertung von Leistungen

Die Leistung einer Person oder Personengruppe, die definierte Tätigkeiten ausüben, kann mit verschiedenen Methoden gemessen und bewertet werden.

Die ermittelten Daten dienen der technischen und betriebswirtschaftlichen Beurteilung. Im Normalfall werden sie auch zur Entlohnung genutzt.

Mit Leistungsbemessung sind alle Methoden, gleich welcher Basis und Herkunft angesprochen. Verfahren zur Leistungsbemessungen und -bewertungen werden in der Fertigung und in der Instandhaltung unterschiedlich stark eingesetzt. Im ungünstigsten Fall erfolgt keine Bemessung und Bewertung von Einzeltätigkeiten. Die Bewertung menschlicher Leistung ist dann schwer möglich und führt zu subjektiven Ergebnissen.

Grundlage jeder Leistungsbemessung ist eine auf dem neuesten Stand befindliche Zeitdatenwirtschaft.

Zwei grundsätzliche Formen der Leistungsbemessung und -beurteilung sind zu unterscheiden, die bei Serien-Fertigung und die bei Einzel-Fertigung/Instandhaltung.

8.1.1 Leistungsbemessung bei der Serien-Fertigung

Die Leistungen der Mitarbeiter werden durch Betriebsanalysen ermittelt. Betriebsanalysen sind Zeitaufnahmen aller vorkommenden Tätigkeiten im Betrieb durch Beobachtung der Mitarbeiter über die volle Schichtzeit, falls es erforderlich erscheint, auch in der Nachtschicht. Sporadisch anfallende Tätigkeiten werden mittels Kurzzeitanalysen erfaßt.

Die Auswertung der Schicht- und der Kurzzeitaufnahmen liefert *Zeitbausteine* für alle Tätigkeiten in einem Fertigungsbetrieb, die man zweckmäßigerweise in Katalogen/Dateien sammelt.

Auf der Grundlage der Fertigungsvorschriften und der beobachteten Arbeitsabläufe der Mitarbeiter ermittelt man dann für jedes einzelne Produkt eines Betriebes aus den Zeitbausteinen sogenannte *Vorgabezeiten*, die sich auf eine für das jeweilige Produkt geeignete Einheitsmenge z.B. von 100 kg oder auf eine Charge beziehen.

Die Vorgabezeit kann sich aber auch auf eine menschliche Leistung beziehen. Das wird überall dort gefordert, wo kein Erzeugnis entsteht, sondern eine Dienstleistung.

Am Ende einer Periode, vorzugsweise eines jeden Monats, werden die Mengen der einzelnen Produkte zusammengefaßt, die im abgelaufenen Monat produziert worden sind. Aus der produzierten Menge und der Vorgabezeit für die Mengeneinheit kann nun die sogenannte *Kalkulierte Zeit* für das Produkt ermittelt werden. Die Addition der Einzelzeiten ergibt die Kalkulierte Zeit für den ganzen Betrieb.

Bewertung der einzelnen Fertigungsschritte

Der Vergleich ähnlicher Tätigkeiten ermöglicht es dem Anlagenmanagement, Schwachstellen im Arbeitsablauf oder in der Arbeitsorganisation zu erkennen. Zeitbausteine werden auch bei der Durchführung von Wertanalyseprojekten benötigt.

8.1.2 Leistungsbemessung bei der Einzel-Fertigung

Jede Einzel-Fertigung setzt sich aus einer Vielzahl von Arbeitsschritten zusammen. Einzelschritte sind wiederum erfaßbar und katalogisierbar. Leistungsbemessungen sind somit bei der Einzel-Fertigung möglich, bedürfen lediglich eines gewissen Erfahrungsschatzes über notwendige Zuschläge, welche die Unsicherheiten in der Planung der Arbeitsschritte abdecken sollen.

Leistungsbemessungsverfahren mit Hilfe von Planzeitkatalogen nach REFA, MTM (Methods Time Measurement) oder davon abgeleiteten Methoden wie MSD, USD oder UMS zeigen seit Jahrzehnten ihre Brauchbarkeit [8.01].

Weitere Informationen finden sich in der REFA-Methodenlehre [4.11] und bei Goosens [8.02].

8.1.3 Leistungsbemessung bei der Instandhaltung

An anderer Stelle wurden Instandhaltungmaßnahmen mit

- Wartung und Inspektion = Serien-Fertigung
- Einzel-Instandsetzung = Einzel-Fertigung
- Serien-Instandsetzung = Serien-Fertigung mit Varianten

verglichen.

Diese Vergleichbarkeit ist auch auf die Leistungsbemessung anzuwenden. Ohne weiteres übertragbar sind Wartung und Inspektion. Im Falle von Instandsetzungen generell, gibt es einige Besonderheiten gegenüber der Fertigung von Erzeugnissen. Es sind die besonderen Umstände, unter denen Instandsetzungen stattfinden.

Erfahrene Zeitwirtschaftler, Meister und Kalkulatoren sind in der Lage, mit Zuschlägen diese besonderen Umstände zu berücksichtigen. Haben die genannten Personen wenig Erfahrungen oder ist das Maß der Besonderheit größer als das des Normalen, dann liegt hier eine Quelle der Ungenauigkeit. Sie kann zu Manipulationen führen.

Für eine Leistungsbemessung in der Instandhaltung spricht, daß eine Arbeitsplanung (Arbeitsvorbereitung) und eine Auftragssteuerung *ohne* die mit Zeiten verknüpften Arbeitsschritte von der Sache her unmöglich ist.

Vereinfachte Methode der Leistungsbemessung

Die Leistungsbemessung in der Instandhaltung ist so vielfältig wie die Tätigkeit der Handwerker. Sie umfaßt Tätigkeitsbereiche von Maurern und Isolierern, Gerüstbauern und Malern über die von Schlossern und Drehern, Spenglern und Apparatebauern bis hin zu den Elektrikern, den Feinmechanikern und Meß- und Regelmechanikern.

So unterschiedlich aber all diese Tätigkeiten sind, eines ist ihnen allen gemeinsam: Der Handwerker hat durch seine Leistungshergabe einen sehr hohen Einfluß auf das Ergebnis seiner Tätigkeit.

Man wird auch bei Verwendung moderner Techniken auf die Fachkenntnisse *und Fertigkeiten* der Handwerker angewiesen sein und nur in Grenzfällen ihre Tätigkeit automatisieren können. So ist es nötig, für jede Art von Handwerkertätigkeiten Zeitbausteinwerte so zu speichern, daß für jede Arbeitsaufgabe sofort die gültige Vorgabezeit aus Katalogen abgelesen werden könnte.

Eine bewährte Vorgehensweise, diese Ermittlung kostengünstig vorzunehmen, ist:

– Ermitteln von Zeiten für bestimmte, sich häufig wiederholende Vorgänge, Teilvorgänge oder Vorgangsstufen durch Zeitaufnahmen
– Zusammensetzen zu Zeitbausteinen (Dieser Schritt ist Aufgabe einer Arbeitsstudiengruppe)
– Ergänzen fehlender Zeiten, besonders bei komplexeren Arbeitsaufgaben, durch Vergleichen, Schätzen von nicht in Zeitbausteinen erfaßten Tätigkeiten. (Dieser Schritt ist Aufgabe des Kalkulators vor Ort)

8.1.4 Differenzierung von Leistungen

Neben der Erfassung von Einzeltätigkeiten hat es sich bewährt, auch die Gesamtleistung von Betrieben zu untersuchen.

Dies kann nach einer Methode erfolgen, mit der die gesamte Arbeitszeit, in bestimmte Zeitarten unterteilt, untersucht wird (Tabelle 8.1).

Tabelle 8.1: Zeitarten

Zeitart	Beschreibung
Grundzeit	Fortschritt am „Werkstück" im Sinne des Arbeitsauftrages
Rüstzeit	Vorbereitungsarbeiten, Wegezeiten, nicht anzulastende Wartezeiten, Abrüstzeiten
Sachliche Verteilzeit	Absprachen, technische Klärung mit Vorgesetzten und Kollegen
Persönliche Verteilzeit	Erholen, Rauchen, Telefon, Lohnbüro, WC u.ä.

Diese sind bei Bedarf auch weiter aufzufächern. Bei einer zu weiten Auffächerung wird die Zuordnung erschwert und es besteht Gefahr eingeschränkter Aussagefähigkeit.

Die Ermittlung von Zeitdaten hat die bereits genannten Methoden zur Basis (REFA [4.06]).

Für die Untersuchung ganzer betrieblicher Einheiten (das sind neben Fertigungsbetrieben auch Dienstleistungsbetriebe) sind folgende Methoden bewährt:

– Selbstaufschreibung
– Befrage-/Interviewtechnik
– Multimomentaufnahme

Die Multimomentaufnahme ist eine der wirtschaftlichsten Methoden [8.03].

Sie nutzt die Beobachtungserfahrung geschulter Zeitwirtschaftler. In einem, mit den betroffenen Mitarbeitern eines Betriebes abgesprochenen Zeitraum werden zu bestimmten Zeitpunkten (Multimomenten) die Beobachtungen nach der Gliederung von Tabelle 8.1 (oder verfeinert) aufgelistet. Die Häufigkeit der Beobachtungen gibt nach den Regeln der mathematischen Statistik das Maß für die Aussagefähigkeit der Studie.

Es ist überraschend, wie wenig „Momente" einer Beobachtung genügen, um ein brauchbares Ergebnis zu erreichen.

Beispiele:
(1) Multimomentstudie in einer Vor-Ort-Instandhaltung in einem Montagebetrieb für magnetische Datenträger. In folgende Multimoment-Beobachtungen wurde unterschieden.

Arbeiten an Anlagen
+ Zeichnung lesen
+ Arbeiten am Arbeitsplatz einer Vor-Ort-Werkstatt
= Summe Hauptzeit

Gespräche führen, telefonieren
+ Schreibarbeiten
+ Bewegen
+ Ohne erkennbare Tätigkeit
+ Persönliche Tätigkeit
+ Abwesend
= Summe Nebenzeit

In dem untersuchten Betrieb erzielte man innerhalb von 5 Tagen eine Analyse mit 96 % iger Genauigkeit (Schicht 14–22 Uhr) bzw. 95 % (Schicht 22–6 Uhr) durch folgenden Aufwand:
Ein Zeitwirtschaftler hat pro Schicht bei 18 Rundgängen von jeweils 15 Minuten von bestimmten, übersichtlichen Punkten aus die Tätigkeit von 5–7 Mitarbeitern (Schicht 14–22 Uhr) mit zusammen 600 Beobachtungen bzw. ein weiter Zeitwirtschaftler ebenfalls bei 16 Rundgängen 4–6 Mitarbeiter (Schicht 22–6 Uhr) mit zusammen 384 Beobachtungen ausgeführt und deren Tätigkeit nach dem oben geschilderten Schlüssel erfaßt.
Das Ergebnis war überraschend gut ausgefallen, da in einem Instandhaltungsbetrieb – noch dazu bei teilweiser Nachtschicht – keine hohe Effektivität erwartet worden war.

Tabelle 8.2: Beispiel einer Multimomentaufnahme

Art des Ablaufes	Schicht 14-22 Uhr	Schicht 22-6 Uhr
Arbeiten an Anlagen	48,77 %	54,63 %
Zeichnung lesen	2,00 %	2,55 %
Arbeiten am Stützpunkt	11,27 %	8,33 %
Zwischensumme Hauptzeit	62,04 %	65,51 %
Gespräche führen	2,31 %	4,63 %
Schreibarbeiten	2,16 %	0,00 %
Bewegen	17,90 %	15,97 %
Ohne erkennbare Tätigkeit	0,31 %	2,32 %
Persönliche Tätigkeiten	0,16 %	0,00 %
Abwesend (Pausen sind hier enthalten)	15,12 %	11,57 %
Zwischensumme Nebenzeit	37,96 %	34,49 %
Aufteilung bei herausgerechneten Pausen		
Hauptzeit	71,00 %	74,80 %
Nebenzeit	29,00 %	25,20 %

(2) Eine weitere Erfassung von ca. 16.000 abzugeltenden Stunden (d.h. ohne unbezahlte Pausen, späterer Arbeitsbeginn oder früheres Ende) in einem Großunternehmen mit unterschiedlichen 34 Betriebswerkstätten ergab in 1975 das folgende Ergebnis (Pausen herausgerechnet)

– Hauptzeit   69,6 %
– Nebenzeit   30,4 %

8.1.5 Kosten - Nutzen - Betrachtung

Leistungsbemessung verlangt einen bestimmten Aufwand an Personal- und Sachkosten. Dem gegenüber stehen Ergebnisse, die für das Unternehmen einen wirtschaftlichen Nutzen bieten. Das sind unter anderen:

– Gerechtere Entlohnung und damit höhere Leistung der Mitarbeiter
– Möglichkeit der Bewertung und Verbesserung von Fertigungsprozessen mit all ihren Nebenvorgängen, Hilfstätigkeiten
– Höhere Planungsgenauigkeit und daraus bessere Ausführungsergebnisse
– Möglichkeit klarer und eindeutiger Entscheidungsvorbereitung bei Effizienzsteigerungsvorhaben

Aufwand

Für eine exakte Leistungsbemessung ist vorwiegend Personalaufwand notwendig. Der Aufwand ist jedoch sehr unterschiedlich, je nachdem wie stark die EDV eingesetzt werden kann.

Auch die Höhe des Anteils an standardisierten Arbeiten, für die Standardarbeitspläne mit Zeitbausteinen vorliegen, bestimmt den Aufwand für die Leistungsbemessung. Zeitaufnahmen vor Ort werden soweit möglich mit EDV-Unterstützung durchgeführt und ausgewertet.

Werden Daten der Leistungsbemessung zur Entlohnung herangezogen, sind an sie hohe Genauigkeitsanforderungen gestellt. Diese Genauigkeiten sind für Planung, Steuerung und Kontrolle nicht erforderlich.

Aus Unternehmen, die in größerem Umfang eine Leistungsbemessung für die verschiedenen Zwecke einsetzten, sind Zahlen über Kosten und Nutzen bekannt. Bei der Übertragung solcher Zahlen auf andere Verhältnisse ist zu bedenken, daß diese Angaben nur als Richtgrößen bzw. als Anregung für eigene Ermittlungen anzusehen sind.

Richtwerte:
Ausbringung eines Zeitwirtschaftlers (Kalkulators) pro aufgewendete Stunde
40 – 140 Stunden Vorgabezeit im Aufmaß,
20 – 40 Stunden Vorgabezeit in der Einzelkalkulation
Umgerechnet bedeutet das: Bei einem Handwerkerstundensatz von ca. 50 DM sind bei Aufmaßarbeiten 0,35 bis 1,20 DM/h, bei Einzelkalkulation 1,20 bis 2,50 DM/h Kalkulationsaufwand enthalten.

Nutzen

Je größer der Anwendungsbereich von Zeitdaten ist, desto geringer schlagen die zu ihrer Ermittlung notwendigen Kosten zu Buche. Das breite Anwendungsfeld ist Bild 8.1 zu entnehmen.

Daten aus der Zeitwirtschaft können sowohl für Zwecke der Planung und Steuerung, für Kontrollzwecke als auch für die Entlohnung eingesetzt werden.

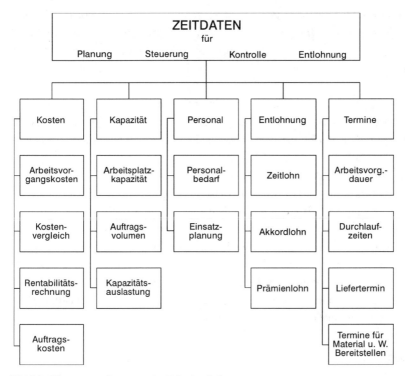

Bild 8.1: Nutzung von Daten aus der Zeitwirtschaft

8.2 Entgelten von Leistungen

Der Begriff *Entgelt* ist noch ungewohnt. Er sollte aber verwendet werden, da Unterschiede zwischen *Lohn*, als dem Entgelt für Leistungen von Arbeitern, und *Gehalt*, als dem Entgelt für Leistungen von Angestellten, nach und nach verschwinden.

Es gibt bereits Branchen, in denen Arbeitgeber und Arbeitnehmer durchgängige Entgelttarifverträge vereinbaren. In diesen sind abgestufte Entgelte den ebenso abgestuften Tätigkeiten (Ausbildung und Erfahrung) gegenübergestellt.

Beispiel:
Die Tarifpartner der chemischen Industrie der Bundesrepublik Deutschlands haben 1984 einen Entgelttarifvertrag abgeschlossen, der in 13 Stufen die Tätigkeiten aller tariflichen Mitarbeiter beschreibt und das ihnen zugemessene Entgelt festlegt. Es reicht von der ungelernten Kraft bis zum Absolventen mit Hochschulabschluß und differenziert innerhalb der Entgeltgruppen durch Abstufung für Erfahrungszeit.

Wenngleich die deutsche Gesetzgebung wegen der beiden unterschiedlichen Rentenversicherungsträger noch in Arbeiter und Angestellte unterscheiden muß, gehen doch die bisherigen Grenzen zunehmend verloren.

Wie eine Entgelt-Höhe zustande kommt, ist ein schwierig zu beschreibendes Phänomen. Die *ausgeübte Tätigkeit* ist das vorrangige Auswahlkriterium. Der erlernte Beruf ist zweitrangig, wenngleich die meisten anspruchsvolleren Tätigkeiten nur auszuüben sind, wenn das dafür erforderliche Wissen und die benötigten Fertigkeiten erworben worden sind.

Kriterien wie Leistung, Engagement, Zuverlässigkeit und Erfahrung sind auch zu berücksichtigen, können aber in einem Tätigkeitskatalog nur in Maßen erfaßt werden. Meistens sind solche Kriterien in diversen Zuschlägen, Prämien und anderen Entgeltbestandteilen enthalten.

Lorenz und Neumann [8.04] haben schon 1966 ausführlich dargelegt, daß man die verschiedenen Anforderungsarten (Können, Belastung, Verantwortung, Umgebungseinflüsse) definieren und deren Höhe in Rangreihen abstufen muß.

Gmür/Scherrer [8.05] und Kappel [8.06] zeigen den heutigen Entwicklungsstand auf, wie er sich aus der gesellschaftlichen Entwicklung in den Industrieländern ergeben hat.

Bei aller unterschiedlichen Behandlung des Themas Leistungsbemessung und Entlohnung ist eines unbenommen: Mit der Feststellung nach mehr oder weniger guter Meßbarkeit einer menschlichen Leistung ist nichts über den Wert dieser Leistungen für ein Unternehmen oder die Gesellschaft ausgesagt.

8.2.1 Zeitlohn

Der Begriff Lohn soll trotz der sich ändernden Bedingungen weiter verwendet werden.

Zeitlohn hat die vom Arbeiter, Angestellten oder Selbständigen (z.B. Programmierer, Hilfsassistent) geleistete Stunde zum Maß. Der Lohn errechnet sich aus der gemessenen Zeit und dem Stundenlohn, der in einer bestimmten Weise mit einem Auftraggeber oder bei unternehmensinternen Tätigkeiten mit dem Arbeitgeber vereinbart wurde.

In der überwiegenden Zahl der Unternehmen werden zum Lohn irgendwelchen Zulagen gezahlt. Dann spricht man nicht mehr vom Zeitlohn, sondern von den Lohnarten Akkord, Prämienlohn, Leistungslohn und Ergebnislohn. Der Sprachgebrauch ist bei diesen Lohnarten nicht einheitlich.

8.2.2 Monatsentgelt

Monatsentgelt ist eine bestimmte Form des Zeitlohnes. Das Monatsentgelt ist schon seit Jahrzehnten die Entgeltform für Angestellte, sie wird zunehmend aber auch die Entlohnungsform auch für Arbeiter.

Monatsentgelt für Angestellte

Monatsentgelte werden in tariflichen und außertariflichen Entgeltkatalogen den Tätigkeitsbeschreibungen gegenübergestellt. Gibt es solche nicht, bestimmt der „Marktpreis" die Höhe der Entlohnung. Basis der Tätigkeitsbeschreibungen sind der Abschluß

einer Aus- oder Weiterbildung und die im Beruf angesammelten Erfahrungen (nur beschränkt geeignetes Maß ist die Dauer in Jahren). Das Ergebnis der Angestelltentätigkeit läßt sich nicht oder nur mit Einschränkungen messen. Deshalb tritt an die Stelle
des Messens die Beurteilung.

Das Ergebnis ist nicht reproduzierbar.

Monatsentgelt für Arbeiter

Die einfachste Form wäre es, auch dem Arbeiter für seine Tätigkeit ein Gehalt, wie
dem des Angestellten, zu zahlen. Für das Anlagenmanagement und die Entgeltabrech-
nung wäre dies ein einfaches Verfahren. Die Bürokratie im Unternehmen wäre minimiert.

Bei dieser Entgeltform bliebe jedoch eine *meßbare* Tätigkeit ungemessen. Im Gegensatz zur Angestelltentätigkeit ist nämlich von handwerklicher Tätigkeit meßbar z.B.
die Leistung eines Schweißers, indem man die Länge einer bestimmten Schweißnaht
feststellt, die einwandfreie Ausführung durch Röntgen bestätigt und schließlich der gebrauchten Zeit gegenüberstellt.

Das Monatsentgelt für Arbeiter ist mit dem Ziel entwickelt worden, ihnen eine *regel-*
mäßige monatliche Zahlung zu sichern. Sie erhalten am Monatsende regelmäßig eine
Zahlung in Höhe des bisherigen *durchschnittlichen* Einkommens.

Über die festliegende tarifliche Stundenzahl hinaus entstehen Entgeltschwankungen
aus

– Überzeiten
– Zuschlägen für Überzeiten, gestaffelt nach Normal-, Nacht-, Wochenend- und Feier-
  tagsschichten
– Zuschlägen für diverse besonderen Belastungen (z.B. Hitze, Schmutz)
– Abwesenheiten

Am Monatsende findet jeweils ein Ausgleich statt.

8.2.3 Prämienlohn

Bei diese Lohnart wird der Grundlohn (Tariflohn) durch Zuschläge *nichtmeßbarer* Art
aufgestockt. Diese Zuschläge werden mit Prämien bezeichnet.

Für die Ermittlung der Prämienhöhe werden Beurteilungskriterien über die Mitarbeiter herangezogen:

– Leistung als nicht gemessenes, integrales Merkmal
– Einsatzbereitschaft, Identifikation mit der Aufgabe
– Qualitätsbewußtsein
– Verantwortlichkeit für Prozeß, Mensch, Wirtschaftlichkeit, Umwelt, Sicherheit
– Kooperationsfähigkeit und -bereitschaft

Die Beurteilung kommt zustande durch ein- bis zweimaliges Überprüfen bereits bestehender Prämien pro Jahr.

Beteiligt sind an solchen Festlegungen

– das Anlagenmanagement
– der direkter Vorgesetzter des zu Beurteilenden
– das zuständiges Betriebsratsmitglied
– ein Vertreter des Personalwesens

Nachteile solcher Prämiensysteme sind:

– die Subjektivität der Beurteilenden („Nasenprämie")
– die selten zu verwirklichende Reversibilität von einmal festgelegten Prämien (Einkommensverluste werden in der Regel von der Arbeitnehmervertretung nicht akzeptiert)
– der geringe Leistungsanreiz für den Betroffenen (Gewöhnungseffekt!)

Trotz dieser Nachteile liegen Entgeltbestandteile aus Prämien oft nur geringfügig unter denen aus Leistungslohn oder Ergebnislohn.

Das ist in den meisten Fällen auch berechtigt, da es hochwertige handwerkliche Arbeit auszuführen gibt, die nicht über andere Entlohnungssysteme zu leisten sind (z.B. bei Sicherheitsbelangen).

Der *geringe* Leistungsanreiz entsteht dann, wenn andere Anreizgründe schon ausgeschöpft sind, wie z.B. eine Höhergruppierung im Tarifsystem oder die Zuweisung einer (höher entlohnten) Aufsichtsfunktion (Erstmann, Vorarbeiter, Meister).

Die Festlegung und Überprüfung der sogenannten *übertariflichen* Prämien, sowohl für Angestellte, wie auch für Arbeiter, bedürfen *formell* keiner Abstimmung mit der Arbeitnehmervertretung. Solche Festlegungen im guten Einvernehmen mit der Arbeitnehmervertretung zu treffen, ist dem Anlagenmanagement jedoch zu empfehlen.

8.2.4 Leistungslohn

Halsey und Rowan haben diese Entlohnungsform entwickelt, bei der eine Zeiteinsparung das Maß für die Höhe der Prämie ist. Auch die später von Bedeaux verfeinerte Methode, bei der in der Zeitvorgabe Erholungszeiten berücksichtigt werden, zählt formell noch zum Prämienlohn.

Da im Gegensatz zu den *nichtmeßbaren* Kriterien des Prämienlohnes hier *meßbare* Kriterien verwendet werden können, soll die Entgeltart *Leistungslohn* heißen.

Die Prämie entsteht aus einer *Zeiteinsparung*. Man spricht auch vom sogenannten *Überverdienst*.

Prinzip

Aus der für eine bestimmte Tätigkeit ermittelten Vorgabezeit und der Zeit, die Mitarbeiter tatsächlich für die Erfüllung gebraucht hat, der sog. Gebrauchten Zeit ergibt sich eine (manchmal negative) Zeiteinsparung.

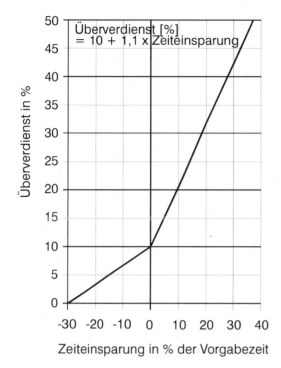

Bild 8.2: Überverdienstkurve (Beispiel BASF AG)

Die Zeiteinsparung wird auch in Form einer Leistungskennziffer geführt. Dabei ist

$$\text{Zeiteinsparung} = \text{Vorgabezeit} - \text{Gebrauchte Zeit}$$

$$\text{Leistungskennziffer} = \frac{\text{Vorgabezeit}}{\text{Gebrauchte Zeit}} \cdot 100[\%] \text{ (auch Zeitgrad genannt)}$$

Grundlage der Entlohnung für eine solche Zeiteinsparung ist eine Überverdienstkurve. Die im Bild 8.2 gezeigte ist ein Beispiel, der Verlauf könnte auch anders sein. Solche Überverdienstkurven werden nach arbeitswissenschaftlichen Methoden ermittelt und bedürfen der Vereinbarung der Tarifpartner.

Beispiel

Auf der Abszisse ist die Zeiteinsparung in % der Vorgabezeit aufgetragen; auf der Ordinate der Überverdienst.

Als Basis für das Arbeiten im Leistungslohn erhält der Mitarbeiter einen Sockelbetrag von 10 % bei Erreichen der Vorgabezeit. Für jeden Prozentpunkt Zeitunterschreitung erhält der Mitarbeiter 1,1 % Überverdienst mehr. bei Zeitüberschreitung pro 3 % Zeitüberschreitung 1 % Abzug vom Sockelbetrag; maximal bis der Sockelbetrag aufgebraucht ist.

Der Leistungsanreiz mittels Zeiteinsparungsprämie basiert definitionsgemäß auf einer Zeiteinsparung gegenüber einer vorgegebenen Normalarbeitszeit (Vorgabezeit). Diese Vorgabezeit ist so ermittelt, daß der Mitarbeiter in der Lage ist, sie zu unterschreiten.

Die Dauer einer Vorgabezeit muß deshalb so bemessen sein, daß der Mitarbeiter folgende Anforderungen erfüllen kann:

- Qualität seiner Arbeit
- Pfleglicher Umgang mit den Einrichtungen der Anlage und seiner Hilfsmittel
- Einhaltung der Arbeitssicherheitsregeln
- Beachtung der Umweltschutzauflagen
- Sparsamer Umgang mit allen Ressourcen

Bei sachgerechter Durchführung der Zeitstudien zwecks Feststellung der Normalzeit (Vorgabe) ist dies sichergestellt. Außerdem ist es Sache des Kalkulators, die Vorgabezeit, die sich meist aus Einzelvorgabezeiten zusammensetzt, so mit Zuschlägen zu ergänzen, daß die genannten Anforderungen erfüllbar sind.

Die Form des Leistungslohnes ist sowohl in der Fertigung, als auch in der Instandhaltung zu nutzen. Für Fertigungstätigkeiten sind ebenfalls Zeiteinsparungsprämien verwendbar. Basis sind hier die Vorgabezeiten für betriebliche Tätigkeiten, die genau wie die handwerklichen mit Hilfe von Zeitstudien ermittelt werden

Um sicher zu sein, daß die Anwendung eines solchen Leistungslohnsystems ihre Berechtigung hat, wurde in der BASF eine umfangreiche Betriebsanalyse durchgeführt. Das Ergebnis kann man als Beweis für die Richtigkeit der seinerzeitigen und mehrfach bestätigten Entscheidung ansehen [8.07].

Beispiel:
Bild 8.3 zeigt die Ergebnisse der Betriebsanalysen von 95 Produktionsbetrieben mit rund 4.200 gewerblichen Mitarbeitern (GA).
Die Analysen hatten das Ziel, Ansätze für die Neugestaltung von Arbeitsvorgängen, Arbeitsabläufen, Arbeitsplätzen und Arbeitsmitteln in arbeitstechnischer wie in organisatorischer Hinsicht zu finden und den Produktionsbetrieben vorzuschlagen. Dies geschah auch.
Der Zeitverbrauch in den untersuchten Betrieben lag anfangs im Mittel bei 139 % (Vorgabe = 100 %), was einem Leistungsgrad von etwa 72 % entspricht.
Nach Umsetzung aller Vorschläge, die zum Teil auch mit kleineren Investitionen verbunden waren, wurde eine wesentliche Verbesserung der Produktivität beobachtet. Der Zeitverbrauch in den ehemals untersuchten Betrieben fiel von 138 auf 113 %.
Hier schien eine Grenze erreicht zu sein. Die Mitarbeiter schienen nicht mehr bereit, ohne Anreiz eine weitere Mehrleistung zu erbringen.
Mit der Einführung eines Leistungsanreizes in Form einer Prämie, die sich zum Grundlohn addiert, wurde ein mittlerer Zeitverbrauch von 85 % erreicht, der sich im Lauf von mehreren Jahren bei einem Durchschnitt von 80 % eingependelt hat. Das entsprach einer Leistungskennziffer von 125 %.
Diese Reduzierung konnte nur unter Einbeziehung der Meister (Gehaltsempfänger) erreicht werden.

Heutiger Stand des Leistungslohnes

In der Vorgabezeit werden die verschiedensten persönlichen sog. Verteilzeiten berücksichtigt. Das sind Zeiten, die dem Mitarbeiter unter *heute üblichen* Arbeitsbedingungen gewährt werden, wie z.B. Informationszeiten, Rauchen, Erholungspausen, Waschzeiten. Es ist Sache der Tarifpartner, diese Verteilzeiten so in Form von Richtwerten vorzugeben, daß sie einerseits den Bedürfnissen der Mitarbeiter angemessen sind, andererseits den Leistungsanreiz aufrecht erhalten.

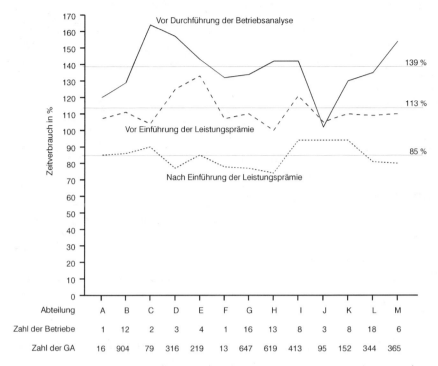

Bild 8.3: Beispiel: Ergebnisse von Betriebsanalysen

Weiter ist bei Nutzung solchen Leistungslohnes zu akzeptieren, daß nicht für jede Tätigkeit Vorgabezeiten gebildet werden können.

Ein Schwachpunkt des Leistungslohnes ist, daß Tätigkeiten aus ablauforganisatorischen Gründen nur ca. 60% *vor Beginn* der Arbeiten und 35% *während* der Arbeit kalkuliert werden können.

Vergleich Prämienlohn – Leistungslohn

Eine Untersuchung in der BASF AG hat aufzuzeigen versucht, den Nutzen der Leistungsentlohnung in der Instandhaltung (über die Zeiteinsparungsprämie) gegenüber dem normalen Prämienlohn (ohne jede *meßbare* Kriterien mit 30 % zum Grundlohn angesetzt) aufzuzeigen [8.07].

In den Jahren 1975 und 1976 wurden mit identischen Kalkulationsmethoden Betriebsschlosserarbeiten mit einem Umfang von mehreren zigtausend Stunden untersucht. Arbeiten in einem größeren Tochterunternehmen in Antwerpen, die dort nur im Zeitlohn ausgeführt wurden, hat eine Gruppe von Arbeitswissenschaftler nach den Regeln des deutschen Stammwerkes in Ludwigshafen parallel kalkuliert. Es lagen somit Zahlen über Zeitgrade vor, die zu der in Bild 8.4 gezeigten Kostengegenüberstellung geführt haben.

		Zeitlohn			Leistungslohn		
		1	2	3	4	5	6
1	Vorgabezeit je Einheit (h)	1,00	1,00	1,00	1,00	1,00	1,00
2	Gebrauchte Zeit je Einheit (h)	1,15	1,075	1,00	1,00	0,875	0,75
3	Zeitgrad (%)	87	93	100	100	114	133
4	Grundlohn (Entgeltgruppe 7) (DM/h)	18,42	18,42	18,42	18,42	18,42	18,42
5a	Überverdienst (DM/h)	-	-	-	1,84	4,37	6,91
5b	Prämie (30 %) (DM/h)	5,53	5,53	5,53	-	-	-
6	Gesamtlohn (Zeile 4+5a bzw. 5b) (DM/h)	23,95	23,95	23,95	20,26	22,79	25,33
7	Gesamtlohn und Lohnnebenkosten (150 % von Zeile 6) (DM/h)	35,93	35,93	35,93	30,39	34,19	38,00
8	Kosten der Kalkulation (DM/h)	-	-	-	2,70	2,70	2,70
9	Kosten (Zeile 7+8) (DM/h)	35,93	35,93	35,93	33,09	36,89	40,70
10	Kosten je Einheit (Zeile 9 x Zeile 2) (DM/h)	41,31	38,62	35,93	33,09	32,27	30,52
11	Lohnkosten je Mengeneinheit in Prozent der Kosten aus Spalte 2	107	100	93	86	84	79

Bild 8.4: Ergebnisse einer Vergleichskalkulation

Diese Parallelkalkulationen ergaben Leistungskennziffern von 87 bis 100 % gegenüber 100 bis 133 % bei vergleichbaren Arbeiten in Ludwigshafen.

In Bild 8.4 sind die Ergebnisse der Vergleichskalkulation zusammengefaßt und mit den aktuellen Stundensätzen des Entgelttarifvertrages von 1991 versehen.

Auf den ersten Blick glaubt man in Spalte 6 / Zeile 6 zu sehen, daß der Leistungslohn pro Stunde höher ist als der Zeitlohn in Spalte 2. Die Berücksichtigung der Lohnnebenkosten und der Kosten der Vorkalkulation gibt in Zeile 9 dieser Ansicht weiter Auftrieb. Werden diese Kosten letzlich aber mit der Leistung relativiert, die wir vom Mitarbeiter erhalten, so sieht man den erheblichen Vorteil der Leistungsentlohnung in Zeile 10.

Ähnliche Ergebnisse wurden im Instandhaltungssektor bei befreundeten Firmen beim Übergang von reinem Zeitlohn auf ein leistungsbezogenes Entlohnungssystem erzielt.

8.2.5 Ergebnislohn

In Fertigungsbetrieben ist die Verantwortung für die Ressourcen Personal, Material (Einsatzstoffe, Zukaufprodukte, Fertigprodukte), Energieverbrauch, Umweltschutz, und Anlagensicherheit hoch anzusetzen. Verluste können Betriebsergebnissen so ändern, daß eine Fertigung gefährdet wird. Umgekehrt sind Methoden zu nutzen, die in allen Bereichen zu Einsparungen führen.

Dies ist mit einem *erweiterten* Leistungslohn möglich.

Prinzip

Der Anreiz eines höheren Einkommens wird für die betrieblichen Mitarbeiter mittels Prämien an folgende Kriterien gebunden:

– *Material- und Energieersparnis*: Jeder Prozeß ist wirkungsgradbedingt unvollkommen. Die Bedingungen sind (in Grenzen) durch die Mitarbeiter beeinflußbar, so daß sie Optimierungsvorgänge durchführen können. Damit ist eine Möglichkeit gegeben, einzusetzende Roh- und Hilfsstoffe gegenüber einem Standard einzusparen. Das gleiche gilt für die im Prozeß eingesetzten Energiearten.

– *Qualitätsverbesserung:* Für die Ausbringung einer bestimmten Leistung wird eine Standard-Qualitätsanforderung vorgegeben. Bei Erreichung besserer Ergebnisse wird dieses umgesetzt.

– *Anlagennutzung:* Die Vermeidung von Störungen jeglicher Art (technische, personelle, logistische, allgemein organisatorische) führt zu einer Erhöhung der Verfügbarkeit und falls gewünscht zu einer Erhöhung der Auslastung. Diese kann an einer Vorgabegröße gemessen und zur Bildung eines Zuschlages herangezogen werden.

– *Personaleinsatz-Optimierung:* Die Arbeit einer Gruppe erfordert meist eine personelle Zusammensetzung, die aus Personen, differenziert nach Beruf, Erfahrung und Verantwortung, besteht. Jedes Gruppenmitglied hat dann unterschiedlichen Basislohn. Die Optimierung kann darin bestehen, die auszuführenden Arbeiten nicht nur mit einem Minimum an aufzuwendender Zeit pro Einheit zu erledigen, sondern dafür auch ein Minimum an Qualifikation (ist gleich Minimum an Basislohn) einzusetzen.

– *Liefertreue*

– *Reklamationsverringerung*

Kriterien werden gewichtet und je nach Zielsetzung des Unternehmens eingesetzt. Zwischen Idee und Verwirklichung sind jedoch manche Hürden zu überwinden (Personalabteilungen, Arbeitnehmervertretungen und die Mitarbeiter selbst).

Erfahrungen

Die Schwierigkeiten der Nutzung eines Ergebnislohnes liegen in einer *ausgewogenen* Verknüpfung von Steigerung der gewünschten Leistung und der zugehörigen Prämienhöhe.

Besonders schwierig wird das Problem, wenn gegenläufige Einflüsse vorliegen: Beispiele :

– Die Einsparungen bestimmter Einsatzstoffe, darf nicht zu unangemessener Erhöhung des Energieverbrauches gehen. Die Koppelung beider d.h. die Einsparung *beider* Ressourcen muß das Ziel sein

– Die Verringerung des Ausschusses darf dann nicht zu einer höheren Prämie führen, wenn dafür der Mengenausstoß ungewollt abfällt

Die Bezeichnung Ergebnislohn soll zum Ausdruck bringen, daß die Höhe des Lohnes an das Ergebnis des Betriebes oder des Unternehmens geknüpft ist.

Wegen der relativen Kompliziertheit des Systems und der unbedingt anzustrebenden Akzeptanz bei den Mitarbeitern, ist zu beachten:

- Das Verfahren der Ermittlung der Zulagen soll einfach und verstehbar sein
- Es soll möglichst wenige Prämienkomponenten geben
- Die Meßgrößen (Soll- und Ist-Werte) sollen eindeutig und leicht feststellbar sein
- Die Abhängigkeit zwischen Meßgröße und Prämie soll klar erkennbar und möglichst durch einfachen Darstellungen für die Mitarbeiter nachvollziehbar sein
- Die Soll-Werte sollten unter realistischen Bedingungen entstanden sein bzw. sie sollten Umstände berücksichtigen, auf die der Mitarbeiter keinen Einfluß hat (z.B. übergeordnete Störungen an der Infrastruktur, Lieferschwierigkeiten für Zuliefermaterial, Auftragsmangel)
- Bei Gruppenarbeit muß sichergestellt sein, daß keine Schwierigkeiten dadurch entstehen, daß die Gruppenmitglieder einen unterschiedlichen Einfluß auf das Ergebnis nehmen können. Es besteht bei schlechter Vorbereitung die Gefahr, daß die zwischenmenschlichen Beziehungen in einer Gruppe so gestört werden, daß sich das gewünschte Ergebnis ins Gegenteil verkehrt

8.2.6 Probleme

Leistungsbemessungs- Systeme sind in der Praxis nicht einfach zu handhaben. Mit der Entwicklung der Technik sind neue Probleme hinzugekommen. Am auffälligsten sind die Wandlungen im Tätigkeitsbild der Mitarbeiter zu sehen.

Am Anfang (der für uns relevanten Betrachtungen) stand die Handarbeit in der Massen-Fertigung. Es war relativ einfach, Handgriffe oder auch Arbeitsfortschritts-Abschnitte zu bemessen und zu bewerten (MTM).

Die Bemessung als auch die Bewertung von Arbeit wurden schwieriger, in dem neue Einflußgrößen, wie:

- Planung und Vorbereitung der Arbeit
- Schwierige Fehlersuche
- Softwareänderungenbei SPS
- Beachten von Arbeitssicherheit, Umweltschutz
- Teilaufgaben zur Qualitätssicherung

und vieles andere dazukamen. In dem Maße, wie immer mehr geistige Tätigkeit in einen früher handwerklichen Arbeitsprozeß einbezogen werden muß, wird die Leistungsbemessung schwieriger.

In vielen anderen Fällen entzieht sich dem Personal die Gestaltung der Tätigkeit ganz oder in hohem Maße (numerisch gesteuerte Maschinen oder automatisch gesteuerte und mit Robotern ausgestattete Fertigungslinien). Hier wird Arbeitstempo und -fortschritt von der Steuerung der Fertigungsanlage bestimmt. Einflußnahme durch den Bediener besteht nur in Randfunktionen, wie im Handling von Vor- und Endprodukten oder in der Bedienung.

In der Instandhaltung ist ebenfalls der Anteil an geistiger Arbeit *weiter* gewachsen. Eine Leistungsbemessung ist jedoch überall dort anwendbar wo eine Reproduzierbarkeit von Tätigkeiten gegeben ist.

In einigen Tätigkeitsbereichen wird jedoch eine Leistungsbemessung und damit auch eine Leistungsentgeltung entfallen. Sie wird einem Zeitlohn oder Monatsentgelt weichen.

8.3 Verrechnung von Leistungen

Die Ergebnisse von Fertigungsvorgängen oder Dienstleistungen jeglicher Art werden in der Wirtschaft in Geld ausgedrückt, wenn sie die Grenzen eines Bewertungskreises überschreiten,.

Dadurch – erweitert um die Konvertibilität von Währungen – ist gleichzeitig die Möglichkeit gegeben, eine Leistung mit einer anderen zu *vergleichen* oder gar gegen eine andere zu *tauschen*; auch wenn sie gänzlich anderer Art sind.

Die Herstellkosten eines Bauteiles innerhalb eines Betriebes werden z.B. in DM/Stück Bauteil ausgedrückt. Die Montagekosten mehrerer solcher verschiedener Bauteile zu einem Gerät in DM/Stück Gerät. Man kann Teilvorgänge innerhalb der Fertigungskette für sich betrachten, um beispielsweise der Anteil der Instandhaltung an einem Produkt zu errechnen. Auch hierbei würde das Verrechnungsmaß DM/Stück lauten.

Bei Dienstleistungen bezieht man die erbrachten Ergebnisse aus Tätigkeiten von Menschen oder von Menschen mit Maschinen nicht auf ein Stück Erzeugnis sondern auf die Zeit.

8.3.1 Verrechnung von Handwerkerstunden

Die Bezeichnung „Handwerkerstundensatz" steht für alle Stundensätze, mit denen die Leistung von Menschen, im Gegensatz zu Maschinen verrechnet wird.

Der Erbringer einer Leistung (Handwerker, Maschine) steht abrechnungstechnisch zwischen dem Anlagenmanagement und dem Leistungsempfänger (externer oder interner Auftraggeber). Seine Leistung bringt ihm seinen Lohn (vom Arbeitgeber) und wird gleichzeitig dem Auftraggeber in Rechnung gestellt. Eine Methode, diese Verrechnung vorzunehmen besteht in der Nutzung eines Stundensatzes (siehe Bild 8.5).

Die Stunde ist ein geeignetes Maß, weil sie lang genug ist, um in ihr einiges zu leisten, aber auch kurz genug, um sie noch bewerten zu können.

Im Normalfall werden Verrechnungssätze für tatsächlich geleistete Stunden an den Auftraggeber verrechnet. Die *geleistete Stunde* einer Person wird als Kostenträger benutzt. Man kann auch die geleisteten Stunden der Beschäftigten eines Betriebes als einen gemeinsamen Kostenträger einsetzten.

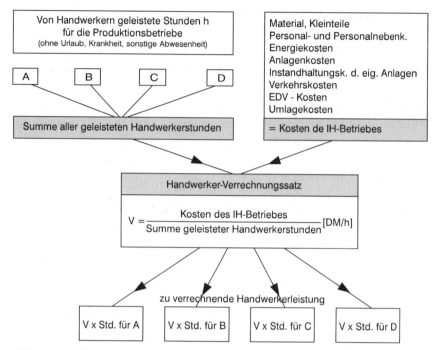

Bild 8.5: Prinzip Handwerkerstundensatz

Im ersten Fall erhielte man einen auf die Person mit ihren Merkmalen (Beruf, Qualifikation) bezogenen Stundensatz, im zweiten Fall einen gemischten Stundensatz für den ganzen Betrieb.

Das Anlagenmanagement hat einen Verrechnungssatz zu ermitteln, obwohl die in der Zukunft geleisteten Stunden noch nicht (genau) bekannt sind. Es ist hierbei sinnvoll, für einen Zeitraum eines Jahres Annahmen zu treffen und sie bei deutlicher Abweichung zu korrigieren. Es empfiehlt sich, die Annahmen mit Sicherheiten zu versehen, damit die Korrekturen in nicht in kurzen Abständen vorgenommen werden müssen.

Für die *Höhe* des Stundensatzes errechnet sich aus der Summe der einzelnen Kostenarten. Diese beeinhalten auch die Personalnebenkosten. Kosten für Urlaub, Krankheit und sonstige Abwesenheit der Mitarbeiter sind somit Bestandteil der Kosten einer Kostenstelle. Jede geleistete Stunde enthält somit die Kostenanteile der nicht geleisteten (abwesenden) Stunden.

Handwerkerstundensätze erscheinen aus diesen Gründen häufig sehr hoch. Der dabei angestellte Vergleich zwischen dem Stundenlohn des Ausführenden und dem verrechneten Stundensatz berücksichtigt oft nicht, daß die Verrechnung jeder *geleisteten* Stunde die Kosten von 50–80 % Personalnebenkosten (auf die Löhne und Gehälter) und 25–30 % Abwesenheit (durch Urlaub, Krankheit, Weiterbildung, sonstige tarifliche Sonderfreistellungen) decken muß.

Verrechnungssatz im Vergleich Eigen-/Fremdleistung

Bei vergleichenden Betrachtungen, wie den von Fremdleistung und Eigenleistung ist dafür zu sorgen, daß die Positionen auch *vergleichbar* sind. Bei der Beurteilung von Stundensätzen z.b. in Angeboten von Dritten ist zu beachten, daß sie *alle die* Kostenarten enthalten, die auch in dem Stundensatz des internen Betriebes enthalten sind.

Einige Beispiele zeigen die Notwendigkeit auf, Stundensätze in einer vergleichenden Betrachtung zu korrigieren, sollen keine Fehlentscheidungen getroffen werden. Die Leistung fremder Dienstleistungsunternehmen erfolgt meist auf dem Werksgelände des Auftraggebers. Dort stehen ihm kostenlos zur Verfügung, zum Beispiel

– Ortskundige einweisende Kräfte
– die gesamte Infrastruktur (Kantine, Ambulanz, Arbeitssicherheit uam.)
– Hebezeuge, Werkzeuge
– Kleinmaterial

Für das Erarbeiten eines Vergleiches wird in Anhang 4 eine Liste der zu berücksichtigenden Kostenarten aufgeführt. Die als Modellstundensatz bezeichnete Kostenzusammenstellung wurde vom Arbeitskreis Planmäßige Instandhaltung des Verbandes der Chemischen Industrie 1982 erarbeitet [8.08].

8.3.2 Verrechnung von Maschinenstunden

Der Begriff Maschinenstundensatz steht für alle Stundensätze von Anlagen oder Teilen davon. Bei der Verrechnung einer Leistung mittels Handwerkerstundensätzen sind die Anlagenkosten (Abschreibung und Zins der Anlage) im Stundensatz enthalten.

Die Position Anlagenkosten ist dann nicht bedeutsam, wenn die Ausstattung des Betriebes nicht sehr groß ist. Liegen sie unter 15 % der Gesamtkosten, sollten sie der Einfachheit halber im Handwerkerstundensatz enthalten sein. In allen anderen Fällen ist es sinnvoll, die Leistung von Maschinen und Geräten mittels Maschinenstundensätze zu verrechnen.

Eine Differenzierung in Handwerkerstundensatz und Maschinenstundensätze zeigt dem Anlagenmanagement und dem Leistungsempfänger, wie sich die Kosten in einen personellen und einen maschinellen Teil gliedern. Bei Dienstleistungen ist das Maß der Vorhaltungskosten (z.B. bei schwach ausgelasteten Spezialmaschinen)abzulesen

Der Verrechnungssatz wird in gleicher Weise wie in Bild 8.5 gezeigt ermittelt.

Im Gegensatz zu den dort alles bestimmenden *Personalkosten* sind hier folgende Positionen bedeutsam:

– *Anlagenkosten*
Kosten für kalkulierte Abschreibung und Zins. Bei schwach ausgelasteten Anlagen des Dienstleistungsbereiches kann über die Deckungsbeitragsrechnung ein betriebswirtschaftlich sinnvoller Einsatz als Fertigungseinrichtung erreicht werden. Der Ma-

schinenstundensatz könnte z.b. für eine bereits bilanziell abgeschriebene Maschine mit Abschreibungskosten Null angesetzt werden
– *Instandhaltungskosten*
  Kosten für die Instandhaltung der Maschinen liegen in der gleichen Größenordnung wie die Anlagenkosten

Der Verrechnungssatz wird nun hier ebenso wie oben durch Division der Kosten einer ausgewählten Maschine (oder Machinengruppe ähnlicher Anschaffungskosten) durch die Zahl der *geleisteten* Stunden gebildet.

Maschinen- und Handwerkerstundensätze kann man auch kombinieren. Bei einer festen Zuordnung einer Person an eine Maschine oder ein Gerät ist es zu empfehlen (Mehrmaschinenbedienung beachten).

Werden Maschinen aus betrieblichen Gründen vorgehalten z.b. um die Lieferfähigkeit eines bestimmte Erzeugnisses zu gewährleisten oder um im Instandsetzungsfall sofort eine Maschine verfügbar zu haben, sind Auslastungen niedrig. Berücksichtigt man diesen Umstand, dann steigen die Verrechnungssätze im umgekehrten Verhältnis der Auslastung an.

Es ist richtig, diese hohen Verrechnungssätze zu ermitteln und für folgende Nutzung zu verwenden:

– die Kosten von Vorhaltung und Einsatz von Spezialeinrichtung sind bekannt
– Beurteilung externer Anbieter ist möglich
– Kostenersparnis bei Erhöhung der Auslastung durch z.b. Dienstleistung für Dritte kann ermittelt werden (Deckungsbeitrag)

8.3.3 Abrechnung von Gruppenleistung

Eine Gruppenleistung ist dadurch gekennzeichnet, daß sie zwar die Summe von Leistungen Einzelner ist, dem Auftragnehmer jedoch als Summenleistung angeboten, ausgeführt und verrechnet wird. Diese Summenleistungen ergeben sich aus Werkverträge oder Werklieferverträgen.

Werkverträge – Werklieferverträge unterscheiden sich nur dadurch, daß mit der meist handwerklichen Leistung auch Lieferungen verbunden sind – werden für alle Arten von Tätigkeiten in Anspruch genommen, von der einfachsten bis hin zu hochwertigsten. Meist bestehen die Leistungen in handwerklicher Arbeit.

Auf einige wichtige Möglichkeiten der Abrechnung von Gruppenleistungen und die damit gemachten Erfahrungen soll hingewiesen werden:

Abrechnung über Zeitnachweis

Der ausführende Betrieb berechnet bei diesem Verfahren die (handwerkliche) Leistung seiner Mitarbeiter in Stunden, die er mit Hilfe von Aufschreibungen nachweist (Zeitnachweis).

Diese Methode hat Vorteile:

- einfache Abrechnung
- zügige Abwicklung, da der Auftragsumfang nicht in Details bekannt sein muß
- Änderungen in der Planung lassen sich während der Abwicklung leicht berücksichtigen

und Nachteile:

- der Auftragnehmer wird nicht seine leistungsstärksten Mitarbeiter einsetzen
- der Auftraggeber muß eine große Zahl eigener Aufsichtskräfte einsetzen, um eine quantitativ und qualitativ gute Leistung zu erhalten

Abrechnung nach Festpreis

Hierzu muß die Planung bis ins Detail *vor der Vergabe* des Auftrags abgeschlossen sein. Dies bedeutet eine lange Abwicklungszeit, denn eine Überlappung von Planung und Montage ist nicht möglich.

Änderungen, die *nach der Vergabe* anfallen, werden getrennt berechnet. Hierfür kann der ausführende Betrieb oftmals deutlich höhere Preise erzielen, als sie dem Angebot zu Grunde lagen.

Abrechnung nach Zeitaufmaß

Mittels Bausteinen für Vorgabezeiten läßt sich eine Summenleistung auch nach erfolgter Ausführung bemessen. Hier bietet sich das Verfahren des sog. *Zeitaufmaßes* an. Dem Zeitaufmaß liegen *Aufmaßlisten* zu Grunde, die auf der Basis der Vorgabezeitkataloge, wie sie oben beschrieben sind, aufgebaut wurden.

Die an einem Auftrag interessierten Unternehmen erhalten diese Aufmaßlisten und Angaben über den ungefähr zu erwartenden Gesamtumfang der Arbeiten. Sie bieten dann den Preis für die *Leistungseinheiten* an, nachdem sie die Zeiten der Aufmaßlisten mit der Ist Zeit, die ihre Handwerker für die in den Aufmaßlisten aufgeführten einzelnen Arbeiten tatsächlich brauchen werden, verglichen haben.

In diesen sogenannten *Einheitspreis* werden zweckmäßigerweise auch die erforderlichen Aufwendungen für die üblichen Montagewerkzeuge, Maschinen und die leichteren Transportgeräte, vor allem aber für das durch den Auftragnehmer zu stellende Aufsichtspersonal eingerechnet.

Diese Art der Vergabe verbindet die Vorteile der oben beschriebenen Vergabearten und schließt deren Nachteile so aus:

- die Montageaufträge können bereits vor Abschluß der Planungsphase des Projektes vergeben werden
- Ende der Planung und Beginn der Montage können überlappt werden. Dadurch wird die Abwicklungszeit eines Projektes wesentlich verkürzt

- Änderungen des Montageumfanges sind bis zum Abschluß der Montage möglich, ihre ordnungsgemäße Abrechnung ist auf der Basis der Aufmaßliste und des vereinbarten Einheitspreises ohne Nachtragsangebote jederzeit gegeben
- bezahlt wird nur die tatsächlich erbrachte, einwandfrei ausgeführte Leistung.
- die Qualität der ausgeführten Arbeiten ist hoch, da die ausführenden Unternehmen bei einer derartigen Vergabe bemüht sein werden, qualifizierte Handwerker auf die Baustelle zu entsenden
- aus den aufgemessenen Zeiten und den gebrauchten Zeiten ist ohne größeren Aufwand vom Auftragnehmer eine Leistungskennzahl zu bilden, auf der er ein Lohnanreizsystem für seine Mitarbeiter aufbauen kann

Das Arbeiten mit Hilfe von Aufmaßlisten hat sich bewährt. Allein das Vorliegen solcher Listen bewirkt bei beiden Vertragspartnern ein hohes Maß an Sachlichkeit.

Der Aufwand, der seitens des Auftraggebers bei der abschließende *Aufnahme* entsteht, liegt in einer Größenordnung (derzeit nach Erfahrungen in der Großchemie) zwischen 1 % und 2 % der Auftragssumme ohne Maschineneinsatz und ohne Lieferungen.

Literatur zu 8

8.01 Kunerth, W., Thomalla, M.: Zeitwirtschaft in der Instandhaltung in Warnecke [5.01]
8.02 Goosens, F.: Das Meisterbuch, München: Verlag Moderne Industrie 1977
8.03 Haller-Weckel, E.: Das Multimomentverfahren in Theorie und Praxis, München: Hanser 1969
8.04 Lorenz, F. R.; Neumann, P.: Arbeit richtig bewerten, Heidelberg: Heidelberger Fachbücherei 1966
8.05 Gmür, U.; Scherrer, C.: Lohn- und Gehaltssysteme, Diessenhofen 1988
8.06 Kappel, H.: Organisieren, Führen, Entlohnen mit modernen Instrumenten, Zürich 1990
8.07 Krüger, H.-G., Ding, M.: Leistungsbemessung in der Instandhaltung, Vortragsunterlagen Forum Instandhaltung, VDI (ADB) Düsseldorf 1992
8.08 Schleper, B., Brinkmann, W.: Modellstundensatz für Eigen- und Fremdleistung, Erfahrungsaustausch-Bericht Nr. 19 des Arbeitskreises Planmäßige Instandhaltung im Verband der Chemischen Industrie e.V. 1982

Anhang

Anhang 1

Vergleichsrechnung Instandhaltbarkeit

BBE sei das (Teil)-Brutto-Betriebsergebnis, welches durch die zu vergleichenden Einrichtungen der Anlage gebildet wird. Genauso sind auch die anderen genannten Kosten Teilkosten. Diese Vereinfachung ist erlaubt, da sich im Vergleichen, d.h. bei der Differenzbildung die anderen Teilkosten (das sind die weitaus überwiegenden) herauskürzen. Die Abkürzungen der Kostenarten sind unter 6.1 genannt.

$$BBE = FE - HK - Z - V$$

Fremdlieferungen und Leistungen (LK) können hier als Instandhaltungskosten (IK) bezeichnet, Verkehrskosten vernachlässigt werden.

$$BBE = FE - EK - PK - SK - AK - IK - \ddot{U}K$$

Da bei dieser Untersuchung viele Kosten unabhängig von der Art der verwendeten Einrichtung entstehen, kann man festhalten

$$FE - EK - PK - \ddot{U}K = const.$$

Damit erhält man für die Betrachtungseinheiten 1 und 2

$$BBE_1 = const - (AK_1 + IK_1)$$

$$BBE_2 = const - (AK_2 + IK_2)$$

und

$$\Delta BBE = \Delta(AK + IK)$$

Nach i Jahren, einer konstanten Annuität (Zins + kalkulierte Abschreibung) von $a\,\%$ und dem Anschaffungswert der Einrichtung W erhält man

$$\Sigma(AK) = i \cdot W \cdot a \qquad\qquad \textit{Anlagekosten}$$

Die Instandhaltungskosten errechnen sich aus dem Instandhaltungsfaktor f und den indizierten Anschaffungswerten W (siehe 6.4.1). Da bei diesem Vergleich i Jahre zugrunde gelegt werden, ergibt dies

$$\Sigma(IK) = W \cdot f \cdot (\Sigma x) \qquad\qquad \textit{Instandhaltungskosten}$$

wobei

Σx = Summe der Indizes des Statistischen Bundesamtes für die infragekommende Einrichtung (1,0 im Jahr der Anschaffung).

Wenn man Anlagekosten und Instandhaltungskosten über mehrere Jahre addiert, ist es nötig, mit dem Barwert BW zu arbeiten und die entstehenden Kosten auf den Zeitpunkt der Betrachtung zu beziehen (Anhang 7 bis 9).

Bei einem solchen Vergleich sollte man als Lebensdauer i einer Einrichtung nicht deren tatsächliche, sondern die Lebenserwartung der ganzen Anlage (= Lebensdauer des produzierten Erzeugnisses) ansetzen. Man liegt dann auf der sicheren Seite. Die Lebensdauer ist selten die technische Lebensdauer, sondern die Dauer der wirtschaftlichen Verwertbarkeit eines hergestellten Produktes. Sie ist meist kürzer als die technische Lebensdauer.

Bei Dienstleistungen ist das nicht anders.

Richtwerte:
• Durchschnitt Chemieanlagen 8 Jahre
• Fertigungsstraßen für PKW 8-12 Jahre
• Verkehrsflugzeug 20 Jahre

Beispiel :
Anschaffungswert $W_1 = 100.000$ DM, Anschaffungswert $W_2 = 115.000$ DM
Instandhaltungsfaktor $f_1 = 8,0\,\%$, Instandhaltungsfaktor $f_2 = 4,7\,\%$
Lebensdauer $i = 8$ Jahre
Annuität $a = 20\,\%$, Zinssatz $z = 7\,\%$
Index jährliche Steigerung 5%

Tabelle A 1.1 Kostenverlauf für W_1=100.000 DM, f_1=8 %

Jahr	AK	Index	indiz. AW	IK	Summe	q^{-n}	BW
1	20.000	1,00	100.000	8.000	28.000	0,935	26.180
2	20.000	1,05	105.000	8.400	28.400	0,873	24.793
3	20.000	1,10	110.250	8.820	28.820	0,816	23.517
4	20.000	1,16	115.763	9.261	29.261	0,763	22.326
5	20.000	1,22	121.551	9.724	29.724	0,713	21.193
6	20.000	1,28	127.628	10.210	30.210	0,666	20.120
7	20.000	1,34	134.010	10.721	30.721	0,623	19.139
8	20.000	1,41	140.710	11.257	31.257	0,582	18.191
Su	160.000	9,55		76.393	236.393		175.460

Der heutige Barwert der in den 8 Jahren anfallenden Kosten beträgt auf den jetzigen Zeitpunkt im Jahr Null bezogen 175.460 DM.

Tabelle A 1.2 Kostenverlauf für W_2=115.000 DM, f_2=4.7%

Jahr	AK	Index	WBW	IK	Summe	q^{-n}	BW
1	23.000	1,00	115.000	5.405	28.405	0,935	26.559
2	23.000	1,05	120.750	5.675	28.675	0,873	25.033
3	23.000	1,10	126.788	5.959	28.959	0,816	23.631
4	23.000	1,16	133.127	6.257	29.257	0,763	22.323
5	23.000	1,22	139.783	6.570	29.570	0,713	21.083
6	23.000	1,28	146.772	6.898	29.898	0,666	19.912
7	23.000	1,34	154.111	7.243	30.243	0,623	18.842
8	23.000	1,41	161.817	7.605	30.605	0,582	17.812
Su	184.000	9,55		51.613	235.613		175.195

Das Beispiel wurde so gewählt, daß man als Summe der Barwerte etwa gleich groß ist
Das Ergebnis zeigt: Bei einem um 15.000 DM teureren Kauf muß der Instandhaltungsfaktor über die gesamte Lebenszeit um 3,3 % niedriger liegen.
Wenn – wie in vielen Unternehmen üblich – bei solchen Betrachtungen keine interne Verzinsung berücksichtigt und die Abschreibung auf 10 a festgelegt wird, dann ändert sich das Ergebnis deutlich.
Dann muß für eine Mehraufwendung für die Einrichtung in Höhe von 15.000 DM die Verringerung des Instandhaltungsfaktors nur 2,2 % betragen.

Die Möglichkeit solcher Berechnungen baut auf der Annahme unterschiedlicher Instandhaltungsfaktoren auf. Diese müssen von erfahrenen Anlagenmanagern festgelegt werden. Es sind hier Diskussionen möglich und die Unsicherheit der Ergebnisse läßt sich nicht leugnen.

Im Bild A1.1 sind die Zusammenhänge prinzipiell dargestellt. Hier kann man z.B. sehen, wie groß die Anschaffungswert-Unterschiede sein dürfen, um einen Vorteil im BBE zu erzielen.

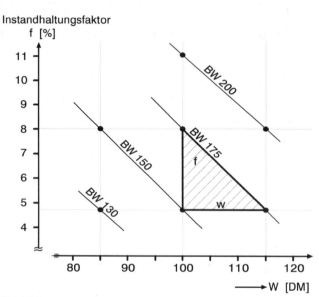

Bild A 1.1

Anhang 2

Unfallverhütungsvorschriften (Gliederung)

Auszug aus dem Verzeichnis der Einzel-Unfallverhütungsvorschriften der gewerblichen Berufsgenossenschaften (VGB-Vorschriften)

VGB-Nr.	Bezeichnung der Vorschriften
1	Allgemeine Vorschriften
2	Wärmekraftwerke und Heizwerke
3	Kohlenstaubanlagen
4	Elektrische Anlagen und Betriebsmittel
5	Kraftbetriebene Arbeitsmittel
7ac	Spritzgießmaschinen
7d	Dampfhammerwerke und Schmiedepreßwerke
7e	Draht
7f	Fallwerke
7i	Druck- und Papierverarbeitung
7j	Maschinen und Anlagen zur Verarbeitung von Holz und ähnlichen Werkstoffen
7k	Arbeitsmaschinen der keramischen Industrie
7m1	Lederherstellung und Lederverarbeitung
7n	Metallbearbeitung
7n2	Metallbearbeitung (Scheren)
7n5.1	Exzenter- und verwandte Pressen
7n5.2	Hydraulische Pressen
7n5.3	Metallbearbeitung (Spindelpressen)
7n6	Metallbearbeitung (Schleifkörper, Pließt- und Polierscheiben; Schleif- und Poliermaschinen)
7n8	Druckgießmaschinen
7r	Maschinen der Papierherstellung
7t1	Schleifkörper und Schleifmaschinen
7v	Maschinen, Anlagen und Apparate der Textilindustrie (Textilmaschinen)
7w	Ventilatoren
7x	Walzwerke

Anhang 2 (Fortsetzung)

VGB-Nr.	Bezeichnung der Vorschriften
7z	Zentrifugen
8	Winden, Hub- und Zuggeräte
9	Krane
9a	Lastaufnahmeeinrichtungen im Hebezeugbetrieb
10	Stetigförderer
11	Schienenbahnen
11c	Seilschwebebahnen
12	Fahrzeuge
12a	Flurförderzeuge
12b	Kraftbetriebene Flurförderzeuge
13	Nietmaschinen
14	Hebebühnen
15	Schweißen, Schneiden und verwandte Verfahren
16	Verdichter
18	Druckbehälter für Schiffsbetrieb
20	Kälteanlagen, Wärmepumpen und Kühleinrichtungen
22	Arbeitsmaschinen der chemischen Industrie, der Gummi- und Kunststoffindustrie
26	Steinkohlen-Kokereien
28	Hochöfen und Direktreduktionsschachtöfen
9	Stahlwerke
30	Kernkraftwerke
32	Gießereien
33	Metallhütten
34	Schiffbau
35	Bauaufzüge
37	Bauarbeiten
38	Tiefbau
38a	Arbeiten im Bereich von Gleisen
40	Bagger, Lader, Schürfgeräte und Erdbaumaschinen
43	Heiz-, Flämm- und Schmelzgeräte für Bau- und Montagearbeiten
44	Tragbare Eintreibgeräte

Anhang 2 (Fortsetzung)

VGB-Nr.	Bezeichnung der Vorschriften
45	Arbeiten mit Schußapparaten
47a	Schacht- und Drehrohröfen
50	Arbeiten an Gasleitungen
53	Wasserwerke
54	Kanalisationswerke
55a	Explosivstoffe und Gegenstände mit Explosivstoff
57	Elektrolytische und chemische Oberflächenbehandlung, Galvano
61	Gase
62	Sauerstoff
73	Zelte und Tragluftbauten
74	Leitern und Tritte
76	Verpackungs- und Verpackungshilfsmaschinen
77	Nahrungsmittelmaschinen
78	Luftfahrt
81	Verarbeiten von Klebstoffen
86a	Herstellen von Anstrichstoffen
86b	Herstellen von Reinigungs- und Pflegemitteln
89	Arbeiten an Masten, Freileitungen und Oberleitungsanlagen
93	Laserstrahlung
100	Arbeitsmedizinische Vorsorge
103	Gesundheitsdienst
107b	Maschinenanlagen auf Wasserfahrzeugen und schwimmenden Geräten
109	Erste Hilfe
112	Silos und Bunker
113	Umgang mit krebserzeugenden Stoffen
119	Gesundheitsgefährlicher mineralischer Staub
121	Lärm
122	Sicherheitsingenieure und andere Fachkräfte für Arbeitssicherheit
123	Betriebsärzte
125	Sicherheitskennzeichnung am Arbeitsplatz
126	Müllbeseitigung

Anhang 3

Befahrerlaubnis

Nr. B   57281

nach Sicherheitsrichtlinie Nr. 5-2

Original (für Befahrenden) vom Beobachter an der Arbeitsstelle bereitzuhalten

Erläuterungen auf Rückseite beachten!

des Betriebes (Auftraggeber)			Bau
Meister		Telefon	Bau
für Betrieb/Werkstätte/Firma (Auftragnehmer)			
Meister/Firmenaufsicht		Telefon	Bau
Koordinator ja ☐ nein ☐ Name		Telefon	Bau

A. Der Behälter/enge Raum — Standort

wird am _____ von _____ Uhr _____ bis _____ Uhr freigegeben.

1. Auszuführende Arbeiten:

2. Letzte Stoffe im Anlageteil:
   Art der Gefahr (z. B. giftig, ätzend, entzündlich):

3. Folgende Betriebsmittel sichern (z. B. Antriebe, bewegliche Teile, Armaturen, Heizungen, radioaktive u.a. Strahlenquellen):

Sicherungsauftrag, Datum, Betriebsleiter oder Beauftragter

B. Sicherheitsmaßnahmen vor dem Befahren

Anschlüsse — ja nein erl.

1. Abflanschen und abblinden — ☐ ☐ ☐
2. _____ — ☐ ☐ ☐
3. Doppelt absperren, Blindscheibe stecken, Zwischenstück entspannen — ☐ ☐ ☐
4. _____ — ☐ ☐ ☐
5. Mit geeigneten Blindsch. abstecken (nur Sonderfälle) ☐ ☐ ☐
6. _____ — ☐ ☐ ☐

Behälter

7. Auskochen mit — ☐ ☐ ☐
8. Reinigen/Spülen mit — ☐ ☐ ☐
9. Reinigen mit Atümat — ☐ ☐ ☐
10. Natürlich belüften — ☐ ☐ ☐
11. Technisch belüften   Stunden/Minuten ☐ ☐ ☐
12. Analyse der Behälteratmosphäre durchführen, wenn ja – Ergebnis: — ☐ ☐ ☐
13. Sicherheitsabsprache vor Ort durchführen — ☒ ☐
14. _____ — ☐ ☐ ☐
15. _____ — ☐ ☐ ☐

Unter A 3 genannte Betriebsmittel sichern — ja nein erl.

16. mit Sicherheitsschalter — ☐ ☐ ☐
    Wirksamkeit durch Einschaltversuch kontrollieren — ☒ ☐

Unterschrift des Sichernden

17. durch EMR-Betriebsbetreuung — ☐ ☐ ☐

Unterschrift des Sichernden

18. auf sonstige Weise (z. B. mechanisch) — ☐ ☐ ☐

Unterschrift des Sichernden

19. bereits gesichert gemäß

    Arbeitserlaubnis Nr. A . . . .

    Befahrerlaubnis Nr. B . . . .

20. radioaktive Strahlenquellen durch DWE – Abwicklung über Kontrollbuch radioaktive Strahler — ☐ ☐ ☐

C. Sicherheitsmaßnahmen während des Befahrens — ja nein erl.

1. Natürliche Lüftung sicherstellen — ☐ ☐ ☐
2. Technische Lüftung in Betrieb (Auerlüfter usw.) — ☐ ☐ ☐
3. Gase, Dämpfe, Stäube an Entstehungsstellen absaugen ☐ ☐ ☐
4. Feuererlaubnis erforderlich: Nr. F — ☐ ☐ ☐
5. Wiederholung der Analyse — ☐ ☐ ☐
6. _____ — ☐ ☐ ☐
7. _____ — ☐ ☐ ☐
8. _____ — ☐ ☐ ☐
9. _____ — ☐ ☐ ☐
10. _____ — ☐ ☐ ☐

— ja nein

11. Ständig anwesender Beobachter — ☒
12. Anseilen an Rettungsgurt — ☐ ☐
13. Gestellbrille/Korbbrille und Gesichtsschutz — ☐ ☐
14. Atemluftmaske (Vollmaske)/Atemschutzanzug — ☐ ☐
15. Atemschutzgeräte zur Rettung bereithalten — ☒
16. Gummischutz-/schwer entflammbare Kleidung — ☐ ☐
17. Handschuhe, Art: — ☐ ☐
18. _____ — ☐ ☐
19. **Treten unvorhergesehene Ereignisse ein, Arbeiten sofort einstellen und Betriebsleitung verständigen** — ☒

Verbote:

1. **Einblasen von Sauerstoff**
2. **Arbeiten mit Filtermaske**
3. Verwenden elektr. Geräte ohne Schutzkleinspannung oder ohne Sicherheits- oder Trenntransformator
4. Verwenden brennbarer Flüssigkeiten (Ausnahmen siehe Richtlinie Nr. 5-2 „Befahrerlaubnis")

D. Angaben nach A, B und C richtig und vollständig	Maßnahmen nach B ordnungsgemäß durchgeführt, Maßnahmen nach C hergestellt	Unterschriften D 1, D 2 vorhanden, von C u. Verboten Kenntnis genommen, Befahrenden unterwiesen	Unterschriften D 1, D 2, D 3 vorhanden, von C und den Verboten Kenntnis genommen
1.	2.	3.	4.
Datum/Betriebsl. o. Beauftragter	Datum/Kontrollierender	Datum/Verantw. d. Befahrenden	Datum/Beobachter

Erneut kontrolliert, Maßnahmen nach A, B und C unverändert. Verlängert am _____ bis _____ Uhr

5.	6.	7.	8.
Datum/Betriebsl. o. Beauftragter	Datum/Kontrollierender	Datum/Verantw. d. Befahrenden	Datum/Beobachter

Rückgabe an Betrieb, ggf. über Koordinator | Sicherungsmaßnahmen nach B 17 sind aufzuheben | Sicherungsmaßnahmen nach B 17 sind aufgehoben

9.	10.	11.
Datum/Verantwortlicher o. Befahrender	Datum/Betriebsleiter oder Beauftragter	Datum Verantwortlicher

Feuererlaubnis

Nr. F 247137

nach Sicherheitsrichtlinie Nr. 5-3 | **Original** (für Ausführenden) an der Arbeitsstelle bereitzuhalten | **Erläuterungen auf Rückseite beachten!**

des Betriebes (Auftraggeber)			Bau
Meister		Telefon	Bau
für Betrieb/Werkstätte/Firma (Auftragnehmer)			
Meister/Firmenaufsicht		Telefon	Bau
Koordinator ja ☐ nein ☐ Name		Telefon	Bau
A. Die Arbeitsstelle			Bau
wird am	von	Uhr	bis	Uhr freigegeben.
Auszuführende Arbeiten:			

B. Gefahrenstellen in der Umgebung: Verantwortlicher: Bau: Telefon: **Sicherheitsmaßnahmen:**

1					C, Ziffer
2					C, Ziffer
3					C, Ziffer
4					C, Ziffer

Einverständnis der Verantwortlichen für die Gefahrenstellen mit den Feuerarbeiten:

B 1 Datum/Verantw. o. Beauftragter   B 2 Datum/Verantw. o. Beauftragter   B 3 Datum/Verantw. o. Beauftragter   B 4 Datum/Verantw. o. Beauftragter

C. Sicherheitsmaßnahmen vor der Arbeit	ja	nein	u. erl.	**Sicherheitsmaßnahmen während der Arbeit**	ja	nein
1. Sicherheitsabsprache vor Ort durchführen	☒	☐		22. Sicherungsposten	☐	☐
2. Rohrleitungen, Apparate usw. auf Dichtheit prüfen	☐	☐	☐	23. Analysengerät für Gase/Dämpfe	☐	☐
3. Rohrleitungen, Apparate usw. abdecken	☐	☐	☐	24. Arbeitsstelle/Dachhaut feucht halten	☐	☐
4. Schutzwand/Schutzplane anbringen	☐	☐	☐	25. Türen geschlossen halten	☐	☐
5. Brennb. Stoffe/Gase/Dämpfe/Staubablag. beseitigen	☐	☐	☐	26. Bei Zugverkehr Feuerarbeiten einstellen	☐	☐
6. Rohrdurchb./Gitterroste/Licht-, Kanalschächte abdecken	☐	☐	☐	27. Bei Ertönen des Gefahrensignals Feuerarbeiten einstellen	☒	
7. Wand- und Deckendurchbrüche abdecken	☐	☐	☐	28.	☐	☐
8. Von Kesselw., Tanklägern usw. Mindestabst. m	☐	☐	☐	29.	☐	☐
9. Arbeitsst. durch rote Flaggen markieren (20 m beiderseits)	☐	☐	☐	30.	☐	☐
10. Arbeitsstelle durch Schilder und Ketten o. ä. sichern, z.B. unter Rohrbrücken	☐	☐	☐	31.	☐	☐
				32.	☐	☐
11. Sperrung für Tankfahrzeuge/Gleisfahrzeuge	☐	☐	☐	33.	☐	☐
12.	☐	☐	☐	34.	☐	☐
13. Löschwasser an Arbeitsstelle bereitstellen	☐	☐	☐	35.	☐	☐
14. Feuerwehrschlauch unter Druck auslegen	☐	☐	☐	36.	☐	☐
15. Feuerlöscher an Arbeitsstelle bereitstellen	☐	☐	☐	37.	☐	☐
16. Arbeitserlaubnis erforderlich: Nr. A	☐	☐	☐	38.	☐	☐
17. Befahrerlaubnis erforderlich: Nr. B	☐	☐	☐	39. **Treten unvorhergesehene Ereignisse ein, Feuerarbeiten sofort einstellen und Betriebsleitung verständigen**	☒	
18.	☐	☐				
19.	☐	☐		40.	☐	☐
20. tägl. bei B 1, B 2, B 3, B 4 Unterschriften einholen	☒			41. Ende d. Feuerarbeiten tägl. bei B 1, B 2, B 3, B 4 melden	☐	☐
21.	☐	☐	☐			

D. Angaben nach A und C richtig und vollständig. Gefahrenstellen unter B berücksichtigt. | Maßnahmen nach C erledigt u. kontrolliert. Unterschrift D 1 vorhanden. | Unterschriften D 1, D 2 vorhanden. Übernahme d. Werkstatt/Firma Unterweisung nach C erfolgt. | Rückgabe an Betrieb ggf. über Koordinator.

1. | 2. | 3. | 4.

Datum/Betriebsl. o. Beauftragter | Datum/Kontrollierender | Datum/Ausführender | Datum/Ausführender

5. Arbeitsstelle nach Beendigung der Feuerarbeiten täglich kontrolliert:

Datum/Unterschrift   Datum/Unterschrift   Datum/Unterschrift   Datum/Unterschrift   Datum/Unterschrift   Datum/Unterschrift

Maßnahmen nach C erneut kontrolliert. Verlängerung für   Betrieb | Einverständnis der Verantwortlichen für die Gefahrenstellen in der Umgebung.

B 1   B 2   B 3   B 4

Datum/Uhrzeit   Betriebsl. o. Beauftragter   Verantw. o. Beauftragter   Verantw. o. Beauftragter   Verantw. o. Beauftragter   Verantw. o. Beauftragter

Arbeitserlaubnis

Nr. A 515744

nach Sicherheitsrichtlinie Nr. 5-1

Original (für Ausführenden)
an der Arbeitsstelle bereitzuhalten

Erläuterungen auf Rückseite beachten!

des Betriebes (Auftraggeber)				Bau
Meister		Telefon		Bau
für Betrieb/Werkstätte/Firma (Auftragnehmer)				
Meister/Firmenaufsicht		Telefon		Bau
Koordinator ja ☐ nein ☐ Name		Telefon		Bau

A. Der Anlageteil Bau

     wird am   von   Uhr bis zum   Uhr freigegeben.

1. Auszuführende Arbeiten:

2. Letzte Stoffe im Anlageteil:
    Art der Gefahr (z. B. giftig, ätzend, entzündlich):

3. Folgende Betriebsmittel sichern (z. B. Antriebe, bewegliche Teile, Armaturen, Heizungen, radioaktive u. a. Strahlenquellen):

Sicherungsauftrag, Datum, Betriebsleiter oder Beauftragter

B. Zustand des Anlageteils	ja	nein	**Unter A3 genannte Betriebsmittel sichern**	ja	nein	erl.
1. in Betrieb	☐	☐	16. mit Sicherheitsschalter	☐	☐	☐
2. verstopft	☐	☐	Wirksamkeit durch Einschaltversuch kontrollieren	☒		☐
3. abgeschiebert	☐	☐				
4. entspannt	☐	☐	*Unterschrift des Sichernden*			
5. entleert	☐	☐	17. durch EMR-Betriebsbetreuung	☐	☐	☐
6. gespült mit	☐	☐				
7. mit Produktresten ist zu rechnen	☐	☐	*Unterschrift des Sichernden*			
8. abgeblindet	☐	☐	18. auf sonstige Weise (z. B. mechanisch)	☐	☐	☐
9. abgeflanscht	☐	☐				
10.	☐	☐	*Unterschrift des Sichernden*			
11.	☐	☐	19. bereits gesichert gemäß			
12.	☐	☐	Arbeitserlaubnis Nr. A			
13.	☐	☐	20. radioaktive Strahlenquellen durch DWE –	☐	☐	☐
14.	☐	☐	Abwicklung über Kontrollbuch radioaktive Strahler			
15.	☐	☐				

C. Verhaltens- und Schutzmaßnahmen	ja	nein		ja	nein
1. Vor Arbeitsbeginn täglich bei Meister melden	☒		13. Atemschutz erforderlich (Gerätetyp genau eintragen)	☐	☐
2. Vor Arbeitsbeginn täglich Bestätigung unter D einholen	☐	☐	14. Gestellbrille	☐	☐
3. Sicherheitsabsprache vor Ort durchführen	☒		15. Korbbrille und Gesichtsschutz	☐	☐
4. Durchführung nach besonderer schriftlicher Anweisung	☐	☐	16. Handschuhe, Art:	☐	☐
5. Durchführung unter dauernder Beaufsichtigung durch			17. Gummischürze	☐	☐
	☐	☐	18. Gummistiefel	☐	☐
6. Bei Arbeiten mit Elektrogeräten, Schutzklein- spannung oder Sicherheits- oder Trenntrafo erforderlich	☐	☐	19. Schutzanzug, Art:	☐	☐
			20. Sonstiger Körperschutz, Art:	☐	☐
7. Feuererlaubnis erforderlich: Nr. F	☐	☐	21.	☐	☐
8.	☐	☐	22.	☐	☐
9.	☐	☐	23.	☐	☐
10.	☐	☐	24.	☐	☐
11.	☐	☐	25. **Treten unvorhergesehene Ereignisse ein, Arbeiten**		
12.	☐	☐	**sofort einstellen und Betriebsleitung verständigen**	☒	

D. Freigabe durch Betrieb

Übernahme durch Werkstatt/Firma

1.	7.	13.
Datum, Betriebsleiter oder Beauftragter	8.	*Datum, Ausführender*
2.		**Rückgabe an Betrieb, ggf. über Koordinator**
3.	9.	14.
4.	10.	*Datum, Ausführender*
		Sicherungsmaßnahmen B 17 sind aufzuheben
5.	11.	15.
		Datum, Betriebsleiter oder Beauftragter
		Sicherungsmaßnahmen B 17 sind aufgehoben
6.	12.	16.
		Datum, Verantwortlicher

Original **0**

Sicherungsschein für elektrische Betriebsmittel

Zutreffendes ergänzen, Nichtzutreffendes streichen

Nr. E 574057

Sicherungsauftrag für elektrische Antriebe, Heizungen, Strahlenquellen

Zu Arbeits-Erlaubnis/Befahr-Erlaubnis Nr. _____ vom _____)

des Betriebes _____ Kostenst. _____ Bau: _____ Tel.: _____ Meister: _____
an EL-BW

A   Sicherung

0, 1, 2,
weitergeben
3 bleibt
beim
Anforderer

1. Auftrag zur Sicherung an EL-BW
Der Antrieb/Anlageteil²) _____

mit den Zusatzeinrichtungen³) * _____

ist ausgeschaltet und gegen Einschalten zu sichern.

Zusätzlich zu treffende Maßnahmen⁴) * _____

Datum (und Zeit *)   Verantwortlicher des Betriebes

0, 1 zurück
an Anforderer
2 bleibt
beim
Ausführenden

2. Bestätigung der Sicherung an Betrieb
Die angeforderten Sicherungsmaßnahmen sind ausgeführt.
Bei Stromkreis Nr.⁵) _____ sind
a) Abgang gesichert
b) Zugehörige Hilfsspannung und Zusatzeinrichtungen gesichert.
c) Zusätzlich getroffene Maßnahmen⁶) * _____

Datum (und Zeit *)   Verantwortlicher der EL-BW

Der Antrieb/Anlageteil gilt nur für den Zeitraum als gesichert, in dem der auftraggebende Betrieb im Besitz des Originals des Sicherungsscheines mit der Sicherungsbestätigung der EL-BW ist.

B   Aufhebung der Sicherung

0, 1
weitergeben
an
Ausführenden

1. Auftrag zur Aufhebung der Sicherung an EL-BW
Die Arbeiten an obengenanntem Anlageteil sind beendet.
Eventuelle Sperrungen vor Ort sind entfernt, Schutzvorrichtungen wieder angebracht.
Die angeforderten Sicherungsmaßnahmen sind aufzuheben.
Der Antrieb/Anlageteil einschließlich Zusatzeinrichtungen ist einschaltbereit zu machen.

Bemerkungen: * _____

Datum (und Zeit *)   Verantwortlicher des Betriebes

0 zurück
an
Anforderer
1 bleibt
beim
Ausführenden

2. Bestätigung der Aufhebung der Sicherung an Betrieb
Obengenannter Antrieb/Anlageteil einschließlich Zusatzeinrichtungen ist einschaltbereit.

Alle zusätzlichen Maßnahmen⁷) * _____

sind rückgängig gemacht⁸).

Datum (und Zeit *)   Verantwortlicher der EL-BW

¹) bis ⁸) siehe Erläuterungen auf der Rückseite
* nur auszufüllen, soweit erforderlich

Anhang 4

Bestandteile des Modellstundensatzes

Pos.	Kostenart	Gliederung	Untergliederung
1	Personal-kosten		
1.1		Lohnkosten	
1.1.1			Grundlohn (Fertigungslöhne, Hilfs-löhne, Aufsichtslöhne, Sonst. Löhne)
1.1.2			Zulagen (Leistungs-, Erschwernis-, Sonder-, Vorgesetzten-, Vertreterzulage)
1.1.3			Zuschläge für Schichten und Überstun-den (Werktage, Sonntage, Feiertage, Nacht)
1.2		Lohnzusatzko-sten	
1.2.1			Sonderzahlungen (Vermög.-Leistun-gen, Weihnachtsgeld, Urlaubsgeld, Jahresprämie, Jubiläumsgeld)
1.2.2			Bezahlte Fehlzeiten (Urlaub, Krank-heit, Kur, Ausfallgeld, Kurzarbeitszu-schuß)
1.2.3			Vorsorgeaufwand (Sozial-, Kranken-, Unfallversicherung, Altersversorgung, Sterbekasse, Insolvenzsicherung)
1.2.4			Lohnnebenkosten (Beitrag Berufsge-nossenschaft, Erholung, Fortbildung, Auslösungen, Rufbereitschaft, Wege-zeiten, Abfindungen, Beihilfen, Kosten für Telefon, Mieten)
1.3		Gehalts-kosten	wie 1.1, ergänzt um die Personalkapa-zität, die für Koordinierung, Beaufsich-tigung, Kontrolle, usw. der Fremd-leistung erforderlich ist
1.4		Gehaltszusatz-kosten	wie 1.2
1.5		Fremdlöhne	
1.5.1			Tariflöhne, Tarifliche Leistungszulage

Anhang 4 (Fortsetzung)

Pos.	Kostenart	Gliederung	Untergliederung
1.5.2			Mehrarbeitsvergütung
1.5.3			Erschwerniszulage
1.5.4			Unternehmerzuschlag
1.5.5			Auslösung, Fahrtkosten
1.6		Fremdgehälter	analog 1.5
2	Gemeinkosten		
2.1		Energien, Brennstoffe	Dampf, Strom, Wasser, Öl, Gas, Kohle
2.2		Hilfs-und Betriebsstoffe	
2.2.1			Kleinmaterial einschl. Zuschläge
2.2.2			Betriebsstoffe (Schmier- und Reinigungsmittel, Chemikalien)
2.2.3			Werkzeuge, Geräte
2.2.4			Sonstige Hilfsstoffe (Arbeitskleidung, -schuhe, Arzneimittel)
2.3		Transport/ Entsorgung	Frachten, werksinterner Transport, Entsorgung
2.4		Allg. Werkstattkosten	
2.4.1			Repräsentation (Bewirtung, Geschenke)
2.4.2			Reisekosten
2.4.3			Bürokosten (Büromaterial, Vervielfältigung, Telefon, Fax, Porti, Zeitschriften)
2.4.4			Andere Nebenkosten (Gebühren, Beiträge, Abgaben, Bücher)
2.4.5			Datenverarbeitung
2.4.6			Serviceleistungen (AV, Studien, Betreuung AZUBIs, Überwachung, Techn. Büro)
2.5		Instandhaltung	Einrichtungen und Gebäude

Anhang 4 (Fortsetzung)

Pos.	Kostenart	Gliederung	Untergliederung
2.6		Abschreibung und Zinsen	Einrichtungen und Gebäude
2.7		Raumkosten und Mieten	Raumkosten für Werkstatt, Büro, Sozialräume, Mieten und Leasing
2.8		Steuern und Versicherg.	
2.8.1			Steuern (Gewerbekapitalsteuer, Vermögenssteuer, Grundsteuer)
2.8.2			Versicherungen (Sach- und Personenversicherungen), Maschinen, Montage, Reise, Unfall
3	Umlagen		
3.1		Umlagen Leitung Technik	Leitung und Stab, Normenstelle, Arbeitswissenschaft, Controlling, Qualitätswesen Technik u.ä.
3.2		Umlagen allgem.Verw.	Rechnungswesen, Einkauf u.ä.

Anhang 5

Industrielle Metallberufe

Beruf	Abk. hier	Fachrichtung	frühere Berufsbezeichnung (ungefähr gleich!)
Industrie-mechaniker	IM	Produktions-technik	Mechaniker in Produktion
		Betriebstechnik	Betriebs- und Maschinenschlosser in der Instandhaltung
		Maschinen- und Systemtechnik	Maschinenschlosser, Mechaniker in der Produktion
		Geräte- und Feinwerktechnik	Feinmechaniker, Mechaniker
Werkzeug-mechaniker	WM	Stanz- und Umformtechnik	Werkzeugmacher
		Formentechnik	Stahlformenbauer, Stahlgraveur, u.ä.
		Instrumenten-technik	Chirurgiemechaniker
Zerspanungs-mechaniker	ZM	Drehtechnik	Dreher, Walzendreher
		Automaten-drehtechnik	Automateneinrichter
		Frästechnik	Fräser, Bohrwerksdreher
		Schleiftechnik	Universalschleifer
Konstruktions-mechaniker	KM	Metall- und Schiff-bautechnik	Stahlbauschlosser, Schiffbauer, Blechschlosser
		Ausrüstungs-technik	Bauschlosser, Betriebsschlosser
		Feinblechbautech-nik	Feinblechner
Anlagen-mechaniker	AM	Apparatetechnik	Kessel- und Behälterbauer, Kupfer-schmied, Blechschlosser
		Versorgungs-technik	Rohrinstallateur, Hochdruckrohr-schlosser, Betriebsschlosser im Anlagenbau, Rohrnetzbauer
Automobil-mechaniker			Kfz-Schlosser

Kurzbeschreibung Metallberufe

Beruf/ Fachrichtung	Kurzbeschreibung
IM Produkti- onstechnik	Einrichten, Inbetriebnehmen, Steuern, Überwachen und Warten von automatisierten Produktionsanlagen und Fertigungssystemen in Betrieben mit spanender, spanloser und montierender Fertigung
IM Betriebs- technik	Instandhalten von Maschinen und Anlagen sowie Anpassen von Be-triebsanlagen an sich ändernde Bedingungen mit dem Ziel der Auf-rechterhaltung und Wiederherstellung der Betriebsbereitschaft.
IM Maschinen- und System- technik	Herstellen, Inbetriebnehmen und Instandhalten von Maschinen und Betriebssystemen
IM Geräte- und Feinwerk- technik	Herstellen, Inbetriebnehmen und Instandhalten von mechanischen Komponenten für elektrotechnische Geräte sowie von feinwerk-technischen Geräten und Anlagen
WM Stanz- und Umform- technik	Fertigen, Montieren und Instandhalten von Schneid-, Umform- und Bearbeitungswerkzeugen, von Vorrichtungen, Lehren und Schablo-nen sowie von Meß- und Prüfzeugen
WM Formen- technik	Fertigen, Montieren und Instandhalten von Preß-, Blas-, Streich-, Druck- und Spritzgußformen von Kokillen, Gesenken sowie von Gravuren und den dazugehörigen Bearbeitungswerkzeugen
WM Instrumenten- technik	Fertigen, Montieren und Instandhalten von chirurgischen, kosmeti-schen und allgemeinen Instrumenten oder von Implantaten von medizinischen Geräten
ZM Dreh- technik	Form- und maßgenaues Herstellen von Werkstücken für Maschinen, Geräte und Anlagen durch Dreh-und Bohroperationen an konven-tionellen oder numerisch gesteuerten Werkzeugmaschinen
ZM Automaten- drehtechnik	Form- und maßgenaues Herstellen von komplexen Drehteilen in der Serienfertigung an konventionellen oder numerisch gesteuerten Werkzeugmaschinen
ZM Frästechnik	Form- und maßgenaues Herstellen von Werkstücken für Maschi-nen, Geräte und Anlagen durch Fräs- und Bohroperationen an kon-ventionellen oder numerisch gesteuerten Werkzeugmaschinen
ZM Schleif- technik	Form-und maßgenaues Herstellen von Werkstücken für Fertigungs-werkzeuge, Maschinen, Geräte und Anlagen sowie das Scharf-schleifen von Zerspanungswerkzeugen an konventionellen oder numerisch gesteuerten Werkzeugmaschinen
KM Metall- und Schiffbau- technik	Fertigen und Montieren, Umbauen und Instandsetzen von großdi-mensionierten Bauteilen und Konstruktionen (Stahlskelette, Stahl-bauten, Verkleidungen, Schiffe, Off-shore-Anlagen, Brücken, Schwimmkörper, Stahlstraßen, Aufbauten von Nutzfahrzeugen, Konstruktionen im Stahlwasserbau)

Anhang 5, Seite 314 (Fortsetzung)

Beruf/ Fachrichtung	Kurzbeschreibung
KM Ausrüstungstechnik	Fertigen, Montieren, Umbauen, Instandsetzen und Warten von Aufzügen, Fördereinrichtungen und Bauausrüstungen
KM Feinblechbautechnik	Herstellen von Teilen aus Fein- und Mittelblechen, insbesondere von Verkleidungen, Blechkanälen, Be- und Entlüftungsschächten, Karosserien und -teilen, sowie Instandsetzen von Blechkonstruktionen
AM Apparatetechnik	Fertigen, Montieren und Instandsetzen von Apparaten
AM Versorgungstechnik	Herstellen, Inbetriebnehmen und Instandhalten von Rohrleitungen, Rohrleitungssystemen und rohrleitungs- und lüftungstechnischen Anlagen
Automobilmechaniker	Instandsetzen, Warten, Ausrüsten sowie Montieren von Kraftfahrzeugen einschließlich Anhängerfahrzeugen

Industrielle Elektroberufe

Beruf	Abk. hier	Fachrichtung	frühere Berufsbezeichnung (ungefähr gleich!)
Elektromaschinen-monteur	EM		Elektromaschinenwickler, -monteur
Energie-elektroniker	EE	Anlagentechnik	Elektroanlageninstallateur/ Energie- anlagenelektroniker
		Betriebstechnik	Elektroanlagen- installateur/ Energieanlagenelektroniker, Elektrogerätemechaniker/ Energiegeräteelektroniker
Industrie-elektroniker	IE	Produktions-technik	
		Gerätetechnik	Elektrogerätemechaniker/ Energiegeräteelektroniker
Nachrichtengeräte-mechaniker/Fein-geräteelektroniker			
Kommunikations-elektroniker	KE	Informations-technik	Nachrichtengerätemechaniker/ Feingeräteelektroniker, Informationselektroniker
		Telekommunikati-onstechnik	Fernmeldeinstallateur/-elek-troniker, Fernmeldehandwerker
		Funktechnik	Nachrichtengerätemechaniker/ Funkelektroniker

Kurzbeschreibung der Elektroberufe

Beruf/Fachrichtung	Kurzbeschreibung
EM	Herstellen, Montieren, Prüfen, Aufstellen, Inbetriebnehmen und Instandhalten elektrischer Maschinen
EE Anlagentechnik	Errichten, Installieren, Montieren, Inbetriebnehmen und Service von Anlagen der Energieversorgungstechnik, der Steuerungs-, Regelungs- und Antriebstechnik, der Meldetechnik sowie der Beleuchtungstechnik
EE Betriebstechnik	Herstellen, Erweitern und Ändern, Warten und Instandhalten von Anlagen der Energieversorgungstechnik, von Einrichtungen der Steuerungs-, Regelungs- und Antriebstechnik, der Meldetechnik sowie der Beleuchtungstechnik
IE Produktionstechnik	Rüsten, Wiederinbetriebnehmen, Überwachen und Instandhalten von automatisierten Einrichtungen zur Fertigung und Qualitätssicherung von Produkten
IE Gerätetechnik	Herstellen, Prüfen, Messen und Instandsetzen von Geräten und Baugruppen der Energie- und/oder der Kommunikationstechnik
KE Informationstechnik	Herstellen, Prüfen, Messen, Inbetriebnehmen, Warten und Instandsetzen von Geräten, Anlagen und Systemen der Informations- und Datentechnik, wie Datenein- und -ausgabe, Datenverarbeitung, Datenübertragung sowie Steuer- und Regelungseinrichtungen
KE Telekommunikationstechnik	Aufbauen, Installieren, Montieren, Prüfen, Inbetriebnehmen, Warten und Instandsetzen von Geräten, Anlagen und Systemen der Telekommunikation sowie der Melde- und Signaltechnik einschließlich der erforderlichen Übertragungswege
KE Funktechnik	Herstellen, Prüfen, Messen, Inbetriebnehmen, Warten und Instandsetzen von Geräten, Anlagen und Systemen der Funktechnik sowie Sende- und Empfangsgeräte, Sende- und Empfangsanlagen einschließlich Antennen, Aufnahme- und Wiedergabegeräte für Bild und Ton, HF und NF-Übertragungsgeräte und -systeme, Geräte und Anlagen der Funkmeßtechnik

Anhang 6: Aufzinsungsfaktor q^n

Jahre n	Zinssatz [%] 1	2	3	4	5	6	7	8	9	10	11	12	13	14	15	16	17	18	19	20
1	1,010	1,020	1,030	1,040	1,050	1,060	1,070	1,080	1,090	1,100	1,110	1,120	1,130	1,140	1,150	1,160	1,170	1,180	1,190	1,200
2	1,020	1,040	1,061	1,082	1,103	1,124	1,145	1,166	1,188	1,210	1,232	1,254	1,277	1,300	1,323	1,346	1,369	1,392	1,416	1,440
3	1,030	1,061	1,093	1,125	1,158	1,191	1,225	1,260	1,295	1,331	1,368	1,405	1,443	1,482	1,521	1,561	1,602	1,643	1,685	1,728
4	1,041	1,082	1,126	1,170	1,216	1,262	1,311	1,360	1,412	1,464	1,518	1,574	1,630	1,689	1,749	1,811	1,874	1,939	2,005	2,074
5	1,051	1,104	1,159	1,217	1,276	1,338	1,403	1,469	1,539	1,611	1,685	1,762	1,842	1,925	2,011	2,100	2,192	2,288	2,386	2,488
6	1,062	1,126	1,194	1,265	1,340	1,419	1,501	1,587	1,677	1,772	1,870	1,974	2,082	2,195	2,313	2,436	2,565	2,700	2,840	2,986
7	1,072	1,149	1,230	1,316	1,407	1,504	1,606	1,714	1,828	1,949	2,076	2,211	2,353	2,502	2,660	2,826	3,001	3,185	3,379	3,583
8	1,083	1,172	1,267	1,369	1,477	1,594	1,718	1,851	1,993	2,144	2,305	2,476	2,658	2,853	3,059	3,278	3,511	3,759	4,021	4,300
9	1,094	1,195	1,305	1,423	1,551	1,689	1,838	1,999	2,172	2,358	2,558	2,773	3,004	3,252	3,518	3,803	4,108	4,435	4,785	5,160
10	1,105	1,219	1,344	1,480	1,629	1,791	1,967	2,159	2,367	2,594	2,839	3,106	3,395	3,707	4,046	4,411	4,807	5,234	5,695	6,192
11	1,116	1,243	1,384	1,539	1,710	1,898	2,105	2,332	2,580	2,853	3,152	3,479	3,836	4,226	4,652	5,117	5,624	6,176	6,777	7,430
12	1,127	1,268	1,426	1,601	1,796	2,012	2,252	2,518	2,813	3,138	3,498	3,896	4,335	4,818	5,350	5,936	6,580	7,288	8,064	8,916
13	1,138	1,294	1,469	1,665	1,886	2,133	2,410	2,720	3,066	3,452	3,883	4,363	4,898	5,492	6,153	6,886	7,699	8,599	9,596	10,699
14	1,149	1,319	1,513	1,732	1,980	2,261	2,579	2,937	3,342	3,797	4,310	4,887	5,535	6,261	7,076	7,988	9,007	10,147	11,420	12,839
15	1,161	1,346	1,558	1,801	2,079	2,397	2,759	3,172	3,642	4,177	4,785	5,474	6,254	7,138	8,137	9,266	10,539	11,974	13,590	15,407
16	1,173	1,373	1,605	1,873	2,183	2,540	2,952	3,426	3,970	4,595	5,311	6,130	7,067	8,137	9,358	10,748	12,330	14,129	16,172	18,488
17	1,184	1,400	1,653	1,948	2,292	2,693	3,159	3,700	4,328	5,054	5,895	6,866	7,986	9,276	10,761	12,468	14,426	16,672	19,244	22,186
18	1,196	1,428	1,702	2,026	2,407	2,854	3,380	3,996	4,717	5,560	6,544	7,690	9,024	10,575	12,375	14,463	16,879	19,673	22,901	26,623
19	1,208	1,457	1,754	2,107	2,527	3,026	3,617	4,316	5,142	6,116	7,263	8,613	10,197	12,056	14,232	16,777	19,748	23,214	27,252	31,948
20	1,220	1,486	1,806	2,191	2,653	3,207	3,870	4,661	5,604	6,727	8,062	9,646	11,523	13,743	16,367	19,461	23,106	27,393	32,429	38,338

Anhang 7: Abzinsungsfaktor q^{-n}

Jahre n	Zinssatz [%]																			
	1	2	3	4	5	6	7	8	9	10	11	12	13	14	15	16	17	18	19	20
1	0,990	0,980	0,971	0,962	0,952	0,943	0,935	0,926	0,917	0,909	0,901	0,893	0,885	0,877	0,870	0,862	0,855	0,847	0,840	0,833
2	0,980	0,961	0,943	0,925	0,907	0,890	0,873	0,857	0,842	0,826	0,812	0,797	0,783	0,769	0,756	0,743	0,731	0,718	0,706	0,694
3	0,971	0,942	0,915	0,889	0,864	0,840	0,816	0,794	0,772	0,751	0,731	0,712	0,693	0,675	0,658	0,641	0,624	0,609	0,593	0,579
4	0,961	0,924	0,888	0,885	0,823	0,792	0,763	0,735	0,708	0,683	0,659	0,636	0,613	0,592	0,572	0,552	0,534	0,516	0,499	0,482
5	0,951	0,906	0,863	0,822	0,784	0,747	0,713	0,681	0,650	0,621	0,593	0,567	0,543	0,519	0,497	0,476	0,456	0,437	0,419	0,402
6	0,942	0,888	0,837	0,790	0,746	0,705	0,666	0,630	0,596	0,564	0,535	0,507	0,480	0,456	0,432	0,410	0,390	0,370	0,352	0,335
7	0,933	0,871	0,813	0,760	0,711	0,665	0,623	0,583	0,547	0,513	0,482	0,452	0,425	0,400	0,376	0,354	0,333	0,314	0,296	0,279
8	0,923	0,853	0,789	0,731	0,677	0,627	0,582	0,540	0,502	0,467	0,434	0,404	0,376	0,351	0,327	0,305	0,285	0,266	0,249	0,233
9	0,914	0,837	0,766	0,703	0,645	0,592	0,544	0,500	0,460	0,424	0,391	0,361	0,333	0,308	0,284	0,263	0,243	0,225	0,209	0,194
10	0,905	0,820	0,744	0,676	0,614	0,558	0,508	0,463	0,422	0,386	0,352	0,322	0,295	0,270	0,247	0,227	0,208	0,191	0,176	0,162
11	0,896	0,804	0,722	0,650	0,585	0,527	0,475	0,429	0,388	0,350	0,317	0,287	0,261	0,237	0,215	0,195	0,178	0,162	0,148	0,135
12	0,887	0,788	0,701	0,625	0,557	0,497	0,444	0,397	0,356	0,319	0,286	0,257	0,231	0,208	0,187	0,168	0,152	0,137	0,124	0,112
13	0,879	0,773	0,681	0,601	0,530	0,469	0,415	0,368	0,326	0,290	0,258	0,229	0,204	0,182	0,163	0,145	0,130	0,116	0,104	0,093
14	0,870	0,758	0,661	0,577	0,505	0,442	0,388	0,340	0,299	0,263	0,232	0,205	0,181	0,160	0,141	0,125	0,111	0,099	0,088	0,078
15	0,861	0,743	0,642	0,555	0,481	0,417	0,362	0,315	0,275	0,293	0,209	0,183	0,160	0,140	0,123	0,108	0,095	0,084	0,074	0,065
16	0,853	0,728	0,623	0,534	0,485	0,394	0,339	0,292	0,252	0,218	0,188	0,163	0,141	0,123	0,107	0,093	0,081	0,071	0,062	0,054
17	0,844	0,714	0,605	0,513	0,436	0,371	0,317	0,270	0,231	0,198	0,170	0,146	0,125	0,108	0,093	0,080	0,069	0,060	0,052	0,045
18	0,836	0,700	0,587	0,494	0,416	0,350	0,296	0,250	0,212	0,180	0,153	0,130	0,111	0,095	0,081	0,069	0,059	0,051	0,044	0,038
19	0,828	0,686	0,570	0,475	0,396	0,331	0,277	0,232	0,194	0,164	0,138	0,116	0,098	0,083	0,070	0,060	0,051	0,043	0,037	0,031
20	0,820	0,673	0,554	0,456	0,377	0,312	0,258	0,215	0,178	0,149	0,124	0,104	0,087	0,073	0,061	0,051	0,043	0,037	0,031	0,026

Anhang 8: Kapitalwiedergewinnungsfaktor $\dfrac{q^n \cdot (q^n - 1)}{q - 1}$

Jahre	Zinssatz [%]																			
n	1	2	3	4	5	6	7	8	9	10	11	12	13	14	15	16	17	18	19	20
1	1,010	1,020	1,030	1,040	1,050	1,060	1,070	1,080	1,090	1,100	1,110	1,120	1,130	1,140	1,150	1,160	1,170	1,180	1,190	1,200
2	1,020	1,040	1,061	1,082	1,103	1,124	1,145	1,166	1,188	1,210	1,232	1,254	1,277	1,300	1,323	1,346	1,369	1,392	1,416	1,440
3	1,030	1,061	1,093	1,125	1,158	1,191	1,225	1,260	1,295	1,331	1,368	1,405	1,443	1,482	1,521	1,561	1,602	1,643	1,685	1,728
4	1,041	1,082	1,126	1,170	1,216	1,262	1,311	1,360	1,412	1,464	1,518	1,574	1,630	1,689	1,749	1,811	1,874	1,939	2,005	2,074
5	1,051	1,104	1,159	1,217	1,276	1,338	1,403	1,469	1,539	1,611	1,685	1,762	1,842	1,925	2,011	2,100	2,192	2,288	2,386	2,488
6	1,062	1,126	1,194	1,265	1,340	1,419	1,501	1,587	1,677	1,772	1,870	1,974	2,082	2,195	2,313	2,436	2,565	2,700	2,840	2,986
7	1,072	1,149	1,230	1,316	1,407	1,504	1,606	1,714	1,828	1,949	2,076	2,211	2,353	2,502	2,660	2,826	3,001	3,185	3,379	3,583
8	1,083	1,172	1,267	1,369	1,477	1,594	1,718	1,851	1,993	2,144	2,305	2,476	2,658	2,853	3,059	3,278	3,511	3,759	4,021	4,300
9	1,094	1,195	1,305	1,423	1,551	1,689	1,838	1,999	2,172	2,358	2,558	2,773	3,004	3,252	3,518	3,803	4,108	4,435	4,785	5,160
10	1,105	1,219	1,344	1,480	1,629	1,791	1,967	2,159	2,367	2,594	2,839	3,106	3,395	3,707	4,046	4,411	4,807	5,234	5,695	6,192
11	1,116	1,243	1,384	1,539	1,710	1,898	2,105	2,332	2,580	2,853	3,152	3,479	3,836	4,226	4,652	5,117	5,624	6,176	6,777	7,430
12	1,127	1,268	1,426	1,601	1,796	2,012	2,252	2,518	2,813	3,138	3,498	3,896	4,335	4,818	5,350	5,936	6,580	7,288	8,064	8,916
13	1,138	1,294	1,469	1,665	1,886	2,133	2,410	2,720	3,066	3,452	3,883	4,363	4,898	5,492	6,153	6,886	7,699	8,599	9,596	10,699
14	1,149	1,319	1,513	1,732	1,980	2,261	2,579	2,937	3,342	3,797	4,310	4,887	5,535	6,261	7,076	7,988	9,007	10,147	11,420	12,839
15	1,161	1,346	1,558	1,801	2,079	2,397	2,759	3,172	3,642	4,177	4,785	5,474	6,254	7,138	8,137	9,266	10,539	11,974	13,590	15,407
16	1,173	1,373	1,605	1,873	2,183	2,540	2,952	3,426	3,970	4,595	5,311	6,130	7,067	8,137	9,358	10,748	12,330	14,129	16,172	18,488
17	1,184	1,400	1,653	1,948	2,292	2,693	3,159	3,700	4,328	5,054	5,895	6,866	7,986	9,276	10,761	12,468	14,426	16,672	19,244	22,186
18	1,196	1,428	1,702	2,026	2,407	2,854	3,380	3,996	4,717	5,560	6,544	7,690	9,024	10,575	12,375	14,463	16,879	19,673	22,901	26,623
19	1,208	1,457	1,754	2,107	2,527	3,026	3,617	4,316	5,142	6,116	7,263	8,613	10,197	12,056	14,232	16,777	19,748	23,214	27,252	31,948
20	1,220	1,486	1,806	2,191	2,653	3,207	3,870	4,661	5,604	6,727	8,062	9,646	11,523	13,743	16,367	19,461	23,106	27,393	32,429	38,338

Anhang 9: Kapitalisierungsfaktor $\dfrac{q^{-n} \cdot (q^n - 1)}{q - 1}$

Jahre	Zinssatz [%]																			
n	1	2	3	4	5	6	7	8	9	10	11	12	13	14	15	16	17	18	19	20
1	0,990	0,980	0,971	0,962	0,952	0,943	0,935	0,926	0,917	0,909	0,901	0,893	0,885	0,877	0,870	0,862	0,855	0,847	0,840	0,833
2	1,970	1,942	1,913	1,886	1,859	1,833	1,808	1,783	1,759	1,736	1,713	1,690	1,668	1,647	1,626	1,605	1,585	1,566	1,547	1,528
3	2,941	2,884	2,829	2,775	2,723	2,673	2,624	2,577	2,531	2,487	2,444	2,402	2,361	2,322	2,283	2,246	2,210	2,174	2,140	2,106
4	3,902	3,808	3,717	3,630	3,546	3,465	3,387	3,312	3,240	3,170	3,102	3,037	2,974	2,914	2,855	2,798	2,743	2,690	2,639	2,589
5	4,853	4,713	4,580	4,452	4,329	4,212	4,100	3,993	3,890	3,791	3,696	3,605	3,517	3,433	3,352	3,274	3,199	3,127	3,058	2,991
6	5,795	5,601	5,417	5,242	5,076	4,917	4,767	4,623	4,486	4,355	4,231	4,111	3,998	3,889	3,784	3,685	3,589	3,498	3,410	3,326
7	6,728	6,472	6,230	6,002	5,786	5,582	5,389	5,206	5,033	4,868	4,712	4,564	4,423	4,288	4,160	4,039	3,922	3,812	3,706	3,605
8	7,652	7,325	7,020	6,733	6,463	6,210	5,971	5,747	5,535	5,335	5,146	4,968	4,799	4,639	4,487	4,344	4,207	4,078	3,954	3,837
9	8,566	8,162	7,786	7,435	7,108	6,802	6,515	6,247	5,995	5,759	5,537	5,328	5,132	4,946	4,772	4,607	4,451	4,303	4,163	4,031
10	9,471	8,983	8,530	8,111	7,722	7,360	7,024	6,710	6,418	6,145	5,889	5,650	5,426	5,216	5,019	4,833	4,659	4,494	4,339	4,192
11	10,368	9,787	9,253	8,760	8,306	7,887	7,499	7,139	6,805	6,495	6,207	5,938	5,687	5,453	5,234	5,029	4,836	4,656	4,486	4,327
12	11,255	10,575	9,954	9,385	8,863	8,384	7,943	7,536	7,161	6,814	6,492	6,194	5,918	5,660	5,421	5,197	4,988	4,793	4,611	4,439
13	12,134	11,348	10,635	9,986	9,394	8,853	8,358	7,904	7,487	7,103	6,750	6,424	6,122	5,842	5,583	5,342	5,118	4,910	4,715	4,533
14	13,004	12,106	11,296	10,563	9,899	9,295	8,745	8,244	7,786	7,367	6,982	6,628	6,302	6,002	5,724	5,468	5,229	5,008	4,802	4,611
15	13,865	12,849	11,938	11,118	10,380	9,712	9,108	8,559	8,061	7,606	7,191	6,811	6,462	6,142	5,847	5,575	5,324	5,092	4,876	4,675
16	14,718	13,578	12,561	11,652	10,838	10,106	9,447	8,851	8,313	7,824	7,379	6,974	6,604	6,265	5,954	5,668	5,405	5,162	4,938	4,730
17	15,562	14,292	13,166	12,166	11,274	10,477	9,763	9,122	8,544	8,022	7,549	7,120	6,729	6,373	6,047	5,749	5,475	5,222	4,990	4,775
18	16,398	14,992	13,754	12,659	11,690	10,828	10,059	9,372	8,756	8,201	7,702	7,250	6,840	6,467	6,128	5,818	5,534	5,273	5,033	4,812
19	17,226	15,678	14,324	13,134	12,085	11,158	10,336	9,604	8,950	8,365	7,839	7,366	6,938	6,550	6,198	5,877	5,584	5,316	5,070	4,843
20	18,046	16,351	14,877	13,590	12,462	11,470	10,594	9,818	9,129	8,514	7,963	7,469	7,025	6,623	6,259	5,929	5,628	5,353	5,101	4,870

Anhang 10: Preisindex

Anhang 10   Indizes Erzeugerpreise Inland

(Quellen: Diverse Statistische Jahrbücher der Bundesrepublik Deutschland)

Basis 1985=100

Produktgruppe	Gew.	1974	1975	1976	1977	1978	1979	1980	1981	1982	1983	1984	1985	1986	1987	1988	1989	1990	1991
Maschinenbauerzeugnisse	71,8	59,68	65,08	68,44	71,86	73,02	77,19	81,30	85,45	90,57	93,50	96,70	100,00	103,40	106,40	109,00	112,40	116,90	121,70
davon Gewerbliche Arbeitsmaschinen	44,3	56,22	61,67	64,99	69,02	72,59	76,43	81,30	85,37	90,57	93,66	98,34	100,00	103,90	107,30	110,00	113,30	117,60	122,60
davon Industrieöfen	0,3	57,15	63,91	66,92	70,27	73,55	76,36	80,71	85,63	90,96	94,19	96,29	100,00	103,00	105,10	109,20	111,70	115,60	119,60
davon Pumpen, Kompressoren	3,8	61,30	67,80	70,70	73,88	76,22	78,98	80,67	84,70	90,00	94,13	96,81	100,00	105,42	106,96	109,62	113,31	118,28	123,84
davon Prüfmaschinen	0,4	56,52	61,24	64,87	67,78	70,81	75,02	80,26	84,99	89,57	93,66	96,39	100,00	105,10	110,20	113,80	117,70	120,90	125,10
Straßenfahrzeuge	73,8	63,24	68,79	71,13	74,19	76,33	78,82	82,37	85,34	90,94	93,74	96,79	100,00	103,20	106,00	108,50	111,00	114,00	118,00
Elektrotechnische Erzeugnisse	85,8	77,59	80,38	82,02	83,25	83,90	85,30	88,50	91,59	94,96	97,43	98,58	100,00	100,70	101,40	102,30	103,50	105,10	107,20
davon Energieerzeugung, -umwandlg	9,8	72,95	78,28	80,87	83,86	85,32	86,86	89,53	92,03	95,97	97,58	98,66	100,00	106,10	103,20	104,10	106,40	109,40	113,10
davon Elektromotoren, Generatoren	5,1	72,05	78,34	81,69	84,72	85,78	85,70	87,41	90,38	94,76	97,03	98,51	100,00	101,90	103,70	105,50	108,40	111,70	115,80
davon <1000 V-Schaltgeräte, -anl.	4,4	62,97	68,70	71,84	75,30	78,16	79,81	83,89	87,58	91,28	94,88	96,98	100,00	102,60	105,20	108,30	111,50	115,70	120,60
davon Meß-, Prüf-, Regeleinrichtg	10,2	62,76	67,66	71,00	74,20	77,04	79,59	82,64	86,78	85,12	95,04	97,70	100,00	101,80	103,70	104,50	106,60	109,10	112,70
Dampfkessel, Behälter, Rohrleitg.	5,3	54,34	61,11	64,54	67,44	72,28	75,96	81,77	86,18	94,28	96,81	97,71	100,00	103,60	106,30	110,20	114,30	118,60	123,90
Eisen-, Blech-, Metallwaren	27,9	63,34	67,74	70,86	74,61	76,38	79,15	83,89	87,75	92,95	95,47	98,24	100,00	101,00	101,60	103,40	106,80	109,40	112,90
Büromaschinen	8,7	110,11	114,55	113,87	110,68	105,21	98,72	96,90	97,38	100,78	100,29	99,03	100,00	97,30	93,00	89,30	88,80	86,30	84,80
Bauwerke, Gebäude Stahlbeton		80,24	60,93	62,75	65,45	69,21	75,11	83,33	88,42	91,00	93,42	99,30	100,00	101,90	103,90	106,10	109,70	116,40	123,90
Gebäude Stahlbau		70,99	74,01	77,58	80,84	84,79	91,31	100,00	0,00	0,00	0,00	99,20	100,00	102,30	104,80	107,10	111,00	117,90	124,90
Stahl- Konstruktionen	9,4	84,20	68,38	70,94	72,99	74,48	77,46	82,71	87,59	96,44	97,85	98,84	100,00	102,90	104,80	106,00	109,30	114,10	117,60
Bau von Straßen		68,77	70,42	71,56	73,49	78,29	86,45	97,47	100,00	97,76	98,98	98,25	100,00	102,60	103,20	104,30	106,60	113,20	121,00
Bau von Brücken		66,71	67,54	69,27	72,05	76,76	83,75	92,00	95,95	97,52	98,34	99,72	100,00	102,30	103,60	105,50	109,00	115,00	122,10

Glossar

Benennung	Definition	Quelle
Abnahme	Feststellung, daß die Betrachtungseinheit als Stück oder Los ihre Spezifikation erfüllt	VDI 4001 Juni 86
Abnutzung	Abbau des Abnutzungsvorrates infolge physikalischer und/oder chemischer Einwirkungen	DIN 31051 Jan 85
Abnutzungs- vorrat	Vorrat der möglichen Funktionserfüllungen unter festgelegten Bedingungen, der einer Betrachtungs- einheit aufgrund der Herstellung oder aufgrund der Wiederherstellung durch Instandsetzung innewohnt.	DIN 31051 Jan 85
Anlage	Gesamtheit der technischen Mittel eines Systems	DIN 31051 Jan 85
Auftrag	Vertragliche Vereinbarung zur Lieferung von Erzeugnissen oder zur Durchführrung von Tätigkeiten oder Maßnahmen	VDI 4001 Juni 86
Ausfall (1)	Verlust der Fähigkeit einer Betrachtungseinheit, bei Einhaltung spezifizierter Bedingungen die geforderte Funktion zu erfüllen	IEC 271 Feb 74
Ausfall (2)	Unbeabsichtigte Unterbrechung der Funktionsfähigkeit einer Betrachtungseinheit	DIN 31051 Jan 85
Außerbetrieb- nahme	Beabsichtigte unbefristete Unterbrechung der Funktions- fähigkeit einer Betrachtungseinheit	DIN 31051 Jan 85
Außerbetrieb- setzung	Beabsichtigte befristete Unterbrechung der Funktions- fähigkeit einer Betrachtungseinheit während der Nutzung	DIN 31051 Jan 85
Bedienen	Gesamtheit aller Tätigkeiten bei der Nutzung (1)	DIN 32541
Betätigen	Gesamtheit aller Tätigkeiten bei der Nutzung (2)	DIN 32541 Mai 77
Betrachtungs- einheit	Nach Aufgabe und Umfang abgegrenzter Gegenstand einer Betrachtung	DIN 40150 Okt 79

Betreiben	Gesamtheit aller Tätigkeiten, die an Maschinen und vergleichbaren technischen Arbeitsmitteln von der Übernahme bis zur Ausmusterung ausgeübt werden	DIN 32541 Mai 77
Einheit	Materieller oder immaterieller Gegenstand der Betrachtung	DIN 55350 Sept 80
Einrichtung	Zusammenfassung von Elementen und/oder Gruppen in einer nächsthöheren Betrachtungsebene zu einer selbständig verwendbaren Betrachtungseinheit (auch Gerät)	DIN 40150 Okt 79
Element	In Abhängigkeit von der Betrachtungseinheit die als unteilbar aufgefaßte Einheit der untersten Betrachtungsebene (auch Bauelement)	DIN 40150 Okt 79
Fehler	Nichterfüllung einer Forderung	DIN 55350 Mai 87
Funktion	Eine durch den Verwendungszweck bedingte Aufgabe	DIN 31051 Jan 85
Funktionserfüllung	Erfüllen der von Verwendungszweck bedingten Aufgabe	DIN 31051 Jan 85
Funktionsfähigkeit	Fähigkeit einer Betrachtungseinheit zur Funktionserfüllung aufgrund ihres eigenen technischen Zustandes	DIN 31051 Jan 85
Gruppe	Zusammenfassung von Elementen in einer höheren Betrachtungsebene zu einer noch nicht selbständig verwendbaren Betrachtungseinheit (auch Baugruppe)	DIN 40150 Okt 79
Inbetriebnahme	Bereitstellen einer funktionsfähigen Betrachtungseinheit zur Nutzung	DIN 31051 Jan 85
Ingangsetzung	Auslösen der Funktionserfüllung	DIN 31051 Jan 85
Inspektion	Maßnahmen zur Feststellung und Beurteilung des Istzustandes von technischen Mitteln eines Systems	DIN 31051 Jan 85
Instandhaltung	Maßnahmen zur Bewahrung und Wiederherstellung des Sollzustandes sowie zur Feststellung und Beurteilung des Istzustandes von technischen Mitteln eines Systems	DIN 31051 Jan 85
Instandsetzung	Maßnahmen zur Wiederherstellung des Sollzustandes von technischen Mitteln eines Systems	DIN 31051 Jan 85
Istzustand	Die in einem gegebenen Zeitpunkt festgestellte Gesamtheit der Merkmalswerte	DIN 31051 Jan 85

Kleinteil	Ersatzteil, das allgemein verwendbar, vorwiegend genormt und von geringem Wert ist	DIN 31051 Jan 85
Nutzung	Bestimmungsgemäße und den allgemein anerkannten Regeln der Technik entsprechende Verwendung einer Betrachtungseinheit, wobei unter Abbau des Abnutzungs-vorrates Sach-und/oder Dienstleistungen entstehen	DIN 31051 Jan 85
Qualität	Gesamtheit von Eigenschaften und Merkmalen eines Produktes oder einer Tätigkeit, die sich auf der Eignung zur Erfüllung gegebener Erfordernisse beziehen	DIN 55350 Sept 80
Redundanz	Vorhandensein von mehr als für die vorgesehene Funktion notwendigen technischen Mitteln	DIN 40042 Juni 70
Reserveteil	Ersatzteil, das in einer oder mehreren Anlagen eindeutig zugeordnet ist, in diesem Sinne nicht selbständig genutzt, zum Zwecke der Instandhaltung disponiert und bereit-gehalten wird und in der Regel wirtschaftlich instandgesetzt werden kann	DIN 31051 Jan 85
Rüsten	Herrichten einer Maschine oder eines vergleichbaren technischen Arbeitmittels für die Nutzung	DIN 32541 Mai 77
Schaden	Zustand einer Betrachtungseinheit nach unterschreiten eines bestimmten Grenzwertes des Abnutzungsvorrates, der eine im Hinblick auf die Verwendung unzulässige Beeinträchtigung der Funktionsfähigkeit bedingt	DIN 31051 Jan 85
Sollzustand	Die für den jeweiligen Fall festzulegende Gesamtheit der Merkmalswerte	DIN 31051 Jan 85
Stillsetzung	Beabsichtigte Unterbrechung (auch Beendigung) der Funktionserfüllung einer Betrachtungseinheit	DIN 31051 Jan 85
Störung	Unbeabsichtigte Unterbrechung der Funktionserfüllung einer Betrachtungseinheit	DIN 31051 Jan 85
System	Gesamtheit der zur selbständigen Erfüllung eines Aufgabenkomplexes erforderlichen technischen und/oder organisatorischen und/oder anderen Mittel der obersten Betrachtungsebene	DIN 40150 Okt 79
Übernahme	Entgegennehmen einer Maschine oder eines vergleichbaren technischen Arbeitsmittels - gegebenenfalls in Verbindung mit einem Nachprüfen auf Einhaltung der vorgegebenen Bedingungen - vor dem Inbetriebnehmen, gegebenenfalls auch nach einer Instandsetzung	DIN 32541 Mai 77

Verbrauchs-teil	Ersatzteil, das in einer oder mehreren Anlagen eindeutig zugeordnet ist, in diesem Sinne nicht selbständig genutzt, zum Zwecke der Instandhaltung disponiert und bereitgehalten wird und in der Regel nicht wirtschaftlich instandgesetzt werden kann	DIN 31051 Jan 85
Verfügbar-keit	Wahrscheinlichkeit, ein System zu einem vorgegebenen Zeitpunkt in einem funktionsfähigen Zustand anzutreffen	DIN 40042 Juni 70
Wartung	Maßnahmen zur Bewahrung des Sollzustandes von technischen Mitteln eines Systems	DIN 31051 Jan 85
Zuverlässig-keit	Fähigkeit einer Betrachtungseinheit, eine vorgegebene Funktion innerhalb vorgegebener Grenzen und für eine gegebene Zeitdauer zu erfüllen	VDI/VDE 3541 Okt 85

Sachwortverzeichnis

Springer-Verlag und Umwelt

Als internationaler wissenschaftlicher Verlag sind wir uns unserer besonderen Verpflichtung der Umwelt gegenüber bewußt und beziehen umweltorientierte Grundsätze in Unternehmensentscheidungen mit ein.

Von unseren Geschäftspartnern (Druckereien, Papierfabriken, Verpackungsherstellern usw.) verlangen wir, daß sie sowohl beim Herstellungsprozeß selbst als auch beim Einsatz der zur Verwendung kommenden Materialien ökologische Gesichtspunkte berücksichtigen.

Das für dieses Buch verwendete Papier ist aus chlorfrei bzw. chlorarm hergestelltem Zellstoff gefertigt und im pH-Wert neutral.

Druck: Saladruck, Berlin
Verarbeitung: Buchbinderei Lüderitz & Bauer, Berlin